W0356771

Seemanns Lexikon der Weltarchitektur

Seemanns Lexikon der Weltarchitektur

Baumeister - Epochen - Stile

von Hans-Joachim Kadatz

E. A. Seemann

Abbildungen auf dem Einband:
Dach der Oper in Sidney, Australien
© Paul A. Souders/CORBIS
Pyramiden von Gizeh, Ägypten
© Charles & Josette Lenars/CORBIS

Bibliografische Information der Deutschen Nationalbibliothek
Die Deutsche Nationalbibliothek verzeichnet diese Publikation in der Deutschen Nationalbibliothek, detaillierte bibliografische Daten sind im Internet über http://dnb.de-nb.de abrufbar.

ISBN 978-3-86502-019-2

3. Auflage 2009

© 1990 by E. A. Seemann
in der Seemann Henschel GmbH & Co. KG, Leipzig
www.seemann-verlag.de

Die Verwertung der Texte und Bilder, auch auszugsweise, ist ohne Zustimmung des Verlages urheberrechtswidrig und strafbar.
Dies gilt auch für Vervielfältigungen, Übersetzungen, Mirkoverfilmungen und für die Verarbeitung mit Elektronischen Systemen.

Einbandgestaltung: Lambert und Lambert, Düsseldorf
Satz: Interdruck, Leipzig
Druck und Bindung: Finidr, s. r. o., Cesky Tesin
Printed in Czech Republic

Gedruckt auf alterungsbeständigem Papier mit Chlorfrei gebleichtem Zellstoff.

Vorwort

Mehr denn je beschäftigen sich viele Menschen mit gegenwärtigen und historischen Entwicklungs- und Gestaltungsfragen der Architektur und des Bauwesens. Sie werden also mit einer Fülle von Namen, Begriffen und Fachbezeichnungen konfrontiert, die mitunter auch durch ihre Vieldeutigkeit das schnelle Nachschlagen in einem Wörterbuch ratsam erscheinen lassen.
Der vorliegende Band soll im Sinne und Umfang eines volkstümlichen, allgemeinverständlichen Lexikons auf gedrängtem Raum die ersten gewünschten Informationen vermitteln. Er schließt von vornherein den Anspruch auf Vollständigkeit aus und kann deshalb keineswegs ein weiter vertiefendes enzyklopädisches Werk, ein Kompendium oder die entsprechende Fachliteratur ersetzen.
Die Auswahl der über 2 000 Stichworte unter dem besonderen Aspekt des Begriffes »Architektur« zielt neben den Erläuterungen vieler in Theorie und Praxis vorkommender Sachbegriffe und Namen international bekannter Architektenpersönlichkeiten alter und neuester Zeit auch auf die Erklärung älterer, mehr in der Literatur als im täglichen Sprachgebrauch verwendeter Termini, die insbesondere griechischen, römischen und französischen Ursprungs sind.
Die früheren Ausgaben (»Wörterbuch der Architektur«) waren schnell vergriffen und bestätigten den praktischen Nutzen. In der neubearbeiteten Ausgabe als »Seemanns Lexikon der Architektur« sind aufgrund neuer Erkenntnisse notwendige Berichtigungen, Überarbeitungen und Ergänzungen erfolgt, unter anderem durch Aufnahme einer Reihe führender deutscher Baumeister des späten 19. und 20. Jahrhunderts. Besonderer Dank für die Mühe der lektoratsmäßigen Neubearbeitung gebührt Dr. phil. Ortlef Brüning, insbesondere aber Frau Hannelore Zimmermann vom E. A. Seemann Verlag.
Autor und Verlag wünschen sich gleichermaßen, daß dieses Nachschlagewerk auch weiterhin zur Erschließung und zum breiten Verständnis der Architektur beitragen möge.

Prof. Dr. phil. habil. Hans-Joachim Kadatz

Abkürzungen

A.	Anfang
Abb.	Abbildung
Arch.	Architekt
b.	bei
dgl.	dergleichen
d. Ä.	der Ältere
d. J.	der Jüngere
dt.	deutsch
E.	Ende
ehem.	ehemals, ehemalig
evtl.	eventuell
frz.	französisch
geb.	geboren
gest.	gestorben
gr.	griechisch
H.	Hälfte
ital.	italienisch
Jh.	Jahrhundert
Jt.	Jahrtausend
lat.	lateinisch
M.	Mitte
Prof.	Professor
sogen.	sogenannt
svw.	soviel wie
u.	und
u. a.	unter anderem, und anderes
u. a. m.	und anderes mehr
usw.	und so weiter
urspr.	ursprünglich
u. Z.	unserer Zeitrechnung
V.	Viertel
v. u. Z.	vor unserer Zeitrechnung
z. B.	zum Beispiel
z. T.	zum Teil
z. Z.	zur Zeit

außerdem alle Endungen -isch und -lich bei attributiv gebrauchten Adjektiven

A

Aalto, Alvar, finn. Arch., Städtebauer u. Formgestalter (1898 Kuortane – 1976 Helsinki). Beeinflußt vom → Deutschen Werkbund u. → Bauhaus. Enge Verbindung von Gebäuden u. Landschaft im Sinne → Organischer Architektur angestrebt. Im 2. Weltkrieg tätig in USA. Hauptwerke: Bibliothek Viipuri (1927–34), Sanatorium Paimio (1929–33), Ausstellungspavillon auf Weltausstellung Paris (1937) u. New York (1939), Zellulosewerk Sunila (1937–39), städtebaul. Pläne für Rovaniemi (1944–45) u. Saynätsalo (1945–52), Studentenheim in Massachusetts (1947–49), Kulturhaus Wolfsburg (1958–62), Kulturzentrum Helsinki (1958–64), u. a. Entwürfe für Möbel u. Kunsthandwerk.

Abadie, Paul d. J., französ. Arch. (1812 Paris – 1884 Chatou b. Paris), Hauptvertreter des → Historismus. Studium an Pariser Akademie, Amtsnachfolger von Viollet-le-Duc in Paris. Restaurierungen u. Neubauten in roman. u. byzantin. Stilnachahmung. Hauptwerk: Kirche Sacré Cœur (1874), Paris.

Abakus [<lat.], quadrat. Deckplatte des → Kapitells, unterschiedl. Ausbildung in der dor., ion., korinth. u. röm. Ordnung. In frühchristl. Zeit z. T. durch Kämpferaufsatz ersetzt, in mittelalterl. Baukunst oft weggelassen. → auch Säulenordnungen.

Abaton [gr.] → Adyton.

Abdachung, oberer, gewöhnlich abschüssig angelegter Teil einer Wand, der das Ablaufen des Regenwassers ermöglicht.

Abfasen, Abschrägen oder Abkanten von Bauteilen (z. B. Pfeilern), wobei die abgeschrägte Kante als Fase bezeichnet wird.

Abhängling (Hängezapfen), 1. herabhängender, knaufartiger Schlußstein spätgot. Gewölberippen, besonders verbreitet in Frankreich, England u. Böhmen. 2. ausgeprägter Knauf an Kreuzungspunkten hölzerner Renaissancedecken. 3. zapfenförmiger Auslauf von → Stuhlsäulen offener Dachkonstruktionen.

Ablauf, konkav gekrümmte Überleitung zwischen vorspringendem oberen u. rückspringendem unteren Bauglied, z. B. zwischen Kapitell u. Säulenschaft (→ auch Anlauf, Apophyge).

Abnutzung, moralische (auch moralischer Verschleiß), das wachsende Mißverhältnis zwischen der urspr. Bauausführung u. Funktion eines Gebäudes u. den heutigen gesellschaftl. (ökonom., polit., kulturellen, hygien. usw.) Anforderungen.

Abschreibung, bauliche, der auf jedes Jahr der Nutzung entfallende Anteil der verbrauchsbedingten Wertminderung der Gebäude, Anlagen u. Einrichtungen. Sie wird nach der mutmaßl. Nutzungsdauer berechnet.

Abseite, »abseits« des Hauptraumes basilikaler Kirchen gelegenes → Seitenschiff.

Abtei, 1. ein von Abt bzw. Äbtissin regiertes Kloster. 2. baulich hervorgehobener Wohnbereich des Klostervorstandes, z. T. mit spezieller Abtskapelle, Abtshof u. Sprechzimmer (z. B. Schulpforta). Reichste Entfaltung im Barock (z. B. Melk, Banz, Göttweig).

Abwalmung, Brechung eines Dachgiebels.

Abweichstein → Prellstein.

Abwicklung → Architekturdarstellung.

Achse, horizontale oder vertikale Mittellinie eines Baues oder Bauteils, → Axialität.

Achsenbrechung, speziell beim mittelalterl. Kirchenbau auftretende Knikkung der Mittelachse des Gebäudes, u. a. bedingt durch Ungenauigkeiten beim Bauverlauf, Geländeschwierigkeiten oder Ausweichen vor älteren Bauanlagen.

Achtort, regelmäßiges Achteck (Oktogon), wichtige geometr. Konstruktionsfigur der Gotik für Grundrisse von Gebäuden, Türmen, Pfeilern u. dgl.

Ackerbürgerstadt, typ. Gründung des 12./13. Jh. auf der wirtschaftsbestimmenden Basis von Ackerbau u. Viehzucht. Gekennzeichnet durch Weiträumigkeit, Flurteilung, torartige Zufahrten der Häuser u. seit dem 18.Jh. durch spezielle Scheunenviertel in den Vorstädten.

Adam, Robert, engl. Arch. (1728 Kirkcaldy – 1792 London). Wegbereiter des engl. Klassizismus (Classical Revival) mit Einfluß auf dt. Klassizismus → Erdmannsdorffs. 1761–68 Königl. Arch. Hauptwerke: Bauten am Fitzroy Square, Stratford Place u. an den Adelphi-Terrassen in London, Schlösser Kenwood u. Keddleton Hall, Universität Edinburgh.

Ädikula [<lat.], aus Säulen, Architrav u. Giebelaufsatz bestehender, rahmender Aufbau um Portale, Fenster, Nischen, Reliefs, sowie Gliederungsmotiv bei Grabmälern, Altären u. Möbeln. Abgeleitet von kleinen röm. Grabbauten u. Trageschreinen für Götterbilder. Als Flächengliederungsmotiv in altchristl. Zeit u. im Frühmittelalter angewendet. Wiederaufnahme in der Renaissance, seitdem gebräuchlich bis zum Eklektizismus.

Adler, Friedrich, dt. Arch., Baubeamter u. Architekturhistoriker (1827–1908 Berlin). Nach Studium an der Bauakademie ab 1850 Tätigkeit bei H. Strack u. F. A. Stüler. Zahlr. Bauten, u. a. Bauausführungen der Bartholomäuskirche (1854–58) u. Thomaskirche (1865–69; → auch Neoromanik, Abb.) in Berlin. 1859–1903 Lehrtätigkeit u. Publikationen mit großem Einfluß auf Forschung u. Praxis.

Adlerkapitell, blockförmige Kapitellform der Romanik, deren Außenseiten oder Ecken mit breitgefiederten Adlerplastiken besetzt sind.

Adoben [<span.], luftgetrocknete Lehmziegel. Seit ältester Zeit Hauptbaumaterial im Vorderen Orient, in Afrika, Spanien, Lateinamerika (besonders Alt-Peru u. Alt-Mexiko).

Adyton (Abaton) [gr.], nur für Priester zugängl., z. T. optisch oder durch Sichtschranken abgegrenzter Kultbereich eines griech. → Tempels.

Afrikanische Baukunst. Älteste Beispiele aus dem frühen Mittelalter sind mörtellose Bruchsteinbauten in Simbabwe u. Lehmbauten im Sudan, sonst südlich der Sahara keine Beispiele nachweisbar. Es überwog der Lehmbau in Form des Lehmflechtwerks (Kegelhütten im Ostsudan, Ost- u. Südostafrika, viereckige Hütten [Tembe] in Tanganjika, Giebeldachhütten in Kamerun, Ost- u. Südkongo) u. Gebäude aus luftgetrockneten Lehmziegeln u. Lehmklumpen (Westsudan, Guinea, Mali u. Elfenbeinküste). Haupttypen: rechteckige Flachdachhäuser, quadrat. Häuser mit Kegeldach u. Kegelhütten mit Lehmkuppeln, oft in wehrhafter Anordnung mit Innenhöfen. Außerdem existiert der Holzbau in Form von Sokkeldachhäusern (aus hölzernen Gabeln u. Flechtmatten) u. Pfahlbauten. Straßendorfformen überwiegen. Die seit der Kolonialzeit entstandenen Bauten u. Städte wurden von nichtafrikan. Arch. als Importarchitektur aus vielen internationalen Bereichen geschaffen.

Ägäische Architektur, ostmittelmeerische Baukunst der vorgriechischen Zeit. → auch kretisch-minoische Architektur.

Agora [gr.], Markt- u. Versammlungsplatz einer griech. Stadt, Zentrum des polit. u. wirtschaftl. Lebens, vergleichbar mit dem röm. → Forum. Ausgeprägteste Anlagen in hellenist. Zeit (z. B. Milet, Priene, Athen).

Agraffe [<frz.], in der Architektur eine künstlerische Verzierung im Scheitel eines Rundbogens, sonst Bezeichnung für eine Gewandspange.

Ägyptische Architektur. Pyramiden des Chephren und Mykerinos bei Giseh

Ägyptische Architektur. Bedeutender Ausgangspunkt der Steinbaukunst lag in der Periode der höchsten Machtkonzentration ägypt. Könige im Alten Reich (3.–6. Dynastie, 2780–2265 v. u. Z.). Beispielhaft der Grabbezirk von Sakkara u. die Tätigkeit des Baumeisters → Imhotep. Höhepunkt während 4. Dynastie die Pyramiden in Giseh. In der 5. Dynastie Übergang zu kleineren Heiligtümern, speziell den Sonnentempeln, daneben in 5. u. 6. Dynastie prächtige Felsgräber, große Sitz- u. Standbilder sowie feingearbeitete Reliefs. Im Mittleren Reich (13.–22. Dynastie, 2040–1680 v. u. Z.) erneut Großanlagen von Heiligtümern in Karnak, Dendera, Herakleopolis, Memphis, Heliopolis, Bubastis, Tanis u. a., außerdem zahlr. Festungen nachweisbar. Im Neuen Reich (18.–20. Dynastie, 1562–1085 v. u. Z.) Ausbau der Residenz Tell-el-Amarna, der Wohnstadt Der-el-Medina, Anlage von Tempeln in der Hauptstadt Theben mit Sonderformen des → Peripteros-Tempel (z. B. Medinet-Habu), des Terrassentempels (z. B. Der-el-Bari) u. des Felstempels (z. B. Abu Simbel), alle meist in Verbindung mit Kolossalstatuen von Königen u. Opferstatuen. Während in der Ptolemäer- u. Römerzeit noch Tempelbauten im ägypt. Stil überwiegen (z. B. Dendera u. Philae), führte die Wirksamkeit italien. u. französ. Architekten E. 19.–1. H. 20. Jh. zu einer Mischung altägypt., islam. u. europäischer Architekturformen.

Ägyptischer Saal, urspr. Hypostylon [gr.], Neubezeichnung Vitruvs für 3schiffigen Säulensaal mit basilikalem Querschnitt, Raumform der hellenist. Baukunst. Neubelebung seit der Renaissance durch Palladio. Spezielle Übertragung auf die engl. Baukunst.

Ahnentempel, der Ahnenverehrung dienender chines. Familientempel unterschiedl. Ausstattung u. Größe. Hauptwerk: der Taimiao der Ming- u. Qing-Dynastie in Peking, Halle mit 3fachem Mauerring (1420).

Ährenverband → Fischgrätenverband.

Aichel, Giovanni (Santini), böhm.-italien. Arch. u. Maler (1667–1723 Prag). Stark beeinflußt von → J.-B. Mathey, → J. B. Fischer v. Erlach u. → J. Prandtauer. Gelangte unter dem Einfluß seiner Bauherrn zu eigentümlicher Mischung barocker u. got. Formen als oppositionellem Ausdruck gegen klassizist. Tendenzen. Hauptwerke: Klosterkirchen in Sedlec (1703), Kladruby (1712), Želiv (1712ff.) u. Grünberg bei Žd'ár (1719).

Akanthus [<gr., lat.], stilisiertes Blattornament in Anlehnung an eine mediterrane Distelart (Bärenklau-Gewächse). Im 5. Jh. von Griechen entwickelt, nachweisbar am Apollotempel in Bassae-Phigalia, Lysikrates-Monument, Markttor von Milet, Grabreliefs, Keramik u. Textilien. Übertragung auf röm. Baukunst u. roman. Kapitellplastik. Neubelebung in Renaissance, Barock u. Historismus. → auch Fries.

Akropolis [gr.], allgemein die »Hochstadt«, der hochgelegene befestigte Teil antiker griech. Städte mit den bedeutendsten Heiligtümern u. öffentl. Bauten, z. B. Akropolis von Athen.

Akroterion [gr.], bekrönendes Zierglied an Spitzen u. Enden von Giebeln antiker griech. u. röm. Bauten (Tempel, Denkmäler, Grabstelen). Urspr. polychrom bemalte Tonscheiben, später Akanthus- u. Palmettenformen, Voluten, Greifen, Koren u. dgl. aus Holz, Stein, Metall. Wiederaufnahme in Renaissance, Klassizismus u. Historismus.

Àlava, Juan de, span. Baumeister (E. 15. Jh.–1537). Schöpfer komplizierter Sterngewölbe. Hauptwerke: Mitarbeit an Universitäts-Sakristei (1505), Kathedrale (1520) u. Kirche San Ésteban (1524) in Salamanca, an Kathedralen in Sevilla u. Plasencia, Entwurf des Colegio Fonseca in Santiago de Compostela (1532).

Alberti, Leon Battista, italien. Arch., Theoretiker, Bildhauer, Maler, Dichter, Jurist (1404 Genua–1472 Rom). Reisen durch Frankreich, Belgien, Deutschland. Seit 1432 im Dienst des Papstes, seit 1434 Arch. in Rom, Bologna, Venedig, Ferrara. Hauptwerke: S. Francesco in Rimini (1446–55), Entwurf Palazzo Rucellai in Florenz (um 1450), Kirchen S. Sebastiano (1459 bis 1463) u. S. Andrea (1472ff.; → auch Renaissance, Abb.), beide in Mantua. Hauptvertreter der italien. Architekturtheorie der Renaissance auf der Basis → Vitruvs. Zusammenfassende Darlegung der Grundbegriffe perspektiv. Konstruktion in »10 Bücher über das Bauen« (1451/52). Daneben Veröffentlichungen über Technik, Naturwissenschaft, Geschichte, Philosophie u. Poesie.

Albinmüller (Albin Müller), dt. Arch., Raumkünstler, Landschaftsmaler (1871 Dittersbach/Erzgeb. – 1943 Darmstadt). Urspr. Autodidakt, Studium an Kunstgewerbeschulen Mainz u. Dresden. 1900–06 Lehrer an Kunstgewerbeschule Magdeburg. 1906 Mitglied der → Darmstädter Künstlerkolonie, 1908–14 Leiter der Darmstädter Ausstellungen. Bauten in Darmstadt, Dresden, Dessau, Magdeburg. Entwürfe vorgefertigter Holzhäuser (1921), Ausstellungsturm im Rotehornpark Magdeburg (1927).

Aldegrever, Heinrich, dt. Kupferstecher, Maler u. Holzschneider (1502 Paderborn – um 1555/61 Soest). Führender Kleinmeister, architektonisch einflußreich als Ornamentstecher. Weiterentwicklung italien. Renaissanceformen mit maßgebl. Einfluß auf die plast. Dekorationskunst.

Algardi, Alessandro, italien. Bildhauer u. Arch. (1595 Bologna–1654 Rom). Bedeutendster Vertreter baugebundener Kunst unter Papst Innozenz X. in Rom. Hauptwerke: Entwurf der Fassade S. Ignazio, Bronzestatue Innozenz' X. (nach 1654), Grabmal Leos XI. (um 1647), Brunnen im Damasushof des Vatikans, beteiligt an Kirchen in Tolentino, Bologna, Genua, Perugia. Seit 1626 auch Antikenrestaurator.

Alkoven [<arab.], in arab. u. maur. Architektur eine gewölbte Bettnische, in Europa ein fensterloser Nebenraum, der als Schlafnische dient. Verbreitung seit 17. Jh. über Spanien, Frankreich nach Deutschland.

Allee [frz.], Baumgang, gebildet durch parallel verlaufende Baumreihen. In Deutschland seit 17. Jh. unter holländ. u. seit 18. Jh. unter französ. Einflüssen als Einfassung von Straßen, Plätzen u. Wegen als eines der bedeutsamsten Gestaltungsmittel in Gartenkunst u. Städtebau angewendet (z. B. Unter den Linden in Berlin).

Almosenhaus, besonderer Raum eines Klosterbezirks, in dem Gaben an Arme verteilt wurden.

Altamerikanische Architektur. Die unterschiedl. Entwicklung der verschiedenartigsten gesellschaftl. Organisationsformen spiegelt sich in den Bauzeugnissen wider. Sie reichen von den primitiven Stufen der Jäger u. Sammler, trop. u. subtrop. Feldbauern u. Gebirgsjägern bis zu den hochentwickelten Kulturen der Maya (Altperuan. Kultur, reichte von Ekuador bis Chile, mit bedeutsamen Pyramiden u. Steintempeln). Meisterhafte Steinver- u. -bearbeitung auch bei den Chavin-Kulturen (verbreitet in Peru) u. den Tiahuanaco-Kulturen (verbreitet im Hochland von Peru u. Bolivien, um 700) sowie in der Kultur der Azteken (verbreitet in Nordamerika u. dem Hochland von Mexiko, um 1370 seßhaft, 1521 Kultur systematisch durch span. Eroberer vernichtet). Typisch war die strenge soziale Differenzierung, die sich ausdrückte in Steinbauten für Götter, Priester u. herrschende Oberschicht u. Behausungen für das Volk, die ausnahmslos aus Holz u. Stroh bestanden. Bestimmung, Datierung u. Einordnung der archäolog. Funde sind z. T. stark umstritten.

Altan [<ital.], eine aus oberen Stockwerken ins Freie führende, stets bis zum Erdboden unterbaute Plattform, auch Söller genannt.

Altar [<lat.], urspr. heidn. Opferplatz außerhalb von Baulichkeiten, in Frühzeit der Antike Steinblöcke auf Vorplätzen von Tempeln. Seit Hellenismus entwickelt zu monumentalen Stufenbauten mit Säulenarchitekturen u. reichem Reliefschmuck (z. B. Zeusaltar aus Pergamon, 2. Jh. v. u. Z.; Ara pacis Augustae in Rom, 9. Jh. v. u. Z.). Im altchristl. Kirchenbau (→ Basilika) als Tischaltar vor der Apsis, im Mittelalter in der Apsis aufgestellt. Seit Karolingerzeit Umbildung der Block- in Kastenform u. Erweiterung durch die z. T. architektonisierte vordere Altarbekleidung (Antependium) u. hinteren Altaraufsatz (→ Altarretabel). Infolge zunehmenden kathol. Heiligenkultes der Hauptaltar (Hochaltar) durch Nebenaltäre ergänzt. Sonderformen: kathol.

Altan am Rathaus in Wittenberg (1573)

Sarkophagaltäre (18. Jh.) u. protestant. Kanzelaltäre (18./19. Jh.).

Altargrab, die mit einem Altar verbundene Begräbnisstätte eines Märtyrers in 3 Unterscheidungsformen: 1. Bodengrab unter dem Altar, 2. Mensagrab mit Reliquiengruft in der Altarplatte u. 3. Stipesgrab mit einer Reliquie in der → Stipes.

Altarretabel [<lat.], seit dem 11. Jh. nachweisbarer Aufsatz (Rückwand) eines Altartisches aus Stein, Stuck, Holz oder Metall. Urspr. eine Bildtafel (Tabula), aus der sich seit 14. Jh. der Flügelaltar mit gemalten u. geschnitzten Darstellungen der Heilsgeschichte entwickelte. Seit 15. Jh. durch einen Untersatz (→ Predella) erweitert u. durch mehrere Klappflügel zum Wandelaltar vergrößert. Seit Spätgotik außerdem durch reiche architekton. Rahmungen u. Aufbauten (Gesprenge) geschmückt u. auf eigenen Unterbau hinter den Altartisch (→ Mensa [1]) gestellt. In Renaissance, Barock u. auch späteren Stilperioden folgten weitere Steigerungen durch Ädikulen, Assistenzfiguren, Ornamentik u. anderen Schmuck zu dominanten Repräsentationswerken der Sakralräume.

Altarschranke, niedere Brüstung oder Trenngitter zwischen dem für den Priester bestimmten Altarbereich u. den für Laien betretbaren Teilen einer Kirche, nicht zu verwechseln mit → Chorschranke u. → Lettner.

Amadeo, Giovanni Antonio, italien. Arch. u. Bildhauer (1447 Pavia–1522 Mailand). Hauptwerke: Certosa von Pavia (tätig seit 1464, 1490–99 leitender Arch.), Capella Colleoni in Bergamo (1470–75), Hof des Palazzo Rossi in Pavia (1498), Mitarbeit an Mailänder Domkuppel (1490–97).

Ambo [<gr.], kanzelartiges Pult an oder vor → Chorschranken altchristl. u. frühmittelalterl. Basiliken zur Verlesung des Evangeliums u. der Epistel. Häufigste Verbreitung in kostbarer Ausführung in Byzanz u. Italien. Seit 1. H. 13. Jh. zunehmend in Lettner eingebaut oder durch Kanzeln ersetzt.

Ammanati, Bartolomeo, italien. Bildhauer u. Arch. (1511 Settignano–1592 Florenz). Schüler von J. T. Sansovino, tätig in Padua, Rom, Florenz, Pisa, Neapel. Hauptwerke: Palazzo Ruspoli in Rom (1556), Restaurierung der Arnobrücke bei Florenz (1557), Palazzi Vitali, Pucci, Guigni, Grifoni, Montalvi u. Gartenfront Palazzo Pitti in Florenz (1558–70), Ponte di S. Trinità in Florenz (1567–70), Fassade Collegio Romano in Rom (1583–85), Brunnen, Grabdenkmäler usw. Theoretische Darlegungen im »Trattato di Architettura« (um 1550).

Amphiprostylos [gr.], → Tempelform mit offener viersäuliger Vor- u. Rückhalle.

Amphitheater [<gr., lat.], antike Großanlagen für öffentl. Veranstaltungen, Theater, Spiele, Sport, Tierjagden, Gladiatorenkämpfe u. dgl. Aufbau aus zentraler ellipt. → Arena u. ansteigenden Zuschauerrängen mit besonderen Logen für Kaiser u. Staatsbeamte, zahlr. Funktionsräumen unter den Rängen, Flutungsgräben für Wasserspiele u. a. Älteste Anlage in Pompeji (um 80 v. u. Z.), größte Anlage für etwa 50 000 Zuschauer das Kolosseum in Rom (um 80 u. Z.), ähnl. Beispiele in Syrakus, Korinth, Cagliari, Carnuntum, Capua, Pozzuli, Pola, Aquincum, Wien, Nîmes.

Andreaskreuz, x-förmige Gefachfüllung im Fachwerkbau, abgeleitet vom Märtyrerkreuz des hl. Andreas. Balkenkreuz als stat. Element zur Sicherung der Unverschieblichkeit des Ständer- u. Rahmenwerkes. Meist farbig hervorgehoben als Fassadenschmuck.

Anfänger (Anfangsstein), erster Stein eines Bogens oder Gewölbes über dem Kämpfer.

Anker → Bauanker.

Anlagen, bauliche, unterird. oder eben-

Amphitheater in Pompeji (um 80 v. u. Z.)

erdige Bauten, die in der Regel keine Ausrüstung erhalten, wie z. B. Behälterbauten, Bunker, Tunnel, Staumauern, Straßen, Kanäle, außerdem Bauten mit Gerätecharakter, d. h. techn. Einrichtungen, die aus Baumaterialien hergestellt sind, wie z. B. Kühltürme, Funk- und Fernsehtürme, Maschinenfundamente.

Anlauf, vermittelndes konkaves Bauglied zwischen vorspringendem unterem u. rückspringendem oberem Bauteil, z. B. am Übergang von Säulenbasis zu Säulenschaft. → auch Ablauf, Apophyge.

Anorganisches Bauen, setzt im Gegensatz zur → organischen Architektur das Gebäude in betonten Kontrast zur umgebenden Natur durch die Bevorzugung künstl. Baustoffe in Form von Beton, Stahl, Plaste usw.

Ante [lat.], urspr. seitl. Verschalung an Stirnwänden von antiken Lehm- u. Holzhäusern in Fortsetzung der Längswände, die über die Giebelfront hinausragen u. unter dem vorgezogenen Dach einen Vorraum als Witterungsschutz bilden. Später in den Steinbau der griech. Monumentalarchitektur als → Antentempel übernommen unter Umbildung in eine nur leicht aus der Mauerflucht vorspringende seitl. u. eine breite frontale Säulenstellung mit → Antenkapitell.

Antefix [lat.] (Stirnziegel), bemalte oder plastisch verzierte Schmuckaufsätze antiker Bauten in Form von Palmetten, Frauenköpfen, Silenmasken, Löwenköpfen oder auch einfachen Scheiben, die ähnlich → dem Akroterion auf dem Kranzgesims eines Baues befestigt u. meist den Hohlziegeln am Dachrand als Stirnziegel vorgesetzt wurden.

Antelami, Benedetto, italien. Bildhauer u. Baumeister (tätig um 1175–1235). Vertreter der italien. Hochromanik, u. a. tätig am Nordportal des Baptisteriums in Parma (1196) u. an der Fassade der Kathedrale Fidenza.

Antenkapitell, dekoratives Kopfstück der → Ante. Ansichtsseiten schmuckreich durchgebildet mit Astragal, Kyma, Eckvoluten, Palmetten, Lotos u. Akanthus.

Antentempel, griech. Tempeltypus ohne Säulenumgang mit zwei in die → Ante eingestellten Säulen, z. B. Schatzhaus der Athener in Delphi (um 500 v. u. Z.). → auch Tempelformen, Abb.

Antependium [lat.] → Altar.

Anthemion [gr.], vertikales Ornamentband aus Lotosblüten, Palmetten u. Papyrusstauden. Plast. Dekorationselement der griech. (dor.), später röm. Baukunst u. Keramik. → auch Fries.

Anthemios aus Tralles, griech. Baumeister (6. Jh.). Mit Isidoros von Milet unter Kaiser Justinian der Erbauer der Hagia Sophia in Istanbul (532–37), dem größten byzantin. Zentralbau.

Antike Baukunst, Architektur des griech.-röm. Altertums [lat. antiquitas], eingeschlossen als Vorstufen die kret.-myken. (ägäische) Entwicklung u. die Baukunst der Etrusker von etwa 3000 v. u. Z. bis zum Niedergang des röm. Imperiums im 4. Jh. Generelle Unterscheidung in Baukunst der → griechische Antike u. Baukunst der → römischen Antike.

Antikisch, adjektiv. Ausdruck für die mehr oder weniger starke Nachahmung antiker Kunst- u. Architekturformen.

Antoine, Jacques-Denis, französ. Arch. (1733–1801 Paris). Entwicklung vom Bauunternehmer zum maßgeblichsten Baukünstler Ludwigs XVI. beim Übergang vom Rokoko zum Klassizismus. Hauptwerke: Münze (1768–71) u. Vorhalle der Kapelle des Hôspital de la Charité (um 1785) in Paris, St. Marie in Nancy, Hôtel des Herzogs Berwick in Madrid, Münze in Bern.

Antonelli, Alessandro, italien. Arch. (1798 Ghemme/Novara – 1888 Turin). Studium am Polytechnikum Turin, 1836–57 Prof. für Architektur. Vertreter des Spätklassizismus. Hauptwerke: Kuppel von S. Gaudenzio in Novara (1841), Türme der Mole Antonelliana in Turin (1863), Neubau des Doms in Novara (1863–69).

Antrittsstufe, unterste Stufe eines Treppenlaufes.

Anuli [lat.], ringförmige Einschnitte am unteren Abschluß des dor. Kapitells (Überleitungsstelle zum Säulenschaft).

Äolisches Kapitell, im nordwestl. Kleinasien (Lesbos, Lawisa, Neandria) auftretende Sonderform eines Kapitells des 7. Jh. v. u. Z. mit zwei weitausladenden Voluten, zwischen denen eine Palmette herauswächst. Stilistisch verwandt mit dem ion. → Kapitell.

Apadana, iran. Hallenbau der Achämenidenzeit für öffentl. Königsaudienzen. Hauptbeispiele: Persepolis u. Pasargadai.

Apsis der Liebfrauenkirche in Halberstadt (vor 1150)

Apollodoros von Damaskus, bedeutendster Baumeister u. Architekturtheoretiker der röm. Kaiserzeit (tätig 98–117). Staatsarchitekt unter Trajan. Enge Verknüpfung spätröm. u. oriental. Formelemente. Hauptwerke: Donaubrücke bei Dobretae/Dacien (104–05), Odeion-Theater u. Stadion in Rom, Trajansforum in Rom (größte Platzanlage der Antike, 1. Jh.). Schriften über Brückenbau, Kriegstechnik u. a.

Apophyge [gr.], → Anlauf oder → Ablauf eines Architekturgliedes.

Appartement [frz.], urspr. Zimmerflucht in einem Hotel, später übertragen auf moderne komfortable Etagen-Kleinwohnungen. Der spezielle Typus mehrgeschossiger Appartementhäuser, erschlossen durch Innen- oder Außengangsysteme, ist charakterisiert durch Mindestgrundrisse in Form von Einräumen mit Küche u. Bad. Übergangsform zum Wohnhotel mit Vollmöblierung, Reinigung, Dienstleistungen verschiedener Art.

Approche [frz.], Zickzackgraben mit einseitiger Brustwehr zur gedeckten Annäherung an Festungswerke.

Apside → Apsis.

Apsidiolen, kleine Apsiden u. Nebenapsiden. Meist Abschlüsse von Seiten- u. Querschiffen basilikaler Kirchen.

Apsis [gr., lat.] (Apside), halbkreisförmige oder polygonale überwölbte Nische am Ende eines → Chores bzw. am Abschluß von Mittel-, Seiten- u. Querschiffen. In der altchristl. Basilika Standort des Bischofsstuhles, der Sitze der Geistlichen u. der Presbyter. Seit dem Mittelalter Standort von Altären, Reliquienschreinen u. Heiligenfiguren. Ab etwa 9. Jh. in der funktionellen Bedeutung reduziert durch zunehmende Anlage von Chorarmen, Nebenschiffen u. Kapellen.

Apteraltempel → Tempelformen.

Aquädukt [<lat.], von Römern erfundene künstl. Wasserführung. Ein- oder mehrstöckige Bogenbrücken mit leichtem Gefälle, die z. T. über lange Strecken geführt wurden. Bedeutendste erhaltene Anlage: Pont du Gard bei Nîmes.

Arabeske

Aquitanische Kuppelkirchen, einschiffige Saalkirchen oder kreuzförmige Anlagen der französ. Romanik (1. H. 12. Jh.), die aus Teilräumen mit quadrat. Grundriß u. abschließender → Pendentifkuppel bestehen. Verbreitung in Aquitanien u. Poitou. Hauptbeispiele: Kathedralen in Angoulême (1105) u. Périgueux (um 1120, → Kreuzkuppelkirche, Abb.).

Arabeske [<arab.], Dekorationselement aus Blatt- u. Rankenwerk stilisierter Pflanzen. Entwickelt in hellenist. Kunst als Schmuck für Friese, Pilaster u. Sockel. Wiederaufgriff in italien. Frührenaissance, verbreitet im gesamten europäischen Bereich, besonders durch dt. Ornamentstiche (speziell von H. Aldegrever). Verwendung auch in Rokoko u. Klassizismus.

Architekturbild. Piazza Navona in Rom. Stich von G. B. Piranesi

Arbeitsrat für Kunst (AFK), unter dem Einfluß der Novemberrevolution 1918 auf Initiative von → Bruno Taut u. Adolf Behne gegründete lockere Vereinigung bürgerl.-demokrat. u. proletar. Künstler, Architekten, Schriftsteller u. Kunstfreunde, die sich in besonderen Aufrufen gegen den Akademismus, histor. Stilnachahmungen u. die staatl. Bevormundung der Künstler einsetzten u. eine volkstüml. Architektur forderten. Die Vorstellungen von einer neuen Menschengemeinschaft mündeten jedoch im Expressionismus u. Utopien. 1921 Auflösung aus der Enttäuschung der Künstler über das unbefriedigende Ergebnis der Revolution.

Archaisch [<gr.], ungenauer Begriff zur Bezeichnung von Stilmerkmalen kunstgeschichtl. Frühstufen, die sich meist durch Strenge u. Geschlossenheit in der Gesamtauffassung auszeichnen. Anwendung auf die frühgriech. Kunst (7.–6. Jh. v. u. Z.), aber auch übertragen auf die Anfänge der Romanik. Histor. Rückwendungen auf die archaische Phase werden als »archaisierend« bezeichnet.

Architekt [<gr.], gleichbedeutend mit Baumeister u. Baukünstler. Berufsbezeichnung für bauentwerfende u. bauausführende Fachleute mit Universitäts- oder Fachhochschulausbildung.

Architektenvereinigung »Der Ring« → »Ring, Der«.

Architektur, Prozeß u. Ergebnis der komplexen baul. Aneignung der materiell-gegenständl. Umwelt. Sie erfolgt auf der Grundlage eines materiell-prakt. u. ideell-ästhet. Verhältnisses des Menschen zur objektiven Realität u. ist gekennzeichnet durch ästhetisch u. künstlerisch wirksame Gebäude bzw. städtebaul. Einheiten, die als Architekturwerke bezeichnet werden können.

Architekturbild, im Gegensatz zur → Architekturdarstellung die künstler. (maler. u. graph.) Fixierung realer u. idealer Bauten, Ensembles u. Innenräume. Nachweisbar seit antiker pompejan. Wandmalerei. Nach Neuanfängen in der mittelalterl. Tafelmalerei sowie französ. u. niederländ. Buchmalerei fortschreitende Entwicklung von Italien ausgehend (14. Jh.) über Schweiz, Niederlande (15. Jh.) unter Entwicklung zur selbständigen Bildgattung (um 1600) auf die gesamte europäische Malerei bis zur Gegenwart ausgeweitet. Die seit 17. Jh. entstandene Sonderform der Darstellung realer u. idealer Stadtansichten wird → Vedute genannt.

Architekturbücher, z. T. reich bebilderte theoret. Werke des 16.–18. Jh. über die Baukunst der Antike, der Renaissance u. des Barock. Überwiegend basierend auf → Vitruvs »10 Büchern vom Bauen« (1. Ausgabe 1511) u. → L. B. Albertis Werken (1451ff.), die ebenfalls in der Auseinandersetzung mit den antiken Schriften Vitruvs entstanden. Andere Theoretiker führten den Weg fort: → S. Serlio, → A. Palladio, → J. B. da Vignola → V. Scamozzi, → Ph. Delorme, → H. Vredeman de Vries, → Wendel Dietterlin, → Ch. Perrault, → N. F. u. J. F. Blondel u. a.

Architekturdarstellung, zeichner. Wiedergabe bereits bestehender oder für die Bauausführung vorgesehener Bauwerke in Form von Skizzen (Vorentwurf, Studie) u. exakten techn. Zeichnungen (Entwürfe) in Form von Grundrissen, Aufrissen, Perspektiven, Modellen, Abwicklungen sowie Einzeldetails von Bauteilen. Nicht zu verwechseln mit dem → Architekturbild.

Architektur der ehemaligen Ostblockländer. In den europäischen Ländern mit vergleichbaren Gesellschaftsordnungen auf der histor. Basis eines kontinuierl. bürgerl.-demokrat. kapitalist. Entwicklungsweges sind die geistigschöpfer. Verwandtschaften nach dem 2. Weltkrieg weiterhin aus den modernen Ideen des Neuen Bauens und des Funktionalismus der 20er u. 30er Jahre gespeist worden u. folgten dort fast ausnahmslos den Tendenzen eines weltoffenen → International Styles. Anders verhielt sich die Entwicklung in den europäischen Ländern des »Ostblocks«, deren polit. Machtverhältnisse seit Anbeginn aus eindeutiger ideolog. Gegenposition zum sogen. »amerikan. Kosmopolitismus westl. Industrieländer« auf die Begründung einer »neuen sozialist. Kultur« ausgelegt waren, auf einen spezifisch »sozialist. Stil«, der alle Phasen der Vorbereitung u. Realisierung baul. Erscheinungsformen widerspiegeln sollte. In der Konfrontation zweier Gesellschaftssysteme mit teilweise konträren kulturellen Zielstellungen war die ideolog. Kontrastwirkung im realen Erscheinungsbild politisch programmiert u. fester Bestandteil der Staatsdoktrin. Zum Leitbild für alle sozialist. Staaten auf dem angestrebten Weg zum Kommunismus wurde das sowjet. Vorbild erhoben, lange Zeit orientiert am »nationalen Erbe«, verwirklicht in monumentalen Einzelbauten,

Architekturdarstellung. Isometrische Darstellung des Französischen Domes am Gendarmenmarkt in Berlin

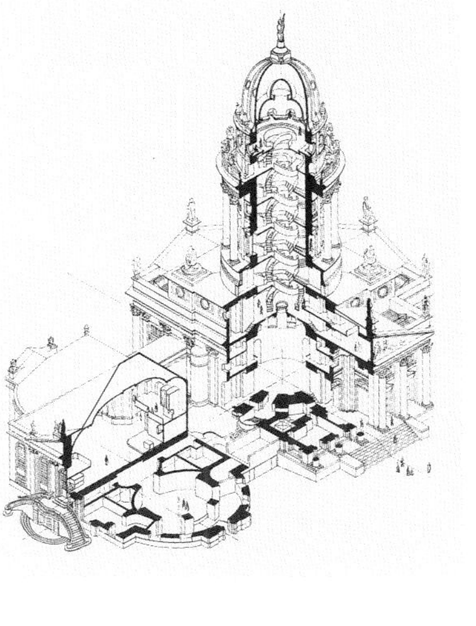

Architekturmodell eines Hochhauses für Berlin (1919–21). L. Mies van der Rohe

Ensembles u. Stadtgründungen auf grüner Wiese. Leitmotiv bis in die 50er Jahre waren der in der Stalin-Ära 1935 aufgestellte Generalplan für Moskau u. entsprechende Ableitungen. Seit 1950 erfolgte die Ausrichtung der durch Bündnispflichten abhängigen »Bruderländer« nach diesen Konzepten. Die sogen. Rekonstruktion der sozialist. Stadt bildete ein relativ deutlich deklariertes, sozialpolitisch begründetes Gegenprogramm zur nichtsozialist. Entwicklung. Es bestand auch nach den 60er Jahren, als die Phase der Beschwörung des nationalen Erbes durch das bis 1989/90 gültige System der radikalen Typisierung, Standardisierung u. Industrialisierung des Bauwesens ersetzt wurde. → auch DDR-Architektur.

Architekturmalerei → Fassadenmalerei.

Architekturmodell, verkleinerte maßstabgerechte, dreidimensionale Wiedergabe eines Bauwerkes, Bauensembles oder größerer städtebaul. Zusammenhänge, die je nach Charakter unterschieden wird in: Entwurfs-, Ausführungs-, Kontroll-, Lehr- u. Idealmodell. Außerdem im Mittelalter häufig als Votiv- oder Stiftermodell in den Händen plast. Figuren anzutreffen.

Architekturplastik → Bauplastik.

Architekturtheorie, wesentl. Bestandteil der Architektur- u. Kunstwissenschaft sowie der Ästhetik, der die Gesetzmäßigkeiten u. Bedingungen der architekton. Gestaltung u. die artspezif. Bedingungen u. Möglichkeiten der materiellen u. ideellen Aneignung der Architektur durch den Menschen erforscht. Synthet. Untersuchungen tragen zur Klärung der Wirkungsverhältnisse auf Produktivkräfte u. Gesellschaft bei. Vor der Herausbildung wissenschaftl. analyt. Forschungsmethoden dominierten Idealvorstellungen, Utopien, subjektive Interpretationen, religiöse und polit. Symbolvorstellungen. Die Beziehungen zwischen Architektur u. Gesellschaft wurden seit der Renaissance deutlicher u. flossen in eine Vielzahl von Harmonielehren ein. Mechanist.-materialist., ökonom.-techn. Beobachtungen u. viele andere Erscheinungen wurden bis ins 20. Jh. als Mittel philosoph. Begründung angewendet. Entscheidend wurde die Methode, die sich mit den sozialen Faktoren der Wirkungsweise der Architektur u. der Klärung des Wirkungsverhältnisses zwischen techn., funktionellen, ökonom. u. ideellen Komponenten befaßt.

Architektur und Lebensweise. Beide stehen in engem Zusammenhang. Architektur ist die räuml. Voraussetzung für eine Vielzahl menschl. Tätigkeiten. Sie erscheint damit als räuml. Ausdruck der gesellschaftl. Ordnung bestimmter Lebensbereiche u. ist dadurch Bestandteil der Lebensweise.

Architekturutopien → Idealstadt.

Architekturwerke, Einzelgebäude oder

Archivolten und Tympanon an der Goldenen Pforte am Freiberger Dom (um 1230–35)

städtebaul. Einheiten, deren funktionelle u. Formqualitäten gesellschaftlich bedeutsame Ideen u. Entwicklungen widerspiegeln.

Architekturzeichnung → Architekturdarstellung.

Architrav [lat.] (Epistyl [gr.]), waagerechter, den Oberbau tragender Hauptbalken (Holz, Stein) über Säulen, Pfeilern oder Pilastern antiker u. von ihr abgeleiteter Architekturen. In nachantiker Zeit von Renaissance bis Gegenwart auch Architravierungen von Pfeiler- u. Bogendarstellungen, Portalen u. Fenstern.

Archivolte [<ital.], bandartige, profilierte, zumeist mit reichem plast. Schmuck versehene Rahmenleiste eines Rundbogens an Portalen der Antike, Romanik (speziell Stufenportal), Frühgotik, Renaissance. Abb. S. 19.

Arcosolium [lat.], bogenförmig überwölbte Nische mit anschließender Grabhöhle in den Wänden von → Katakomben, oftmals dekoriert mit symbol., ornamentalen u. naturalist. Malereien.

Arena [<lat.], Bestandteil des antiken → Amphitheaters u. → Circus. Zentral angeordneter, runder bis ovaler Schauplatz für Spiele u. Theatervorführungen, Gladiatoren-, Tier- u. sonstige Wettkämpfe.

Arkade [<lat.] (Bogenhalle, Bogengang), ein durch Bogenstellungen auf Pfeilern oder Säulen begrenzter Durchgang. Bekannt seit der altägypt., griech. u. röm. Baukunst. Als beliebtes Element der Außengliederung von Baukörpern in allen Stilperioden bis zur Gegenwart angewendet.

Arkadenfenster, durch Säulchen geteilte Rundbogenfenster in gereihter Anordnung. Häufiges Motiv der Romanik.

Arkadengesims, in der Regel nur leicht hervortretendes Gesims über → Arkaden oder unter dem → Triforium im Inneren einer Kirche.

Arkatur [<lat.], offene, auf Pfeilern u. Säulen ruhende Bogenreihe.

Armierung → Bewehrung.

Arnim, Ferdinand von, dt. Arch. (1814 Treptow a. d. Rega – 1866 Potsdam). Hofarch. des Prinzen Karl v. Preußen. Ab 1833 Studium, ab 1846 Lehrer an der Bauakademie. Ausführung von Bauten in Potsdam, Glienicke u. Charlottenburg, meist nach Entwürfen von L. Persius u. A. Stüler, u. a. Friedenskirche Potsdam (1845–48), Belvederetum am Ruinenberg (1845), Schloß Lindstedt (1858), Pfingstbergschloß (1851 bis 1860).

Arnold von Westfalen, dt. Baumeister (um 1425/30–1480 Meißen). Hauptvertreter der Übergangsperiode zwischen Spätgotik u. Frührenaissance in Sachsen, seit 1471 nachweislich im Dienst der sächs. Kurfürsten, u. a. als Oberlandbaumeister. Haupttätigkeit an der Albrechtsburg in Meißen (1471–76), an den Schlössern in Glauchau, Torgau, Rochsburg, Kriebstein, Dresden,

Arkade der Plassenburg in Kulmbach (1560-69)

Tharandt u. a. m. sowie an den Stadtkirchen in Mittweida, Penig u. Rochlitz. Einführung vieler Neuerungen im Form von Gratgewölben, eingezogenen Strebepfeilern u. breiten Vorhangbögen. Genaue Abgrenzung seiner Wirksamkeit bisher ungeklärt.

Arnolfo di Cambio (A. di Firenze), italien. Baumeister u. Bildhauer (um 1245 Colle di Valdelsa – um 1302 Florenz). Beeinflußt von Antike u. N. Pisano. 1565 Mitarbeiter Pisanos, 1296 tätig am Dombau u. Sta. Croce in Florenz, Mitarbeit in Siena, Rom, Perugia u. Orvieto.

Arruda, Diego, portugies. Baumeister aus Evora (tätig 1508–31). Vertreter des → Emanuelstils. Hauptwerke: Mittelschiff u. Kapitelhaus der Klosterkirche in Tomar (1510–14), Befestigungsanlagen in Azamor u. Mazagão/Afrika (1514), Kloster u. Palast in Evora (1522–25).

Arsenal → Zeughaus.

Art Déco [frz.], Stilperiode in Malerei, Plastik, Kunsthandwerk u. Architektur in den 20er und 30er Jahren des 20. Jh., 1925 begrifflich geprägt während der »Exposition Internationale des Art Décoratifs et Industriels Modernes« in Paris. Ornamentik u. Design exklusiv in kostbarer Materialausführung, anschließend an den späten → Jugendstil mit Ausweitung auf die kubist.-stereometr. Auffassungen von Le Corbusier, F. Legér, K. Malewitsch, J. Hoffmann, P. Behrens u. a. m. In der Architektur Hauptbeispiel: Chrysler Building, New York (1928–30).

Artesischer Brunnen, künstl., durch Bohrung eröffnete Springquelle, deren Wasser ohne mechan. Hilfe infolge des Überdruckes zutage tritt. Die Bezeichnung rührt von den ersten europäischen Anlagen in der Grafschaft Artois/Frankreich.

Art Nouveau, französ. Variante des → Jugendstils, Bezeichnung nach Galerieausstellung des Kunsthändlers S. Bing

Art Déco. Chrysler Building in New York (1928–30). W. van Alen

1895 geprägt. Internationale Strömung, resultierend aus dem Betreben, den → Eklektizismus durch eine völlig neue Formgebung in Kunst und Handwerk zu überwinden. Hauptperiode zwischen 1884 u. 1905. Gekennzeichnet durch charakterist. dekorative Formen in Gestalt langgezogener an- u. abschwellender vegetabiler Ranken und Linien. Beitrag zur Aufwertung der alltägl. Umgebung durch eine anspruchsvolle moderne Formgebung. Synthese von Elementen der nachimpressionist. Malerei, japan. Farbholzschnitten, der Plakatkunst, der engl. Buchgraphik des Kreises um J. Ruskin u. W. Morris (»Arts-and-Craft«-Bewegung), der Keramik, der französ. Möbel- u. Glaskunst von E. Gallé, der Anregungen durch die Belgier V. Horta u. H. van de Velde. Bedeutendes Beispiel im Bereich der Architektur ist die Ausgestaltung des ältesten Pariser Metronetzes durch Hector Guimard. Vielfältige Verbindung zwischen Architektur u. Ornamentik (Bauplastik).

Astwerk am Nordportal der Schloßkirche Chemnitz (1503/05–25)

Artushöfe, Versammlungshäuser bürgerl.-städt. »Bruderschaften«, die an die Artussage anknüpfend, Geselligkeit in frohen Tafelrunden suchten. Seit 13. Jh. von England ausgehend über den Ostseeküstenbereich verbreitet (z. B. Danzig, um 1480).

Asam, Gebrüder, 1. Cosmas Damian, dt. Maler u. Arch. (1686 Benediktbeuren – 1739 München). 2. Egid Quirin, dt. Maler, Bildhauer, Stukkateur u. Arch. (1692 Tegernsee – 1750 Mannheim). Beide Hauptmeister des süddt. Barock bzw. Rokoko, geschult in Rom, beeinflußt von → G. L. Bernini, gemeinsam tätig. Hauptwerke: Klosterkirche in Rohr (1717–25), Klosterkirche in Aldersbach (1718–20), Umgestaltung Dom in Freising u. Heiliggeistkirche in München (1723–27), Ausgestaltungen von Schloß Mannheim, der Abtei Osterhofen (1730–35), der Klosterkirche Weltenburg (1716–36) u. der sogen. »Asamkirche« in München (1733–46).

Ashbee, Charles Robert, engl. Arch., Formgestalter u. Sozialreformer (1863 Isleworth bei London – 1942 Goddengreen). Unter Einfluß von → W. Morris 1888 Gründung eigener Werkstätten für die Ausbildung von Kunsthandwerkern als »Guild and School of Handicraft«. Von 1902 bis zum 1. Weltkrieg ansässig im Dorf Campden/Gloucestershire. 1902 Ehrenmitglied der Münchner Akademie der Künste. Hauptwerke: Wohnhäuser am Chelsea Embankment, am Cheyne Walk u. Dromenagh in London. Arbeit (mit Baillie Scott) am Großherzogl. Schloß in Darmstadt.

Asklepieion [gr.], Heiligtum des Gottes der Heilkunst. Nachweisbar in zahlr. griech. Orten, wie Epidauros (5. Jh. v. u. Z.), auf Kos u. in Athen (5. Jh. v. u. Z.), Pergamon (4. Jh. v. u. Z.).

Asplund, Erik Gunnar, schwed. Arch. (1885–1940 Stockholm). 1931 Prof. an TH Stockholm. Hauptvertreter moderner Architektur Schwedens. Anfangs Neoklassizist, später unter dem Einfluß des → Bauhauses u. → Le Corbusiers. Hauptwerke: Stadtbibliothek Stockholm (1924–28), Halle der Werkbundausstellung Stockholm (1930), Krematorium Stockholm (1940).

Asprucci, Antonio, italien. Arch. (1723–1808 Rom). Vertreter des röm. Frühklassizismus. Hauptwerk: Innenausstattungen u. Parkarchitekturen der Villa Borghese in Rom (1777–84).

Assyrische Architektur. Im 14.–10. Jh. v. u. Z. entwickelten die Assyrer mit der Erringung der Vorherrschaft in Mesopotamien eine eigene Kunst, basierend auf der ökonom. Grundlage der Tempelwirtschaften u. einem dem Herrscher gewidmeten Monumentalkult. Bau von Tempelkomplexen u. Palästen mit Grundrißformen altoriental. Wohnhäuser. Erhalten blieb ältester Palast bei Assur (13. Jh. v. u. Z.). Im Neuassyr. Reich (1000–612 v. u. Z.) trat der Kultbau zugunsten der Profanarchitektur zurück. Blüte des Palastbaues mit Hauptbeispielen in den Städten Nimrud, Khorsabad u. Ninive. Unter Einfluß des benachbarten Syrien u. Anatoliens entstanden seit dem 9. Jh. v. u. Z. Meisterwerke der Reliefkunst zur Verherrlichung der Taten der Dynasten.

Astragal [<gr.] (Perlschnur, Perlstab), ion. Zierelement aus runden u. längl. Perlen mit Zwischenplättchen an Kapitellen, Gebälk, Kassettendecken. Wiederaufnahme in Renaissance u. Klassizismus.

Astwerk, naturalist. plast. Schmuckform der Spätgotik in Form kahler, knorriger, mit vielen Stümpfen versehener Äste, auftretend an Gewölberippen, Kanzeln, Emporen, Baldachinen u. Portalen. Verbreitung um 1480–1525 in Deutschland und Böhmen, Frankreich u. Spanien.

Astylos [gr.], säulenloses Gebäude.

Atelier [<frz.], Arbeitsraum der Bildhauer, Maler u. Fotografen. Infolge der schweren Materialien der Bildhauer meist im Erdgeschoß gelegen, während sich die Ateliers der anderen Künstler in Ober- oder Dachgeschossen befinden, wo ausreichendes u. reflexarmes natürl. Licht vorherrscht.

Atlant [<gr.], in kräftiger männl. Gestalt dargestellter Himmelsträger der griech. Mythologie. In der Baukunst von griech.-röm. Antike, Renaissance, Barock u. spätem 19. Jh. anstelle von Säule u. Pfeiler neben der → Herme zur Stützung lastender Architekturteile verwendet. Weibl. Entsprechung ist die Karyatide.

Atrium [lat.], urspr. innerer, von Räumen umschlossener Wohnhof eines röm. Hauses, der sich allmählich durch Säulenhallen, Brunnen u. Pflanzen zum Repräsentationsraum entwickelte. Von dort Übertragung auf viereckige, von Säulenhallen umgebene Vorhöfe (→ auch Paradies) altchristl. u. frühmittelalterl. Basiliken mit Brunnen für rituelle Waschungen (z. B. S. Ambrogio in Mailand, Münster in Essen).

Attika [<gr.], 1. griech. Landschaft um Athen. 2. brüstungsartiger Aufbau oder niedriger geschlossener Mauerstreifen über dem Hauptgesims eines Gebäudes, einer Säulen- oder Pilasterordnung. In Antike, Renaissance, Barock u. im 19. Jh. häufig reich ausgestattet mit Plastiken, Reliefs, Vasen, Inschriften u. dgl. als ästhet. Abschluß u. zur Verdeckung dahinterliegender Dächer. Abb. S. 24.

Attikageschoß, niedriges, mit Fenstern versehenes Geschoß, das zwischen zwei Stockwerken eingeschoben ist u. dessen bauplast. Außengliederung durch Säulen, Pilaster, Statuen, Reliefs u. Inschriften der Hauptordnung bzw. Vertikalgliederung des Baues entspricht. Entwicklung im französ. Barock, beliebt auch im Klassizismus.

Attika (2) am ehem. Kronprinzenpalais in Berlin

Attische Basis, im 5. Jh. entstandene Sonderform der ion. Säulenbasis, bestehend aus oberem, weniger ausladendem Wulst, tiefer Holzkehle u. unterem, weiter ausladendem Wulst. Verbreitete Übernahme in die karoling. u. roman. Baukunst.

Attisch-ionische Ordnung → Säulenordnungen.

Aufbau, 1. Gesamtheit eines Bauablaufes, 2. Gruppierung von Baumassen, 3. räumlich-strukturelle Gruppierung eines Gebäudes, 4. alle das Dachgesims überragenden Bauteile.

Auflager, Auflagefläche für ein tragendes Bauteil. Bei Bögen u. Gewölben identisch mit → Kämpfer.

Aufriß, geometr., nichtperspektiv. Darstellung von Teilen eines Bauwerkes in Normalprojektion u. verkleinertem Maßstab. → auch Architekturdarstellung.

Aufsicht → Perspektive.

Aula [<gr., lat.], urspr. der von Wohnräumen u. z.T. Säulenumgängen umgebene Innenhof eines griech. Hauses, entsprechend dem röm. → Atrium. Seit röm. Kaiserzeit übertragen auf Palast. Im Frühmittelalter auch als »Aula regia« auf Pfalzen ausgedehnt sowie auf den Vorhof altchristl. Basiliken. Seit 16. Jh. gebräuchlich für den Festsaal einer Universität oder Schule.

Ausbau, sämtl. Bauarbeiten der Baunebengewerke zwischen Rohbau u. nutzungsfähiger Übergabe des Objektes.

Ausdruck, architektonischer, die Art u. Weise der Abbildung einer künstler. Aussage in Architekturwerken. Die Ausdrucksmöglichkeiten beruhen auf den Beziehungen zwischen Räumen u. Baukörpern u. sind gegeben durch Komposition, → Raumordnung, → Raumstruktur, → Maßstab, → Proportion. Sie äußern sich in der plast. oder flächigen Gliederung, der Farbgebung u. Lichtführung, der Beschaffenheit u. dem Einsatz des Materials, der Qualität der Ausführung, der Beherrschung konstruktiver Bedingungen u. in den Beziehungen zwischen der Form des Gebauten u. der Nutzung durch die Gesellschaft. Auf der Basis dieser spezif. Möglichkeiten kann die Architektur Aussagen über den Entwicklungsstand der Produktion, Lebensweisen u. geistig-kulturellen Ansichten einer bestimmten Gesellschaftsordnung treffen.

Ausfalltor, kleines Nebentor einer Festungsanlage mit spezieller Nutzung als Durchgang zu den Außenwerken u. bei Ausfällen gegen Belagerer.

Ausfugung, Ausfüllung horizontaler u. vertikaler Stoßfugen mit Mörtel.

Ausgeschiedene Vierung, betonte innenräuml. Aus- oder Abgrenzung der Vierung einer mittelalterl. Basilika durch spezielle Pfeilervorlagen, die oberhalb der Kämpfer in Vierungsbögen übergehen. → auch Vierung.

Auskragung, das Hervorspringen eines Bauteiles (Stockwerk, Erker, Gesims, Stein, massive Platte usw.) aus der stützenden Wand.

Auslucht [niederdt.], ein- bis mehrgeschossiger Ausbau überwiegend rechteckiger Grundform, der im Gegensatz zum vorgekragten Erker auf einem massiven Sockel errichtet wurde. Hauptverbreitung bei Schloß- u. Bürgerbauten des norddt. Einflußgebietes der Renaissance, speziell in der → Weserrenaissance.

Außengang → Laubengang.

Außenkanzel, Pilger-, Ablaß-, Frei-, Feld- u. Ratskanzel an Außenseiten kirchl. u. weltl. Gebäude in polygonaler, runder oder rechteckiger Form mit Mauerzugang oder Außentreppe. Herausbildung in Italien. Früheste Beispiele in Bologna u. Borgo (12. Jh.), bedeutendstes Werk am Dom zu Prato (Donatello u. Michelozzo, 1434–38). Weitere an Kathedralen in Nantes u. Friedhofskirchen in Guerne u. Guimilian, Michaelskapelle in Kiedrich, Stephansdom in Wien (alle 15. Jh.) sowie Wallfahrtskirche in Ronchamp (Le Corbusier, 1955).

Außenkrypta, hinter dem Chor gelegene, halboberird. u. nicht überbaute Krypta des roman. Kirchenbaues in Deutschland (11. Jh.).

Außentreppe → Treppe.

Austritt, balkonartig angelegtes oberes Ende eines Treppenlaufs oder balkonartiger Anbau vor einer Tür oder einem Fenster.

Axialität [<lat.], Wirkungsweise axialer Beziehungen im kompositor. Aufbau eines Lageplanes, Grund- oder Aufrisses von Gebäuden, Ensembles u. städtebaul. Zusammenhängen, Parks u. Grünanlagen. Bestimmt durch vertikale, horizontale, diagonale u. zirkulare geometr. Grundprinzipien, insbesondere durch die Betonung räuml. Wirkungen durch Systeme von Haupt- und Nebenachsen, die oft funktionell u. technisch bedingt sind, aber auch durch ideolog. u. ästhet. Aspekte (z. B. Planungsanlagen der barocken Bau- u. Gartenkunst).

Axonometrie [<gr.] (Kavalierperspektive, Kavalierriß), ähnlich der → Isometrie eine zeichner. Darstellung eines Bauwerkes in drei geometr. Dimensionen, aber dadurch unterschieden, daß der Grundriß maßstabgerecht u. in einem beliebigen Winkel zur Horizontalen aufgetragen wird. Dabei bleiben auch die Vertikalen maßstabgerecht, während Diagonalen u. Kurven in den vertikalen Flächen verzerrt sind.

Aztekische Architektur, Baukunst der seit 14. Jh. im Hochland von Mexiko ansässigen Völker. Ehemaliges Zen-

Auslucht. Apothekenerker am Rathaus in Lemgo (1612)

trum war die Stadt Tenochtitlán (heute Mexiko-Stadt). Die Pyramidenbauten, Tempel u. Herrscherpaläste für Adel u. Priesterschaft als Steinbauten oder aus Adoben errichtet, mit Stuckzement verkleidet, weiß getüncht, oft farbig bemalt. Wohnbauten der Bevölkerung aus Holz u. Lehm. Vernichtung der Kultur im 15. Jh. während der span. Eroberung.

Azulejos [maur.], polychrome Kacheln, die seit der Maurenzeit bis zur Gegenwart in Spanien als Baukeramik verwendet werden.

B

Backstein (Ziegel), künstl. Baustein aus lufttrockenem oder gebranntem Lehm oder Ton, vermischt mit Zuschlagstoffen. Erstes serienmäßig hergestelltes, leicht handhabbares Baumaterial. Nachweisbar seit 4. Jt. v. u. Z. in Mesopotamien. Im afrikan. Bereich z. T. rundl., sonst längsrechteckige Formate, im Mittelalter → Klosterformat. Urspr. handgestrichen, seit E. 19. Jh. maschinell in Strangpressen geformt. Stark gebrannte u. gesinterte Ziegel als Klinker bezeichnet. Diese in roher u. farbig glasierter Form bevorzugt als ästhet. Gestaltungsmittel im Backsteinbau, speziell in der Backsteingotik u. im Neuen Bauen (20. Jh.).

Backsteinbau, Mauerverbände aus unverkleidetem Backstein, bekannt bereits seit der babylon. Baukunst (6. Jh. v. u. Z.) in roher u. farbig glasierter Form (z. B. Ischtartor, Staatl. Museen Preuß. Kulturbesitz, Berlin). Anwendung auch in der islam. Architektur. In der Römerzeit vor allem beschränkt auf Zweckbauten (Mauern, Aquädukte, Thermen). Neuer Höhepunkt in der frühchristl.-byzantin. Baukunst u. in Ravenna (5.–6. Jh.). Im 10./11. Jh. unter ravennat. Einfluß Herausbildung der lombard. Backsteinarchitektur, die wiederum auf die Architektur Frankreichs u. der Niederlande u. speziell auf die → Backsteingotik Deutschlands (13.–16. Jh.) einwirkte. In Norddeutschland hielt sich die Tradition über die Renaissance hinweg bis zum 18. Jh. unter Einbeziehung von Hausteindetails. Neuaufnahmen im 19. Jh. speziell für Industriebauten. Ästhetisch propagiert u. a. auch von K. F. Schinkel als neuer Ausdruck materialgerechten Bauens. Seit M. 20. Jh. vielfach durch industrielle Bauweisen abgelöst.

Backsteingotik, norddt. Sonderentwicklung innerhalb der europäischen Gotik mit Verbreitungsschwerpunkten in Schleswig-Holstein, Mecklenburg-Vorpommern, dem ehem. Ordensland u. Brandenburg. Durch Einfluß der Hanse Übernahme französ. u. niederländ. Architekturanregungen. In der Frühzeit (13. Jh.) charakterist. Ausbildung monumentaler basilikaler bürgerl. Stadtkirchen in Anlehnung an den Grundtypus der Lübecker Marienkir-

Backsteingotik. Rathaus in Stralsund (1. H. 15. Jh.)

Backsteingotik. Zisterzienser-Klosterkirche in Bad Doberan (1291–1368)

che u.a. in Wismar, Rostock, Stralsund, Schwerin, Dargun. In der Spätzeit (14./15. Jh.) Entstehung von Hallenkirchen mit z. T. dreiapsidialem Schluß und z. T. mit Hallenumgangschören. Daneben repräsentative Rathäuser (Lübeck, Rostock, Stralsund) u. bedeutsame Wohnhäuser mit → Staffelgiebeln, besonders seit M. 14. Jh. Durchsetzung eines reichen Schmuckstils. Hauptmeister: → Hinrich Brunsberg, u. a. tätig in Greifswald, Prenzlau, Anklam u. Brandenburg.

Badia, 1. italien. Bezeichnung für Abtei. 2. arab. Bezeichnung für ein Wüstenschloß.

Baehr (Bähr), George, dt. Baumeister (1666 Fürstenwalde/Erzgebirge – 1738 Dresden). Seit 1705 Ratszimmermeister in Dresden, Hauptvertreter des sächs. protestant. Kirchenbaues des Barock. Hauptwerke: Frauenkirche Dresden (1726–38; → auch Zentralbau, Abb.), Kirche in Schmiedeberg/Erzgeb. (1713–16), Forchheim (1719–26) u.a.

Bahnhofsbauten, seit 1822–25 nach dem Vorbild alter Posthöfe entstanden. Bald Entwicklung spezieller funktioneller Lösungen in Form von Kopf- u. Durchgangsbahnhöfen mit Bahnsteigen, Bahnsteighallen u. Empfangsbauten (z. B. Bayr. Bahnhof in Leipzig, 1842). Beachtl. techn.-konstruktive u. gestalter. Revolutionierung unter Einfluß des engl. u. französ. Glas-Eisen-Baues (z. B. London-Paddington, 1854, u. Paris, Gare du Nord, 1867). Früheste u. modernste dt. Hallenkonstruktion war der Hauptbahnhof Frankfurt/M. (Schwedler & Frantz, 1883). Historisierende Stilelemente rasch durch neue Technik verdrängt, ebenso Jugendstilarchitekturen (z. B. Paris, Wien, Berlin). Bahnbrechende Anlagen mit Funktionsbedienung des Empfangsgebäudes in Stuttgart (P. Bonatz, 1913–28) u. Leipzig (Lossow & Kühne, 1907–15). In neuzeitl. Baulösungen Verwendung von Stahl u. Spannbeton, Bestreben nach einheitl. funktioneller, gestalter. u. städtebaul. Konzeption u. guter verkehrsmäßiger Anbindung (z. B. Rom, Stazione Termini; Warschau, Zentralbahnhof).

Bakema, Jacob Berend, holländ. Arch. (1914 Groningen – 1981 Rotterdam). Seit 1948 Zusammenarbeit mit → J. H. van den Broek, u.a. Industriekomplexe, Schulbauten, Stadt- u. Regionalplanungen in Rotterdam (1946–55), Rathaus Marl (1958–65), Wohnbauten in Hamburg u. Berlin.

Baldachin, urspr. kostbarer Stoff-»Himmel« über Thronen, Bischofsstühlen, Altären, Kanzeln, Betten u. Katafalken. Verbreitung vermutlich seit altbyzantin. Zeit. Architektonisierungen seit dem 13. Jh. in Holz u. Stein, speziell in Verbindung mit dem → Ciborium u. besonders als Statuenbaldachin über mittelalterl. Plastiken (z. B. Naumburger Dom, Westchor).

Baldachingrab, Grabmal mit Steinüberdachung in Form eines Baldachins

(z. B. Elisabethkirche Marburg u. Skaliger-Gräber in Verona).

Balken, einseitig eingespannter oder auf 2 u. mehr Stützen liegender baustat. Träger aus Holz, Stahl oder Stahlbeton.

Balkenkopf, Endstück des auf der Mauer aufliegenden Balkens, besonders im Fachwerk oft reich durch Bemalung u. Schnitzerei verziert.

Balkenlage, System der Balkenabdekkung eines Raumes.

Balkon [<frz.], offener, mit Brüstung umgebener, aus der Fassade hervorkragender, nicht vom Boden gestützter Austritt an Gebäudeobergeschossen.

Ballagh, Josef, slowak. Arch. (1781–1869). Vertreter des Klassizismus unter Übernahme u. Weiterentwicklung der Ideen von → K. F. Schinkel u. → L. v. Klenze. Hauptwerke in Košice: Palais Luženský, Dessewffy, Csaky, Forkacs u. a. m.

Ballenblume, schellen- oder knospenförmiges plast. Ornament zur Verzierung von Hohlkehlen. Verbreitet in engl. Gotik (14. Jh.).

Ballistrarium [gr., lat.], kreuzförmige Schießscharten für Armbrustschützen an mittelalterl. Burgen.

Ballonbauten, am Erdboden fest verankerte, aufblasbare Kunststoff-Faserhüllen, die durch ein Luftvolumen mit leichtem Überdruck gestützt u. über Luftschleusen zugänglich sind. Verwendung als Lager- u. Ausstellungshallen.

Baluster [<frz.], geschwungene Säulchen aus Holz (Docke) u. Stein, die mit dem Handlauf ein offenes Geländer (Balustrade) bilden.

Bandelwerk, (Laub- u. Bandelwerk), aus der Verarbeitung älterer Ornamentformen (Arabeske, Groteske) von französ. Künstlern unter J. Berain entwikkelte Dekorationsform der Stilstufe der »Régence«. Schlingwerk von Bändern, Ranken, Blättern u. figürl. Motiven. Entstehung um 1690, Höhepunkt der

Bandelwerk

Verbreitung über ganz Europa im 1. Drittel 18. Jh.

Bandgeflecht → Flechtband.

Bandrippe, Rippenform des frühen Kreuzrippengewölbes (12. Jh.) in Form eines massiven, flachen rechteckigen Steinbandes.

Banksockel, Sockelform italien. Frührenaissancepaläste, die am Außenbau als umlaufende Sitzbank ausgebildet ist (z. B. Palazzo Strozzi, Rucellai u. Guadaqui in Florenz).

Baptisterium [<gr., lat.], einer Bischofskirche zugeordnete Taufkirche. Überwiegend Zentralbauten mit quadrat., rundem, polygonalem, kreuz- u. kleeblattförmigem Grundriß u. eingetieftem Becken für die Erwachsenentaufe (vollständiges Untertauchen). Hauptbeispiele in Italien bis ins 15. Jh. benutzt (z. B. Neapel, 4. Jh.; Florenz, 1150–80; Pisa, 1178; Parma, 1196), ansonsten seit Romanik Funktion an Taufstein übergegangen.

Barbakane [<pers., ital.], spezielles Außenwerk mittelalterl. Burg- u. Stadt-

befestigungen mit Schießscharten u. Wehrgängen zur Verstärkung eines Haupttores u. zur ersten Abwehr von Angriffen auf das Tor; z. B. Stadtbefestigung in Krakau, 15. Jh.

Barelli, Agostino, italien. Arch. (1627–87 Bologna). Mit italien. Bautrupp Übertragung des Barock nach Bayern, Hauptmeister der Münchner Hofbaukunst. Seit 1676 Ratsbaumeister in Bologna. Hauptwerke: S. Bartolomeo (1653) u. Vorhalle S. Madonna del Barracano (um 1653) in Bologna, Umgestaltung S. Madonna del Monte bei Vicenza, Theatinerkirche in München (1663) als Protobeispiel süddt. sakraler Barockbaukunst, erste Anlage von Schloß Nymphenburg (um 1665), Päpstl. Zimmer der Münchner Residenz.

Barma, russ. Baumeister des 16. Jh. Hauptwerk: Wassili-Blashenni-Kathedrale in Moskau (gemeinsam mit Posnik aus Pskow), erbaut als Ruhmesdenkmal anläßlich der Befreiung vom tatar. u. mongol. Joch.

Barock, Kunststil z. Z. des entfalteten Feudalabsolutismus u. der Gegenreformation unter den ökonom. Bedingungen des merkantilist. Manufakturkapitalismus. Verbreitung in Italien seit etwa 1560–80, in den übrigen Ländern Europas etwa zwischen 1620–1750. Mittel prunkvoller Macht- u. Repräsentationspolitik der herrschenden Klasse gegenüber dem aufstrebenden Bürgertum. Gekennzeichnet durch stilistisch unterschiedl. Strömungen von der kraftvollen Formenbewegtheit über die spannungsreich-rhythm. Gestaltung bewegter Räume bis zu klassizist.-palladianist. Tendenzen unter großartiger Synthese von Architektur, Plastik u. Malerei. Hauptbauaufgaben waren das fürstl. → Schloß mit Ehrenhof (→ Cour d'honneur), Park (→ Französischer Garten), → Orangerie, → Marstall usw. als Mittelpunkt axialer städtebaul. Konzeptionen, ferner das städt. Adelspalais u. Landschloß, die vom Typus der »Il Gesù« in Rom abgeleiteten Kirchenbauten mit charakterist. Verschmelzung von Langhaus u. Zentralraum sowie ausgedehnte Klosteranlagen. Hauptvertreter: → Bernini, → Borromini, → Maderno, → Guarini, → Fischer von Erlach, → Hildebrandt, → Neumann, → Pöppelmann, → Schlüter, → Knobelsdorff u. a. m. Abb. S. 30.

Baptisterium in Florenz (1150–80)

Barry, Sir Charles, engl. Arch. u. Landschaftsgestalter (1795–1860 London). Studienaufenthalte in Italien, Griechenland, Vorderem Orient. Vertreter des engl. Klassizismus u. der → Neogotik. Hauptwerke in London: Travellers Club in Pall Mall (1832), College of Surgeons, Bridgewater House, New Palace of Westminster (1840–52, Baukomplex mit etwa 1100 Räumen).

Bartning, Otto, dt. Arch. (1883 Karlsruhe – 1959 Darmstadt). Studium an TH Berlin u. Karlsruhe (1904–08), 1926–30 Direktor der Hochschule für Baukunst, bildende Kunst und Handwerk Weimar. Seit 1930 freischaffend. 1946 Vorsitzender des wiedergegründeten → Deutschen Werkbundes, 1951 Vorsitzender des Bundes Deutscher Ar-

Barock. Schloß Solitùde bei Stuttgart (1763–67). C. F. Weyhing/P. de la Guêpiére

Barock. Kirche S. Carlo alle quattro fontane in Rom (1638–41). F. Borromini

Barock. Treppenhaus im Residenzschloß Würzburg (1744, 1765/66). J. B. Neumann/L. Bossi

chitekten der BRD. Urspr. beeinflußt durch Traditionen → F. Weinbrenners, nach dem 1. Weltkrieg Überleitung zum Expressionismus. Hauptwerke: Stahlkirche auf der »Pressa« in Köln (1928), zahlr. Kirchen, Messebauten, Fabriken, Krankenhäuser, Landhäuser u. Massenwohnungsbau, z. B. Siedlung Berlin-Schöneberg (1926–28), Teile der Siedlung Berlin-Jungfernheide (1929–30), Siedlung Berlin-Haselhorst (1932–33), Lehmbauversuchssiedlung in Neckarsteinach (1946).

Basar [<pers.], geschlossenes Geschäftsviertel mit überdachten Ladenreihen, die sich mit Verkaufsständen zur Straße öffnen. Oft Gegenstand spezieller architekton. Gestaltung. Verbreitet in islam. Ländern, Übertragung auch auf moderne Handels- u. Geschäftszentren nichtoriental. Länder.

Bashenow, Wassili Iwanowitsch, russ. Baumeister (1737 vermutlich Moskau – 1799 St. Petersburg). Studium an Universität Moskau (1755–58) u. Akademie St. Petersburg (1758–60), Aufenthalt in Frankreich u. Italien (1760–65). 1799 Vizepräsident der Akademie der Künste, Mitbegründer des russ. Klassizismus. Hauptwerke in Moskau: Entwurf für Kremlpalast (1767–73), Landsitz in Zarizyn, Juschkow-Haus, Dolgow-Haus (70er Jahre), Gebäude der heutigen Leninbibliothek (1784–86), Pawlow-Krankenhaus, Landsitze um Moskau. Herausgeber einer Geschichte der russ. Architektur.

Basilika [<lat., gr.], in der altröm. Baukunst eine mehrschiffige profane Halle mit überhöhtem Mittelschiff u. niedrigeren Seitenschiffen, z. T. mit angefügten → Emporen u. → Apsiden. Urspr. verwendet als Markt-, Gerichts- u. Versammlungshalle. Übernahme durch die Christen als 3- u. mehrschiffige Versammlungsstätte, je nach Stützenart als Säulen- oder Pfeilerbasilika. Dabei Ostabschluß durch Apsis mit → Altar, Kathedra und z. T. → Presbyterium, häufig auch mit einer → Krypta. Seit 4. Jh. in Rom Auftreten des → Querschiffes, seit 9. Jh. Herausbildung des → Chorquadrates u. der → Vierung. Nach dem 11. Jh. Übergang von flachen Holzbalkendecken zu Wölbungen. Übernahme der Grundanlage in den gesamten europäischen Sakralbereich des Mittelalters mit vielen Bereicherungen durch Vorhallen (→ Peristyl, → Narthex), Türme, → Westriegel, → Westwerke, Klosterhöfe usw.

Basis [<gr.], profilierter ausladender Fuß einer Säule oder eines Pfeilers mit stat. Funktion, die Druckkraft der Stütze auf eine breitere Grundfläche zu verteilen. Verbreitetste Hauptform der Antike seit 5. Jh. v. u. Z. ist die → Attische Basis.

Bastei → Bastion.

Bastille (Bastide) [frz.], urspr. Teil einer mittelalterl. Außenbefestigung, später Bezeichnung für befestigtes Schloß. Hauptbeispiel: B. in Paris (1369–89), als Bollwerk gegen England, dann als Staatsgefängnis verwendet. In Französ. Revolution 1789 von revolutionären Volksmassen zerstört.

Bastion [<frz.] (Bastei), urspr. ein vor die → Festung gesetztes Verteidigungsbollwerk zur Sicherung des Vorfeldes. Entstehung mit der Entwicklung der

Basilika. Rekonstruktion des Mainzer Domes

Feuerwaffen im 16. Jh. Im 16./17. Jh. zur festungsartigen Verstärkung oftmals den Burg- u. Schloßanlagen vorgelagert, im 18./19. Jh. zu teilweise gewaltigen Ausmaßen in Stadtbefestigungssystemen entwickelt.

Bauabnahme, nach Abschluß des länderspezif. Baugenehmigungsverfahrens u. der vollendeten Baudurchführung die gesetzlich geforderte Besichtigung u. Prüfung eines Neubaues oder einer baul. Erweiterung zur Feststellung, ob die Ausführung den genehmigten Plänen, den festgesetzten Bedingungen u. gesetzl. Vorschriften des Bauens entspricht.

Bauabrechnung, die vollständige Zusammenstellung des Kostenaufwandes, den ein ausgeführtes Bauvorhaben verursacht hat.

Bauabschnitt, innerhalb einer zeitl. u. räuml. Grenze fertigzustellender Teil eines Bauvorhabens. Wichtiger Bestandteil des baul. Planungsprozesses.

Bauabstand, die gesetzlich festgelegte oder durch Vorschriften geregelte Entfernung, die zwischen einem Neubau u. einem bestehenden Nachbargebäude einzuhalten ist.

Bauachse → Axialität.

Bauakademie, 1799 unter Mitwirkung von → D. Gilly als Paralleleinrichtung zur Akademie der Künste in Berlin gegründete königl.-preuß. Lehranstalt u. wissenschaftl. Einrichtung zur Lösung bautechn. Fragen im Dienste der staatl. Bauverwaltung. Der Inhalt der Lehrtätigkeit wurde vor allem geprägt durch D. Gilly, → K. F. Schinkel, den Gewerbepolitiker Peter Christian Beuth (1781–1853) u. zahlr. Persönlichkeiten, die selbst aus der Institution hervorgingen, darunter Ingenieure u. Arch. wie F. Adler, F. v. Arnim, H. Blankenstein, C. F. Busse, G. Erbkam, J. A. Eytelwein, M. Gropius, L. F. Hesse, F. Hitzig, L. Hoffmann, C. F. Langhans, L. Persius, H. Strack, F. A. Stüler, H. Waesemann u. a. m. Zugleich Wirkungsort namhafter Bau- u. Kunsthistoriker wie Jacob Burckhardt (1818–97), Franz Kugler (1808–58), Wilhelm Lübke (1826–93), Carl Friedrich v. Rumohr (1775–1843), Karl Schnaase (1798–1875), Gustav Friedrich Waagen (1794–1868). Hauptgegenstände der Lehrtätigkeit waren Feldmeßkunde, Gebäudekonstruktion, Statik, Mechanik, Bauphysik, Mathematik, Optik, Hydraulik, Maschinenlehre, Schleusen-, Brücken- u. Wegebaukunst, Strom- u. Deichbaukunst, perspektiv. u. architekton. Zeichnen, Kunst der Bauverzierungen, Baugeschichte, Stadtbaukunst, ökonom. Baukunst u. Geschäftsstil. Urspr. Unterbringung im Verwaltungsbau des preuß. Generaldirektoriums am Berliner Hausvogteiplatz, seit 1800 in der ehem. Münze am Werderschen Markt, seit 1835 in dem dort von K. F. Schinkel speziell errichteten Gebäude der »Bauakademie« (nach Zerstörung im 2. Weltkrieg abgetragen).

Die Einrichtung wirkte nachhaltig auf die Entwicklung des deutschen u. teilweise auch des osteuropäischen Bauwesens. Die zunehmende Orientierung Ende des 19. Jh. auf Erfordernisse einer universitären Forschung u. Ausbildung führte 1879 unter Vereinigung der Bauakademie u. der Berliner Gewerbeakademie zur Gründung der Technischen Hochschule Charlottenburg. Nachfolgeinstitutionen der Bauakademie im Dienste der Bauverwaltung waren u. a. die 1880 gegründete Preuß. Akademie des Bauwesens, 1933 umgewandelt in die Akademie des Großdeutschen Reiches, ferner die Dt. Akademie für Bauforschung, die Akademie für Landesforschung u. Reichsplanung, entstanden 1935 aus der Freien Akademie des Städtebaues u. Dt. Akademie für Städtebau, Reichs- u. Landesplanung. 1951 Gründung einer neuen staatl. »Dt. Bauakademie« in der DDR als Zentrum der Bauforschung in Berlin, 197[illegible] umbenannt in »Bauakademie der DDR«, 1991 aufgelöst.

Bauanker, Element aus Holz, Eisen oder Stahl zur Verankerung von Bauteilen u. zum Auffangen von Seitenschüben, z. B. als Giebelanker (Verbindung von Balkenlagen u. Giebelmauerwerk) oder Gewölbeanker (Bänder innerhalb der Gewölbekonstruktion). Im modernen Großplattenbau meist durch Verschweißungen ersetzt. Die Splinte alter Giebelanker vergangener Jahrhunderte waren oft als »Zieranker« künstlerisch als Ornamente, Initialen oder Jahreszahlen gestaltet.

Bauanschlag, Vorausberechnung der Baukosten.

Bauantrag, der schriftl. Antrag auf Erteilung einer Baugenehmigung.

Bauaufgabe, allgemein die Aufgabe, Bauten für sich entfaltende Lebensprozesse zu entwickeln, im besonderen Sinne die konkrete Aufgabenstellung als Summe aller Anforderungen an einen bestimmten Baubereich oder ein spezielles Objekt. Sie wird inhaltlich und funktionell durch den jeweiligen Bauherrn oder Auftraggeber bestimmt, der die Vorgaben zum baul. Entwurf veranlaßt.

Bauaufnahme, Erfassung u. Darstellung des Zustandes eines baul. Objektes bzw. Objektteiles zum Zwecke der Inventarisation oder als Voraussetzung für vorgesehene baul. Maßnahmen, wie Denkmalpflege, Wiederherstellung, Modernisierung, Abriß u. dgl.

Baubeschränkung, die zonenweise Beschränkung der Bauhöhe, Baumasse u. Baudichte.

Bauden, einzeln liegende Häuser der Viehbauern in den höheren Teilen des Gebirges. Sie sind entweder ständig bewohnt (Winterbauden) oder nur vorübergehend im Sommer nach Art der Sennhütten (Sommerbauden). Oft in Blockbauweise mit Schindeldächern errichtet. Übertragung der Bezeichnung auch auf Berggasthöfe u. -herbergen.

Bauelemente, industriell vorgefertigte konstruktive Grundelemente zur Errichtung u. Ausstattung von Bauwerken.

Bauentwurf, aus Skizzen u. Kostenüberschlag (allgemeiner B.) oder aus exakten Bauzeichnungen u. Kostenanschlag (genauer B.) bestehende Unterlage für die Ausführung eines Baues.

Bauernhaus, Wohngebäude der bäuerl. Bevölkerung, in ländl. Volksbauweise (→ Blockbau, → Fachwerk, → Lehmbauweise u. Stein) entstanden aus prähistor. Vorformen (→ Pfostenhaus usw.). Seit dem Neolithikum beginnende Differenzierung in Wohn-, Wohnstall-, Stall- u. Vorratsgebäude, seit der späten Bronzezeit mit der Herausbildung des privaten Eigentums Entstehung des → Gehöfts. Durch unterschiedl. Produktionsweisen u. geograph.-klimat. Verhältnisse formten sich verschiedenartige Typen. In Deutschland werden generell unterschieden: 1. oberdt. Gruppe (z. B. Wohnstallhäuser im Schwarzwald, Oberbayern, Niederbayern, Hessen u. Franken; Fränk. Einhaus oder Gehöft in Franken, Pfalz, Rheinland, Thüringen, Sachsen u. Schlesien; Märk. Mittelflurhaus in Brandenburg u. ostdt. Bauernhaus mit → Umgebinde in der Lausitz u. a. Gebieten, sowie sorbischem Blockhaus im Spreewald). 2. niederdt. Formgruppe (Niedersachsenhaus u. Friesenhaus), meist Einhaustypen in Einzellage (→ Gulfhaus, → Haubarg), verbreitet in Schleswig-Holstein, Niedersachsen, Westfalen, Mecklenburg u. im Niederrheingebiet.

Baufälligkeit, ein Bauzustand, bei dem der Einsturz einzelner Teile oder des Ganzen droht.

Bauflucht, vordere Begrenzungslinie von Gebäudefronten an Straßen u. Plätzen. Im Mittelalter identisch mit der vorderen Grundstücksgrenze, deren strikte Einhaltung bereits in frühen Bauordnungen der durch Mauern eingeengten Städte gefordert war. Seit der

Renaissance nicht nur aus verkehrsfunktionellen Erwägungen, sondern auch als künstler.-ästhet. Mittel zur Erzielung städtebaul. Wirksamkeit als Notwendigkeit erkannt. Bis zum Ende des 19. Jh. stellten die Baufluchtlinien ein wichtiges baugesetzl. Mittel für die Stadtplanung dar, dem erst der moderne Städtebau des 20. Jh. mit den Bestrebungen, frei kombinierbare Bauten u. Ensembles zu errichten, entgegenwirkt.

Baufreiheit, das Recht, auf einem Grundstück Bauten zu errichten. Es kann im gesellschaftl. Interesse, zum Schutze der Nutzer u. zum Schutze der Nachbarn durch Gesetze u. Bauvorschriften eingeschränkt werden.

Baufronen, die Pflicht der unfreien Bauern der Feudalgesellschaft, bei herrschaftl. Bauvorhaben unentgeltlich mitzuarbeiten. Beseitigung mit der Aufhebung der Leibeigenschaft im 19. Jh.

Baugewerkschule Lehranstalt des späten 19. u. frühen 20. Jh. zur Ausbildung von Maurer- u. Zimmermeistern, Polieren, Bauzeichnern u. anderen Bauhandwerkern. In Deutschland bestanden etwa 60 Einrichtungen dieser Art. Der Besuch erfolgte im Winter, verteilte sich auf 5 Halbjahrklassen u. schloß mit einer staatl. Prüfung als Meister ab.

Bauglas, maschinell hergestellte Glasarten, die in vielfältiger Weise Verwendung im Bauwesen finden u. neben überwiegenden funktionellen Zwecken als architekton. Gestaltungsmittel dienen: 1. Flachglas (Tafelglas, Gußglas, Spiegelglas, Farbglas, Drahtglas) mit den entsprechenden Veredlungsstufen (Mattglas, Milchglas, Antikglas, Ornamentglas, Seidentonglas usw.), 2. Sicherheitsglas (Verbundsicherheitsglas), 3. Preßglas (Glasbausteine, Glasdachsteine, Betonglas), 4. Glasfaser (Glasseide, Glaswatte, Glaswolle als Dämmstoffe), 5. Schaumglas als Dämmstoff, 6. techn. Gläser (Einschichtsicherheitsglas, Wärme-, Sonnenschutz- u. Lichtfilterglas), 7. organ. Glas (glasartig wirkende Plaste).

Bauglieder, einzelne Teile eines Bauwerkes, aber auch die Elemente der Formen einzelner Bauteile. Nach ihrer Funktion werden unterschieden: tragende u. stützende, scheidende u. trennende, säumende, verbindende u. bekrönende Bauglieder.

Bauhaus, Staatliches, bedeutendes Kunstinstitut des 20. Jh. in Weimar (1919–24) u. Dessau (1925–32) zur möglichst vielseitigen Ausbildung von Künstlern, die sich in enger Verflechtung von geistig-künstler. u. prakt.-handwerkl. Versuchsarbeit in einem auf Werkstätten beruhenden Lehrbetrieb das Ziel setzten, Kunst u. Industrie im Sinne »umfassender Lebensgestaltung« neu zusammenzuführen. Damit wurde auch die Neuformung der Architektur u. der industriellen Massenproduktion angestrebt. Gründung 1919 unter Leitung von → W. Gropius in Weimar unter Berufung von Formmeistern. Nach anfänglich stark expressionist. u. ästhetisierenden Tendenzen Auseinandersetzung mit Problemen der Typisierung, Serienfertigung u. industriellen Produktion unter Einbeziehung von Anregungen der holländ. → De Stijl-Bewegung u. der russ. Konstruktivisten, sowie Anregungen → Le Corbusiers. Wegen der künstler. Zielsetzungen u. des zunehmenden polit. Engagements infolge des Einflusses der Oktober- u. der Novemberrevolution u. wegen zunehmender Sympathisierung mit der Arbeiterbewegung 1924 zur Auflösung gezwungen. 1925 Neugründung durch Gropius in Dessau, 1926 Einzug in das von Gropius entworfene Bauhausgebäude (→ Neue Sachlichkeit, Abb.). Zunehmender Übergang zum → Funktionalismus, besonders ab 1927 unter neuer Leitung von → H. Meyer mit unmittelbar praxiswirksamer Entwurfstätigkeit. Auseinandersetzungen mit den gesellschaftl. Widersprüchen, sozialpolit. Betätigung, Beschäftigung mit marxist. Lehren, Bildung von Agitprop-Gruppen u. dgl. führten 1930 zur Entlassung Meyers u. trotz »Entpolitisierung« unter Leitung → L. Mies van der Rohes 1932 auf Betreiben der Faschisten zur Auflösung. Eine neuerl. Gründung in Berlin-Steglitz scheiterte 1933. Seit 1986 Neuprofilierung des Dessauer B. als nationale u. internationale Bildungs-, Forschungs- und Experimentierstätte für Arch., Städteplaner, Formgestalter u. bildende Künstler. Derzeitige Gliederung in die Bereiche Werkstatt, Sammlung u. Akademie.

Bauhof, Gebäude zur Lagerung häufig gebrauchter Baumaterialien u. Baugerätschaften. Entstanden am Ausgang des Mittelalters als kommunale Einrichtung in Städten mit selbständigen bürgerl. Baugewerken.

Bauhütte, im 13. Jh. aus klösterl. Baubetrieben hervorgegangene Werkstattgemeinschaften aus Steinmetzen u. Maurern, deren Mitglieder nach jahrelanger Ausbildungszeit an strenge Hüttenordnungen u. -geheimnisse gebunden waren. Den Haupthütten in Straßburg, Köln, Magdeburg, Wien u. Bern unterstanden zahlr. Nebenhütten, deren Aufgaben sich ausschließlich auf die kirchl. Monumentalbaukunst konzentrierten. Nach Blütezeit im 14. Jh. ab 15. Jh. durch Zunahme profaner Bauaufgaben u. Konkurrenz der aufstrebenden Handwerksbetriebe städt. Zünfte systemat. Verfall der Hütten bis zur Auflösung der Reste im 19. Jahrhundert.

Bauinschrift, Inschrift an Bauwerken mit Daten über Entstehungszeiten, Baukünstler, Bauherrn, histor. Anlässe u. dgl.

Baukastensystem, Form des industriellen Bauwesens, die das Zusammenfügen von Bauteilen u. Bauten aus vorgefertigten Bauelementen ermöglicht, die auf einem Sortiment beruhen, dem eine einheitl. Maßordnung zugrunde gelegt wurde.

Baukeramik, alle konstruktiven u. dekorativen keram. Teile des Außen- u. Innenbaues in Form glasierter u. unglasierter Lehm- u. Tonziegel, Platten u. Friese aus Terrakotta, Steinzeug, Steingut, Fayence usw. Verwendet seit dem 3. Jt. v. u. Z. in Babylonien u. dem ägypt. Altertum im 15. Jh. v. u. Z. bis zur Gegenwart.

Baukörper, die oberhalb des Erdbodens sichtbaren u. in ihrer Form vom Menschen erlebbaren Gebäudekubaturen mit u. ohne nutzbaren Innenräumen sowie dem sie umgebenden Außenraum. Baukörper u. Räume bedingen sich wechselseitig. Die architekton. Gestaltung ist vor allem auf die Ausformung der Grenzflächen der Baukörper gerichtet. Ausmaße, Gliederung, Farbe u. Material bestimmen die Wirksamkeit des jeweiligen Baukörpers.

Bauleitplanung, die Aufgabe, die baul. u. sonstige Nutzung von Grundstücken in der Gemeinde nach Maßgabe des Baugesetzbuches vorzubereiten u. zu leiten. Zur Lenkung der städtebaul. Entwicklung existieren 2 Kategorien dieser Planung: der vorbereitende Flächennutzungsplan u. der verbindl. Bebauungsplan.

Baulücke → Bauwich.

Baumaß → Konstruktionsmaß.

Baumeister, ältere Berufsbezeichnung, bei der im Gegensatz zum später herausgebildeten → Architekten der theoret. Teil der Entwurfsarbeit und die prakt. Tätigkeit der Bauausführung noch in einer Hand lagen. In vielen Fällen wird der Begriff auf den Bauunternehmer angewendet.

Baunaht, deutlich erkennbare Stelle an einem Bauwerk, an der sich aufgrund längerer Bauunterbrechung mit techn. u. stilist. Änderung ältere Bauteile von jüngeren absetzen.

Bauopfer, die in heidn. Zeit verbreitete Sitte, beim Hausbau in die Fundamente ein lebendes Wesen, besonders ein Haustier oder dessen Knochen oder aber plast. Figuren einzumauern, um einem schützenden Dämon zu huldigen.

Bauornamentik, schmückende, nichtfigurale plast. Dekorationselemente eines Baukörpers zur Gliederung u. künstler. Belebung einzelner Bauformen. Ausgeprägtes Auftreten seit den frühantiken Kulturen an Fassaden, Wänden, Giebeln, Dächern, Balustraden, Portalen, Wölbungen, Säulen, Pfeilern, Diensten, Pilastern, Lisenen, Friesen, Blenden, Maßwerk usw., z. T. in speziellen naturnahen oder stärker stilisierten Zierformen als → Akanthus, → Beschlagwerk u. dgl.

Bauperiode, genau definierter Zeitabschnitt in der Entstehungsgeschichte eines Bauwerks.

Bauplastik, alle im Zusammenhang mit einem Bauwerk stehenden plast. Gestaltungen in dekorativ-ornamentaler u. figuraler Form. Seit ältester Zeit in Babylonien, Assyrien u. Ägypten, später in der griech., etrusk. u. röm. Baukunst in religiöser Bestimmung zweckgebunden angewendet. Wiederaufleben seit 11./12. Jh. in der sakralen Architektur des Mittelalters, speziell als Gewändestatuen u. figürl. → Reliefs. Seit der Renaissance zunehmende Verbreitung antifeudaler, weltl. Ideengehalte des sich entwickelnden Bürgertums. Die noch im Barock bestehende enge Durchdringung von Architektur, Malerei u. Plastik begann sich mit dem Klassizismus zu reduzieren auf flächenfüllende Reliefs u. Figurennischen. Nach dem historisierenden Epigonentum des späten 19. Jh. trat die Bauplastik seit dem 1. Weltkrieg hinter den Auffassungen der Neuen Sachlichkeit u. des Funktionalismus zurück. Die Architektur der Gegenwart erstrebt durch synthet. Verbindung von Bau- u. Bildkunst neue, zeitentsprechende Aussagen u. Gestaltungen.

Baurecht, die Gesamtheit der sich auf das Bauwesen beziehenden Rechtsvorschriften. Es unterliegt im öffentl. Interesse einer Reihe von Beschränkungen, insbesondere zur Wahrung von Sicherheit, Brandschutz, Hygiene, Nachbarschaftsrecht, Einhaltung der Baufluchtlinie, Sicherung der Belange des Verkehrs, der Be- u. Entwässerung usw. Strenge Festlegungen dieser Art gab es bereits im Altertum in Assyrien, Babylonien, Griechenland u. im Röm. Reich. Im Mittelalter seit A. 13. Jh. baugesetzl. Festlegungen im »Sachsenspiegel« u. örtl. Statuten in den Städten, die vom 16.–18. Jh. häufig durch landesfürstl. Bauordnungen ersetzt wurden. Versuche, die Vielzahl der Ordnungen im 19. Jh. zu vereinheitlichen, brachten nur Teilerfolge. Dazu gehörten u. a. Polizeiverordnungen, die 1925 erlassene Bauordnung für die Stadt Berlin, unterschiedl. Städtebaugesetze in einzelnen Ländern aus der Zeit nach 1930 u. Aufbaugesetze der 50er Jahre. Seit 1987 wird der rechtl. Rahmen der Stadtplanung in der Bundesrepublik Deutschland bestimmt durch das Baugesetzbuch (BauGB) als Zusammenfassung des 1960 verabschiedeten u. zwischenzeitlich mehrfach novellierten Bundesbaugesetzes u. des Städtebauförderungsgesetzes von 1971.

Bauriß, Teil der mit graph. Mitteln vorgenommenen Architekturdarstellung, erforderlich für die Baudurchführung, speziell in Form des → Grundrisses u. → Aufrisses.

Bauverfahren, Methoden zur Organisation des Bauablaufes (z. B. komplexe Fließfertigung, Taktverfahren).

Bauweise, 1. die Art u. Weise der Herstellung von Gebäuden u. baul. Anlagen, d.h. die Technologie ihrer Produktion. 2. die Anordnungsart einzelner Gebäude in einer städtebaul. Einheit, d. h. offen, geschlossen oder gemischt. → auch industrielle Bauweisen.

Bauwerke, Sammelbegriff für Gebäude u. baul. Anlagen, wobei die oberhalb der Erdoberfläche u. vorwiegend fest überdachten Bauwerke als Gebäude bezeichnet werden im Unterschied zu ebenerdigen bzw. unterird. Bauten, die nicht den Charakter eines Gebäudes haben u. daher als baul. Anlagen angesehen werden.

Bauwich (Baulücke), enger Seitenabstand zweier Nachbarhäuser zum Zwecke der Wasserableitung u. Reduzierung der Brandgefahr. Im altröm. Baugesetz 5 Fuß Breite, im Spätmittelalter aus innerstädt. Platznot auf 3–1 Fuß herabgesetzt. Seit der Renaissance mit zunehmender Firstschwenkung vom Giebel- zum Traufenhaus allmähl. Wegfall.

Beauvais, Ossip Iwanowitsch, russ. Arch. (1784 St. Petersburg – 1834 Moskau). 1912 Mitglied der Kommission für den Wiederaufbau des in den Napoleonischen Kriegen niedergebrannten Moskau mit Wiederherstellungsprojekten des histor. Teils des Moskauer Zentrums, speziell für Kremlbereich, Roten Platz, Alexanderpark u. Theaterplatz.

Bebauung, im weitesten Sinne die Errichtung eines Bauwerkes. Im städtebaul. Sinne meist als Abkürzung für »Bebauungsart« oder »Bauweise« verwendet.

Bebauung, komplexe, Errichtung zusammenhängender → Blöcke gleicher Bauart u. gleichen gestalter. Prinzips mit industriellen Bauweisen.

Bebauungsdichte, das Verhältnis einer mit Wohn-, Gesellschafts-, Industriebauten u. sonstigen baul. Anlagen überbauten Fläche zur Gesamtfläche des Bebauungsgebietes (Siedlung, Dorf, Gemeinde, Stadtbezirk, Stadt).

Bebauungsplan, rechtsverbindl. Festsetzung für die städtebaul. Ordnung einer Stadt oder Gemeinde. Vorstufe ist die Aufstellung des → Flächennutzungsplanes.

Beer, Michael, dt. Arch. (gest. 1666 Au/Bregenzer Wald). Meister der → Vorarlberger Bauschule. Hauptwerke: Klosterkirche Kempten (1654), Lorettokapelle in Rankweil (1657).

Beffroi [frz.] → Bergfried.

Behnisch, Günther, dt. Arch. (geb. 1922 Lockwitz b. Dresden). Pionier der baul. Vorfertigung. Zusammenarbeit mit den Arch. F. Auer, W. Büxel, E. Tränkner, K. Weber, M. Sabatke. Hauptwerke: u. a. Fachhochschule Ulm (1961–63), Olympiapark München (1967–72), Projekt Bundesbauten Bonn (1973–74), Altenheim Reutlingen.

Behrens, Peter, dt. Arch., Maler, Graphiker u. Formgestalter (1868 Hamburg – 1940 Berlin). Studium an den Kunstschulen in Karlsruhe, Düsseldorf u. München (1886–91). Mitbegründer der Münchner Sezession (1892), Mitglied der → Darmstädter Künstlerkolonie (1899–1903), Direktor der Kunstgewerbeschule Düsseldorf (1903–07). Seit 1907 künstler. Berater des AEG-Konzerns in Berlin, 1913 Vorstandsmitglied des → Deutschen Werkbundes. 1922 Nachfolger → Otto Wagners an der Wiener Akademie, seit 1936 Leitung eines Meisterateliers der Preuß. Akademie der Künste in Berlin. Neben bahnbrechenden Leistungen auf dem Gebiet zweckmäßiger industrieller Formgestaltung von Massenerzeugnissen führender Industriearchitekt in Deutschland. Hauptwerke: AEG-Turbinenhalle in Berlin (1908–09), Bauten der Gasgesellschaft Frankfurt/M. (1911), Fabrikanlagen u. Arbeitersiedlungen in Hennigsdorf (1911), Mannesmann-Gebäude in Düsseldorf (1911 bis 1912), ehem. NAG-Werk in Berlin-Oberschöneweide (1915), 2 Geschäftshochhäuser am Alexanderplatz in Berlin (1930–31) u. a. m. → auch Funktionalismus (Abb.), Jugendstil (Abb.).

Beinhaus (Karner), runder, rechteckiger oder polygonaler ein- oder zweigeschossiger kapellenartiger Bau (auch

Beinhaus (Karner) an der Zisterzienser-Klosterkirche in Bad Doberan

Nischen in Kirchenmauern) zur Aufnahme von Gebeinen bei Nachbestattungen auf engen mittelalterl. Friedhöfen. Hauptverbreitung in Romanik u. Gotik, vorwiegend in Niederösterreich, Kärnten, Böhmen u. Süddeutschland (z. B. Mödling, Tulln, Sedlec u. a.), selten in Norddeutschland (z. B. Doberan, um 1250).

Beischlag, erhöhter, mit Geländer oder Brüstung umgebener u. über eine Freitreppe betretbarer Vor- u. Sitzplatz an Bürgerhäusern (16.–18. Jh.) vor allem des Ostseeküstenbereichs, speziell in Danzig.

Bekrönungen, seit der Antike verwendete frei endende Abschlüsse von Baugliedern in Form von Akroterien, Attiken, Balustraden, Vasen, Plastiken, Obelisken, Turmspitzen, Dachreitern, Kuppeln u. a. m.

Belanger, François-Joseph, französ. Arch. u. Landschaftsgärtner (1744 bis 1818 Paris). Ausbildung in Paris, Hauptvertreter des luxuriösen → Louis-seize-Stils. Hauptwerke: Gartenpavillon des Hôtel Brancas (1771), Schloß Bagatelle im Bois de Boulogne mit zugehöriger engl. Gartenanlage (1777–80) u. Interieurs im Hôtel de Mlle Desvieux (1778) in Paris, Folies Saint James in Neuilly (1784), Park in Méréville (1786), Glas-Eisen-Kuppel für die Halle aux Blés in Paris (1803).

Belétage [frz.], Bezeichnung des 19. Jh. für das erste Wohnobergeschoß, das von Adel und Bourgeoisie als ein bevorzugtes Hauptwohngeschoß angesehen wurde.

Belfried → Bergfried.

Bellotto, Bernardo (genannt Canaletto), italien. Architekturmaler u. Radierer (1721 Venedig – 1780 Warschau). Tätig in Wien (1758–60), München (1761), dann als kurfürstl.-sächs. u. königl.-poln. Hofmaler in Dresden (1747–66) u. in Warschau (1767–80). Meisterhafte → Veduten (ideale u. reale Stadtansichten) besonders von Dresden u. Warschau. Minutiöse Exaktheit durch Anwendung der Zeichenkamera (Camera obscura). Hauptwerke in der Gemäldegalerie Alte Meister Dresden.

Belvedere [<ital.], architektonisch gestalteter Aussichtspunkt in reizvoller Landschaft. Bezeichnung für bestimmte Gebäudeteile (Altane, Dachräume, Turmgeschosse) oder selbständige Gebäude (Pavillons, Lusthäuser, Landhäuser, Schlösser in Gärten). Beispiele: Mediceer-Villa bei Florenz (M. Michelozzo, 1451), Prag (P. della Stella u. B. Wolmut, 1538–63), Wien (L. v. Hildebrandt, 1714–21), Dresden (G. M. Nosseni, 1589, später J. C. Knöffel, 1749–51), Potsdam, Klausberg (C. Unger, 1770).

Bema [gr.], eine meist um mehrere Stufen erhöhte Standfläche oder -bühne in einer Kirche zur feierl. Demonstration des sakralen Ritus. Sie befand sich in der Apsis früchchristl. Kirchen, im hinter dem → Ikonostas liegenden Altarraum byzantin.-orthodoxer Kirchen u. im Bereich der Vorlesungskanzel jüd. Synagogen.

Benediktinerbaukunst, Architektur des 529 gegründeten Benediktinerordens, der mit dem Kloster Monte Cassino die Urform der europäischen → Klosteranlage schuf. Voll entwickeltes Schema im berühmten Plan von St. Gallen (um 820) dargestellt. Stärkste Verbreitung im 12. Jh. u. nach der Gegenreformation im 17./18. Jh. Typisch ist die Berglage mit der Zuordnung großer Wirtschaftshöfe. Hauptbeispiele: Reichenau, Werden, Maria Laach, Ottobeuren, Melk, Banz.

Bentley, John Francis, engl. Arch. (1839 Doncaster – 1902). Vertreter des → Historismus mit Vorliebe für größte Sparsamkeit im Detail. Vorwiegend Kirchenaus- u. -umbauten. Mitwirkung an der Londoner Ausstellung 1862 u. Weltausstellung in Paris 1867; Hauptwerke: Kloster in Hammersmith b. London (1868), Neogotikkirche in Watford (1892), St. Francis in Bocking/Essex (1893) u. Westminster-Kathedrale in London (1894).

Bentsen, Ivar, dän. Arch. (1876 Vallekilde – 1943 Kopenhagen). Seine rationalist. Architekturauffassung von großem Einfluß auf die moderne dän. Architekturentwicklung. Hauptwerk: Entwurf für die N. F. S. Grundtvig-Gedenkhalle, außerdem Industrie- u. Bürogebäude, Schulen, Krankenhäuser.

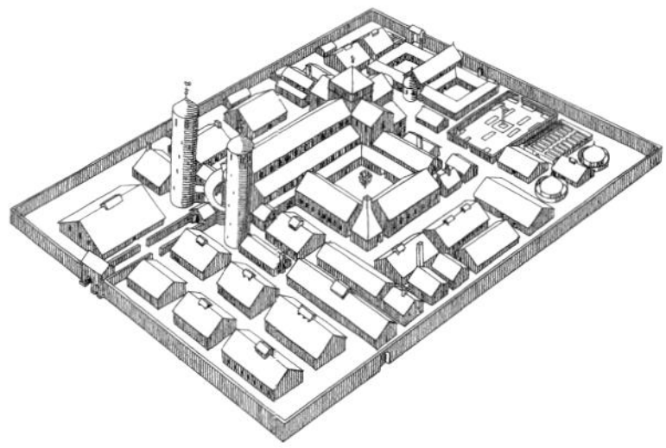

Benediktinerbaukunst. Klosterplan von St. Gallen, um 820. Modell nach dem Idealplan

Berapp (Rauhputz), grober, mit Kieseln oder Splitt versetzter Mörtelüberzug an Außenwänden, der auf einen Vorputz aus Sandmörtel aufgetragen wird.

Berg, Max, dt. Arch. (1870 Stettin bis 1947 Baden-Baden). Studium an TH Berlin, Schüler von Karl Schäfer. An-

Belvedere in Prag (1538–63). P. della Stella, B. Wolmut

schließend Stadtbaurat in Breslau, dort Bahnbrecher modernen Stahlbetonbaues in monumentalen, unverhüllten Konstruktionen u. moderner städtebaul. Lösungen. Dortige Hauptwerke: Ausstellungsgelände mit Jahrhunderthalle (1913; → Rationalismus, Abb.), Entwürfe für Geschäftshochhäuser (1919–21), Wasserkraftwerke an der Oder (1920, 1925), Messehof (1925), erster Generalbebauungsplan für die Stadt (1920–25).

Bergfried (Beffroi, Belfried, Bergfrit), innerer Haupt- u. Fluchtturm einer mittelalterl. → Burg, letzte Zuflucht bei Belagerungen, Verteidigungseinrichtungen im Gegensatz zum Wohnturm (Donjon).

Bering, Ringmauer einer → Burg.

Berlage, Hendrik Petrus, holländ. Arch., Theoretiker u. Formgestalter (1856 Amsterdam – 1934 Den Haag). Nach Studium an der TH Zürich Deutschland- u. Italienreise, ab 1889 tätig in Amsterdam. Nach rascher Lösung vom anfängl. → Historismus Übergang zu moderner, durch Material, Konstruktion u. Einfachheit bestimmter Architektur. Über frühe Kontakte zur Arbeiterklasse später Mitglied der Kommunist. Partei. Hauptwerke: Börse (1897–1903), Diamantarbeiterhaus (1899–1900) u. Bebauung der Mercatorplein (1925) in Amsterdam, Museum in Den Haag (1930–32), Bürohäuser in Amsterdam, Rotterdam u. Nijmwegen; zahlr. Veröffentlichungen.

Berme, waagerechter Absatz einer Festungsböschung, z. T. als Querweg ausgebildet.

Bernini, Giovanni Lorenzo, italien. Arch. u. Bildhauer (1598 Neapel–1680 Rom). Tätig seit 1605 in Rom für Scipione Borghese u. die Päpste Urban VIII. u. Innozenz X., Alexander VII. 1665 vorübergehend auf Wunsch Ludwigs XIV. Entwürfe für die Louvrefassade in Paris. Hauptmeister des italien. Hochbarock mit großer Werkstatt u. zahlr. Schülern, zugleich bedeutendster Plastiker seiner Zeit. Großartige Baukörper u. städtebaul. Anlagen. Hauptwerke in Rom: Brunnen auf Piazza Navona (1647–52) u. Piazza Barberini (1640), Vorplatz des Petersdomes mit Kolonnaden (1657–67), Prunktreppe Scala Regia im Vatikan (1663–66), zahlr. Grabmäler, Tabernakel u. Skulpturen.

Bernoulli, Hans, schweizer. Arch. u. Architekturtheoretiker (1876–1959 Basel). 1902–12 Büro in Berlin u. Lehrtätigkeit an TH Charlottenburg, anschließend in Basel u. Professur bis 1939 an TH Zürich. Vertreter des → Neoklassizismus. Trat als Städtebauer für die Vergesellschaftung des Bodens ein. Hauptwerke: Sozialbauten der Chem. Werke Griesheim (1906), Hotel Baltic in Berlin (1909), Textilhaus Fischbein in Berlin (1912), Frauenarbeitsschule in Basel (1914), Wohnbauten in Basel u. Zürich (1919–44), Realgymnasium in Basel (1954–57). Redakteur der Zeitschrift »Werk« (Zürich, 1927–29), zahlr. Veröffentlichungen.

Beschlagwerk, dekorative Ornamentform der niederländ. u. dt. Renaissance. Entstanden um 1570 unter maßgebl. Einfluß von → Hans Vredeman de Vries. Laubsägeartige oder Metallbeschläge nachahmende Band- u. Leistenverzierungen mit vorgetäuschten Nagelköpfen an Vertäfelungen, Möbeln u. Architekturgliedern. Bei Verbindung mit aufgerollten → Voluten als Schweifwerk, bei Loslösung der gerollten Formen vom Untergrund als Rollwerk bezeichnet.

Bestelmeyer, German, dt. Arch. (1874 Nürnberg – 1942 Wiessee). Studium an TH München u. Wien, 1910–15 Prof. an Kunstakademie u. TH Dresden, 1915 Mitglied u. Leiter eines Meisterateliers an der Akademie der Künste Berlin, 1919 Prof. an TH Charlottenburg, 1922 Prof. an TH München u.

Beschlagwerk am Portal des Hauses zum Stockfisch in Erfurt (1607)

Präsident der Münchner Akademie der Künste (1929). Ähnlich P. Bonatz Versuche der Überwindung des → Historismus durch neoklassizist. u. monumentalisierende einfache Formsprache. Hauptwerke: Erweiterungsbau Universität München (1906–10), Arminia-Bank München (1913), Erweiterung German. Nationalmuseum Nürnberg (1917ff.), Reichsschuldenverwaltung Berlin (1920–23), Erweiterung TH München (1922ff.), Bankhaus Kroch Leipzig (1928), zahlr. Wettbewerbsentwürfe.

Bethaus, seit 2. H. 17. Jh. auftretende Form eines turm- u. glockenlosen Sakralgebäudes für protestant. u. reformierte Glaubensminderheiten in kathol. Ländern (Österreich, Bayern, Rheinland, Schlesien).

Beton [<frz.], künstlich hergestelltes Gußgestein aus dem Bindemittel Zement u. den Zuschlagstoffen Sand oder Kies. Von unterschiedl. Beschaffenheit (Dichte) je nach Mengenverhältnis. Erhöhung der Belastbarkeit durch → Bewehrungen (Stahlbeton, → Spannbeton).

Béton brut [frz.] → Sichtbeton.

Bettelordensbaukunst, durch spezielle Ordensfestlegungen der Franziskaner, Dominikaner u. Augustinereremiten seit M. 13. Jh. entstandene Entwicklung innerhalb der Gotik. Charakterisiert durch reduzierte Elemente der französ. Hochgotik u. Zisterzienserbaugewohnheiten. Dem Glaubensideal entsprechendes Streben nach Einfachheit u. Bedürfnislosigkeit widerspiegelt sich in der Schlichtheit querschiffloser, anfangs basilikaler, später saalartiger Predigträume ohne aufwendige Schmuckformen u. Turmanlagen (nur → Dachreiter). Hauptbauzeit in Deutschland im 14./15. Jh. im Zusammenhang mit der Entwicklung des Stadtbürgertums. Oftmals als große massive Anlagen in städt. Wehranlagen eingebunden.

Bewehrung (Armierung), Stahleinlagen in Beton, deren Verbundwirkung die Aufnahme großer Zug- u. Schubspannungen ermöglicht u. hohe Biegsamkeit u. Bruchfestigkeit garantiert. Nach Art der Einlagen unterscheidet man Stahlbeton u. → Spannbeton.

Biberschwanz, Dachstein aus gebranntem Ton; flacher Plattenziegel mit einer halbrunden Unterkante im Gegensatz zu gekrümmten Dachsteinen (Dachpfannen, Hohl- u. Pfalzziegeln).

Bibliotheksbauten, Bauwerke zur Aufbewahrung von Büchern u. sonstigem Schriftgut. Überlieferte Beispiele seit der Antike (Nippur/Babylonien, 3. Jt. v. u. Z.; Alexandria, 280 v. u. Z., Pergamon, Ephesos, Trajansbibliothek Rom). Mit Rückgang antiker Kultur allmählich verschwunden. Erste frühchristl. Bibliotheken dienten der Aufbewahrung theolog. Schriften. Neuer Aufschwung seit karoling. Zeit (Klosterbibliotheken in Köln, St. Gallen, Reichenau, Fulda, Lorsch, Regensburg, Corvey u. a. m.), aber ohne eigene Bauten, sondern in Kapellen u. Kreuzgangflügeln. Gleiches gilt für Universitäts-, Rats- u. Schulbibliotheken des 15./16. Jh. In Italien spezielle Bauaufgabe der Renaissance (Biblioteca Vaticana Rom, Laurentiana Florenz). In übrigen Ländern Europas im 17./18. Jh.

Bettelordensbaukunst. Predigerkirche in Erfurt (nach 1278)

prächtige Saalbibliotheken in Klöstern angelegt, aber auch in Schlössern, z.T. als intime Lesekabinette (Sanssouci, 1745). Seit 19. Jh. neuer Bautypus mit funktioneller Trennung von Lesesaal, Magazin u. Verwaltung sowie Herausbildung des Speichersystems. Erstmalige Anwendung in London (Bibliothek des Brit. Museums, 1854–57) u. Paris (Nationalbibliothek). In Deutschland erstmals angewendet bei Universitätsbibliothek Halle/Saale (P. V. Tiedemann, 1879) u. Deutscher Bücherei Leipzig (O. Pusch, 1913–16). Bei modernen Bauten Übergang zu flexiblen Gebäudegruppen auf der Basis des Raster- u. Modularsystems, z. B. Niedersächs. Landesbibliothek, Universitätsbibliothek Bielefeld, Staatsbibliothek Preuß. Kulturbesitz Berlin, nach 1976. Seit 80er Jahren neue Generation architekton. Entwicklung, z. B. Badische Landesbibliothek Karlsruhe (O. M. Ungers, 1983, 1992), Bibliothek Zeewolde/Niederlande (Koen van Velzen, 1988), François-Mitterrand-Bibliothek Paris (D. Perrault, ab 1991).

Bill, Max, schweizer. Arch., Maler, Plastiker, Industrieformgestalter u. Kunsttheoretiker (geb. 1908 Winterthur). Studium an Kunstgewerbeschule in Zürich, 1927–29 am → Bauhaus in Dessau. Nach Bauhausvorbild Organisation u. Leitung der Hochschule für Gestaltung in Ulm (1951–56) mit dem Ziel der Herstellung einer neuen Synthese der Künste unter der Vorherrschaft der Architektur. Seit 1957 ansässig in Zürich.

Binder, 1. im traditionellen Backsteinbau der mit der Langseite in die Mauer eingebundene, außen nur mit der Schmalseite sichtbare Ziegel, im Gegensatz zum quer in der Mauerfläche liegenden »Läufer«. → auch Mauerverband. 2. Dachbinder als Trag- u. Versteifungswerk des Dachstuhls in Form quer zum First stehender Dreieckselemente zur Auflagerung der Sparren u. Pfetten. Einfachste Ausbildung als Scherenjoch.

Biologische Architektur → Organische Architektur.

Birnstab, stabartiges Schmuckprofil der Gotik mit birnenförmigem Querschnitt zur architekton. Formung von Gewölberippen, Diensten, Fensterlaibungen, Portalgewänden u. Archivolten.

Blankenstein, Hermann, dt. Arch. u. Baubeamter (1829 Grafenbrück – 1910 Berlin). Ausbildung als Feldmesser, zwischen 1849–56 Studium an der Bauakademie, 1857–63 Landbaumeister in Stettin, ab 1856 tätig für die preuß. Ministerialbaukommission u. Lehrer an der Bauakademie. Seit 1872 Stadtbaurat von Berlin u. Mitglied der Techn. Baudeputation. Umfangreiche Bautätigkeit in Berlin, u. a. Annenkirche mit Pfarrhaus u. Schule (1855–65), Umbau Abgeordnetenhaus (1866), Zwölfapostelkirche (1871–74), Zentralviehhof (1877–83), Markthallen (1883–92), Irrenanstalt Herzberge (1889–93), zahlr. Gymnasien u. Gemeindedoppelschulen.

Blatt, 1. eine ohne Anwendung von → Bauankern u. Schienen gezimmerte Balkenverbindung, die durch Überdekkung zweier, an den Überkreuzungsstellen eingekerbter Balkenteile entsteht. 2. eine tischlermäßig hergestellte Platte (Tischblatt, Türblatt).

Blattkapitell, mit → Blattwerk geziertes, kelchblockförmiges → Kapitell der Gotik. Entwicklung von stilisierten Formen bis zu naturalist. Nachbildungen der 1. H. 13. Jh. mit Vorliebe für Weinblätter, Eichenlaub, Petersilie, Efeu (z. B. Kathedrale Reims, Dom zu Naumburg).

Blattmaske, plast. Darstellung, bei der aus Blättern ein menschl. Gesicht geformt wurde. Als Zierform anzutreffen in röm. Kunst (1. Jh.), provinzialröm. Kunst Frankreichs, dt. Frühgotik u. Frührenaissance.

Blattstab → Kyma.

Blattwerk, naturalist. u. stilisierte Verzierung aus zusammengesetzten Blättern. Auftreten in fast allen Stilepochen, am ausgeprägtesten in der Phase der Spätromanik u. der Gotik an → Kapitellen, → Krabben, → Kreuzblumen u. a. → auch Fries.

Blattwerkfries → Fries (Abb.).

Blendarkade, eine bogenförmige Blende, die einer geschlossenen Wandfläche als Gliederung in Form aneinandergereihter Blendbögen vorgelegt ist.

Blende, Scheinarchitektur, die Bögen, Arkaden, Fenster, Portale u. dgl. einer geschlossenen Wand »blind« vorsetzt ohne eine dahinter befindl. Öffnung. Rein dekoratives Mittel zur Gliederung massiver Mauerkörper. In Deutschland Hauptverbreitung in Gotik u. Renaissance.

Blendfassade, eine Fassade, die unterschiedl. Baukörpern eines Komplexes mit dem Ziel der Vereinheitlichung, modernisierten Anpassung oder ästhet. Verbesserung des Gesamtaussehens »vorgeblendet« ist.

Blendfenster (auch Blind- oder Scheinfenster), meist in Form eines auf die geschlossene Wandfläche gesetzten Blendbogens als Gliederungs- oder Schmuckelement von Fassaden angeordnet. Dicht nebeneinander liegend ergeben sie auch → Blendarkaden.

Blendmaßwerk, ein der geschlossenen Mauerfläche vorgelegtes Maßwerk. Hauptverbreitung bei Wand-, Fassaden- u. Giebelformen der Gotik.

Blendsteine, Natursteine, Ziegel u. Kunststeine zur »Verblendung« (Verkleidung) der Sichtflächen von Rohmauerwerk.

Blinde Mauer (blinde Front), 1. Mauerwerk ohne Fenster u. Türen. 2. Mauer mit blinden, d. h. nachgeahmten Fenstern. 3. Mauer aus Pfeilern, deren Zwischenweiten ausgemauert wurden. Methode zur Verminderung von Belastungen u. Einsparung von Material, in erster Linie bei Backsteinmauerwerk angewendet.

Blendmaßwerk am Kalenschen Tor in Malchin

Block (Baublock), im Städtebau die Bezeichnung für eine von Straßen umgebene kompakte Grundstücks- oder Gebäudegruppe.

Blockbau, eine der ältesten Holzbautechniken, bei der ein Haus aus waagerecht übereinandergeschichteten Stämmen errichtet wird, die sich an den Ecken überkreuzen u. durch Einkerbungen zu Schwellkränzen verbinden. Fugenabdichtung durch Moos u. Lehm. Bis zur Gegenwart verbreitet in holzreichen Gegenden u. ländl. Gebieten mit großen Klimaschwankungen (Skandinavien, Sibirien, Nordamerika, europäische Gebirgsgegenden). Reste in reiner Form im Spreewald (Dorfmuseum Lehde) u. in abgewandelter Form im Verbreitungsgebiet des → Umgebinde-Hauses.

Blockverband → Mauerverband.

Blom, Frederik, schwed. Arch. (178 Karlskrona – 1853 Stockholm). Sei

1812 Leiter der Königl. Bauten in Stockholm, 1817 Prof. u. 1836 Vizepräsident der Kunstakademie Stockholm. Vertreter des zweckbetonten Klassizismus. Hauptwerke: Skeppsholmkirche (1824), Akademie, Postamt u. Kasernen in Stockholm, Schloß Rosendal (1823).

Blondel, Jacques François, französ. Arch. u. Architekturtheoretiker (1705–74). Neffe von N. F. Blondel. Bedeutsam durch seine Schriften »L'architecture française« (1752–56) u. »Cours d'architecture« (1771–77).

Blondel, Nicolas François, französ. Arch., Bautheoretiker u. Naturwissenschaftler (1618–86 Paris). Erst 1652 Architekturstudium der italien. Renaissance u. Lehren des Vitruv. Vertreter der klassizist. Richtung des Barock. 1669 Leiter der Öffentl. Bauten in Paris, seit 1671 Direktor der Architektur-Akademie, 1657–58 französ. Gesandter in Berlin. Hauptwerke: Porte St. Denis in Paris (1671–72), Charentebrücke bei Saintes (1665), städtebaul. Entwürfe für Rochefort (1666). Seine theoret. Schrift »Cours d'architecture« (Paris, 1675–83) galt bis A. 19. Jh. als wichtiges Lehrbuch für Architekten.

Boberg, Gustaf Ferdinand, schwed. Arch. (1860 Falun–1946 Stockholm). Studium an TH (1878–82) u. Kunstakademie (1882–84) in Stockholm. Nach 1900 Vertreter der französ. → Art Nouveau. Hauptwerke: Feuerwache Gäfle (1890), Weltausstellungsgebäude in Paris (1900) u. St. Louis (1904), Ausstellungsbauten in Stockholm (1897, 1909) u. Malmö (1914), Elektrizitätswerke, Privathäuser, Fabriken u. a. in Stockholm.

Böblinger, Matthäus, dt. Baumeister u. Steinmetz der Spätgotik (2. H. 15. Jh. bis 1505 Eßlingen). Vermutlich ausgebildet am Dombau in Köln, seit 1480–93 Dombaumeister in Ulm als Nachfolger von U. Ensinger. Nach Verweisung aus Ulm tätig am Chorausbau der Frauenkirche Eßlingen (seit 1495) u. Chorausbau der Martinskirche Memmingen (seit 1496). Hinterließ zahlr. Entwurfszeichnungen.

Bodt, Jean de, französ. Arch. u. Ingenieuroffizier (1670 vermutlich Paris bis 1745 Dresden). Ausbildung in Holland, zeitweise in England. Vertreter des klassizistisch strengen holländ.-französ. Barock. Seit 1698 in Berlin, bedeutendster Arch. in Brandenburg-Preußen nach A. Schlüter. Seit 1728 Generalintendant für Bauwesen in Sachsen. Hauptwerke: Fortuna-Portal des ehem. Stadtschlosses in Potsdam (1701), Vollendung des Zeughauses in Berlin (um 1706), Ostfront von Schloß Wentworth Castle in Yorkshire (1710), Berliner Tor in Wesel (1718), Oberbauleitung am Japan. Palais in Dresden (ab 1728).

Boffrand, Gabriel Germain, französ. Arch. (1667 Nantes–1754 Paris). Schüler u. Mitarbeiter von J. H. Mansart. Studium der griech.-röm. Antike u. italien. Renaissance. Anhänger des → Palladianismus, später Hauptvertreter der klassizist. Variante des → Régence-Stils. Hauptwerke: Hôtel de Soubise (1706, 1735–40), Hôtel d'Ormesson (1708) in Paris, zahlr. Schlösser, Palais, Brücken u. Tore.

Bogen, konstruktive Möglichkeit zur Überbrückung größerer Spannweiten (z. B. Maueröffnungen, Gewölbe, Brükken) u. als dekoratives Element (z. B. Blendarkaden). Im Steinbau beginnt die Bogenlinie in den Kämpferfußpunkten als Anfänger u. erreicht den höchsten Punkt im Scheitel (oft mit Schlußstein). Ansicht ist Bogenstirn, Innenfläche ist die Bogenlaibung. Häufigste Formen sind vom Kreis abgeleitet: 1. Rundbogen (Flach-, Stich- u. Segmentbogen), 2. Hufeisenbogen, 3. Kleeblatt- oder Dreipaßbogen, 4. Fächerbogen, 5. Korbbogen, 6. Spitzbogen, 7. Kiel- oder Karniesbogen, 8. Eselsrücken, 9. Tudorbogen, 10. Vorhangbogen.

Bogenarchitektur, baul. Leistung auf der Basis des Konstruktionsprinzips des → Bogens. Begriffsableitung von der Eigenart altröm. Baukunst im Gegensatz zur griech. Gebälkarchitektur.
Bogenfeld → Tympanon.
Bogenfries, verbreitetes Ziermotiv der Romanik, bestehend aus einer Reihung kleiner Blendbögen. Besonders häufig an Außenfassaden kirchl. Gebäude. → auch Fries.
Bogengang, Bogenhalle → Arkade.
Bogenlaibung, Innenfläche eines → Bogens, oft identisch mit der Mauerstärke.
Bogenstirn → Bogen.
Böhm, Dominikus, dt. Arch. (1880 Jettingen/Bayern – 1955 Köln). Studium an TH Stuttgart, Schüler von Theodor Fischer. Bedeutender Kirchenbaumeister, Hauptwerke: Kirchen in Mainz-Bischoffsheim (1926), Köln-Riehl (1930), Köln-Marienburg (1954).
Böhmisches Kappengewölbe, Gewölbeform für langgestreckte, rektanguläre Räume. Bildung aus Segmenten einer Halbkugel, deren Grundkreise außerhalb der zu überwölbenden Fläche liegen. → auch Gewölbe, Abb.
Bohnstedt, Ludwig, dt.-russ. Arch. (1822 St. Petersburg – 1885 Gotha). Nach Kindheit u. Schulbildung in St. Petersburg ab 1839 Studium an Universität Berlin, seit 1840/41 an der Bauakademie im Atelier von Wilhelm Stier. 1842–63 wieder in St. Petersburg, u. a. Oberarch. der Großfürstin Pawlowna, Mitbegründer des St. Petersburger Arch.-Vereins. 1863 Übersiedlung nach Gotha. Vertreter des Historismus. Errichtete Adelspalais, Verwaltungsgebäude, Bürgerhäuser, Theater u. Fabriken in St. Petersburg, Moskau, Riga, Villen in Gotha, Eisenach, Nordhausen u. Bonn, Nationalbibliothek Helsinki (1879–83), Entwürfe für Berliner Reichstag (1872, 1882) u. a. m.
Bollwerk, urspr. Verteidigungsanlage in Form eines bohlenbewehrten Erdwalles, später Allgemeinbezeichnung für eine Festungsanlage.
Bonatz, Paul, dt. Arch. (1877 Solgne bis 1956 Stuttgart). Schüler von K. Hocheder an TH München, Assistent von Theodor Fischer an TH Stuttgart, 1906 Prof. an TH Stuttgart. Hauptvertreter der sogen. Stuttgarter Schule. Errichtung großzügiger Baukörper unter Betonung von Materialcharakter u. Monumentalität. 1935–43 Mitarbeit am Autobahnbau, zahlr. Brückenbauten. 1944 Übersiedlung in die Türkei, 1946 Prof. an TH Istanbul. Hauptwerke: Sektkellerei Henkell in Biebrich (1909), Universitätsbibliothek Tübingen (1910), Hauptbahnhof Stuttgart (1913–28), Hochhaus des Stumm-Konzerns in Düsseldorf (1922), Neckarstauwerk bei Heidelberg (1926), Kunstmuseum Basel (1931), Hängebrücke in Köln-Rothenkirchen (1935–41), Theater in Ankara (1943), Wiederaufbau der Oper in Düsseldorf (1956).
Borromini, Francesco, italien. Arch. (1599 Bissone – 1667 Rom). Hauptvertreter des italien. Hochbarock mit großer Plastizität schwingender Fassaden. Schüler von C. Maderno, Mitarbeiter von L. Bernini. Hauptwerke: S. Carlo alle quattro fontane (1638–41; → auch Barock, Abb.), S. Ivo della Sapienza (1642–60), St. Agnese (1652ff.), Hof des Palazzo Spada (1638), Gartenfront des Palazzo Falconieri (1650–58) in Rom.
Böschung, schräge Abdachung einer Mauer.
Bosse, 1. roh bearbeiteter → Haustein mit buckeliger Vorderseite. 2. eingefügter Rohwerksteinblock, aus dem eine plast. Form herausgearbeitet werden soll.
Bossenquader → Quader.
Bossenstein → Haustein.
Bossenwerk → Rustika.
Bötticher, Karl, dt. Architekturtheoretiker (1806 Nordhausen – 1889 Berlin). Schüler von K. F. Schinkel, 1849 Lehrer

an Bauakademie in Berlin, 1868–76 Direktor des Alten Museums. Hauptvertreter der offiziellen idealist. Bautheorie des wilhelmin. Deutschland.

Boulevard [frz.], breiter Straßenzug großer Städte mit dominanten Kultur-, Verwaltungs-, Handels- u. Wohngebäuden. Vielfach im 19. Jh. entstanden auf ehemaligen Wällen u. zugeschütteten Gräben alter Stadtbefestigungen, als → Promenaden u. repräsentative Geschäftsstraßen des Großbürgertums angelegt (z. B. Wiener Ring, Prag, Budapest, Leipziger Ring, St. Petersburg, Warschau).

Boullée, Étienne Louis, französ. Arch. u. Theoretiker (1728–99 Paris). Vertreter der romant., gefühlsbetonten Richtung des Klassizismus. Bauten: Hôtel Neuville Alexandre in Paris (1766–68); seine phantast. Entwürfe zwischen 1780 u. 1800 in gewaltigen Dimensionen unter Bevorzugung einfacher geometr. Grundformen blieben unausgeführt, wie das Monument für Newton als Kugel von 150 m Durchmesser (→ Revolutionsarchitektur, Abb.).

Bramante, Donato, italien. Arch. u. Maler (1444 Fermignano – 1514 Rom). Hauptvertreter der Renaissance. Zuerst tätig als Maler unter Einfluß von P. della Francesca u. vermutlich A. Mantegna in Mailand (1476–99), anschließend wirksam in Rom. Hauptwerke: Mitarbeit an S. Maria presso S. Satiro, St. Maria delli Grazie, S. Ambrogio u. Brückenloggia am Kastell in Mailand sowie »Tempietto« an S. Pietro in Montorio (1502), Neubau Petersdom (ab 1506) u. Entwürfe für Palazzo dei Tribunali (um 1506, nicht ausgeführt) in Rom.

Brandgasse (Feuergasse), schmale Gasse zwischen Giebelhäusern mittelalterl. Städte, die im Falle eines Brandes den Durchgang mit Feuerlöschgeräten ermöglichte.

Brandmauer (Feuermauer), die gemeinsame feuerhemmende u. besonders standfeste Trennmauer zwischen zwei Gebäuden, die ohne Unterbrechung bis über die Dachlinie hinausgeführt wird u. keinerlei brennbare Materialien enthalten darf.

Brauttür, spezielles Portal an der Nordseite mittelalterl. Kirchen, vor dem die kirchl. Trauung vollzogen wurde, meist mit einer Vorhalle versehen u. im plast. Schmuck auf die Eheschließung bezogen.

Bresche, Sturmlücke in Festungswällen.

Breuer, Marcel, ungar.-amerikan. Arch. (1902 Pećs/Ungarn – 1981 New York). 1920–24 Studium am Bauhaus in Weimar, 1925–28 Meister der Möbelabteilung am Bauhaus in Dessau. Reisen durch Spanien, Nordafrika, Balkanländer u. Italien. 1934 unter Faschismus Emigration nach England, 1937 Prof. an Harvard-Universität in USA, seit 1946 tätig in New York. Hauptwerke: erste Entwürfe für Stahlrohrmöbel (1925), Projekt für eine Stadt der Zukunft (1936), UNESCO-Gebäude in Paris (1953–58 mit Nervi), Warenhaus in Rotterdam (1953–57), Universität in Collegeville/Minneapolis (1953), Bürohaus in Baltimore/Maryland (1960), Whitney Museum New York (1966), Austral. Botschaft Paris (1975), IBM-Forschungszentrum in La Gaude (1961).

Broek, Johannes Hendrik van den, holländ. Arch. (1898 Rotterdam – 1978). Mitglied des → CIAM, seit 1948 Prof. in Delft. 1938–48 Zusammenarbeit mit J. A. Brinkmann, seit 1948 mit J. B. Bakema. Hauptwerke: Ladenzentrum Rotterdam (1946–53), Rathaus Marl (1958–65), Niederländ. Pavillons der Weltausstellungen Paris (1937) u. Brüssel (1958).

Brongniart, Alexandre-Theodore, französ. Arch. (1739–1813 Paris). Schüler von J. F. Blondel, Vertreter des Klassizismus. Hauptwerke: Hôtel de Condé (1781), Kapuzinerkloster an der Chaussée d'Autin (1789), Anlage des Friedhofs Père-Lachaise (1804), Börse (1807) in Paris.

Brosse, Salomon Jacques de, französ. Arch. (1562 oder 1571 Verneuil-sur-Oise – 1626 Paris). Hofarchitekt, Schüler von J. Ducerceau. Verband italien. Hochbarockformen mit den spartanischeren Stilmitteln der Hugenottenbaukunst. Hauptwerke: Palais Luxembourg (1615–21) u. St. Gervais in Paris (1616–21) mit erster barocker Kirchenfassade in Frankreich.

Bruchsteinmauerwerk, Natursteinmauerwerk, speziell aus Eruptiv- u. Sedimentgestein, z. T. in behauener Form. Wegen seiner Materialstruktur vorwiegend für Mauern, Tiefbauten, Verblendungen, speziell für Gebäudesockelzonen, Portal- u. Fenstereinfassungen verwendet. Infolge der Möglichkeit technisch einfacher Verarbeitung bereits bei den ältesten Steinbauten angewendet. Sonderform in der archaischen Zeit der Antike u. besonders in der Inkazeit war das → Zyklopenmauerwerk. → auch Mauerwerk, Abb.

Brücken, Bauwerke aus Tragwerk u. Oberbau zur Überquerung von Tälern, Gewässern u. Wegen, je nach Funktion unterschieden in → Aquädukte (Wasserleitungen), → Viadukte (Straßenbrücken, Eisenbahn- u. Fußgängerbrükken). Ausführungen in Holz, Stein, Eisen, Stahlbeton u. Stahl, konstruiert als Balkenbrücken, Bogenbrücken, Hängebrücken, selbsttragende u. bewegliche Brücken (Zugbrücken, Hubbrücken, Drehbrücken). Nachweisbar seit der Bronzezeit (4000 v. u. Z.) als selbsttragende Holzkonstruktionen, in Asien u. Afrika als primitive Hängebrücken. Erste Bogenbrücken aus Stein in Mesopotamien, Ägypten (3600 v. u. Z.), Babylon (2000 v. u. Z.) u. Rom (200 v. u. Z.–260 u. Z.). Letztere als Meisterwerke der Baukunst erhalten in Rimini/Italien, Martorell/Spanien u. Nîmes/Frankreich. Davon abgeleitet mittelalterl. Beispiele des 12.–16. Jh. Erste Gußeisenbrücken in England (18. Jh.). Im 19. Jh. Meisterwerke der Ingenieurbaukunst aus Eisen und Stahl, im 20. Jh. abgelöst durch Stahlbeton- u. Seilkonstruktionen hoher Tragfähigkeit u. Reichweite, z. B. Golden Gate Bridge San Francisco (1937), Brooklyn Bridge New York (1883).

Brückenturm, Abschluß einer Brücke, besonders häufig in der mittelalterl. Baukunst (z. B. Karlsbrücke in Prag, 14. Jh.).

Brunelleschi, Filippo, italien. Baumeister u. Bildhauer (1377–1446 Florenz). Bedeutender Vertreter der Renaissance, Entdecker der perspektiv. Konstruktion. Studium antik-röm. u. toskan.-roman. Bauten. Hauptwerke: Mitarbeit an Domkuppel in Florenz (zusammen mit Ghiberti, 1420), Findelhaus in Florenz (1419–24), Pazzi-Kapelle an Sta. Croce (1429), Sta. Maria degli Angeli (1434), S. Lorenzo (um 1420) u. S. Spirito (um 1434) in Florenz. Außerdem tätig an Palastbauten.

Brunnen, eingefaßte Schöpfstellen zur Wasserversorgung, die über ihre Funktion hinaus frühzeitig architektonisiert u. künstlerisch gestaltet wurden. Quell- u. Ziehbrunnen sowie Schöpfanlagen als älteste Formen bereits in vielen Städten des frühen Altertums mit Leitungssystemen verbunden, die teilweise zu besonderen Brunnenhäusern, einem → Nymphäum oder Zierbrunnen in einem → Peristyl führten. Im Mittelalter bedeutende Brunnenhäuser in Klöstern (Maulbronn, Magdeburg). Seit der Gotik besondere Bauaufgabe der Städte, künstlerisch gesteigert in Renaissance u. besonders Barock. Bis zur Gegenwart wichtiges Gestaltungselement von Innenhöfen, Straßen, Plätzen u. Parks.

Brunsberg, Hinrich, dt. Baumeister (um 1350–nach 1428). 1372 Bürger von Danzig, um 1400–28 ansässig in Stettin. Hauptmeister norddt. spätgot.

Backsteinarchitektur im Auftrage des märk. u. mecklenburg.-pommer. Stadtbürgertums. Hauptwerke: Kapelle der Katharinenkirche in Brandenburg (1401), Kirche in Strasburg (um 1370), Nordgiebel des Rathauses in Tangermünde (um 1430), vermutl. Einfluß am Ostgiebel Marienkirche Greifswald u. Ostgiebel Marienkirche in Prenzlau (beide A. 15. Jh.) u. a.

Brustriegel, horizontaler Holzbalken, der in der Fachwerkkonstruktion ein Einzelfeld horizontal unterteilt.

Brüstung, im Gegensatz zur offenen Balustrade ein geschlossenes Wandstück als Brustwehr. Oftmals Ansatzstelle architekton. Gestaltung durch Plastik u. Malerei.

Brutalismus, Bezeichnung für eine bestimmte Art von Bauten, bei denen der unbearbeitete → Sichtbeton (béton brut) u. die unverdeckte Verlegung von Installationen als künstler. Element propagiert wurden. Begriffsprägung 1954 in England. Hauptvertreter: Le Corbusier (Kirche in Ronchamp u. Unité d'Habitation in Marseille, um 1950), Paul Rudolph (Yale School of Art and Architecture, 1961–63), Vittoria Vigano (Instituto Marchiondi in Mailand, 1957), James Stirling (Wohnsiedlung Ham bei London, 1958) u. → Kenzo Tange.

Buchwostow, Jokow Grigorjewitsch, russ. Arch. (E. 17.–A. 18. Jh.). Tätig im Umkreis von Moskau u. Rjasan. Überleitung altruss. Baukunst zum klassizist. Barock. Hauptwerke: Moseskloster in Moskau (1690), Torkirche in Istra (1690–94), Dorfkirche in Ubory (1694–97), Uspenie-Kirche in Rjasan (1693–99).

Buckelquader → Quader.

Buckelstein, ein Bossenstein mit Randschlag (→ Haustein).

Buddhistische Architektur. Ursprung der Entwicklung im ind. Ganges-Gebiet (um 500 v. u. Z.), von dort Übertragung auf Ostturkestan, Burma, Siam, Java, Tibet, Korea, China, Japan u. a. Verbindung architekton. Stilelemente mit bildmäßiger u. plast. Thematik aus dem Leben Buddhas u. einheim. Kunstformen. Bemerkenswerteste Bautypen sind der → Stupa, das Kloster u. die Tschaitya-Halle. Letztere ist als Kultbau Mittelindiens im 1.–3. Jh. als 3schiffige Anlage mit überhöhtem Mittelschiff u. apsidialem Schluß (ähnlich einer Basilika) entstanden, aus Felsen gehöhlt, aber auch als Freibau. Viele Bauglieder wurden Formen des Holzbaues nachgebildet. Hauptbeispiele in Taxila, Sanci u. Aihole (5. Jh.).

Bühne, Spielebene eines Theaters, durch den Bühnenrahmen abgegrenzt vom Zuschauerraum, in den das vor dem Rahmen liegende → Proszenium hineinreicht. Der urspr. enge Kontakt im antiken → Theater zwischen Spielfläche u. Zuschauerteil ging im 19. Jh. unter Herausbildung des durch den Bühnenturm gekennzeichneten Bühnenhauses verloren. Trotz Weiterentwicklung komplizierter Bühnentechnik strebt der moderne Theaterbau diese Einheit wieder an (z. B. W. Gropius, Entwurf für ein Totaltheater, 1922).

Bukranion [lat.], umstilisierte Frontalansichten eines gehörnten Stierkopfes, die meist durch Frucht- u. Blumengirlanden reihenmäßig miteinander verbunden sind. Seit 3. Jh. u. Z. Bestandteil hellenist.-röm. Ornamentik (z. B. Propylon von Pergamon, Dionysostheater in Athen, Farnesina in Rom). → auch Fries.

Bullant, Jean, französ. Baumeister (1510–1578 Ecouen). Nach Italienaufenthalt vorwiegend tätig als Schloßbaumeister, seit 1570 Königl. Baukontrolleur. Anwendung der → Kolossalordnung als Hauptmotiv seiner Fassaden. Hauptwerke: Bauleitung der Tuilerien in Paris (1570), Hôtel de Soissons (1575), Schlösser Fontainebleau u. Chambord (bis 1574), Belloy, Luzarches, Sarcelles, Chantilly (1567).

Bullet, Pierre, französ. Arch. u. Bautheoretiker (1639–1716). Schüler von N. F. Blondel, Vertreter der streng klassizist. Richtung des französ. Barock. Hauptwerke: in Paris Porte St. Denis (1672–73), Porte St. Martin (1674), Stadtplan-Entwurf (1676), Kirche St. Thomas d'Aquin (1683), Hôtel de Vauvray, Hôtel de Crozat (1700–02), Hôtel Evreux (1701), Hôtel Poultier (1701), Reformierte Dominikanerkirche; Schloß Issy (1698), Notre Dame de le Gloriette in Caen, Erzbischöfl. Palais in Bourges.

Bundbalken, Spannriegel in einem Sparrentragwerk.

Bündelpfeiler, spätroman. u. got. Kernpfeiler mit rundum gruppierten Dreiviertelsäulen (→ Diensten), deren zunehmend dichte Anordnung in der Hochgotik z. T. den Kernpfeiler verdeckt (z. B. Langhauspfeiler im Meißener Dom).

Bungalow [<engl.], eingeschossige Hausform, deren Bezeichnung abgeleitet wurde von leichten Wohnbauten brit. Kolonialbeamter in Asien. Heute verbreiteter Typus des Land- u. Wochenendhauses.

Burg, bewohnte Wehranlage der herrschenden Klassen des Altertums u. Mittelalters zur Gebiets-, Grenz- u. Geleitssicherung u. -beherrschung. Errichtet unter Ausnutzung strategisch günstiger Geländebedingungen als Höhenburg, Niederungsburg oder Wasserburg. Baul. Sicherung durch Gräben, Ringmauern (Bering, Zingel), verstärkte Schildmauern mit Wehrgängen (äußerlich durch Zinnen gekennzeichnet) u. Tore (mit Zugbrücken u. Fallgattern). Innerhalb der Mauern befinden sich in der Regel der → Bergfried als letzte Zuflucht, der → Palas mit Wohnräumen, Rittersaal u. heizbarer → Kemenate oder Dirnitz sowie die eingebaute oder als Sonderbaukörper ausgebildete Burgkapelle (z. T. Doppelkapelle), → Brunnen u. → Zisternen. Sonderentwicklung in der → Ordensbaukunst. Im 16. Jh. mit der Entwicklung der Feuerwaffen, einer zentralisierten Landesherrschaft u. der Verbesserung der Wohnkultur Übergang zu → Schloß u. → Festung.

Bürgerbauten, Profanbauten des Bürgertums in Gestalt von Wohn- u. Gemeinschaftsbauten wie Rathaus, Hospital, Waage, Münze, Schule, Theater, Museum.

Burgundische Bauschule, von der → Cluniazenserbaukunst beeinflußte Richtung der französ. Romanik (um 1120–40) mit basilikalen Kirchenanlagen in Anlehnung an den Bau von Cluny III. Charakterisiert durch einheitl. Wölbetechnik, Spitzbögen, fehlende Krypten u. Übernahme antiker Schmuckformen. Hauptbeispiele: St. Lazare in Autun, Ste. Madeleine in Vézelay.

Burgus [<lat.], von oriental. Wohntürmen abgeleiteter Wart- u. Wehrturm röm. u. frühmittelalterl. Befestigungen. Seit 2. Jh. an den Sicherungspunkten provinzialröm. Grenzen (Limes) als Holzbauten mit quadrat. Grundriß u. 2–3 m über dem Erdboden liegenden Einstiegsöffnungen errichtet. Beispiel: in Resten erhaltener Burgus in Querfurt (um 800).

Burgwardei, Herrschaftsbereich eines Burgherrn, im 12.–13. Jh. mit einem Netz von Beobachtungstürmen (Burgwarten) zur rechtzeitigen Feststellung herannahender Feinde versehen.

Busse, Carl Ferdinand, dt. Arch. u. Baubeamter (1802 Prillwitz – 1868 Berlin). Ausbildung an Bauakademie, ab 1830 Assistent von K. F. Schinkel. 18[illegible]7 Mitglied der preuß. Oberbaudirektion, verantwortlich für Landbauten in Rheinprovinz, Westfalen u. Schlesien. 1849–66 Direktor der Bauakademie. Hauptwerke: Schloßplatzkasino Tegel (1839), Gefängnis Moabit (1842–49) in Berlin, Landgericht Arnsberg (1840), Landgericht u. Postamt in Elberfeld

(1866–68), Kreisgericht in Minden (1855), Landgericht Bonn (1860–62), Strafanstalt Aachen (1864–72).

Busung, durch unterschiedlich hohe Bögen verursachte sphär. Form eines → Kreuzgewölbes bzw. einer einseitig ansteigenden Wölbekappe.

Byzantinische Baukunst, Architektur des 395 entstandenen oström. Reiches mit der Hauptresidenz Konstantinopel (Istanbul) mit starkem Einfluß auf eroberte Gebiete in Nordafrika, Arabien, Spanien, Südfrankreich, Italien, die Balkanländer, Armenien, Georgien, Teile des alten Rußland u. a. Länder. Entwicklungshöhepunkte unter den Kaisern Justinian I. (527–65) u. Basileios II. (976–1025). 1204 Zerschlagung des Großreiches. Mit der Eroberung Konstantinopels 1453 wurden die Reste des Vasallenstaates endgültig der Türkei einverleibt. Die Baukunst beruhte seit dem 6. Jh. auf spätantiken u. frühchristl. Wurzeln u. wurde durch ein orthodoxes Christentum geprägt. Typisch waren: 1. → Kuppelbasiliken, wie Hagios Sergios u. Bacchos (526–37), Hagia Irene (532) u. Hagia Sophia (532–37, → Anthemios aus Tralles) in Istanbul, Hagia Sophia in Saloniki (6. Jh.) u. a. 2. → Kreuzkuppelkirchen, wie Apostelkirche in Istanbul (536–46) u. Johanniskirche in Ephesos. 3. Flachgedeckte → Basiliken, wie Sergiupolis, Caricingard, Grado, Poreć, Belovo, Varria, Arte, Medzena, Nessebar, Pliska u. a. m. (6.–13. Jh.). 4. Gewölbte Basiliken, wie Binbirkilisse, Trapezunt, Mesembria, Kastoria, Zaraphona u. a. m. (6.–12. Jh.). 5. → Zentralbauten, wie tonnengewölbte Kreuzkirchen in Pyrgos, Vunitsa u. Kumani (10. Jh.), Mischformen von Trikonchos u. Kreuzkuppelkirche, wie Peristera (9. Jh.), u. Klosterkirche auf dem Berg Athos (A. 14. Jh.). 6. Klöster. Sakralbauten sind in vielen Variationen erhalten. Profanbauten (Paläste, öffentl. Gebäude, Miethäuser u. dgl.) sind meist nur durch Grabungen belegt, Bäder in

Byzantinische Baukunst. Hagia Sophia in Istanbul (532–37). Histor. Aufnahme

Anlehnung an röm. → Thermen in türk. Zeit umgestaltet. In der Bautechnik allgemein Weiterführung der spätröm. Traditionen des polychromen Materialwechsels von Quader- bzw. Feldsteinmauerwerk u. Ziegelschichten. Im Inneren der Kirchen erhielten sich polychrome antik. → Mosaiken mit zykl. Darstellungen (Hauptbeispiele in Sizilien u. Ravenna) u. Fresken. Außenwandschmuck oft durch Fliesen (z. B. Hagia Basileios in Kastoria). In Deutschland ist der Haupteinfluß des Byzantinismus besonders in der Otton. Baukunst u. in der Kunst um 1200 feststellbar.

C

Caldarium [lat.] → Thermen.

Cameron, Charles, schott. Arch. (1730/40 – vermutlich 1812 St. Petersburg). Ausgebildet in Frankreich u. Italien, tätig in Rußland. 1779 als Hofarch. durch Katharina II. berufen, nach vorübergehender Entlassung aus dem zarist. Staatsdienst (1796–1800) von 1802–05 Hauptarch. beim Bau der Admiralität. Hauptvertreter des russ. Klassizismus. Hauptwerke: Römische Bäder (1780–85) u. Galerie (1783–86) in Zarskoje Selo (Puschkin), Palast in Pawlowsk (1780–1801).

Campanile [ital.], freistehender Glokkenturm einer Kirche, nachweisbar seit 9. Jh. an altchristl. Basiliken Ravennas. Verbreitet in Italien (z. B. S. Marco in Venedig, 1329; Dom in Pisa, 1174; S. Maria del Fiore in Florenz, 1387), zahlreich bei russischen Kirchen, vereinzelt in Deutschland (z. B. Bergen/Schwaben, E. 12. Jh.; Regensburg, 13. Jh.).

Campbell, Colen, engl. Arch. (um 1665 in Schottland – 1729 London). Beeinflußt durch I. Jones u. Ch. Wren, Wegbereiter des engl. → Palladianismus, besonders durch Herausgabe des 3bändigen »Vitruvius Britannicus« (1715 bis 1725). Hauptwerk: Mereworth Castle in Kent (um 1722).

Campen, Jacob van, holländ. Arch. u. Maler (1595 Haarlem – 1657 Randenbroek). Studien der Werke von → Scamozzi u. → Palladio in Italien führten vorwiegend zu Architekturentwürfen: u. a. für Rathaus Haarlem (1630), Mauritshuis Den Haag (1632), Schlösser Rijswijk u. Büren (1636), Neue Kirche Haarlem (1645), Theater Schouwburg Amsterdam (mit P. Post, W. de Keyser u. D. Stalpaert).

Camposanto [ital.], Friedhof mit hofartiger, an der Innenseite von einem Bogengang umzogener Mauer. Beispiele: am Dom in Pisa (G. Pisano, 1278–83), Sebastiansfriedhof in Salzburg (A. Berthdeto, 1595–1600), Stadtgottesacker in Halle/Saale (N. Hofmann, 1558–94), Entwurf für einen Camposanto am Dom in Berlin (F. A. Stüler, ab 1840).

Canaletto → Bellotto, Bernardo.

Campanile an der Kirche S. Apollinare Nuovo in Ravenna (M. 9. Jh.)

Cancelli [lat.], Schranken des Sängerchores einer frühchristl. Basilika, mit denen die Ambonen verbunden waren.

Candela, Felix, mexikan. Arch. (geb. 1910 Madrid). Studium an Architekturhochschule Madrid. Teilnehmer am span. Bürgerkrieg, Emigration nach Frankreich, seit 1939 in Mexiko. Bedeutender Konstrukteur dünnwandiger Stahlbetonkonstruktionen (Platten, Hyparschalen usw.) für Industriebauten, Großhallen, Lagerhäuser, Kirchen u. dgl. Hauptwerke: Lagergebäude in Monterrey (1950, mit R. Fernandes), Strahlen-Laboratorium in Mexiko-Stadt (1950–52, mit J. Gonzalez Reyna), CIBA-Fabrik (1954, mit A. Prieto). Börsensaal der Industriebank (1956, mit E. de la Mora) in Mexiko-Stadt, Restaurant in Xochimilco (1958, mit A. Ordonez), Kirche Sta. Maria Miraculosa in Mexiko-Stadt (1954–58), Kirche St. José Obrero, Monterrey (1959–60), Projekt für Universität Djidda (1977).

Candilis, Georges, französ. Arch. (geb. 1913 Baku). Schüler von Le Corbusier. Vertreter neuzeitl. Siedlungsplanung. 1951–54 Leiter eines Architekturbüros in Casablanca, Wohnbauten in Zentralafrika, Marokko, auf den Antillen, im Iran. 1954–63 Leiter einer Arch.-Gruppe in Paris, Entwürfe für Siedlung Marseille-La Viste (1959), Stadtplanungen für Toulouse (1961–73), Gebäude der Freien Universität Berlin (1963) sowie Mitarbeit am Regionalplan für Paris (ab 1964).

Cantonierter Pfeiler, ein mit 4 Halbsäulen als → Diensten besetzter got. Pfeiler.

Caratti, Francesco, italien. Arch. (1. H. 17. Jh. Bissone/Tessin – 1677 Prag). Stark beeinflußt von → Palladio, seit 3. V. 17. Jh. tätig in Böhmen, seit 1668 im Dienst des Grafen Czernin. Hauptwerk: Czernin-Palais in Prag (1669) mit monumentalster Barockfassade Europas (→ Kolossalordnung, Abb.), Entwurf Gartenfront des Michna-Palais (50er Jahre), Kuppel u. Portikus der Salvatorkirche in Prag (um 1655), Schloß Roudnice (1663).

Carlone, Carlo Antonio, italien. Arch. (um 1635 Scaria – 1708 Passau). Tätig in Deutschland, Österreich, Schweiz. 1686–1708 Stiftsbaumeister von St. Florian. Hauptwerke: Umbau Stift St. Florian, barocker Umbau des Passauer Doms (nach 1688).

Casino [<ital.], urspr. villenartiges Wohngebäude in Gartenanlagen der Renaissance. Im 19. Jh. übertragen auf Gesellschaftshäuser, Festräume u. Konzertsäle, Restaurants, Versammlungsstätten u. dgl.

Castilho, João de, portugies. Baumeister (1490 Santander – um 1558/61). Durch Verbindung spätgot. maur. u. Frührenaissance-Stilelemente zum Hauptvertreter des → Emanuelstils. Hauptwerke: Hieronymitenkloster in Belém (1517–51), beteiligt an Kloster Tomar (1519), Sakristei u. Bibliothek des Klosters Alcobaça (1519), Mausoleum in Batalha (1533), Palästen in Lissabon usw.

Castrum [lat.], festes röm. Truppenlager vom Typus einer Rechteckanlage zur Sicherung des Limes, umgeben von Wall u. Mauer u. 4 Toren am Zugang zweier sich rechtwinklig kreuzender Hauptstraßen. Im Zentrum des Achsenkreuzes lag die Kommandantur (Praetorium); in den 4 Bebauungsquartieren befanden sich die Kasernen u. sonstigen militärisch wichtigen Gebäude.

Cella [lat.], dreiseitig geschlossener hinterer Raum eines Vorhallenhauses (→ Megaron) oder Kernraum eines Tempels, der von Ringhallen umgeben ist.

Cenaculum [lat.], urspr. Speisezimmer im Obergeschoß altröm. Häuser, später übertragen auf Abendmahlsraum christl. Gemeinden.

Certosa [ital.], Bezeichnung für Kartäuser-Kloster; vor allem Certosa von Pavia (1396, 1491 Umgestaltung nach Entwürfen von G. A. Amadeo), sakrales Beispiel der Prachtentfaltung norditalien. Renaissance.

Chalcidium [lat.], 1. einseitig geöffnete Säulenhalle griech. Häuser. 2. mit einer Säulenstellung versehene Vorhalle einer Basilika.

Chalgrin, Jean François Thérèse, französ. Arch. (1739–1811 Paris). Nach Italienreise 1758 Inspekteur des Bauwesens von Paris, Hofarch. u. ab 1770 Mitglied der Architekturakademie. Hauptwerke in Paris: St.-Philippe-du-Roule (1769), Nordturm u. Taufkapelle St. Sulpice (1777), Erweiterung des Collège de France (1780–84), Teile des Palais Luxembourg (1806), Arc de Triomphe (1806ff.) u. a. m.; auch Veröffentlichungen über Bautheorie.

Chambers, Sir William, engl. Arch. (1723 Gothenburg/Schweden – 1796 London). Hauptvertreter des engl. Klassizismus. Geschult in Paris, stark beeinflußt von → Palladio, wirksam auch auf Schweden u. Deutschland. Hauptwerke: Castle Hill in Dorset (1760), Melbourne-House in London (1770–74), Somerset-House in London (1776–86), Anlagen der Königl. Gärten in Kew. Niederschlag seiner China- u. Ostindienreisen in Veröffentlichungen über Stilformen.

Chapter house → Kapitelhaus.

Charta von Athen → CIAM.

Chattra [Sanskrit], schirmförmiger Kuppelaufsatz eines ind. buddhist. Kultdenkmals (Stupa), aus dem sich in China die mehrgeschossige → Pagode entwickelte.

Chaussee [frz.], Fahrstraße, deren Oberfläche im Gegensatz zu natürl. Erdwegen u. einfach gepflasterten Straßen durch ein besonderes Schotterbett befestigt ist.

Chiaveri, Gaetano, italien. Arch. (1689 Rom – 1770 Foligno). Anfänglich im Dienst Zar Peters I. u. der poln. Könige, seit 1737 Hofarch. in Sachsen. Hauptwerke: Katholische Hofkirche (1739–49) u. ehem. Prinz-Max-Palais (1742–43) in Dresden.

Chicago-Fenster, großes Fenster, bestehend aus breitem feststehenden Mittelteil u. 2 seitl. Schiebefenstern, das in modernen Büro- u. Geschäftshäusern die gesamte Fläche des Jochs in einem Fassadenraster ausfüllt. Abgeleitet von den bahnbrechenden Bauten L. H. Sullivans in Chicago (Carson-Warenhaus, 1899–1904).

Chicago-Schule, Arch.-Gruppe, die nach dem Großbrand in Chicago 1871 in der Jahren zwischen 1880 u. 1905 eine Anzahl bahnbrechender Gebäude unter konsequenter Anwendung der Stahlskelettbauweise errichtete als früher Vorgriff auf die moderne Architektur. Führender theoret. Begründer der funktionalist. Bauweise war → L. H. Sullivan. Weitere Vertreter: William Le Baron Jenney (1850–1907), David H. Burnham (1854–1912) u. Martin Roche. Hauptwerke: Tacoma Building (Holabird & Roche, 1886/87), Waren-

Chinoiserie. Teehaus im Park von Sanssouci (1754/55). J. G. Büring

haus Carson P. Scott (Sullivan, 1899 u. 1903/04), Reliance Building (Burnham & Root, 1890–1904). Nach 1940 durch → L. Mies van der Rohe Wiederbelebung des Stils als »Second School of Chicago«.

Chinoiserie [frz.], abgewandelte oder unverstandene Nachbildungen chines. u. ostasiat. Zierformen, die im Zusammenhang mit Importen von Porzellan, Möbeln, Zeichnungen u. Graphiken E. 17./18. Jh. zur Interpretation der fernöstl. Welt als Ausdruck sorglosen Lebensgefühls führten u. besonders auf das Kunsthandwerk in Frankreich, Deutschland u. England übertragen wurden. Einrichtung von Spiegel- u. Porzellankabinetten in vielen Barockschlössern folgten Übertragungen auf die Außenarchitektur. Beispiele: Japanisches Palais in Dresden (1715 bis 1741), Schloß Pillnitz (1719–32), Teepavillon in Potsdam-Sanssouci (1754 bis 1755).

Chor [<gr.], urspr. Raum für Sänger u. Priester im Inneren altchristl. u. mittelalterl. Kirchen, später allgemein übertragen auf Altarraum im Ostteil des Hauptschiffes (Chorquadrat mit Apsis). Als Aktionsbereich der Geistlichen in der Regel durch Stützenwechsel, Bodenschwelle, Chorschranken (12. bis 13. Jh.), Lettner (13.–14. Jh. mit Ausläufern bis 16. Jh.) oder Doxale (18. Jh.) vom Laienteil der Kirche geschieden. Raum unter dem Chor vielfach im 9.–13. Jh. durch Krypta genutzt. In dieser Zeit auch Erweiterungen durch Nebenchöre, Staffelchöre, Kapellenkränze (Radialkapellen), Chorumgänge (Weiterführung der Seitenschiffe um den Chor) u. roman. Doppelchoranlagen. Im 14./15. Jh. durch Vergrößerung des liturg. Aufwandes mit starkem Priesteraufgebot Anlage gewaltiger Langchöre (z. B. Dom in Erfurt) u. → Hallenchöre (z. B. Gmünd).

Chörlein (Kapellenerker), kleiner, chorartig aus der Fassade hervortreten-

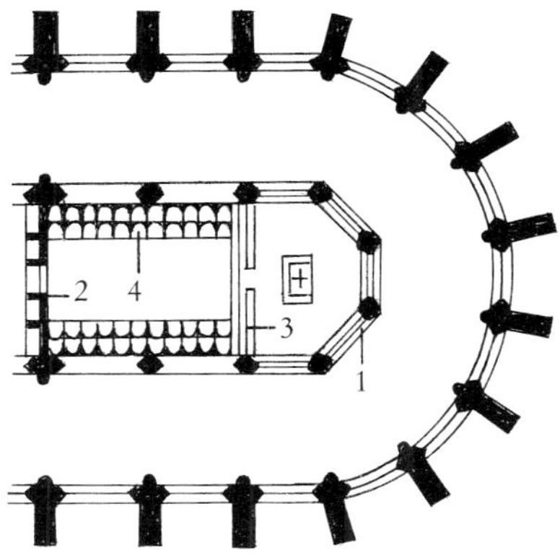

Chorschranke. 1 Chorschranken, 2 Lettner, 3 Altarschranken, 4 Chorgestühl

der Andachtsraum in polygonaler Form an Rat- u. Bürgerhäusern, Kurien u. Pfarreien der Gotik u. Renaissance zur Aufstellung von Altären. Abgeleitet von ähnl. Bildungen kleiner Burgkapellen. Hauptverbreitung in Süddeutschland u. Böhmen.

Chorquadrat (Quadrum), 1. quadrat. Chorabschluß einer Kirche. 2. das quadrat. Joch zwischen → Vierung u. Chorabschluß.

Chorschranke, oftmals übermannshohe Mauer im Chorbereich mittelalterl. Kirchen (E. 12.–A. 16. Jh.), die im Inneren den Laienteil von dem für den Klerus vorbehaltenen Platz vor dem Hochaltar abtrennte. Hauptbeispiele: Hildesheim, St. Michael; Halberstadt, Liebfrauenkirche, um 1200.

Chorturm, Turm über dem → Chorquadrat einer mittelalterl. Kirche.

Chorumgang, Weiterführung der Seitenschiffe einer Kirche in Form offener Bogenstellungen um den Chor herum. Liturg. Funktion als Prozessionsgang u. Ansatzstelle von Kapellen (→ Kapellenkranz).

Churriguerra, José Benito de, span. Arch. u. Bildhauer (1665 Salamanca bis 1725 Madrid). Tätig im Dienste König

Karls II., durch phantasievolle Verbindung von Stilelementen der Gotik u. des italien. Barock (→ Borromini, → Guarini) Schöpfer des spätbarocken span. »Churriguerrastils«, der erst E. 18. Jh. durch den Klassizismus überwunden wurde. Hauptwerke: Altäre u. Tabernakel, Portale von S. Sebastian u. Sto. Tomás in Madrid, S. Cajetano in Madrid, Theklakapelle der Kathedrale in Burgos, Kathedralenturm u. Rathaus in Salamanca (1722–23), Stadtplanungsentwürfe für Nuevo Baztán u. a.

CIAM, Congrès Internationaux d'Architecture Moderne (Internationale Kongresse für Neues Bauen), 1928 in La Sarraz/Schweiz durch Vertreter aus 16 Ländern gegründet mit dem Ziel, durch aktive Zusammenarbeit bei Architekturuntersuchungen, -studien u. -publikationen die progressiven Tendenzen moderner Baukunst zu fördern. Darlegung der Grundsätze in der »Charta von Athen« (1943). Nach Erfüllung der Ziele der CIAM 1956 Auflösung auf dem 10. Kongreß in Otterloo.

Ciborium [<lat.], steinerner, von Säulen getragener Altarbaldachin, tabernakel- oder turmartig gestaltet zur Aufhängung des Gefäßes mit geweihtem Brot. Bekannt seit Frühromanik, verbreitet in Italien. In Deutschland auf Nebenaltäre beschränkt.

Cinquecento [ital.], in der italien. Kunstgeschichtsperiodisierung die Zeit des 16. Jh. Hoch- u. Spätrenaissanceperiode mit den Hauptvertretern Leonardo da Vinci, Raffael, Tizian, Michelangelo, Bramante.

Circus [lat.], urspr. Kampfspielplatz im alten Rom, vorwiegend für Pferde- u. Wagenrennen, später auch für alle Arten von Spielen, Triumphfeiern, Tierhetzen, Volksversammlungen u. Belustigungen. Anlage vermutlich angeregt durch das griech. Hippodrom. Bestehend aus hufeisenförmiger Kampfbahn, die an den Langseiten von amphitheatral. Zuschauerrängen begleitet war. Bekannteste Anlage der Circus maximus in einer Talmulde zwischen Palatin u. Aventin (2. Jh. v. u. Z.). Heutiger Begriff zumeist bezogen auf Zelt- oder stationäre Rundbauten für Tierdressuren u. Artistik.

Cisneros-Stil, spezieller span. Dekorationsstil des 16. Jh. z. Z. des Kardinal Cisneros. Bestehend aus got., maur. u. Renaissance-Elementen. Hauptverbreitung in Toledo u. Alcalá de Henares. Hauptwerke: Kapitelsaal der Kathedrale von Toledo (Enrique de Egas, 1504, 1512), Kollegiatskirche Alcalá de Henares (Pedro Gumiel, um 1517).

Cluniazenserbaukunst. Grundriß von Cluny III (1088/89–1131)

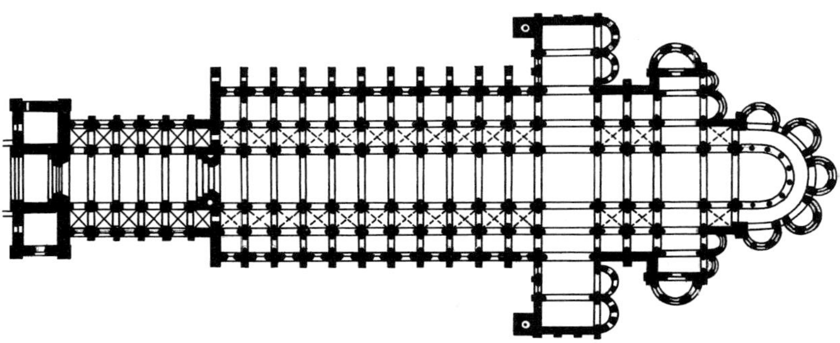

Cistercienserbaukunst → Zisterzienserbaukunst.
City [engl.], Geschäfts- u. Vergnügungszentrum einer Großstadt. Entwicklung seit ausgehendem 19. Jh. durch Konzentration von Handels- u. Verwaltungseinrichtungen, deren Großbauten zur Verdrängung der urspr. Wohnbebauungen u. Entstehung großer Pendlerströme in den Stadtkernen führten. Daher nach amerikan. Vorbildern in Europa seit Ausgang des 1. Weltkrieges durch Vertreter des »Citygedankens als Wohnform der Zukunft« gefördert.
Classical Revival, engl. Form des Klassizismus.
Claustrum [lat.], Kreuzgang eines Klosters.
Cluniazenserbaukunst, Architektur reformierter Benediktiner, ausgehend vom 910 gegründeten Mutterkloster in Cluny/Burgund mit Resten dreier bedeutender, zeitlich aufeinanderfolgender Kirchenanlagen: Cluny I 910–15, Cluny II um 954–81, Cluny III 1088/89–1131. Hauptkennzeichen: Umgangschöre mit Radialkapellen u. parallelen, gestaffelten Apsiden. Von Einfluß auf die Zisterzienserbaukunst u. Hirsauer Bauschule.

Confessio in der Krypta der Stiftskirche Quedlinburg (vor 1020)

Coemetrium [lat.], in die Wände frühchristl. → Katakomben eingelassene Grabkammer.
Collegiatskirche → Stiftskirche.
Colonial Style [engl.] (Kolonialstil), Architekturstil von Beginn der Kolonisation Nordamerikas bis E. 18. Jh., charakterisiert durch abgewandelte Formen der europäischen Renaissance u. des Klassizismus, speziell engl., span. u. holländ. Prägung. Überwiegend übertragen auf Holzbauten.
Columbarium [lat.], Nischen in Wänden röm. u. frühchristl. Begräbnisstätten nach dem Vorbild der Felsaushöhlungen für etrusk. Aschenurnen. Stärkste Verbreitung im 3. Jh., meist als → Katakomben angelegt (z. B. Columbari di Vigna Codini in Rom).
Comasken, italien. Baumeister u. Steinmetzen aus Como. Erwähnt seit 7. Jh. Im 12. Jh. von großem Einfluß auf die Romanik der Toskana u. von dort ausgehend auf Deutschland u. Skandinavien. Bedeutende italien. Arch. des 16./17. Jh., wie Fontana, Borromini, Maderno u. a., sind Nachfahren der Comasken.
Communs [frz.], Nebengebäude für Wirtschaftszwecke im Anschluß an barocke Schloßanlagen, z. B. am Neuen Palais Potsdam-Sanssouci (1766–69).
Concha [lat.], halbkreisförmiger Ostabschluß eines Raumes, bei Sakralbauten für die Aufstellung des Heiligtums vorgesehen.
Conchula [lat.], kleine Nische oder Nebenapsis.
Confessio [lat.], Vorform der mittelalterl. → Krypta; Heiligen-, Märtyrer- oder Kirchengründergrab unter einem Hochaltar. Seit 8. Jh. als Schauobjekt

von halbkreisförmigem Prozessionsgang umgeben (z. B. Stiftskirche in Quedlinburg, vor 1020).

Corps de logis [frz.], architektonisch hervorgehobenes Hauptgebäude eines mit Seitenflügeln u. Nebenpavillons ausgestatteten Barockschlosses.

Corso [ital.], städt. Fahrpromenade im Gegensatz zur Fußpromenade oder zu einem Parkfahrweg, die als »passeggio« bezeichnet werden.

Cortona, Pietro da, italien. Maler u. Arch. (1596 Cortona – 1669 Rom). Anhänger der Barockrichtung von → Borromini u. → G.L.Bernini, Spezialist für Ornamentik u. illusionist. Innendekorationen. Seit etwa 1613 tätig in Rom, seit 1640–47 in Florenz. Hauptwerke: S. Maria della Pace in Rom (um 1657), Louvre-Entwürfe für den französ. König Ludwig XIV., Ausstattungen der Palazzi Barberini u. Pamfili in Rom, Pitti in Florenz.

Costa, Lúcio, brasilian. Arch. (1902 Toulon – 1963). Bis 1924 Studium an Schule der Schönen Künste in Rio de Janeiro, 1930–31 Direktor dieser Schule, als Reformer auf architekton. u. künstler. Gebiet durch Reaktion entlassen. Restaurierung von Baudenkmälern u. zahlr. Bauten in Zusammenarbeit mit führenden Architekten. Hauptwerke: Ministerium für Bildung u. Gesundheitswesen in Rio de Janeiro (1937–43), Pavillon der Weltausstellung New York (mit O. Niemeyer, 1939), Parkhotel Rio de Janeiro (1944), Wohnkomplex in Rio de Janeiro (1948–54), Pavillon des Weltkirchenkongresses in Rio de Janeiro (1955), 1. Preis im Wettbewerb um Bebauungsplanung von Brasilia (1956–57), Berater bei Projektierung des UNESCO-Gebäudes in Paris (1954–58); zahlr. Veröffentlichungen.

Cottage [engl.], urspr. Bezeichnung für kleine engl. Landsiedlungshäuser des späten 18. Jh. Im späten 19. Jh. reformer. Propagierung des »Cottage-systems« als erstrebenswerten Gegensatz zur Mietkaserne. Verbreitete Lösung engl. Werk- u. Gartenstadtsiedlungen mit großem Einfluß auf die Theoretiker der → Gartenstadt.

Cottage orné [frz.], malerisch aufgebautes, bewußt rustikal gestaltetes engl.

Corps de logis des Schlosses Pommersfelden (1711–16)

Cromlech. Stonehenge bei Salisbury/Südengland

Landhaus vorwiegend in Parks des späten 18.–frühen 19. Jh. unter Verwendung von Strohdächern, Holzverkleidungen u. roh behauenen Balken (z. B. Dorfanlage Blaise Hamlet nach Entwürfen von J. Nash, 1811).

Cotte, Robert de, französ. Arch. (1656–1735 Paris). Mitarbeiter von J. H. Mansart, 1708 Königl. Arch. u. Bauintendant. Frühwerke im Stil Ludwigs XIV., dann Hauptmeister des → Régence-Stils. Schloß- u. Kirchenbauten in Frankreich, Spanien u. Deutschland. Hauptwerke: Vollendung u. Interieurs der Schloßkapelle von Versailles (1708–10), Chorausstattung von Notre Dame Paris (1708–14), Entwurf für Bischofspalast in Straßburg (1728), Fassadenentwurf für St. Roch in Paris (1734–35), zahlr. Adelspaläste in u. um Paris, Palais Thurn u. Taxis in Frankfurt/M. (1732–41), Entwurf für Schloß Poppelsdorf bei Bonn (1715), Möbel, Metallarbeiten, Gobelins.

Cour d'honneur [frz.], der vom → Corps de logis u. den → Communs (Nebenflügeln) begrenzte Ehrenhof eines Barockschlosses.

Cromlech [gall.], steinzeitl. Kultanlage in Form 1. eines grablosen Festplatzes, der kreisförmig von großen Steinen (Monolithen) umstellt ist (z. B. Stonehenge bei Salisbury/Südengland) u. 2. eines runden Stein- oder Plattenbelages, der von Großsteingräbern eingefaßt ist. Hauptvorkommen: England u. Irland, aber auch im Mittelmeerbereich (Ägäis, Nordafrika, Orient).

Cronaca (Simone del Pollaiuolo), italien. Arch. (1457–1508 Florenz). Von 1475–85 tätig in Rom, ab 1495 Dombaumeister in Florenz. Hauptwerke: Mitarbeit am Palazzo Strozzi (seit 1489, mit Benedetto da Maiano), Saalkirche S. Salvatore al Monte (1504).

Cubiculum [lat.], Schlafraum im antiken röm. Haus. Später übertragen auf Grabkammern frühchristl. → Katakomben.

Curia [lat.], Versammlungsraum des röm. Senats.

Curtain Wall [engl.] (Vorhangfassade), nichttragende Außenwand, zusammengesetzt aus Plattenelementen aus Glas, Aluminium, Stahl, Kunststoffen oder anderen witterungsbeständigen Materialien; wird dem Skelettbau »vorgehängt«.

Cuvilliés, François de, belg.-dt. Arch. u. Stukkateur (1695 Soignies – 1768 München). Schüler von J. F. Blondel u. R. de Cotte in Paris (1720–24). Hauptmeister des süddt. → Rokoko, seit 1725 Kurfürstl. Hofbaumeister in München. Hauptwerke: Palais Piosasque de Non in München (1728), Interieurs in Schloß Brühl (1728–30), Schloß Falkenlust bei Brühl (1729), »Reiche Zimmer« der Münchner Residenz (1730–37), Schloß Amalienburg in München (1734–39), Residenztheater in München (1750–53) u. a. m. Herausgabe eines Stichwerkes über Rokokoarchitektur (ab 1738). Fortsetzung des väterl. Werkes durch seinen Sohn François de Cuvilliés d. J. (1731–77).

D

Dach, oberste Abdeckung eines Gebäudes als Schutz vor Niederschlägen u. Außentemperaturen. Aufbau aus Dachkonstruktion u. → Dachdeckung. Die geneigten Flächen (→ Dachformen) sind ebenfalls durch klimat., konstruktive u. architekturästhet. Erfordernisse bestimmt.

Dachaufbauten, alle aus der Dachfläche emporragenden Bauteile, wie → Gauben, → Dachfenster, → Dachreiter usw.

Dachboden, begeh- oder bekriechbarer Raum unter geneigten Dachflächen. Entwickelte Ausbildung beim → Steildach, in regen- u. schneereichen Klimazonen seit altersher bei Bauern- u. Bürgerhäusern bis zum 19. Jh. als Speicherraum genutzt. Seit dem 16. Jh. in Nordeuropa zunehmend durch Einbau von Wohnungen reduziert. Spezialform des 18. Jh. ist das schräge → Mansarddach. In südl. Ländern u. moderner Architektur des 20. Jh. Dachräume durch Flachdächer verdrängt.

Dachdeckung (Dachhaut), Überspannung der konstruktiven Konstruktion durch: 1. Schuppendeckungen (Ziegel, Schiefer, Schindel, Asbest, Eternit, Strohbündel u. dgl.); 2. Bahnendeckungen (Pappe, Metall- und Kunststofffolien). Nach Art des Materials Unterscheidung in: Ziegeldeckung (Biberschwänze, Hohlziegel, Mönch-Nonne, Falzziegel, Zementsteine, Glasziegel), Schiefer-, Schindel-, Stroh-, Metalldekkung (Aluminium, Zink-, Kupferbleche, auf Beton geklebte Folien usw.), Pappdeckungen über Holzschalungen (Dachpappe, Preolith, Holzzement) u. Plattendeckung (Zementtafeln, Betonhohldielen, Stegplatten u. -kassetten).

Dacherker, Dachaufbau mit senkrechten durchfensterten Wänden u. einem Dachabschluß. Häufigste Verbreitung bei Landhäusern des 19./20. Jh., deren hohe Dächer z. T. als Wohnungen ausgebaut wurden (Villen der Gründerzeit).

Dachfenster, die zur Belichtung u. Belüftung in der Dachfläche angeordneten Fenster, auch Synonym für → Gaube. Sonderformen sind Ochsenauge u. Fledermausgaube. Kapp- oder Kaffenster sind → Dachluken.

Dachformen, durch Bautraditionen u. künstler. Aspekte beeinflußtes Mittel der Architekturgestaltung in allen Gesellschaftsperioden. Im europäischen Bereich überwiegt bis zur Gegenwart aufgrund klimat. Bedingungen das → Steildach. Seit etwa 1924 vollzog sich mit neuen Bauaufgaben u. industrialisierten Bautechniken zunehmend der Übergang zum → Flachdach sowie dünnschaligen Wölb- u. Hängekonstruktionen. Hauptformen des traditionellen Daches: Sattel-, Pult-, Walm-, Krüppelwalm-, Zelt- oder Pyramiden-, Mansard-, Shed-, Kreuz-, Schlepp-,

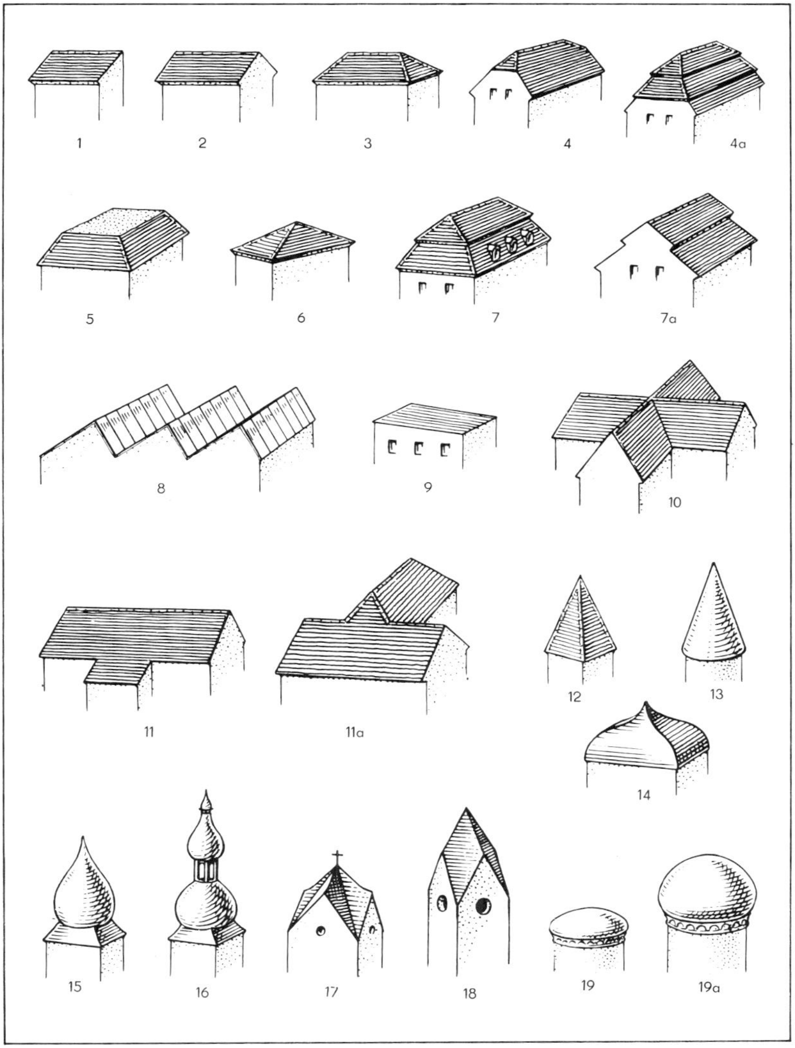

Dachformen. 1 Pultdach, 2 Giebel-(Sattel-)dach, 3 Walmdach, 4 u. 4a Krüppelwalmdach, 5 Terrassendach, 6 Zelt-(Pyramiden-)dach, 7 u. 7a Mansarddach, 8 Sheddach, 9 Flachdach, 10 Kreuzdach, 11 Schleppdach, 11a Kreuzdach mit Verfall, 12 Turmdach, 13 Kegeldach, 14 Haubendach, 15 Zwiebelhelm, 16 Welsche Haube, 17 Faltdach, 18 Rhomben-(Helm-)dach, 19 u. 19a Kuppeldach

Kegel-, Hauben-, Zwiebel-, Falt-, Rhomben-(Helm)-, Kuppel-, Flach-, Terrassendach u. Welsche Haube.

Dachgarten, gärtner. Anlage auf einem Flachdach, die im Gegensatz zur → Dachterrasse eine massive, feuchtigkeitsisolierte Unterkonstruktion als Träger der Erdschicht und Bepflanzung besitzt. Älteste, sagenhafte Erwähnung in Babylonien als »hängende Gärten der Semiramis«.

Dachgaube → Gaube.

Dachgeschoß (Dachraum), der unter dem Dach eines Gebäudes zwischen dem Dach- u. Kehlgebälk gelegene Raum, der auch den → Dachstuhl enthält. Wegen erhöhter Feuergefahr unterliegt er besonderen baul. Vorschriften hinsichtlich Anlage von Treppen, Türen u. Größenverhältnissen bei Nutzung für Wohn- u. Gewerbezwecke.

Dachhaus, wandloses Gebäude, dessen Dach unmittelbar auf dem Baugrund steht. Urform des Hausbaus, übernommen in der Grundkonstruktion der »Finnhütte«.

Dachhaut, die vom Dachgerüst getragene, vor Witterungseinflüssen schützende → Dachdeckung.

Dachkonstruktion, das aus Holz, Stahl oder Stahlbeton konstruierte Traggerüst eines → Dachstuhls. Bei der älteren, über Jahrhunderte gebräuchl. Holzkonstruktion überwiegen drei Grundformen: → Pfettendach, → Sparrendach u. das von diesem abgeleitete → Kehlbalkendach.

Dachluke, verschließbare, meist auch als Fenster ausgebildete Dachausstiegsöffnung. Bei halbkreisförmigem Umriß auch Froschmaul genannt, bei Eingrenzung der halbkreisförmigen Öffnung durch große Hohlsteine auch Kappfenster.

Dachreiter, turmartiger Dachaufsatz, meist zur Aufnahme einer Glocke oder Uhr. Seit dem 13. Jh. anstelle größerer Turmanlagen von den klösterl. Reformorden (Zisterzienser, Dominikaner,

Dachreiter am Rathaus in Wolgast

Franziskaner) bevorzugt. Im Spätmittelalter Übertragung auf Profanbauten (Schloß, Rathaus, Stadttürme).

Dachschwelle, ein auf den tragenden Wänden liegender Balken zur Befestigung des Dachgerüstes.

Dachstuhl, tragender Teil eines Daches (Tragkonstruktion oder Dachgerüst). Nach dem verwendeten Material unterscheidet man Holz-, Eisen- u. gemischte Dachstühle sowie eisenarmierte Holzdachstühle. Maßgeblich für die Materialwahl sind Spannweiten, Feuersicherheit u. Kostenfragen.

Dachterrasse, Freisitzplatz mit Pflanzenkästen u. -kübeln auf einem begehbaren, wetterfesten → Flachdach.

Dachtraufe → Traufe.

Dansker, erkerartiger Abortanbau an den Außenfassaden von Ordensburgen, auch übertragen auf Fluchttürme von Ordensburgen mit offenem Untergeschoß über fließenden Wasserläufen, z. B. Marienwerder (Kwidzyn) u. Marienburg (Malbork) in Polen.

Darmstädter Künstlerkolonie, 1899 auf Veranlassung des hess. Großherzogs Ernst Ludwig in Darmstadt-Mathildenhöhe gegründete Künstlergemeinschaft. In diese wurden der Architekt → J. M. Olbrich, die Bildhauer L. Habig u. R. Bosselt sowie die Kunstgewerbler P. Bürck, P. Huber, H. Christiansen u. → P. Behrens berufen, um in bewußter Abkehr vom → Eklektizismus u. starren Akademismus ihre neuen künstler. Absichten umfassend darzustellen. Höhepunkt war die 1. Ausstellung »Ein Dokument deutscher Kunst« (1900) mit der Vorstellung der Bauten der Künstlersiedlung als Beispiele »neuen Lebensstils«. Infolge starken Individualismus u. ökonom. Schwierigkeiten zerfiel die Gruppe 1906.

Datsche [<russ.], Landhaus, Sommerwohnung, Sommerfrische oder Ferienhaus.

DDR-Architektur. Die Anfänge der Bautätigkeit in den Jahren 1945–49 in der damaligen Sowjet. Besatzungszone waren durch Enttrümmerung der kriegszerstörten Städte, erste Ingangsetzung infrastruktureller Anlagen, lebenswichtiger Arbeitsstätten, Schulen, Verwaltungs-, Kultur- u. Sozialbauten gekennzeichnet, insbesondere durch die Wiedergewinnung notwendigsten Wohnraumes. Für die Realisierung städtebaul. Maßnahmen fehlten die materiellen u. techn. Voraussetzungen. Erste Wiederaufbaukonzeptionen für Ostberlin, Leipzig, Chemnitz, Plauen, Neubrandenburg u. a. zeigten ein breites Spektrum von Ideen zwischen historisierendem Wiederaufbau u. programmat. Modernisierung unter starkem Einfluß der Architekturströmungen der 20er u. 30er Jahre, speziell des aufgelockerten Siedlungsbaues. Nach der polit. Teilung Deutschlands ab 1949, insbesondere nach dem III. Parteitag der SED 1950 begannen Partei- u. Staats-

Dansker an der Burg Marienwerder

führung massiv u. dauerhaft in das gesamte Baugeschehen u. seine systemat. Verstaatlichung einzugreifen, bemüht, es funktionell u. ideologisch mit Zeichenfunktionen der geplanten Entwicklung eines sozialist. Arbeiter- u. Bauernstaates zu versehen. Bewußte polit. Abgrenzung zu Projekten des Faschismus u. modernen Richtungen des → International Styles führten in Anlehnung an die sowjet. Baupraxis u. Stalins These vom sozialist. Inhalt u. den nationalen Formen ebenfalls zur Berufung auf »nationale Traditionen«. Die 1952–58 im Rahmen des parteipolit. Nationalen Aufbauwerks (NAW) in handwerkl. Bauweisen errichtete Stalinallee galt nach staatsoffizieller Deklaration als »wegweisendes Symbol des Sozialismus« u. fand Nachahmung in vielen »Aufbaustädten«. Rechtsgrundlage für die Bereitstellung von Bauland bildete das »Aufbaugesetz« (6. 9. 1950), theoret. Grundlage waren die »16 Grundsätze des Städtebaus«. Ein eigentl. Städtebaugesetz gab es nie. Nach der Kritik N. Chrustschows an Stalin ab 1954, ausgelöst durch den Moskauer Allunionskongreß des Bauwesens, erfolgte der kampagnemäßige Übergang zur rigorosen Anwendung industrieller Bauweisen als »Ausdruck der Techn. Revolution im Sozialismus«. Aus diesen u. anhaltenden ökonom. Zwängen erfolgte nunmehr die Durchsetzung des »Systems der radikalen Standardisierung, Typisierung u. Normung im Bauwesen«. Richtungweisend wurden die Fortführung der Stalinallee in Berlin zwischen Strausberger u. Alexanderplatz sowie der Aufbau der Stadt Hoyerswerda ab 1956/58 unter systemat. Einführung der Großblock- u. Großplattenbauweise. Bis Anfang der 60er Jahre dominierte der Wohnungsbau an Standorten der Industrie des Kohle-, Energie- u. Chemieprogrammes wie z. B. Lübbenau, Vetschau, Schwarze Pumpe, Guben, Schwedt, Leuna. Ein von der Kranbahn diktierter

DDR-Architektur. Haus des Lehrers und Kongreßhalle in Berlin (1963), im Hintergrund die ehem. Karl-Marx-Allee. H. Henselmann u. a.

DDR-Architektur. Ehem. Stalinallee in Berlin (1952–58)

Schematismus aufgelockerter 3- bis 5geschossiger Siedlungsbebauung in Zeilenbauweise prägte flächenweit die Monotonie dieser Bebauungen aus der »Häuserfabrik«, als deren wichtigstes Funktionsgebiet der »sozialist. Wohnkomplex« angesehen wurde. Anfang der 60er Jahre gestattete die Entwicklung der industriellen Montagebauweisen den Übergang zu geschlosseneren Baustrukturen als neuen qualitativen Schritt, aber noch immer mit wenig genutzten Ansätzen zur Urbanität. Größte baul. Aufgabe ab 1964 waren die Anlage von Halle-Neustadt u. weiterer Großsiedlungen auf bisher unerschlossenen Gebieten an Stadträndern. Die baul. Vernachlässigung innerstädt. Bereiche führte Mitte der 60er Jahre zu einer Neubesinnung auf die Stadtzentren u. zu Beschlüssen über den weiteren, konzentrierten Aufbau u. die Umgestaltung von 13 Zentrumsbereichen in Großstädten. Die Zentren von Ostberlin, Dresden, Chemnitz, Cottbus, Frankfurt/O., Neubrandenburg, Potsdam, Jena, Suhl, Gera u. Magdeburg erhielten damals durch industriell hergestellte Gesellschafts- u. Wohnbauten ein verändertes Gepräge, das an nichtverwirklichten Vorstellungen der 50er Jahre von der monumentalen Ausbildung als »Stadtkronen des Sozialismus« orientiert war, das Zentrum als Folgesystem ideologisch wirksamer Straßenzüge u. markanter Plätze sowie als höchste Steigerung polit. emotionaler Raumerlebnisse begriff. Aus den Thesen von Weitläufigkeit, Licht, Luft u. Sonne sowie der generellen Neuordnung der Gesamtstadt leiteten sich Wunschvorstellungen ab, die das Zentrum als Konzentrationspunkt gesellschaftspolit. Lebens u. innerstädt. Plätze als Orte staatsbejahender Feiern u. Demonstrationen sahen. Der größte Teil dieser Bebauungen führte in der Praxis zu maßstabloser Weite u. insularen Ausprägungen. Wichtiges Gestaltungselement des Städtebaues war die Staffelung der Baukörper. Versuche der → Funktionsüberlagerung (z. B. Berlin, Bereich Rathausstraße/Liebknechtstraße) scheiterten generell an ökonom. Möglichkeiten. Seit Anfang der 70er Jahre verlagerten sich die baul. Prioritäten auf die Realisierung des Wohnungsbauprogrammes, mit dem die SED die Wohnungsfrage als soziales Problem bis 1990 mit den Mitteln des extensiven Wohnungsbaues lösen wollte. Beispiele dieser Großwohngebiete für 28 000 bis 100 000 Einwohner sind u. a. in Berlin-Marzahn, Berlin-Hellersdorf, Leipzig-Grünau, Fritz-Heckert-Gebiet Chemnitz, Greifswald-Schönwalde, Schwerin-Großer Dreesch, Erfurt-Riethviertel, Magdeburg-Nord, Rostock-Lüttenklein, Halle-Neustadt, Potsdam, Neubrandenburg zu finden.

Ab 1980 zeigten sich die aufgestauten, nicht mehr beherrschbaren Defizite bei der Erhaltung u. Pflege denkmalgeschützter Altstadtkerne u. innerstädt. Altwohngebiete. Die Schwerpunkte richteten sich seitdem auf die Probleme der Stadterneuerung bei Forcierung des innerstädt. Bauens unter weitgehendem Einsatz industrieller Bauweisen u. Einbeziehung der variableren, neuentwikkelten → WBS 70. Die Verflechtungen zwischen Stadtumbau und Wohnungsbauprogramm führten zu einer Reihe experimenteller Lösungen u. a. in Ostberlin, Bernau, Greifswald, Rostock, Halle, Altenburg, Gera, Leipzig. Die Widersprüche zwischen Notwendigkeiten, Ansprüchen u. breiteren Möglichkeiten der Verwirklichung waren in den letzten Jahren der Existenz der DDR nicht mehr lösbar.

Decke, obere Raumbegrenzung, bestehend aus Tragwerk (Trägern, Balken, Platten), Schalung u. Putz. Unterscheidung in: Holzbalkendecken (verkleidet, unverkleidet, mit u. ohne Zwischenräumen) u. Massivdecken (Ziegel, Beton, Stahlbeton, Stahl u. a.).

Decker, Paul, dt. Arch. u. Kupferstecher (1677 Nürnberg – 1713 Bayreuth). Schüler von A. Schlüter. Hofarch. u. Baudirektor in Bayreuth. Seine theoret. Arbeiten u. Architekturstiche waren von großem Einfluß auf die fränk. Barockarchitektur.

Decorated Style [engl.], Phase der engl. Gotik mit starken Anlehnungen an die französ. Hochgotik (etwa 1250–2. V. 14. Jh.), gekennzeichnet durch Kathedralbauten mit klass. französ. Grundrißlösung u. engl. Dehnung des Langhauses, breite Fenster mit reichen geometr. Maßwerkformen u. 4teilige Rippengewölbe. Spätphase mit schlängelnder Ornamentik u. vielen → Fischblasen auch als Flowing Tracery bezeichnet. Hauptwerke: u. a. Kirche der Westminster Abbey in London (1245 ff.), Teile des Chors in Chester, Langhaus in Worcester, Kathedralen in Ely, Exeter, Lincoln, York.

Dehnungsfuge, vertikale Trennfuge als Toleranz für geringfügige Lageveränderungen bei extremen Temperaturschwankungen. Erforderlich bei Konstruktionen aus Beton, Stahlbeton u. Stahl mit klimaabhängigen Volumenschwankungen.

Deinokrates, griech. Baumeister aus Mazedonien oder Rhodos (2. H. 4. Jh. v. u. Z.). Mitwirkung an der Stadtgründung von Alexandria, vermutlich auch Planungsentwürfe für die baul. Gestaltung des Berges Athos. Unterschiedlichste Zuschreibungen durch Namensverwechslungen in den Quellenmaterialien des Altertums.

Delorme, Philibert, französ. Baumeister, Techniker u. Theoretiker (um 1510/15 Lyon – 1570 Paris). 1533–36 Studium der antiken u. Renaissancearchitektur in Rom, ab 1536 in Lyon, ab 1540 in Paris, seit 1547 Arch. des Königs. Pläne u. weitreichende Mitarbeit an den Schlössern Anet u. St. Maur-les-Fossés (1543–44), Fontainebleau, St. Germain, St. Germain-en-Laye (1550), Projekte für die Tuilerien (1564).

Demmler, Georg Adolph, dt. Arch. (1804 Berlin – 1886 Schwerin). Schüler der Bauakademie in Berlin. Seit 1823 Baukondukteur in Schwerin, 1835 Land-, 1837 Hofbaumeister. 1851 wegen Teilnahme an der Revolution 1848/49 aus dem Staatsdienst entlassen. Vertreter des Spätklassizismus u. der → Neorenaissance. Hauptwerke: Häuser in Dargun, Dömitz, Ludwigslust, Theater in Gützkow (1829); in Schwerin Kollegiengebäude (1825–34), Fassade des Altstädter Rathauses (1835), Museum (um 1835), Marstall (1838–43), Krankenhaus (1839–40), Kommandantenhaus (um 1840), Schloßumbau (1843–51).

Denkmal, 1. ein bewußt zur Erinnerung an eine Persönlichkeit oder ein bestimmtes histor. Ereignis errichtetes Gebäude oder plast. Werk. 2. historisch bedeutsame, aus polit., kultur- und kunstgeschichtl. Erwägungen erhaltenswerter Bau u. Gegenstand, der in

Sinne von Denkmalpflegeverordnungen erhalten u. betreut wird.

Denkmalpflege (Denkmalschutz), allgemein auf staatl., in der Bundesrepublik Deutschland auf Länderebene durchgeführte Maßnahmen zur Erfassung, zum Schutz, zur Erhaltung u. Pflege von Denkmalen der Kultur- u. Kunstgeschichte. Durchführung auf der Basis spezieller Erhaltungssatzungen u. Denkmalschutzgesetze, bezogen auf histor., techn., künstler., baul., städtebaul. u. Naturdenkmale vom Einzelobjekt bis zum Flächendenkmal unter Einbeziehung der Ortsbilder u. Landschaftsräume. Zeitweise Unterstützung durch spezielle Förderprogramme u. -mittel. Abgesehen von legitimist. Erhaltungsbestrebungen in frühen histor. Zeiten (Römerzeit, Renaissance) lagen die systemat. Anfänge im frühen 19. Jh. unter maßgebl. Beteiligung von K. F. Schinkel.

Desornamentado-Stil, schmuckarme klassizist. Richtung der span. Spätrenaissance. Hauptvertreter: J. de Herrera, J. B. Toledo.

De Stijl → Stijl.

Deutscher Werkbund, 1907 in Anlehnung an Ideen von → W. Morris in München gegründete Vereinigung von Künstlern, Handwerkern u. Industriellen mit dem Ziel der Verbesserung der Formgestaltung industriell hergestellter Massengebrauchsgegenstände (Möbel, Textilien, Glas, Keramik, Metallerzeugnisse usw.). Gründungsmitglieder unter ideolog. Führung von → R. Muthesius waren H. van de Velde, Th. Fischer, F. Schumacher u. → R. Riemerschmid, aktiv engagierte Architekten u. a. P. Behrens, W. Gropius, B. Taut. Darstellung der Entwürfe u. Ideen auf großen Ausstellungen (1914 Köln, 1927 Stuttgart-Weißenhof), Gründung von Werkstätten, Herausgabe zahlr. Publikationen. Ähnliche Gründungen in Österreich (1912) u. Schweiz (1913). Auflösung des Dt. Werkbundes 1933 durch den Faschismus. 1946 Neugründung in Westberlin unter Vorsitz von H. Scharoun, 1947 Verlegung nach Düsseldorf.

Deutsches Band, Zickzackfries aus übereckstehenden Steinen. Vorherrschend im Backsteinbau des 12. u. 13. Jh., meist in Kombination mit einem parallel verlaufenden → Rundbogenfries. → auch Fries.

Deutschordensbaukunst → Ordensbaukunst.

Diakonikon [gr.], spezieller Vorbereitungs- u. Umkleideraum der Diakone in frühchristl. Kirchen neben der Hauptapsis, Vorform der → Sakristei.

Diamantierung, künstler. Flächengestaltung in Form diamantartig bearbeiteter Quader, Putz-, Stuck- oder Metallflächen. Häufigste Anwendung in Renaissance u. Barock.

Diamantquader, Steinblock, dessen Ansichtsseite (Bosse) in Form eines pyramidal geschliffenen Diamanten gearbeitet ist. Verbreitetes Schmuckmotiv für Sockelmauerwerk, Portal- u. Fenstergewände von der Renaissance bis in die Gegenwart.

Diele [althochdt.], abgeleitet von brettergefügtem Fußboden. Angewendet auf den zentralen Mehrzweckraum des niederdt. Bauernhauses, erweitert auf breite Flur- u. Treppenräume des städt. Bürgerhauses. Im 19. Jh. ausgedehnt auf Tanzböden (Tanzdiele), Speiseeisläden (Eisdiele).

Dienste, Wand- u. Pfeilervorlagen der got. Architektur in Stabformen oder eingebundene Säulchen, die als Stützen der Gurte u. Rippen von Kreuzrippengewölben dienen. Unterscheidung in »alte Dienste« zur Stützung der Längs- u. Quergurte u. »junge Dienste« zur Stützung der Rippen. → auch Gotik, Abb.

Dientzenhofer, bayr. Maurerfamilie, aus der sich die bedeutendsten Vertreter süddt., fränk. u. böhm. Barockarchitektur entwickelten, stark beeinflußt vom italien. Hochbarock. Hauptvertreter: 1. Christoph Dientzenhofer (1655 Flintsbach/Oberbayern – 1722 Prag). Hauptwerke: St. Niklas/Kleinseite in Prag (1703 ff.) u. Klosterkirche Břevnov in Prag (1709–21). 2. Georg Dientzenhofer (1643 Aibling/Oberbayern bis 1689 Waldsassen), Bruder von Christoph, Johann u. Johann Leonhard Dientzenhofer. Hauptwerk: Wallfahrtskapelle Kappel (1685–89). 3. Johann Dientzenhofer (1665–1726 Bamberg), Bruder von Christoph, Georg u. Johann Leonhard Dientzenhofer. 1700–10 Stiftsbaumeister in Fulda, seit 1711 Hofarch. des Fürstbischof von Bamberg. Hauptwerke: Neubau Dom Fulda (1704–12), Klosterkirche Banz (1710–19), Schloß Weißenstein in Pommersfelden (1711–18/21). 4. Johann Leonhard Dientzenhofer (um 1660–1707 Bamberg), Bruder von Christoph, Georg u. Johann Dientzenhofer. Hauptwerke: Pläne u. Baubeginn Kloster Ebrach (1688), Teile von Kloster Banz (um 1700), Residenz Bamberg (1695–1704), Wallfahrtskirche Walldürn (1698), Kloster Schöntal, Vollendung Schloß Bayreuth. 5. Kilian Ignaz Dientzenhofer (1689–1751 Prag). Tätig unter → L. v. Hildebrandt, Studien in Italien u. Frankreich, seit 1720 überwiegend tätig in Prag. Hauptwerke: St. Niklas/Altstadt (1732–37), St. Johann am Felsen, Chor u. Kuppel St. Niklas/Kleinseite, Palais Piccolomini, Kinsky, Goltz u. a. in Prag sowie Maria-Magdalena-Kirche in Karlsbad.

Dietterlin, Wendel (Wendelin Grapp), dt. Architekturmaler u. -theoretiker (1550/51 Pfullendorf/Baden – 1599 Straßburg). Seine Dekorationsentwürfe u. Kupferstiche mit wucherndem, manieristischem Formenreichtum von großem Einfluß auf die Entwicklung des dt. Frühbarock. Hauptwerk: »Architektura, Von Außteilung, Symmetria und Proportion der Säulen« (1593, 1598). Fassadenmalereien u. Interieurs (z. B. ehem. Neues Lusthaus in Stuttgart) nur aus Überlieferungen bekannt.

Dikke [<arab.], Plattform mit niedriger Brüstung auf Pfeilern an Moscheen als Standort für die öffentlich sichtbaren Gebetsübungen mohammedan. Vorbeter.

Diokletianisches Fenster, halbkreisförmiges Fenster, das durch 2 senkrechte Pfosten dreigeteilt wird. Erstes Auftreten an den Diokletiansthermen in Rom, daher auch als Thermenfenster bezeichnet. Wiederaufnahme im 16. Jh. durch A. Palladio.

Dipteros [gr.], antike → Tempelform mit doppelter Säulenstellung um die Cella. → auch Tempelformen, Abb.

Dipylon [gr.], Doppeltoranlage mit verstärkten Ecktürmen an antiken Stadtmauern, Palästen u. Theatereingängen (z. B. Paradostor in Epidauros).

Dirnitz (Dürnitz) → Kemenate.

Docke, gedrechselte Stütze eines Holzgeländers. → auch Baluster.

Doesburg, Theo van, holländ. Maler, Arch. u. Modelleur (1883 Utrecht bis 1931 Davos). Zusammen mit → J. J. P. Oud u. → G. T. Rietveld Hauptvertreter der Stijl-Gruppe mit streng kubist. Architekturauffassung, die u. a. die modernen Bauformen der 20er Jahre u. das Bauhaus beeinflußten.

Dolmen [<kelt.], volkstümlich auch »Hünengräber« genannte steinzeitl. Großsteingräber, deren urspr. von einem Erdhügel überdeckte Grabkammer aus tonnenschweren Steinplatten oder Findlingen gebildet wird, wobei die senkrecht stehenden Wandsteine durch einen aufliegenden großen Deckstein abgeschlossen werden. Hauptverbreitung in der nordeuropäischen Ländern.

Dom [<lat.], Gotteshaus. Urspr. seit 6. Jh. angewendet auf das Gemeinschaftsgebäude der Kleriker eines Kapitels. Seit etwa 15. Jh. übertragen auf die Kirche des Kapitels. In Deutschland

spezifiziert auf die Bischofskirche (→ Kathedrale).

Domikalgewölbe, kuppelartiges Rippengewölbe mit überhöhtem Scheitel. M. 12./A. 13. Jh. in Frankreich als Mischform zwischen Kuppel- u. Rippengewölbe entstanden (z. B. Angers, Poitou). Seit A. 13. Jh. nachweisbar in Westfalen (z. B. Dom in Münster, Johanniskirche in Billerbeck, Dom in Minden). Bis zum A. 14. Jh. Weiterverbreitung nach Niedersachsen u. Mecklenburg.

Dominanz, das Vorherrschen eines Architekturwerkes oder Architekturgliedes gegenüber seiner Umgebung, hervorgerufen durch architekturspezif. Ausdrucksmittel, wie Maßstabsbildung, räuml. Zuordnung, Farbgebung, Lichtführung, Materialeinsatz. Hervortretende Architekturglieder u. Ensembles werden als Dominanten bezeichnet.

Domus [lat.], röm. Stadthaus, Ableitung vom griech.-hellenist. Haus. Eingeschossiger Bau mit Anordnung u. Öffnung der Räume um ein → Atrium oder einen → Peristyl-Hof. Straßenfassaden meist fensterlos oder mit Läden ausgestattet (z. B. Pompeji). Bildete Gegensatz zum mehrgeschossigen Miethaus (Insula) u. zur vorstädt. Villa.

Donjon [frz.], wehrhafter Wohnturm einer mittelalterl. Burg.

Döns, heizbares Wohnzimmer des niederdt. Bauernhauses.

Doppelantentempel, antike griech.-röm. → Tempelform, gleichsam die Erweiterung eines → Antentempels durch eine zweite Antenfront an der Rückseite der Cella (→ Opisthodomos). → auch Tempelformen, Abb.

Doppelgewölbe, Raumdecke aus zwei übereinanderliegenden Gewölbeschalen. Oftmals beim Bau von → Kuppeln (Doppelschalenkuppeln) angewendet (z. B. Sakristeiwölbung von S. Spirito in Florenz, 1488–96).

Doppelhaus, zwei aneinandergefügte Einzelhäuser auf jeweils eigenem Grundstück mit gemeinsamer → Brandmauer, von denen jedes Haus eine oder mehrere selbständige Wohnungen enthält. Neben dem Reihenhaus besonders bevorzugt im Kleinsiedlungsbau, da es durch die mittlere gemeinsame Wand wärmewirtschaftl. Vorteile bietet u. für jedes Haus nur die Ausbildung von 3 Außenwänden nötig ist.

Doppelkapelle, 2geschossiger mittelalterl. Typus in Burgen des Hochadels u. Pfalzen (10.–13. Jh.). Strenge klassenmäßige Trennung der Oberkapelle für die Feudalherrschaft u. der unteren Leutekapelle für das Gesinde, wobei meist die beiden Geschosse durch eine Boden- bzw. Deckenöffnung miteinander verbunden waren. Hauptbeispiele: Nürnberg, Goslar, Landsberg b. Halle, Freyburg/Unstrut, Schwarzrheindorf, Eger.

Doppelturmfassade → Westriegel.

Dorfanlagen, bäuerl. Siedlungen für tier. u. pflanzl. Produktion. Überwie-

Doppelkapelle. Landsberg bei Halle (1170–86)

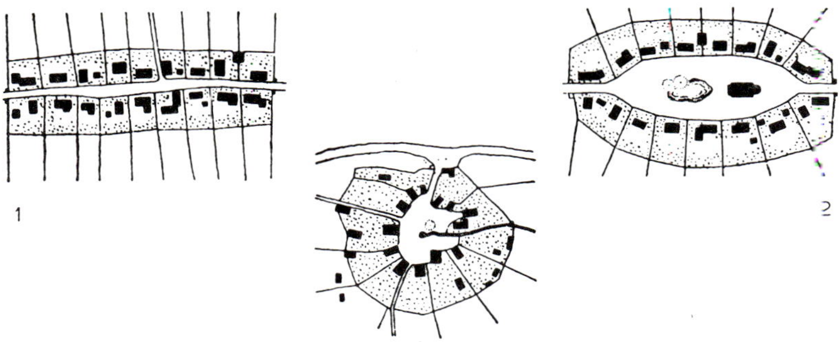

1 2 3

Dorfanlagen. 1 Straßendorf, 2 Angerdorf, 3 Rundling

gend historisch gewachsene Anlagen, gekennzeichnet durch Gehöfte, dominierende Kirche, Schmiede, Gasthof, Schule u. a. m. Urspr. Formen durch gesellschaftl., ökonom. u. geograph. Bedingungen hervorgebracht: 1. Haufendorf mit unregelmäßiger Anlage von Straßen u. Wegen, 2. Gassendorf mit Gehöftlage beiderseits einer schmalen Gasse, 3. Zeilendorf mit einseitiger Hofanordnung an einem Weg oder Gewässerrand, 4. Platzdorf mit regelmäßiger Hoflage um einen zentralen Platz (bei kreisförmiger Anordnung auch: Rundling), 5. Straßendorf mit beiderseitiger Anordnung der Gehöfte entlang einer Straße von teils erhebl. Länge, 6. Angerdorf mit platzartiger Erweiterung der Durchgangsstraße, 7. Reihendorf (Hufendorf) mit einer Reihung von Einzelgehöften, an die jeweils die zugehörige landwirtschaftl. Nutzfläche anschließt u. 8. Streusiedlung mit Streulage der Gehöfte. Viele dieser Anlagen im Bereich von Städten wurden z. T. durch baul. Eingriffe entstellt.

Dorfkirchen. Älteste Spuren in Deutschland im Rheingebiet als feudale Eigenkirchen in Holzbauweise (um 700) nachweisbar sowie als Missionskapellen (8./9. Jh.). Erste Steinbauten sind Feld- u. Backsteinkirchen der Romanik u. Frühgotik. Haupttypus bildete die einschiffige Saalkirche mit quadrat. Chor oder geradem Ostabschluß u. massivem Wehrturm, der in Kriegszeiten als Zufluchtsstätte diente. Seit 14. Jh. zunehmend polygonale Chorschlüsse. Die einfachen, Monumentalität ausstrahlenden Grundanlagen wurden jahrhundertelang bis ins 20. Jh. beibehalten, nur gelegentlich variiert als Dreikonchenanlage, 2schiffige Hallenkirche, Wandpfeilerkirche, Zentralbau usw. in Anlehnung an städt. Kirchen. Innenausstattungen seit dem 16. Jh. mit Emporen u. Patronatslogen.

Dorische Ordnung → Säulenordnungen.

Dormitorium [lat.], Flügel mit Schlafräumen im → Kloster.

Doxale [<gr.] → Lettner.

Dreipaß → Paß.

Dreischlitz → Triglyphe.

Dreischneuß, spätgot. Maßwerkform, bestehend aus drei → Fischblasen (Schneußen), die eine Kreisform ausfüllen. Verbreitet bei Fenstern u. in der Schreinerkunst.

Dreispänner, mehrgeschossiger Gebäudetyp, bei dem pro Stockwerk drei Wohnungen an das Treppenhaus anschließen.

Dreiständerhaus, Fachwerkhaus, bei dem die Balkenlage von 3 Ständerreihen mit Längsunterzügen getragen wird.

Dreistrahlgewölbe, aus 3 Kappen u. 3 Graten bzw. Rippen bestehende Wölbungsart als Möglichkeit zur Überdekkung dreieckiger Gewölbefelder. Hauptverbreitung in der got. → Ordensbaukunst.

Dreiviertelsäule, zu 3/4 aus einer Mauerfläche hervortretende Säule. → auch Halbsäule.

Drempel (Kniestock), 0,80 m–1,50 m hohe Weiterführung der Umfassungsmauern eines Gebäudes über die Dachbalkenlage hinaus. Häufig angewendet als Möglichkeit der Vergrößerung des bewohnbaren Dachraumes insbesondere bei Kleinsiedlungshäusern.

Drewitz, Wilhelm, dt. Militärbaumeister (1806 Thorn – 1888 Breslau). 1827–31 Studium an der Bauakademie, 1832–56 tätig in Bauabteilung des preuß. Kriegsministeriums, 1844–56 Vorsitzender des Berliner Arch.-Vereins. Spezialist für Kasernenbau unter Friedrich Wilhelm IV., Ausführungen meist nach Entwürfen von F. A. Stüler u. F. Fleischinger, z. B. in Berlin Gardeulanenkaserne Moabit (1846–48), Dragonerkaserne (1850–53), Neuer Marstall Charlottenburg (1856–58).

Drillingsfenster, Fenstergruppe, bei der 3 Öffnungen durch Pfeiler, Pfosten oder Säulen voneinander getrennt sind. Charakterist. Form der Romanik, die in Abwandlungen bis zur Gotik im Sakral- u. Profanbau angewendet wurde.

Ducerceau (Du Cerceau), Jacques Androuet, französ. Baumeister, Architekturtheoretiker u. Architekturstecher (um 1510 Paris – um 1585 Annecy). 1531–33 Studium der Antike u. Werke von → Bramante in Italien. Tätig in Paris u. Orléans. Besondere Bedeutung durch die Veröffentlichung von über 2 800 eigenen Radierungen u. über 800 Zeichnungen sowie seiner theoret. Hauptwerke »Livre d'Architecture« (1559) u. »Plus excellents Bastiments de France« (1576–77).

Dudok, Willem Marinus, holländ. Arch. u. Militäringenieur (1884 Amsterdam – 1974 Hilversum). Seit 1913 Hochbauingenieur in Leiden, seit 1916 Stadtarchitekt in Hilversum. Vertreter moderner Architekturbestrebungen mit großem internationalem Einfluß auf Neue Sachlichkeit u. a. Strömungen. Bevorzugung des Backsteinbaues. Hauptwerke: Oberrealschule in Leiden (1913), Kleinwohnungssiedlung in Hilversum (1917–30), Landhäuser in Den Haag; Schule, Hallenbad (1921) u. Rathaus (1924, 1928–30) in Hilversum, Projekte für Börsenbau in Rotterdam (1926–28), Theater in Utrecht (1938–41), Stahlwerke in Velsen (1948) u. a. m.

Duecento [ital.], das 13. Jh. in der Kunstgeschichtsperiodisierung Italiens. Hauptvertreter der Zeit: N. Pisano, A. di Cambio, Cimabue, P. Pisano.

Duiker, Johannes, holländ. Arch. (1890 Den Haag–1935 Amsterdam). Studium an TH Delft, tätig in Amsterdam. Hauptvertreter moderner Glas-Eisen-Architektur u. des Stahlbetonbaues. Werke: Hotel Goviland (1928) u. Sanatorium Zonnestraal (1928) in Hilversum, Freiluftschule (1930–32) u. Filmtheater (1935) in Amsterdam.

Dülfer, Martin, dt. Arch. (1859 Breslau bis 1942 Dresden). Studium an Gewerbeschule Schweidnitz, TH Hannover u. TH Stuttgart (1877–80). Tätig in Berlin, München u. Dresden. Seit 1906 Hochschullehrer. Großer Einfluß vor 1. Weltkrieg durch Verknüpfung von Jugendstil- u. Materialstilformen. Werke: Kaufhaus Bernheimer in München (mit A. Thiersch, 1887–90), Tonhalle München (1895), Bruckmann-Verlagshaus München (1897–98), Gebäude der Allgemeinen Münchner Zeitung (1900–01), Terminus-Hotel

München (1904), Dresdner Bank in Leipzig (1910–12), Erweiterungen der TH Dresden, Villen, Theater in Meran (1899), Dortmund (1903), Lübeck (1907) u. Sofia (1929).

Durchhaus, Typus eines Kaufmannshauses in vielen europäischen Handelsstädten; Ausprägung im 15. Jh., Weiterentwicklung zu palaisartigen Formen im 17./18. Jh. Bestehend aus einem oder mehreren hintereinanderliegenden Höfen eines von 2 Straßen tangierten Grundstückes, die miteinander durch Durchfahrten verbunden waren u. damit ein Passieren ohne Wendemanöver gestatteten. Seit Spätgotik, Renaissance u. Barock vielfältige architekton. Gestaltung durch Galerien, Portale, Treppenanlagen usw. (Leipzig, Torgau, Pirna, Zittau, Görlitz u. v. a. m.). Wiederaufnahme des Prinzips E. 19./A. 20. Jh. bei Mietkasernen u. Hinterhofbebauungen.

Du Ry, Paul, französ. Arch. (1640 Paris bis 1714 Kassel). Hervorgegangen aus verzweigter Architektenfamilie, Neffe von S. de Brosse. Seit 1685 als hugenott. Flüchtling u. Oberbaumeister in Kassel. Hauptwerk: Planung der Oberstadt Kassel einschließlich Karlskirche (1698–1710). Weiterführung seiner Ideen durch seinen Sohn Charles Louis (1692–1757), der nach der Lehre in Stockholm u. Paris u. einem Studienaufenthalt in Italien ab 1756 in Kassel wirkte: Vollendung Schloß Wilhelmstal, Torhäuser, Friedrichplatz, Fridericianum, Nord- u. Südflügel Schloß Wilhelmshöhe.

Early English. Westfassade der Kathedrale in Peterborough (1201–14)

E

Early English, französisch beeinflußte Periode der engl. Frühgotik (E. 12./M. 13. Jh.). Hauptbeispiele: Kathedralen in Canterbury (1175) u. Salisbury (1220 ff.).

Echinus [<lat.], kissenartiger Wulst als Verbindungsstück zwischen Säulenschaft u. Deckplatte (Abakus) eines dor. Kapitells. → auch Säulenordnungen.

Eckblatt (Eckknolle, Ecksporn), blattartige Verzierung an den Ecken der Säulenbasis als Überleitungselement zwischen quadrat. Fußplatte (Plinthe) u. rundem Säulenschaft. Verbreitet in byzantin., roman. u. frühgot. Architektur.

Eckquader, grob oder glatt behauene Werksteine an Gebäudeecken mit wechselweiser Überlagerung der Schmal- u. Breitseiten. Seit ältester Zeit als Mittel der Kantenbefestigung von Bruchsteinmauerwerk u. architekton. Gestaltungsmittel verwendet.

Eckrisalit, aus der Fassadenflucht barocker Baumassen hervorspringende Gebäudeecke als Pendant zum vorgezogenen Mittelrisalit des funktionell u. architektonisch betonten Mittelbaues.

Ecksäule, Säule, die in die Ecke eines Raumes, Pfeilers, einer Portal- oder Fensterlaibung eingefügt ist.

Ecksporn → Eckblatt.

Effner, Joseph, dt. Arch., Gartenkünstler u. Innendekorateur (1687 Dachau bis 1745 München). Studium in Paris, Schüler von Boffrand. 1715–30 Kurfürstl. Hofbaumeister in Bayern, seit 1738 Gartenbaudirektor. Hauptmeister des französisch beeinflußten bayr. Barock. Hauptwerke: Neuanlage Schloß u. Park Nymphenburg (seit 1715), Ausbau Schloß Schleißheim (ab 1719), Ausstattung der »Reichen Zimmer« der Münchener Residenz (1726–29), Preysingpalais in München (1720–25).

Ehrenhof → Cour d'honneur.

Ehrenpforte → Triumphbogen (2).

Ehrensäule → Triumphsäule.

Eiermann, Egon, dt. Arch. (1909 Neuendorf b. Berlin – 1970 Baden-Baden). Schüler von H. Poelzig, Spezialisierung zunächst auf Industriebau, seit 30er Jahren beeinflußt von dem um 1932 durch amerikan. Architekten propagierten → International Style. Lehrer an der TH Karlsruhe. Hauptwerke nach 1945: Textilfabrik in Blumberg (1951), Matthäuskirche in Pforzheim (1953), Weltausstellungspavillon in Brüssel (1958, mit S. Ruf), Neugestaltung der Gedächtniskirche in Berlin (1959–62), Verwaltungsbau der Steinkohlenbergwerke in Essen (1958–60), Neckermann-Versandhaus in Frankfurt/M. (1958–61), Kaufhäuser Horten in Heidelberg u. Stuttgart (1961), BRD-Botschaft in Washington (1961–63); Einfluß als Jurymitglied der Olympiade-Bauten in München (1967).

Eierstab (Kymation [gr.]), konvexe Zierleiste aus abwechselnd angeordneten ei- oder pfeilspitzenartigen Formen, die meist von parallelen Perlleisten (Astragal) begleitet werden. Schmuckform der Antike, wiederaufgenommen in Romanik, Renaissance u. Klassizismus.

Eiffel, André Gustave, französ. Ingenieurarch. (1832 Dijon – 1923 Paris). Nach Studium an École Centrale des Arts et Manufactures Paris seit 1855 Errichtung zahlr. Stahlbauten. Hauptwerke: Maschinenhalle der 1. Pariser Weltausstellung (1867), Duoro-Brücke bei Porto/Spanien (1876–77), erstes Pariser Warenhaus »Bon Marché« (1876), Truyére-Brücke bei Garabit (1880–84), Aussichtsturm der Pariser Weltausstellung 1889 (»Eiffelturm«; → Ingenieurbau, Abb.), Beteiligung am Schleusenbau des Panamakanals (1882–1914) u. der Freiheitsstatue von New York (1885).

Eigenbefestigungen, feste Höfe oder Wohntürme in frühmittelalterl. Städten, mit deren Errichtung feudale Grundherrn, später auch reiche Bürger, neben der Burg des Stadtherrn, befestigten Klöstern u. Stadtbefestigungsanlagen ihre Schlüsselstellung im Stadtorganismus sicherten. Standorte an wirtschaftl., polit. u. strateg. Punkten, speziell an Märkten u. Hauptdurchgangsstraßen. Hauptverbreitung in Form von Geschlechtertürmen in Oberitalien (z. B. S. Gimignano bei Siena). Beispiele in Trier, Köln, Regensburg, Magdeburg, Saalfeld, Erfurt u. a. m.

Eigtved, Nicolai, dän. Arch. (1701 Eigtved/Seeland – 1754 Kopenhagen). Studium in Italien u. Deutschland. Spezialisiert auf barocke Schloßbaukunst. Seit 1725 Bauführer M. D. Pöppelmanns am Dresdner Zwinger u. Hauptmann im Ingenieurkorps. Seit 1735 dän. Hofbaumeister, 1751 Direktor der Kunstakademie Kopenhagen. Großzügige städtebaul. Lösungen für Stockholm, u. a. Gestaltung Amalienborgplatz (1754–60), Umbau Prinzenpalast (1743–44), zahlr. Entwürfe von Palais u. Landschlössern, Mitgestaltung von Innenräumen im Schloß Christiansborg u. in der Christians- u. Frederikskirche (1756).

Einfamilienhaus, ein für eine Einzelfamilie bestimmtes Wohngebäude, das auftritt als Einzel-, Doppel- u. Reihenhaus. Meist freistehend, oft als Teil einer Streusiedlung, aber auch städtebaulich geordnet in Zeilen oder Reihen. Da der Unterbau im wesentlichen das Dach tragen muß, kann er relativ leicht gefügt werden u. ist durch baul. Anpassung in Form des Umbaues sehr wandelbar. Entwicklung im 19. Jh. aus dem vorstädt. Landhaus u. der → Villa. Zwischen 1905 u. 1914 große Bedeutung als Ausgangspunkt neuer Städtebautheorien, erst in den 20er Jahren durch den Massenwohnungsbau aus dieser Rolle verdrängt.

Eingeblendete Säule, Säule, die in eine nischenförmige Wandvertiefung eingestellt ist.

Eingebundene Säule, Viertel-, Halb- oder Dreiviertelsäule, die mit Wand oder Pfeiler verbunden ist u. teilweise aus der Fläche hervortritt. Hauptelement der Fassadengliederung.

Eingezogener Chor, schmaler Chor einer Kirche, der an einem breiteren Mittel- oder Hauptschiff ansetzt.

Einhaus, Form des Bauernhauses, bei dem sämtl. Funktionsbereiche (Wohnhaus, Stall, Scheune usw.) unter einem Dach vereinigt sind. Verbreitet in Niederdeutschland u. bayr.-alemann. Ursprungsgebieten in Süddeutschland.

Einhüftiges Gebäude, ein Gebäude, bei dem alle Räume an einer Seite eines Korridors liegen.

Eisbrecher, keilförmig konstruierter Vorbau eines Brückenpfeilers als Schutzeinrichtung gegen hohen Wellengang u. Treibeis.

Eklektizismus [<gr.], in Kunst u. Architektur, im Gegensatz zum → Historismus, die unschöpfer. u. selektive Wiederverwendung überlieferter Stilformen. Nachweisbar seit der Antike. Höhepunkt u. Hauptbeispiele in 2. H. 19. Jh., gestützt durch Rückgriffe auf Kunstäußerungen aller Epochen u. Kontinente. Die Nichtübereinstimmung von Funktion, Form, Konstruktion u. Dekoration wurde pseudophilosophisch untermauert. »Stilkataloge« wiesen aus, daß Adel u. Klerus Neogotik u. Neobarock bevorzugten, während das Großbürgertum Neorenaissance u. Neoklassizismus förderten u. das Kleinbürgertum die »Heimatkunst«. Durch progressive Strömungen des Jugendstils, des Deutschen Werkbundes, der Neuen Sachlichkeit, des Bauhauses usw. wurde dem Eklektizismus seit 1900 systematisch die Basis entzogen.

Empire. Triumphbogen in Paris (1806–07). P.-F.-L. Fontaine

Elizabeth-Stil (Elizabethan Style [engl.]), mit spätgot. Elementen durchsetzter engl. Renaissancestil in den Regierungsperioden von Elizabeth u. Jakob I. (1530–1600). Typisch für Repräsentationsbauten des neuentstandenen Hofadels. Hauptwerke: Longleat House (1567–79), Kirby Hall (1570), Hardwick Hall (1590–97), Wollaton House (1580–88), Hatfield House (1607–11) u. a. Wichtigste Baumeister: L. Penni, A. Toto, John Torpe, Thomas Fresham, Ralph Simons, Thomas Holt u. a.

Emanuelstil (Manuelinischer Stil), verschwenderischer spätgot. Dekorationsstil mit ersten Renaissance-Elementen zur Regierungszeit König Emanuels

(1495–1521) in Portugal, charakterisiert durch die Vorliebe für gewundene Pfeiler. Hauptvertreter: João de Castilho, Mateus Fernandes, Diego Arruda. Hauptbeispiel: Kloster Belém (1502 ff.).

Empire [frz.], Spielart des französ. Klassizismus z. Z. Napoleons I. Stark beeinflußt von Stilformen des röm. Kaiserreichs u. der ägypt. Baukunst. Beherrschte um 1800–30 Kunstgewerbe, Mode u. Innendekoration. Hauptvertreter: Ch. Percier u. → P.-F.-L. Fontaine. Übernahmen in fast allen westeuropäischen Ländern.

Empore, tribünen- oder galerieartiger Einbau aus Stein oder Holz auf Freistützen in Kirchen zur Vergrößerung des Nutzraumes, Absonderung bestimmter sozialer Gruppen (Herrschaftsempore, Nonnenempore) und funktionelle Zwecke (Sängerempore, Orgelempore). Herkunft vermutlich aus Byzanz. Im 10. Jh. Übertragung auf den westeuropäischen Sakralbau (z. B. Gernrode, St. Cyriakus, 961 begonnen), seitdem bis zur Gegenwart verbreitet.

Ende, Hermann, dt. Arch. (1829 Landsberg/Warthe–1907 Berlin). Ausbildung als Feldmesser, 1852–55 Studium an Bauakademie, ab 1864 Gründung der Firma Ende & Böckmann. Aktive Mitwirkung in der Berliner Wohnungsbaugenossenschaft, seit 1866 Lehrer an der Bauakademie, später an der TH Berlin. 1895 Präsident der Akademie der Künste. Seit 1859 umfangreiche Bautätigkeit, insbesondere Wohn-, Verwaltungs- u. Geschäftshäuser in Berlin, Magdeburg, Breslau, Stettin, Königsberg, Danzig, Riga, Tokio.

Endell, August, dt. Arch. u. Kunstgewerbler (1871–1925 Berlin). Nach Philosophiestudium unter Einfluß von H. Obrist seit 1896 als Autodidakt zur Architektur. Hauptvertreter des Münchner Jugendstilkreises. Privatarch. in München, Berlin u. Breslau, 1918 Direktor der Kunstakademie in Breslau. Hauptwerke: Fassade für ehem. Haus »Elvira« in München (1897–98), Wolzogen-Theater in Berlin (1901), Wohnhäuser am Steinplatz (1907) u. in Kastanienallee Berlin (1907), Rennbahntribüne Berlin-Mariendorf (1911–13), kunstgewerbl. Gegenstände, Möbel, Textilentwürfe u. a. m.

Enfilade [frz.], um 1650 im französ. Schloßbau des Barock entwickelte axiale Raumfolge mit Türen, die so angeordnet sind, daß sie im geöffneten Zustand einen Durchblick u. gerades Durchschreiten durch alle Zimmer gestatten. Als charakterist. Element im gesamten europäischen Barock übernommen.

Engel, Johann Carl Ludwig, finn. Arch. u. Maler (1778 Berlin–1840 Helsinki). Schüler von F. Gilly, Zeitgenosse von K. F. Schinkel. 1809–14 Stadtarch. in Tallinn, nach vorübergehendem Aufenthalt in St. Petersburg seit 1816 tätig in Helsinki. Bedeutendster Vertreter des finn. Spätklassizismus.

Englischer Garten (Landschaftsgarten), ein künstlich angelegter, aber der Natur weitgehend entsprechender Park, der unter Einfluß der Romantik im 18. Jh. in England entstand (W. Kent u. Lancelot Brown, 1716–83). Hauptphase der europäischen Verbreitung 1790–1815. Durch Erinnerungsmale,

Englischer Garten. Landschaftspark Stourhead (M. 18. Jh.)

künstl. Ruinen, Tempel, Pavillons, Plastiken usw. sollen bestimmte Emotionen erregt werden. Hauptelemente der Anlage waren bei Nutzung natürl. Geländegegebenheiten (Täler, Auenlandschaften) geschlungene Wege u. die Einbeziehung natürl. u. künstl. Wasserläufe u. -flächen. Hauptanlagen in Wörlitz, Weimar, München, Meiningen, Schwetzingen, Nymphenburg, Muskau usw.

Englischer Verband, → Mauerverband, bei dem einer Binderschicht mehrere Läuferschichten aufliegen.

Ensemble [frz.], Komplex baul. Anlagen in einem größeren städtebaul. oder landschaftl. Zusammenhang (Gebäude, Höfe, Straßen, Plätze, Silhouetten), die willkürlich oder planmäßig entstanden sind u. sich durch ihre künstler.-architekton. Wirkung, ihre harmon.-funktionellen Gliederungsprinzipien oder ihre spezielle gesellschaftl. (gegenwärtige oder histor.) Bedeutung auszeichnen.

Ensinger, Ulrich, dt. Baumeister der Gotik (um 1350 Ensingen–1419 Straßburg). 1392–1417 Mitarbeit u. Leitung des Ulmer Münsterbaues, zwischenzeitlich tätig am Dom in Mailand (1394–95) u. Bauleitung der Frauenkirche in Eßlingen (1400). Fortsetzung seines Werkes durch Söhne Caspar, Matthias u. Matthäus sowie Enkel.

Entasis [gr.] → Säulenordnungen.

Entlastungsbogen, einfach oder mehrfach übereinandergemauerter Bogen in Wandflächen zur stat. Sicherung darunter befindl. Wandöffnungen. Teilweise in Form eines Blendbogens künstlerisch in die Wandgestaltung einbezogen. Heute fast ausschließlich durch Entlastungsträger in Stahl, Beton u. Stahlbeton ersetzt.

Eosander, Johann Friedrich von (genannt Eosander von Göthe), dt. Arch. (1669 Stralsund – 1729 Dresden). Seit 1692 in Berlin, 1699 Hofarch. in Brandenburg, 1707 Nachfolger von A. Schlüter, ab 1722 Baumeister in Dresden u. Chef des Ingenieurcorps (1726). Haupt-

Englischer Garten. Park in Boitzenburg. P. J. Lenné

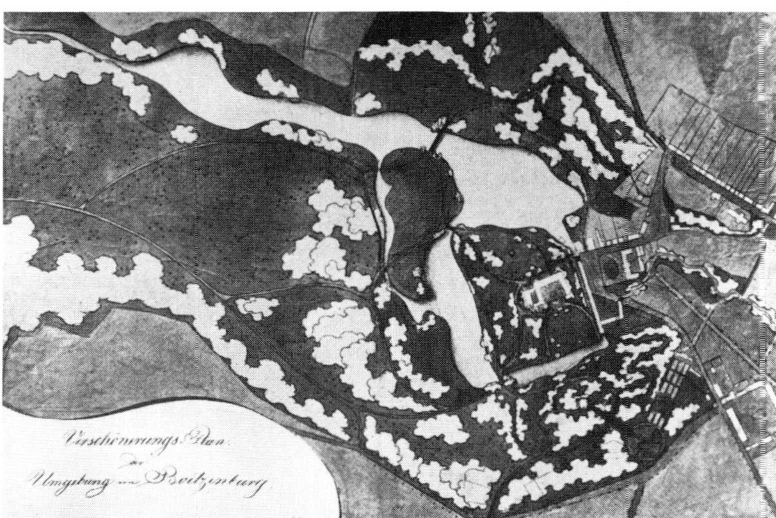

werke: Entwürfe u. Festdekorationen für ehem. Berliner Schloß, Schloß Berlin-Niederschönhausen (1704), Erweiterung Schloß Oranienburg (1706–09), Mitteltrakt des ehem. Schloß Monbijou in Berlin (1706–08), Kuppel u. Seitenflügel von Schloß Charlottenburg (1704ff.), Westtrakt des ehem. Schlosses in Berlin (1707–13), Schloß Uebigau in Dresden (1724–26).

Epistyl → Architrav.

Erbkam, Georg, dt. Arch. u. Baubeamter (1811 Glogau – 1876 Berlin). 1831–34 Ausbildung an der Bauakademie, später Assistent von F. A. Stüler. Seit 1846 Landbaumeister im preuß. Handelsministerium, seit 1849 in der Oberbaudirektion, 1851–65 im Ressort Kirchenbau. Ab 1863 im Dombaukollegium. Mitbegründer u. Herausgeber der »Zeitschrift für Bauwesen« (1851ff.). Bauleitung in Berlin an Markuskirche (1848–55), Nationalgalerie (1866–75) u. Golgathakapelle (1867–69); Dt. Kirche in Alexandria (1867).

Erddach, ein über dem tragenden Firstgestell aus Hölzern mit Erdplatten abgedecktes Dach aus der Urzeit des Wohnbaus, vermutlich röm.-etrusk. Herkunft. Moderne Anlehnungen bei neueren Konstruktionen sind amerikan. »Erdhäuser«.

Erdmannsdorff, Friedrich Wilhelm von, dt. Arch. (1736 Dresden–1800 Dessau). Hauptvertreter des Frühklassizismus in Anhalt-Dessau, geschult in Italien, England u. Frankreich. Baumeister des Fürsten Leopold Friedrich Franz. Hauptwerke: Schloß u. Park in Wörlitz (1769–73; → Klassizismus, Abb.), Luisium (1774–78), Georgium (ab 1780) u. ehem. Hoftheater (1794–98) in Dessau, Innenraumgestaltungen in Schloß Sanssouci u. ehem. Berliner Stadtschloß (1786–89).

Eremitage [frz.], abgeschieden in schöner Landschaft gelegene dörfl. Hütte, Pavillon oder Schlößchen für zurückgezogenes Leben in Einsamkeit u. Naturschwärmerei, die seit M. 18. Jh. als Modeströmung in den Feudalbereich einfloß. Oftmals Ansatzpunkte für die Entwicklung großer Schloßkomplexe, z. B. Potsdam-Sanssouci, Bayreuth, Peterhof bei St. Petersburg. In St. Petersburg Ausdehnung der Bezeichnung auf eines der größten u. reichhaltigsten Kunstmuseen der Welt im ehem. Winterpalais (hervorgegangen aus der Kunstkammer Katharinas II. in einem 1840–52 geschaffenem Bau von L. v. Klenze).

Erker, geschlossener polygonaler, halbrunder oder rechteckiger Anbau an einer Fassade oder Gebäudeecke. Häufig über mehrere Stockwerke reichend, aber im Gegensatz zu Auslucht u. Altan nicht vom Erdgeschoß an aufsteigend, sondern frei vorkragend. Im Schloß-, Rathaus- u. Bürgerhausbau als Fassadengliederungselement mit städtebaul. Wirkung ebenso beliebt wie im Gebäudeinneren als Raumerweiterung u. Auslug. Häufig in Spätgotik, Renaissance, Barock u. spätem 19. Jh.

Erwin von Steinbach, dt. Baumeister der Gotik (um 1244–1318 Straßburg). Hauptwerk: Planung u. Teilausführung (Westbau) des Straßburger Münsters. Weiterführung des Baues durch seine Söhne.

Eselsrücken (Kielbogen), breit ausgreifende Bogenform der Spätgotik, besonders häufig als oberer Abschluß der Portal- u. Fensterlaibungen.

Eselsturm, roman. Turm, bei dem sich aus der Erbauungszeit gewendelte Rampenaufgänge erhalten haben, auf denen während des Baues das Baumaterial von Lasteseln hinaufgetragen wurde (z. B. Regensburg, Speyer, Worms).

Eskarpenmauer, innere Grabenböschung von Festungsgräben, die z. T. aufgemauert ist.

Estilio Florido [span.], spezielle Form der span. Spätgotik, entwickelt aus dem der Silberschmiedekunst entlehnten →

Platereskenstil u. dem vom Spitzenwerk der islam. Textilkunst abgeleiteten Isabellstil. Kennzeichnend war die völlige dekorative Überziehung der Flächen mit eigentüml. spitzenartigen u. verschwender. Motiven (z. B. S. Pablo u. S. Gregorio in Valladolid, E. 15. Jh.).

Estrade [<frz.], podestartige Erhöhung als betonter Stand- oder Sitzplatz für Ehrengäste, Orchester usw. Verwandte Sonderprägung im norddt. Hausbau des 16.–18. Jh. als → Beischlag.

Estrich, gestampfter fugenloser Fußboden aus Lehm, Ton, Gips, Mörtel, Zement, Asphalt, Terrazzo oder Steinholz.

Etage [<frz.] (Geschoß, Stockwerk), die durch Fußböden u. Decken abgegrenzte horizontale Raumanordnung eines Gebäudes.

Etruskische Architektur. Älteste Zeugnisse sind Grabbauten des 7. Jh. v. u. Z. u. Reste von Tempeln, die sich meist nur in Fundamenten späterer röm. Überbauungen erhielten. Archäologisch bedeutsamste Bauten sind u. a. die Stadtmauern von Tarquinia, Cortona u. Chiusi (6.–4. Jh. v. u. Z.) u. Toranlagen in Falerii Novi u. Perugia (2.–1. Jh. v. u. Z.). Die Tempelformen ähneln griech. Anlagen. Säulenordnungen u. Gebälke waren aus Holz, die Fassaden mit reichem Terrakottaschmuck versehen. Die überwiegend aus dem Felsen geschlagenen Gräber zeigten oft kunstvolle Malereien u. Stuckreliefs.

Euthynterie [gr.] (Richtschicht), die oberste Schicht eines antiken griech. Tempelfundaments, auf der der Stufenunterbau ruht.

Exedra [gr.], halbrunde, mit Sitzplätzen ausgestattete Erweiterung des Säulenganges antiker Gymnasien. Auch halbrunder Gesprächsraum eines vornehmen antiken Wohnhauses.

Expressionismus, in der Architektur im Gegensatz zum früher entwickelten Stil der Malerei seit etwa 1910 insbesondere in Deutschland, Italien, Frankreich u. Rußland aus dem → Jugendstil hervorgegangene Strömung, die sich auf antinaturalist. Formen orientierte

Expressionismus. Einsteinturm in Potsdam (1919–21). E. Mendelsohn

in der Art freigeformter Plastiken. Besondere Betonung ausdrucksstarker vertikaler u. spitzwinkliger Formen, die u. a. Elemente des → Konstruktivismus u. der → Organischen Architektur mit der Aktivierung reiner, kräftiger Farbgebung (→ Polychromie) verbanden. Hauptvertreter: H. Poelzig (Fabrik in Luban u. Wasserturm in Poznań, 1911; ehem. Großes Schauspielhaus in Berlin, 1919), E. Mendelsohn (Einsteinturm in Potsdam, 1919–21, u. ehem. Hutfabrik in Luckenwalde, 1921–23), L. Mies van der Rohe (Bürohausentwurf für Berlin, 1919), F. Höger (Chilehaus in Hamburg, 1922/23), B. Taut, P. Behrens u. a. m.

Eytelwein, Johann Albrecht, dt. Ingenieurarch. für Hafen- u. Wasserbauten (1764 Frankfurt/M.–1849 Berlin). Ausbildung an der Artillerie-Kriegsschule Berlin. 1796 Lehrer an D. Gillys Privatschule. 1798 Mitglied der Vorbereitungskommission zur Gründung der Bauakademie, dort 1799–1809 Mitglied des Direktoriums. 1809–30 Direktor der Oberbaudirektion, 1824–31 Direktor der Bauakademie. Bedeutend 1816–17 in Zusammenarbeit mit K. F. Schinkel die Vorbereitungen zur Wiederherstellung der Marienburg (Malbork, Polen), später zahlr. Stromregulierungsbauten im Gebiet zwischen Oder u. Memel.

Expressionismus. Ehemaliges Großes Schauspielhaus in Berlin (Umbau 1919). H. Poelzig

Expressionismus. Chilehaus in Hamburg (1922/23). F. Höger

F

Facette [<frz.], abgeschrägter, rautenförmiger Rand eines gequaderten oder rustizierten Steines.

Fächerfenster, Sonderform der rhein. Spätromanik, bei der mehrere sich unten verjüngende Fensterteile unter einem Fächerbogen zusammengefaßt sind.

Fächergewölbe (Strahlengewölbe, Palmengewölbe), von einem Tragepunkt (Konsole, Stütze) ausgehende trichterförmige Wölbeschalen, deren Rippen sich fächerartig verzweigen. Spezielle

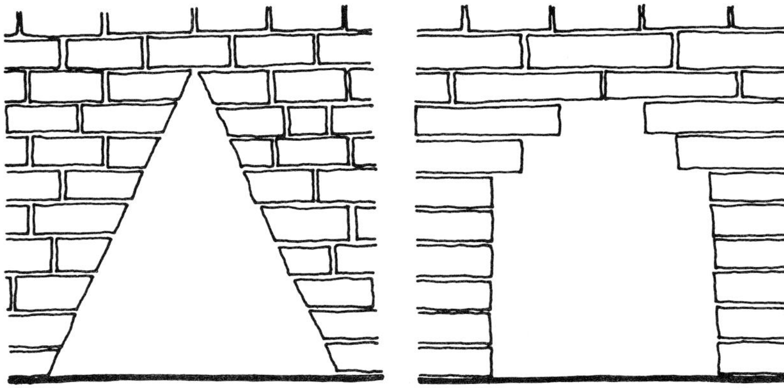

Falsches Gewölbe. 1 Dreiecksgewölbe, 2 Kraggewölbe

Form der Spätgotik, verbreitet in England u. Ordensbaukunst. → auch Gewölbe, Abb.

Fächerrosette, Ziermotiv des Fachwerks im 16. Jh. Halbkreisförmige, farbig behandelte Elemente im Brüstungsbereich der Gebäude anstelle got. Fußstreben. Hauptverbreitung im niedersächs. Einflußgebiet (z. B. Hildesheim, Braunschweig, Quedlinburg, Osterburg, Stolberg).

Fachwerk, aus der german. Zimmermannskunst des 6./7. Jh. hervorgegangene Bauweise, deren stat. Konstruktion aus einem Holzbalkengerüst besteht. Wandgefüge aus senkrechten Kanthölzern (Ständern), die auf waagerechten Saumschwellen aufsitzen u. oben durch den Rähm (2. Schwelle) abgeschlossen wird. Die Schwellen der Außenwände bilden den Schwellenkranz. Längs- u. Querschwellen, horizontale Riegel, schräge Kopf- u. Fußstreben, Sparren oder Scheren vervollkommnen das Gerüst, dessen Gefache durch Bohlen, Lehmflechtwerk u. Ziegel geschlossen wurden. Verbreitet vom Mittelalter bis 20. Jh., Blüte im 16./17. Jh. vor allem in Niedersachsen u. Hessen.

Fachwerkbinder, Dachkonstruktionsträger oder -binder aus stabförmigen Elementen, der vom Holzbau auch auf Eisen u. Stahl übertragen wurde.

Fahrenkamp, Emil, dt. Arch. (1885 Aachen – 1966 Düsseldorf). Wegbereiter des modernen Bauens der 20er Jahre. Hauptwerke: Shellhaus in Berlin (1928–31), 1. Preis im Wettbewerb Völkerbundpalast (1927), Fabriken u. Verwaltungsbauten der Rheinstahlwerke, Kaufhaus Karstadt Köln (1963).

Fallgatter, ein über Burg- u. Befestigungseingängen angebrachtes Eisen- oder eisenbewehrtes Holzgitter mit zugespitzten Pfählen, das im Verteidigungsfall schnell an Ketten u. senkrechten Führungen herabgesenkt werden konnte (z. B. Haupttor der Festung Königstein).

Falsches Gewölbe, horizontal aufgeschichtete Steinlagen, bei denen die jeweils folgende Schicht über die darunter befindliche auskragt u. ohne Mörtelverbindung ein unechtes Gewölbe erzeugt. Verbreitet seit vor- u. frühgeschichtl. Zeiten (z. B. Mykene, iran. u. mittelamerik. Kulturen.).

Faltdach → Dachformen.

Faltwerk, räuml. → Tragwerk aus

Stahlbeton, Spannbeton oder Stahlblech, das aus starren ebenen Einzelplatten zusammengesetzt ist. Vorwiegend verwendet für Dächer größerer Hallen.

Falzziegel, Dachziegel mit mehreren fest ineinandergreifenden Falzen.

Farbige Architektur → Polychromie.

Fasanerie [<frz.], Vogelaufzuchtanlage seit dem Mittelalter in Pfalzen u. Klöstern, als Bauaufgabe große Entwicklung in Barockgärten des 18. Jh., z. B. Fasanerieschlößchen in Moritzburg (1728–82).

Faschistische Architektur. In Deutschland zwischen 1933–45 beschränkt auf den Bau von Autobahnen, Flugplätzen, Kasernen, Kleinsiedlungen, Industrie- u. Verwaltungsgebäude der NSDAP (Ministerien, Führerbauten, Reichsparteitagsbauten, Sportanlagen, Siegesalleen u. Mausoleen) unter Bevorzugung eines vergröberten → Neoklassizismus. Hauptvertreter: → Ludwig Troost, Ernst Sagebiel u. → Albert Speer. Gigantomane Projekte zur polit. Machtdemonstration in Berlin, München u. Linz vorgesehen, darunter seit 1937 die Entwicklung Berlins zur Zehnmillionenstadt »Germania«. In Italien u. Spanien ähnl. Entwicklungen.

Fase (Schmiege), Kantenabschrägung an eckigen Körpern, u. a. bei Tür- u. Fenstergewänden, Pfeilern, Deckenplatten.

Fassade [<frz.], Ansichtseite eines Gebäudes, meist identisch mit der Haupteingangsseite. Bei größeren Anlagen u. Komplexen auch Unterscheidung in Haupt- u. Nebenfassaden. In allen Stilperioden bis zur Gegenwart bevorzugter Ansatzpunkt künstler. Gestaltung in Form besonderer Materialien, Gliederungssysteme (→ Säulenordnungen), Vorbauten, Portale, Fenster, Fassadenmalereien u. Bauplastik.

Fassadenmalerei, künstler. Dekorationsmittel von Fassaden in → Fresko- u. Sekko-Technik. Hauptverbreitung in der Renaissance in Oberitalien (Toskana), Schweiz, Süddeutschland, Österreich u. Böhmen. Meist in Form architekton. Gliederungen (Architekturmalerei), religiöser und histor. Szenen.

Fauces [lat.], enger Eingangsraum vor dem Vestibül eines röm. Hauses.

Federal Style [engl.], charakterist. amerikan. Architekturstil des frühen 19. Jh., bestehend aus Elementen des engl. → Palladianismus u. Klassizismus. Vertreten u. a. durch → T. Jefferson.

Feldsteinmauerwerk, unbearbeitete oder zersprengte Feldsteine, die im Mittelalter häufig zum Bau von Dorfkirchen u. Stadtmauern verwendet wurden. Seit 13. Jh. größtenteils durch Backsteinmauerwerk abgelöst.

Felsarchitekturen, architektonisch u. bildkünstlerisch gestaltete Höhlen. Bedeutende Beispiele von Felsentempeln existieren in Ägypten seit dem Mittleren Reich, spätere finden sich in Äthiopien, Altamerika, China u. Indien. Felsengräber in Phönikien u. Kleinasien, Felswohnungen in Spanien, Italien, Nordafrika, Pamirgebiet, Tibet, Nordchina u. Mittelamerika. → auch Höhlentempel.

Fenster, Maueröffnung zur Belichtung u. Belüftung von Innenräumen. Lage, Gruppierung, Form u. Gestaltung der

Feldsteinmauerwerk. Dorfkirche in Dambeck bei Salzwedel

Einfassung, der Gewände u. Sohlbank waren seit jeher bestimmende Elemente der Gestaltung von Fassaden, insbesondere durch Stab- u. Maßwerkunterteilungen, Profilierung der Laibung, durch Gesimse, Giebelbekrönungen u. Art der Verglasung. Hauptformen werden durch das Rechteck u. die verschiedensten Arten des vom → Bogen übernommenen oberen Abschlusses bestimmt. Sonderformen sind roman. Rundfenster u. davon abgeleitete Radfenster mit Speichenteilung (→ Fensterrose), spätroman. Schlüssellochfenster, frühgot. langgestreckte Lanzettfenster u. ovale Formen des Klassizismus. Das Einzelfenster wurde z. T. in der modernen Architektur durch das Fensterband als wichtigstes Fassadenelement verdrängt.

Fenstergaden → Obergaden.

Fensterrose (Radfenster), große kreisförmige Fensterform der Romanik u. Frühgotik über westl. Hauptportalen u. an Querschiffsgiebeln von Kirchen (z. B. Reims, Straßburg, Marienkirche Torgau). → auch Gotik, Abb.

Fensterverdachungen, Bekrönung der Fenster durch Giebel u. Gesimse.

Ferstel, Heinrich von, österreich. Arch. (1828 Wien – 1883 Grinzing). Seit 1866 Prof. am Baupolytechnikum in Wien, Vertreter des Historismus. Hauptwerke: Monumentalbauten an der Ringstraße in Wien, u. a. Votivkirche (1856–79; → Neogotik, Abb.), Ungar. Bank (1860), Museum für angewandte Kunst (1868–71), Universität (1873–84).

Fertigbauweise → Präfabrikation.

Fertigteilbauten, aus vorgefertigten Bauelementen zusammengefügte Bauwerke. Hauptprodukt der → industriellen Bauweisen.

Feston [<frz.], ornamentale plast. Dekorationsform. Bogenförmige Hängegirlande meistens aus Blüten, Blättern und Früchten. Entstanden in der Antike, verbreitete Übernahme in der Renaissance, im Barock u. Klassizismus,

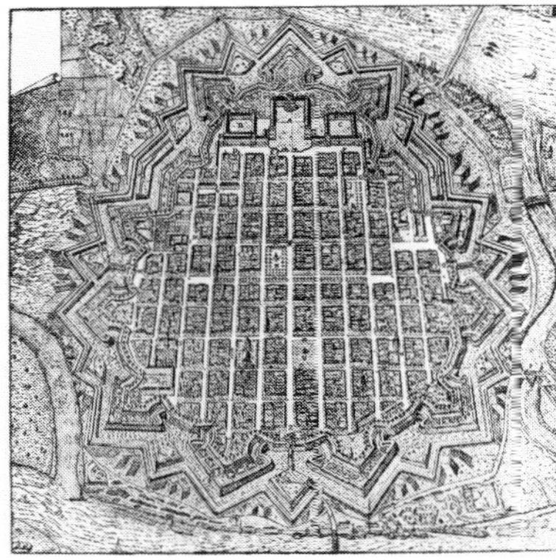

Festung Peitz nach einem Stich von M. Merian (17. Jh.)

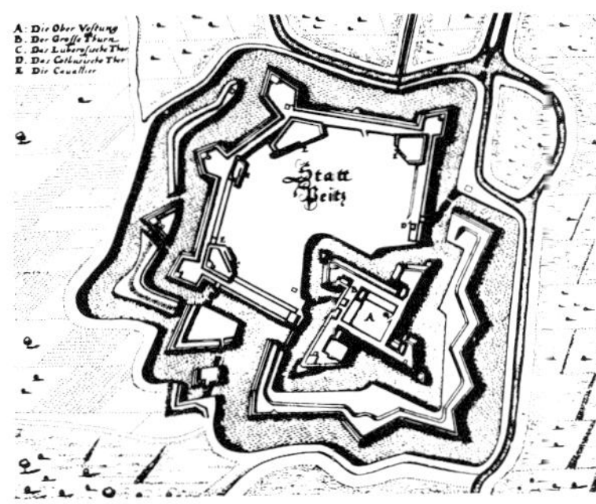

Festung. Anlagen der Stadt Mannheim (um 1700)

speziell in der kunsthandwerkl. Phase des Biedermeier. Ausführungen in Haustein u. Stuck.

Festung, Flucht-, Wehr- u. Verteidigungsanlage von Burgen u. Städten. Verbreitet seit dem Altertum. Seit Erfindung der Schußwaffen (E. 15. Jh.) selbständige Bauaufgabe, besonders im 16.–18. Jh. mit bedeutenden Leistungen in Italien, Niederlanden, Frankreich u. Deutschland in Form von Bastionäranlagen. Sie bestanden aus innenliegender → Zitadelle mit → Réduit, z. T. mehrgeschossigen → Kasematten, Kavalieren für Beobachtungszwecke, → Kurtinen, dem vorgelegten → Glacis, im Vorfeld liegenden Außenwerken (→ Ravelin, → Redan, → Schanze). Im 19. Jh. weitgehende Auflösung der Systeme in Gruppenfestungen mit → Forts. Im 20. Jh. durch Luftkriegsmöglichkeiten bedeutungslos, teilweise ersetzt durch unterirdische Bunkersysteme.

Feuergasse → Brandgasse.

Feuermauer → Brandmauer.

Fiale [ital.], charakterist. türmchenartiges Zierglied der Gotik, bestehend aus 4- bzw. 8eckigem Schaft mit Maßwerkdekorationen u. abschließendem Helm (Riesen) in Pyramiden- u. Satteldachform. Außenkanten vielfach mit → Krabben besetzt, Spitze meist mit → Kreuzblume abgeschlossen. Verwendung als bevorzugtes Bekrönungselement von Strebepfeilern u. Wimpergen. → auch Gotik, Abb.

Figurennische, Mauervertiefung zur Aufnahme einer Plastik. Seit der Renaissance verbreitetes Fassaden- u. Wandgliederungsmotiv.

Figurenportale, Portale an Kathedralen des 12.–14. Jh., deren Gewände, Archivolten u. Tympana mit figürl. Schmuck versehen wurden, z. B. Amiens, Reims, Chartres, Bamberg, Freiberg.

Filarete (Antonio di Pietro Averlino), italien. Bildhauer, Baumeister u. Theoretiker (um 1400 Florenz – 1469 Rom). Seit 1433 in Rom tätig, Aufenthalte in Florenz, Todi, Rimini, Mantua, Padua, Venedig. Seit 1451 Dombaumeister in Mailand. Mitarbeit am Dom in Bergamo u. Festungsbau in Bellinzona. Vertreter der Übergangsperiode zwischen Gotik u. Renaissance. Im »Trattato d'architettura« (1451–65) bedeutsame Aussagen über Architekturtheorie, Erfindungen u. erstes Projekt einer → Idealstadt.

Fioravanti (Aristotele di Fioravante di Ridolfo), italien. Baumeister, Techniker u. Metallgießer (um 1415/18 Bologna – 1485/86 Moskau). Tätigkeit in Bologna, Mailand, Pavia, Parma, Rom, Neapel, Venedig u. Ungarn. Seit 1474 in Moskau, starke Einflußnahme auf die russ. Baukunst. Hauptwerk: Uspenie-Kathedrale des Moskauer Kreml (1475–79).

First, obere Begrenzungskante eines Daches, resultierend aus der spitz- oder stumpfwinkeligen Schnittlinie zweier Dachflächen mit parallelen Traufen.

Firstkamm, Schmuckbekrönung eines Dachfirstes.

Firstschwenkung, Übergang von der mittelalterl. Giebel- zur neuzeitl. Traufstellung bei Wohn- u. Gesellschaftsbauten dt. Städte. Seit dem 16. Jh. bedingt durch den Übergang vom Fachwerk- zum Massivbau, bessere Nutzungsmöglichkeiten der innerstädt. Grundstücksflächen, neue Formen der Wohnkultur u. ästhet. Vorstellungen.

Fischblase (Schneuß), spätgot. Maßwerkornament. Frühes Auftreten in kelt. u. angelsächs. Kunst. Hauptschmuckmotiv der Spätgotik in allen nordeuropäischen Ländern, besonders häufig im engl. Flamboyantstil.

Fischer, Johann Michael, dt. Arch. des Barock (um 1691 Burglengenfeld/Oberpfalz – 1766 München). Nach Tätigkeit in Köln Stadtbaumeister in München. Mitwirkung an zahlr. Kirchen- u. Klosterbauten. Hauptwerke: St. Anna a. d. Lehel in München (1727–37), Klosterkirche Diessen (1732–39), Abteikirche Zwiefalten (1738–65), Klöster in Ottobeuren (1744 ff.) u. Rott am Inn (1759–62).

Fischer, Karl von, dt. Arch. (1782 Mannheim – 1820 München). Nach Lehre beim Hofarch. Verschaffelt (1796–99) tätig an der Wiener Akademie (1799–1806), anschließend Renaissance-Studien in Florenz u. Rom, seit 1809 Prof. an Münchner Akademie. Hauptvertreter des süddt. Klassizismus. Hauptwerke: Prinz-Karl-Palais (1803),

Nationaltheater (1811–19), zahlr. Palais, Pläne für Residenz, Marstall u. Glyptothek in München.

Fischer, Theodor, dt. Arch. (1862 Schweinfurth – 1938 München). Mitarbeiter von P. Wallot u. G. v. Seidl. 1893–1901 Leiter des Münchner Stadterweiterungsamtes, 1901–08 Prof. an TH Stuttgart, 1908–29 Prof. an TH München. Hauptvertreter der »Münchner Schule« des handwerklich betonten Historismus mit besonderer Wertschätzung der Materialästhetik, Gediegenheit u. Behaglichkeit. Hauptwerke: Erlöserkirche Stuttgart (1907), Universität Jena (1908), Kunsthalle Stuttgart (1911) u. a. sowie zahlr. theoret. Schriften über Stadtbaukunst, Proportionslehre usw.

Fischer von Erlach, Johann Bernhard, österreich. Arch. (1656 Graz – 1723 Wien). Hauptvertreter des österreich. Hochbarock unter dem Einfluß von → F. Borromini u. der Pariser Akademie. Seit 1705 Oberbauinspektor in Wien, Lehrer für Bautheorie u. Zivilbaukunst. Hauptwerke: Dreifaltigkeitskirche in Salzburg (1694–1702), Kollegienkirche in Salzburg (1694–1707), Karl-Borromäus-Kirche (1716–38), Hofbibliothek (1722), Schloß Schönbrunn (seit 1692), Palais Schwarzenberg (1697–1715), Palais Trautson (1710–12) in Wien u. Palais Clam-Gallas (1707) in Prag. Kupferstichprachtwerk »Entwurf einer historischen Architektur« (1721, 1725).

Fischgrätenverband (Ährenverband), Zierform des Ziegelrohbaues, bei der einzelne Steinschichten felderweise schräg gegeneinanderliegend vermauert sind. Seit frühdynast. Zeit Mesopotamiens über den mittelalterl. Backsteinbau bis zur Gegenwart als Dekorationsmittel verwendet.

Flachbau, vorherrschend eingeschossiger Baukörper mit gering geneigtem oder Flachdach. Seit etwa 1924 bevorzugtes Element städtebaul. Gestaltung als Gegensatz zur mehrgeschossigen Bauweise u. vielgeschossigen Hochbauten bzw. Hochhäusern.

Flachbogen (Stichbogen), Segmentbogen; eine Konstruktion, deren Zirkelpunkt unterhalb der Kämpferlinie liegt.

Flachdach, Dachform, deren Neigung unter 25° liegt. Ausführungen in Holz, häufiger aber als Massivkonstruktion (Träger mit Stahlbetondecke). → auch Dachformen, Abb.

Flachkuppel, Wölbeform in Gestalt eines Kugelsegmentes, zeichnet sich gegenüber anderen → Kuppeln durch starke Entfaltung von Seitenschubkräften aus.

Flachtreppe, Abart der → Freitreppe mit sehr breiten u. flachen Stufen. Verbreitet in Italien.

Flamboyantstil [<frz.], Spätphase der französ. u. engl. Gotik, gekennzeichnet durch flammenartig züngelnde Maßwerkformen (z. B. Kathedralen in Rouen u. Exeter).

Flechtband (Bandgeflecht), seit dem 3. Jt. v. u. Z. in Indien u. Vorderasien bekannte ornamentale Zierform. Seit 1. Jt. v. u. Z. in Kulturen der älteren Eisenzeit in Griechenland, Italien u. Mitteleuropa verbreitet, seit 7. Jh. v. u. Z. Element griech.-röm. Gefäßdekoration, Sarkophage, Mosaiken, Wandmalereien, u. a. in Nordhalle des Erechtheion u. Ara pacis Augustae. Im 1./2. Jh. Hauptmotiv german. Kunst mit Verbreitung von Skandinavien über Italien bis Nordafrika. In Buchmalerei bis 9. Jh., in roman. Kapitellplastik bis 13. Jh. beibehalten. → auch Fries.

Flechtwerk, Pfähle oder Stangen mit eingeflochtenen Zweigen u. Lehmverkleidungen. Eine der ältesten, seit vorgeschichtl. Zeit angewendeten Formen des Wandbaues, bis in das 19. Jh. in ländl. Bauen u. → Fachwerkbau nachweisbar.

Fledermausgaube → Froschmaul.

Fleischinger, Ferdinand, dt. Militärbaumeister (1804–85 Berlin). Nach Tätigkeit unter K. F. Schinkel u. Studium an Bauakademie seit 1834 Landbaumeister im preuß. Kriegsministerium mit Einfluß auf fast alle Bauten der Militärverwaltung. 1846 Bauleiter von F. A. Stüler, seit 1850 Mitglied der Baudeputation. 1854–61 Lehrer für Baukonstruktion an der Bauakademie.

Flesche → Redan.

Flett, die Querdiele im rückwärtigen Teil eines niedersächs. Bauernhauses.

Fliesen, keram. Bauteil für Wand- u. Bodenbeläge (Wand- u. Bodenfliese) aus Ton, Kaolin, Sand u. anderen mineral. Rohstoffen, die bei Temperaturen von über 900 °C gebrannt werden. Dauerhafte Verlegung auf Zementmörtel.

Florentiner Mosaik → Pietra dura.

Florido-Stil, span. Variante des spätgot. → Flamboyantstils.

Floris, Cornelis, niederländ. Baumeister, Bildhauer u. Ornamentzeichner (um 1514–75 Antwerpen). 1540–44 Italienaufenthalt. Hauptbedeutung als Schöpfer neuer dekorativer Ornamentik, seit 1548 in Ornamentstichfolgen gemeinsam mit seinem Schüler Hans Vredeman de Vries verbreitet. Seine Weiterentwicklungen der röm. → Groteske durch Hinzufügung von plast. u. architekton. Elementen, Kartuschen, Masken, Früchte u. dgl. zum »Florisstil« (2. H. 16. Jh.) von großem Einfluß auf die Architektur der Niederlande u. Norddeutschlands.

Flötner, Peter, dt. Kleinplastiker, Kunsttischler, Holzschneider, Medailleur u. Ornamentschöpfer mit großem Einfluß auf die Architektur (um 1490 Thurgau – 1546 Nürnberg). Schaffung von Ornamentzeichnungen u. -stichen als Dekorationsvorlagen für Kunsthandwerk u. Architektur, damit Hauptmeister der dt. Frührenaissance. Veröffentlichung seiner Ornamentsammlung nach dem Tode als »Maureskenbüchlein« (1549). Hauptwerke: Ausstattung

C. Floris. Florisstil am Rathaus Bremen (Umbau 1609–14)

des Nürnberger Hirschvogelsaales (1533–34) u. Tucherschlößchens.

Flowing Tracery [engl.], spezielle Form des Maßwerks im engl. → Decorated Style (E. 13.–E. 14. Jh.).

Fluchtburg, Befestigungsanlage, die der Bevölkerung in krieger. Gefahr als Zufluchtsstätte diente, sonst aber in der Regel nur von einer kleinen Besatzung bewacht wurde.

Flügel, Gebäudeteil, der einem Hauptbau durch seitl. rechtwinklige u. schräge Angliederung (Haupt-, Neben-, Seiten-, Querflügel) baulich und funktionell unterordnet ist. Bekannt seit der Antike (z. B. Propyläen der Akropolis in Athen). Neubelebung im absolutist. Schloßbau des 17.–18. Jh. Im 19. Jh. Ausdehnung auf fast alle Gebäudegattungen einschließlich Wohnungsbau.

Flüstergewölbe (Flüsterbogen, -galerie, -raum), architekton. Bildungen mit meist zufällig entstandenen akust. Effekten, bei denen leise Töne u. Geräusche relativ lautstark übertragen werden (z. B. Echosaal im Bremer Ratskeller, Kuppel der St.-Pauls-Kathedrale in London, Flüstergrotte in Oliva, Flüsterportal in Görlitz).

Fontaine, Pierre-François-Léonard, französ. Arch. (1762 Pontoise – 1853 Paris). Studium an École des Beaux-Arts in Paris, Reisen nach Rom u. England. 1794–1814 im Dienste Napoleons. 1849 Präsident des Zivilen Baukonzils. Mit Percier Schöpfer des innenarchitekton. → Empire-Stils. Hauptwerke: bis 1814 in Zusammenarbeit mit Percier Erneuerung von Louvre, Tuilerien, Schloß La Malmaison u. anderer königl. Bauten, Triumphbogen in Paris (1806–07), Restaurierung Palais Royal, Hôtel-Dieu in Pontoise, Innenraumdekorationen in Schloß Versailles (nach 1814).

Fontana, Carlo, italien. Arch. (1634 Brugiate/Tessin – 1714 Rom). Schüler von L. Bernini, um 1700 Hauptarch. in Rom. Vertreter der Übergangsperiode vom Hochbarock zum Frühklassizismus. Seine Bauten u. architekturtheoret. Schriften waren von großem Einfluß auf die dt. Barockkünstler, speziell auf J. B. Fischer v. Erlach u. J. L. v. Hildebrandt. Hauptleistungen im Auftrage der Päpste Innozenz XII. u. Clemens XI.: Palazzo Montecitorio, Biblioteca Casanatense, Domkuppel Montefiascone u. a. m.

Fontana, Domenico, italien. Baumeister (1543 Melide/Tessin – 1604 Neapel). 1585–90 Arch. von Papst Sixtus V. in Rom, seit 1592 tätig in Neapel. Hauptwerke in Rom: Errichtung großer Obelisken (Petersplatz, 1586; an der Lateransbasilika, 1588; auf der Piazza del Popolo, 1589), Schaffung markanter Straßenanlagen, Brükken u. Wasseranlagen, Vollendung der Kuppel des Petersdoms (1588–90), Biblioteca Vaticana u. Papstpalast am Damasushof (1587–90); in Neapel: Palazzo Caraffa (1598) u. Königspalast (1600).

Form, architektonische, das komplexe Ergebnis architekton. Gestaltung. Sie wird durch Raum-, Körper- u. Flächenelemente erzielt, die eine materiell-prakt. Funktion erfüllen u. darüber hinaus nach künstler. Gesichtspunkten geformt sind. In der architekton. Form kommt somit oft das materiell-prakt. u. das ideell-ästhet. Verhältnis zur objektiven Realität zum Ausdruck. Die Form bildet mit dem architekton. → Inhalt eine dialekt. Einheit. Aus der Form können bestimmte charakterist. Eigenschaften historisch konkreter Gesellschaftskulturen abgeleitet werden. Die einen künstler. Inhalt vermittelnde Form von Architekturwerken erscheint als architekton. Gestalt, wobei »Form« und »Gestalt« weitgehend ident. Begriffe sind.

Formalismus, Architekturauffassungen, die meist die formale Seite der Architektur überbetonen u. hinter künstler.-dekorativen Aspekten zurückstehen.

Formstein, bearbeiteter Haustein oder vorgeformter Kunststein (Backstein, Beton), dessen spezielle Form als Bogen-, Gesims-, Kämpfer-, Schluß- oder Schmuckstein Verwendung findet.

Förster, Ludwig von, österreich. Arch., Bildhauer u. Publizist (1797 Bayreuth bis 1863 Gleichenberg/Steiermark). Vertreter des Historismus. Hauptwerke: Pläne für den ab 1858 erfolgten Bau der Wiener Ringstraße; Begründer der »Allgemeinen Bauzeitung« (1836ff.).

Fort [frz.], größere vorgelagerte, selbständige → Schanze vor einer Kernfestung des 19. Jh. mit der funktionellen Aufgabe, Feinden bereits viele Kilometer vor der Hauptfestung Widerstand entgegensetzen zu können.

Forum [lat.], Markt-, Versammlungs- u. Gerichtsplatz einer röm. Stadt mit bedeutsamen öffentl. Gebäuden, Tempeln u. Ehrenmälern. Älteste Anlage ist das Forum Romanum in Rom (4. Jh. v. u. Z.). Architekton. Steigerung als Kaiserforen (1.–2. Jh.) durch Portiken, Basiliken, Markthallen, Thermen, Bibliotheken usw. Wiederaufnahme der Idee im barocken Absolutismus (z. B. Linden-Forum in Berlin, 18. Jh.) u. Neoklassizismus (u.a. in Baukonzeptionen des Faschismus).

Francesco di Giorgio Martini, italien. Baumeister, Bildhauer, Maler, Ingenieur u. Bautheoretiker (1439–1502 Siena). Tätig in Siena, Urbino, Mailand, Neapel, Perugia, Cortona, Ancona u. Jesi. 1477–82 Festungsbaumeister des Frederigo da Montefeltre, seit 1498 Dombaumeister in Siena. Hauptwerke: Kreuzkuppelbau S. Maria del Calcinaio bei Cortona (1485ff.), Rathäuser in Ancona (1484) u. Jesi (1486), Veröffentlichung über Probleme des Städtebaues, Idealstädte, Architektur u. Fortifikationswesen.

Franziskanerbaukunst → Bettelordensbaukunst.

Französischer Garten, auf dem Vorbild regelmäßiger röm. Gartenanlagen basierender Park des 17.–18. Jh. Typ. Anlage des Barock als Ausdruck feudalabsolutist. Subordination der Natur. Gekennzeichnet durch die zentrale, zum Schloß im Mittelpunkt der Gesamtkonzeption führende Hauptallee, parallele oder strahlenförmige Nebenachsen, Rondelle, geometrisch geschnittene Baum- u. Heckenpflanzungen (Bosketts), Labyrinthe, Kaskaden, Wasserkanäle, Springbrunnen u. Plastiken. Hauptbeispiel mit nachhaltiger Wirkung auf die → Gartenkunst in Europa war der Park von Versailles (→ Le Nôtre). Deutsche Hauptbeispiele: München-Schleißheim, Hannover-Herrenhausen, Dresden-Großer Garten, Potsdam-Sanssouci, Großsedlitz bei Pirna.

Freilichtmuseum, museale Bestände, die unter freiem Himmel aufgestellt sind (Plastiken, Bauteile, Bauten, Produktionsmittel u. -anlagen). Seit E. 19. Jh. nach skandinav. Beispiel Skansen in Stockholm (1881, Hazelius) angelegt, u.a. als Museumsdörfer zur Darstellung histor. volkskundl. Sammlungen, Lebens- u. Bauformen (Lehde, Schwerin-Mues, Dorf Mecklenburg).

Freitragende Wand, eine spezielle Wandkonstruktion oder Wandscheibe, die wie bei einem Träger nur an den Enden der Unterseite auf 2 Stützen aufgelagert ist.

Freitreppe, offene Treppenanlage, die zum erhöhten Grund- oder 1. Obergeschoß eines Gebäudes emporführt. Wichtiges funktionelles u. baukünstler. Element seit dem Altertum (Burg- u. Tempeltreppen im griech.-röm. Bereich, Indien, China, Alt-Mexiko). Seit dem Mittelalter in Europa als Dom-, Rathaus-, Schloß- u. Bürgerhaustreppen angelegt. Besondere städtebaul. Aufwertung in Renaissance, Barock, Klassizismus u. Historismus.

Fresko [<ital.], Gemälde aus Erdfarben, die auf frischen, feuchten Kalkputz aufgetragen werden u. im Verlauf des Trocknungsprozesses eine sehr haltbare Verbindung eingehen. Frühestes Auftreten, im Gegensatz zum »al secco« auf trockenen Wänden, bei Ägyptern, Etruskern u. Römern. Wiederaufnahme um 1300 in Italien, Übertragung auf nordeuropäische Länder im 16.–18. Jh. Neubelebung durch die Strömung der Nazarener-Malerei im 19. Jh.

Friedrich Wilhelm IV., König von Preußen (reg. 1840–61), dilettierender Arch. mit großer schöpfer. Begabung (1795 Berlin – 1861 Potsdam). Schon als Kronprinz von entscheidendem Einfluß auf alle Hof-, Staats- u. viele Kirchenbauten. Enge Kontakte zu K. F. Schinkel, L. Persius u. F. A. Stüler. Verdeutlichung seiner Vorstellungen in Form eigenhändiger Skizzen u. Entwürfe parallel zu den Projekten seiner Architekten.

Fries. 1 Bukranionfries, 2 Akanthusfries, 3 Anthemion, 4 Mäander, 5 Laufender Hund, 6 Zangenfries, 7 Flechtband, 8 Rautenfries, 9 Diamantfries, 10 Würfelfries (Schachbrettfries), 11 Rollenfries, 12 Schuppenfries, 13 Zickzackfries, 14 Zinnenfries, 15 Scheibenfries, 16 Kugelfries, 17 Plattenfries, 18 Hundszahn, 19 Wolkenornament, 20 Zahnschnittfries, 21 Deutsches Band, 22 Rundbogenfries, 23 Kreuzbogenfries, 24 Spitzbogenfries, 25 Blattwerkfries, 26 Lilienfries

Fries, dekorativer, durch Malerei, Ornamentik u. figürl. Darstellungen geschmückter Flächenstreifen zur Gliederung von Architekturteilen. In der Antike vorherrschend als Abfolge von Metopen u. Triglyphen, Akanthusfries, Anthemion, Palmettenfries, → Eierstab, → Mäander u. Laufender Hund. In der Romanik vorherrschend der Rundbogen-, Schachbrett- u. Zahnschnittfries sowie Deutsches Band. In der Gotik überwogen Laub- u. Blattwerkfriese, seit der Renaissance Bogen-, Rosetten- u. Figurenfriese sowie Ableitungen antiker Vorbilder.

Frigidarium [lat.], Schwimmbad mit kaltem Wasser in röm. → Thermen.

Front, überwiegend die Bezeichnung für die Vorderansicht (Fassade) eines Baues, aber auch angewendet als Rück- u. Seitenfront.

Frontispiz [<frz.], Giebel als Stirnansicht über dem Hauptrisalit eines Gebäudes.

Fronveste, mittelalterl. Zwingburg. Begriffsübertragung z. T. auch auf Gefängnisbauten.

Froschmaul (Fledermausgaube), eine Dachluke mit halbkreisförmiger Öffnung. → auch Gaube.

Froschperspektive, perspektiv. Erfassung eines Baukörpers, Raumes oder Gegenstandes durch das Auge bzw. eine Kamera, bei der der Gesichtspunkt unterhalb der Mitte des zu erfassenden Objektes liegt. Im Normalfall liegt er in der Mitte, bei der Vogelperspektive über der Mitte.

Frühchristliche Architektur, spätantike Baukunst der zerfallenden Sklavenhaltergesellschaft. Älteste Zeugnisse die Katakomben u. architektonisierten Sarkophage (3. Jh.) Seit dem 4. Jh. Errichtung monumentaler Kirchenbauten, vorherrschend als Basilika oder Zentralbau. Hauptbeispiele u. a. in Rom (S. Giovanni in Laterano, Sa. Maria Maggiore, Alt-St. Peter), Ravenna (Baptisterium), Mailand (S. Lorenzo) u. Jerusalem (Grabeskirche). Beispielge-

Frühchristliche Architektur. S. Apollinare Nuovo in Ravenna (etwa 510–20). Histor. Aufnahme

bend für die Entwicklung der mittelalterl. Architektur in Europa u. im südl. Mittelmeerraum.

»Frühlicht«, Zeitschrift der utop.-expressionist. Architekturphase, unter dem Einfluß der Novemberrevolution seit 1920 als Beilage u. 1921–22 als selbständige Publikation durch B. Taut herausgegeben. Sprachrohr fortschrittl. Vertreter der bürgerl. Künstler, die nach dem 1. Weltkrieg nach neuen Wegen der Architekturentwicklung suchten.

Fuge, beim Mauerwerk die meist mit Mörtel ausgefüllten Zwischenräume der aneinandergefügten Steine (horizontale Lager- u. vertikale Stoßfugen), bei Montagebauten die Zwischenräume der aneinandergefügten Bauelemente. Als ästhet. Gliederungsmittel genutzt (z. B. Rasterstrukturen), aber auch funktionell bedingt als Dehnungsfugen bei Gebäuden, wo temperaturbedingte Größenveränderungen des Baumaterials zu Spannungen führen.

Fuller, Richard Buckminster, amerikan. Arch. u. Ingenieur (1895 Milton/Mass. – 1983 Los Angeles). Studium u. a. an Harvard-Universität in Cambridge/Mass. Erfinder der »dimaximalen Konstruktion« (= dynam.-maximalen K.) in Form eines am Duraluminiummast aufgehängten sechskantigen Wohnhauses (Chicago, 1927). 1946 Entwicklung eines ähnl. Projektes für ein Kugelhaus. Seit 1947 Entwürfe für Kuppelkonstruktionen unter Ausnutzung der konstruktiven Eigenschaften des Tetraeders u. Oktaeders für leichte Tragwerke. Seit den 50er Jahren angewendet auf die Massenfertigung von Ausstellungsbauten u. Hallen.

Füllmauer → Futtermauer.

Fundament [<lat.], im Erdreich befindl. Unterbau (Pfahlrost, Mauerwerk, Beton), auf dem aufgehendes Mauerwerk, Holz-, Stahl-, Beton- u. Stahlbetonkonstruktionen von Bauwerken gegründet sind.

Funktionalismus. Turbinenhalle der AEG in Berlin (1909). P. Behrens

Funktionalismus, Architekturstilrichtung des 20. Jh., die das baul. Erscheinungsbild allein von der Funktion des Bauwerkes ableitet. Die Verabsolutierung bestimmter zweckfunktioneller Komponenten führte unter der Ansicht, daß die Technik das entscheidende Triebmoment gesellschaftl. Fortschritts sei, zur Negierung dekorativer Aspekte. Prinzip, das sich durch die Baugeschichte zieht. Begründer des modernen Funktionalismus → L. H. Sullivan.

Funktionsmischung, die gleichzeitige Gewährleistung unterschiedlichster Funktionen innerhalb einer städtebaul. Einheit (eines Gebäudes oder Raumes); sie bedingt meist eine Funktionsüberlagerung.

Funktionsüberlagerung, Gestaltungsweise der Architektur, die unterschiedl. Funktionen in Gebäuden, Gebäudekomplexen u. städtebaul. Einheiten auf über- bzw. untereinander angeordneten baul. Ebenen ermöglicht, z. B. Wohnen, Arbeiten, Kultur, Bildung, Erholung.

Furttenbach, Josef, d. Ä., dt. Arch. u. Bautheoretiker (1591 Leutkirch – 1667 Ulm). Stadtbaumeister von Ulm. 10jährige Studienreise durch Italien. In seinen Schriften umfassende Darlegung der Erkenntnisse der Bautechnik seiner Zeit. Fortsetzung seiner Arbeiten durch seinen Sohn Josef d. J. (1632–55).

Fußgängerbereiche, in Stadtgebieten und -zentren vorwiegend den Fußgängern vorbehaltene Zonen, bestehend aus Freiräumen, die durch Neu- u. Umgestaltung ehem. Verkehrsplätze u. -straßen geschaffen wurden oder als zusammenhängende Systeme von Straßen, Plätzen, Gassen, Wegen, Höfen, Passagen wichtige Zentrumsabschnitte verbinden. Sie können histor. Altstadtbereiche, innerstädt. Parkanlagen u. Uferzonen einschließen. Kernstück ist der Fußgängerboulevard, der durch eine Vielfalt von Einrichtungen von Handel, Gastronomie, Dienstleistung, Kultur, Bildung u. Freizeitgestaltung gekennzeichnet ist. Seine Freiräume bieten Möglichkeiten für Veranstaltungen, Märkte, Feste u. dgl. sowie zu Erholung u. Entspannung.

Fußpunkt, 1. der Aufsatzpunkt der Kämpfer bei Bögen u. Gewölben. 2. der Knotenpunkt am unteren Sparrenende einer Dachkonstruktion.

Fußwalmdach, → Dachform mit abgewalmten Giebelfuß.

Futtermauer (Füllmauer, Stützmauer), 2 Mauerwände, die einen Hohlraum umschließen, der mit Sand, Steinen, Mörtel u.a. gefüllt ist.

Futurismus, antieklektizist. Bewegung der ersten 2 Jahrzehnte des 20. Jh. parallel zu Expressionismus, Kubismus u. abstrakter Kunst. Ausgelöst in Italien als oppositionelle Strömung durch ein Manifest des Dichters F. T. Marinetti (1909), programmatisch übertragen zwischen 1910–13 auf Malerei, Plastik u. Musik, seit 1914 durch Antonio Sant'Elia (1888–1916) auf die Architektur. Hauptinhalt ist die Vergegenständlichung der Bewegungsdynamik u. die Formzerlegung des → Kubismus. Verherrlichung der Dynamik von Verkehr u. Industrie in Skizzen von Bahnhöfen, Energiezentralen, Wolkenkratzerstädten, aber keine realen Bauten. Ab 1928 unter Mussolini Übergänge in den faschistisch geförderten Stil des romant. Neoklassizismus.

G

»G«, Künstlerzeitschrift, Herausgabe 1923–24 in Berlin unter Mitarbeit führender Arch., wie L. Mies van der Rohe u. L. Hilberseimer. Propagierung elementarer Gestaltungsmittel, besonders der Konstruktion, damit enge Beziehungen zu den Anhängern des Konstruktivismus der 20er Jahre.

Galerie [<ital.], urspr. saalartige Vorräume feudaler Schlösser u. Palais, die sich zuerst in Frankreich im 16. Jh. anstelle der Rittersäle entwickelten u. zur Aufstellung von Kunstwerken benutzt wurden. Von dort Übertragung auf Gemälde- u. Kunstsammlungen des 19. u. 20. Jh., offene Laufgänge an Gebäuden, Theaterränge u. glasgedeckte Einkaufspassagen.

Galli da Bibiena, italien. Künstlerfamilie des 17./18. Jh. mit den Architekten: 1. Ferdinand Galli da Bibiena (1657–1743 Bologna). Hauptwerke: Königl. Hoftheater in Mantua (1731), Villa, Park u. Bauten für den Herzog v. Parma in Colorno, Theater- u. Festdekorationen, Veröffentlichung über Zivilbaukunst (Parma 1711). 2. Guiseppe Galli da Bibiena, Sohn von F. Galli da Bibiena (1696 Parma – 1743 Berlin), Fest- u. Bühnendekorateur an Höfen in Wien, Dresden, Prag. Veröffentlichung »Architetture e prospettive« (Augsburg 1740). 3. Alessandro Galli da Bibiena, Sohn von F. Galli da Bibiena (1687–vor 1769), Baumeister des Kurfürsten v. d. Pfalz. 4. Antonio Galli da Bibiena (1700–74), Theaterbaumeister in Italien u. Österreich.

Gameren, Tylman van, holländ. Arch. (vor 1630–1706). Überwiegend tätig in Polen. Vertreter der klassizist. Richtung des Barock. Hauptwerke: Plan der Burg Nieborów (1680–83), Vollendung Palais Krasiński in Warschau (1682–94), St. Kasimir in Warschau (1688–89), St. Anna in Krakau (1689–1705).

Ganerbenburg, eine ehemals von mehreren feudalen Besitzern gemeinsam bewohnte mittelalterl. Burganlage.

Gang, Korridor zur Erschließung von Räumen, je nach Funktion ausgeprägt als Mittel-, Seiten-, Verbindungs-, Auf- u. Durchgang. Spezielle Entwicklungen als Kreuzgang in Klöstern, Wehr- u. Fluchtgang in Burgen, Arkadengang in Schlössern, Dienergang in Palais des 18. Jh. Seit 19. Jh. wesentl. Bestandteil fast aller Gebäudegattungen.

Ganggrab, neolith. Großsteingrabanlage (3. Jt. v. u. Z.) aus Monolithen (Findlingen), die durch einen Erdhügel abgedeckt sind. Im Inneren eine längl. oder ovale Grabkammer, zu der im Unterschied zu → Dolmen ein überdeckter Zugang führt. Verbreitung in Nord-, West- u. Mitteleuropa.

Garage [<frz.], Abstellraum für Kraftfahrzeuge. Auftreten als Einzel-, Reihen- u. Stockwerkgaragen (Hochgaragen, Parkhäuser). Unterird. Anlagen als Tiefgaragen, in Kombinationen mit Touristenhotels als Motel bezeichnet.

Garnier, Charles, französ. Arch. u. Architekturschriftsteller (1825–98 Paris). Studien in Italien u. Griechenland. Hauptvertreter des → Neobarock. Hauptwerke: Grand Opera in Paris (1861–75), Casino Monte Carlo (1878), Opernmagazin Paris (1898).

Garnier, Tony, französ. Arch. (1869 Lyon – 1948 La Bédoule). Studium an École des Beaux-Arts in Paris. 1901 Rompreis u. Stadtarch. von Lyon. Neben → A. Perret Wegbereiter der Eisenbetonbauweise mit großem Einfluß auf die moderne Architektur. Hauptwerke: Schlachthof u. Viehmarkthalle (1909–13), Olympia-Stadion (1913–16), Krankenhaus (1915–30), Markthalle (1928) u. Wohnsiedlung Les États-Unis (1928–35) in Lyon. Zahlr. Veröffentlichungen.

Gartenkunst. Gärten sind als künstlich bepflanzte Naturbereiche bekannt seit babylon. Zeit (Palastgärten der Könige, hängende Gärten der Semiramis), prächtige Anlagen in Theben (um 1400 v. u. Z.), ebenso im griech. Kulturbereich u. Römerzeit (Villa Hadriani b. Tivoli), auch im islam. Gebiet (Persien, Arabien, besonders 8.–14. Jh.), China u. Japan. In Mittel- u. Nordeuropa im Mittelalter Anfänge als Kräuter- u. Arzneigärten in Burgen u. Klöstern, einfache Blumengärten an Dorf- u. Bürgerhäusern. Höhepunkte erst seit der Renaissance mit neuem Naturerlebnis (Villa Medici in Fiesole, Villa d'Este in Tivoli, um 1550). Neue Blüte im französ. Barock (→ Französischer Garten). Als Gegenreaktion entwickelte sich seit

Gartenstadt. Lageplan der Arbeiterkolonie Altenhof der Fa. Krupp in Essen (um 1870).

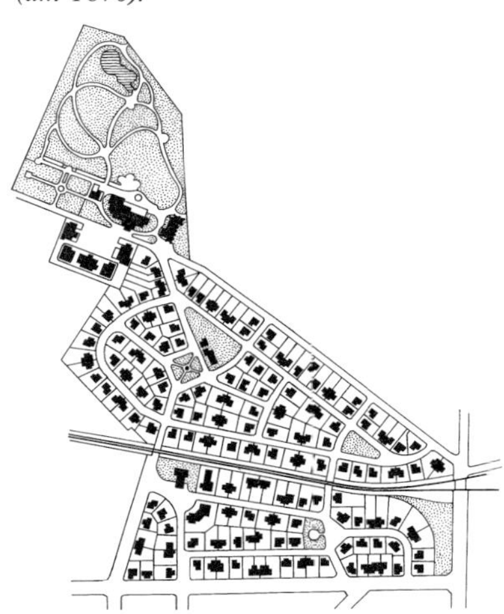

M. 18. Jh. der → Englische Garten. Er gab das Vorbild für den rationalen Landschaftspark des 19. Jh., zu dessen Entwicklung vor allem → P. J. Lenné beitrug. Unter seinen Nachfolgern entstand in den Großstädten die abgeleitete Form des Volksparks (G. Meyer, Berlin-Friedrichshain, Berlin-Treptow). Seit 1864 entstand in den Großstädten als Reaktion auf die Mietskasernenbebauung die reformer. Schrebergartenbewegung, die große innerstädt. Flächen in Kleingartengelände verwandelte. Aus dieser Situation in Verbindung mit der Landschaftsgestaltung u. Durchgrünung der Städte erwuchs u. a. die → Gartenstadt-Bewegung. Die Gartenkunst der Gegenwart wird in stärkerem Maße als Gartengestaltung, Gartenarchitektur, Freiflächen- u. Landschaftsgestaltung differenziert. Sie dient dem Bedürfnis der Menschen nach Kultur- u. Freizeitgestaltung außerhalb der Wohnung.

Gartenparterre, flache gärtner. Anlage im Vorfeld von Schlössern zur architekton. Steigerung ihrer Wirkung.

Gartenstadt, E. 19. Jh. mit Verschlechterung der Wohnbedingungen in großen Städten unter reformer. Anregung durch → E. Howard in Stadtrandzonen auf billigem Boden gegründete, durchgrünte Einfamilienhaussiedlungen für Arbeiter u. Angestellte. Dezentralisierte Anlagen in der Nähe neuer Industriestandorte, die in den enger werdenden Großstädten auf Wachstumsbegrenzungen stießen. 1899 Gründung der ersten Gartenstadtgesellschaft in England, noch unter utop. Vorstellungen der Umwandlung des gesamten Siedlungswesens in ein Netz von Zentral- u. Trabantenstädten, die in Zentren aus gesellschaftl. Einrichtungen bestehen sollten, auf die zonenmäßig Kleinhäuser mit Hausgärten, dann Arbeitsstätten u. Industrie u. am äußersten Rand die Landwirtschaft folgen sollten. 1903 erste engl. Anlage in Letchworth (→ R. Unwin). 1902 Gründung der ersten dt. Gartenstadtgesellschaft mit veränderter Zielsetzung der Reformierung bürgerl. Lebensformen, verbunden mit progressiven kulturellen u. polit. Aufgaben. Erste Realisierungen in Dresden-Hellerau (ab 1907, H. Tessenow), torsohaft mit Wohnstadtcharakter wie auch zahlr. andere Gartenstadtsiedlungen in Berlin, Leipzig, Essen, Magdeburg usw. Vorherrschend Kleinsiedlungen an Stadträndern in durchgrünten Gebieten, die im Gegensatz zur spekulativen innerstädt. dichten Massenwohnbebauung der Gründerzeit um 1900 billigere u. gesündere Wohnmöglichkeiten für Minderbemittelte eröffneten.

Gärtner, Friedrich von, dt. Arch. (1792 Koblenz – 1847 München). Ausbildung in München, Schüler von F. Weinbrenner. Studienreisen nach Paris u. Italien. Seit 1820 Prof. an Kunstakademie München, 1841–47 Direktor. Zwischenzeitlich künstler. Leiter der Nymphenburger Porzellanmanufaktur (1822) u. zahlr. Ämter. 1828 Hofarch. Ludwigs I. von Bayern. In dessen Auftrag Bauten in München in Formen der Neoromanik u. des Neoklassizismus: Gestaltung der Ludwigstraße, Bayrische Staatsbibliothek (1832–42), Feldherrnhalle (1840–45), Universität (1835–40), Siegestor (1843–50), Ludwigskirche (1829–40), Wittelsbachpalais (1843–50), zahlr. Villen, Residenz in Athen (1826–42).

Gaube (Gaupe), Dachfenster mit eigener Bedachung. Bei geringer Anhebung der Dachhaut als → Froschmaul (Fledermausgaube) bezeichnet, bei Ausbildung senkrechter Fenster- u. Seitenwände als Schleppgaube.

Gaudi, Antonio, span. Arch. u. Kunstgewerbler (1852 Réus/Tarragona – 1926 Barcelona). Studium an Ingenieurschule Réus u. Architekturhochschule in Barcelona. Auf Suche nach neuen künstler. Ausdrucksformen entstand eine eigentüml. Mischung aus got., maur., barocken Elementen, unter Erprobung neuer statischer Möglichkeiten verbunden mit bizarren Eisenbeton- u. Gewölbekonstruktionen, Glas, Keramik u. anderen Materialien. Insgesamt eine von mystizist. Ideen durchdrungene Schaffenstätigkeit im Dienste der span. Großbourgeoisie. Hauptwerke: Kirche der Sagrada Familia in Barcelona (seit 1883), Bischofspalast in Astorga (1885–93), Casa Mila in Barcelona (1905–10).

Gebälk, in der antiken Baukunst das System von → Architrav, → Fries u. → Kranzgesims, das die Außenwand zur Dachkonstruktion überleitet. Später allgemein die Balkenlagen eines Gebäudes.

Gebäude, eine gebaute, überdachte u. in sich abgeschlossene Raumordnung, die zumeist die Hülle für menschl. Tätigkeiten bildet. Wesentl. Kennzeichen ist ihre oberird. Anlage in ein-, mehr- u. vielgeschossiger Bauweise.

Gebetsnische → Mihrab.

Gebinde, zimmermannsmäßig hergestellte Holzkonstruktion, speziell bezogen auf Teile der Dachkonstruktion.

Gebundenes System, die durch das Vierungsquadrat einer 3schiffigen roman. Basilika festgelegte Maßeinheit für alle übrigen Teile des Grundrisses. Da die Seitenschiffe in diesem Falle die halbe Breite des Mittelschiffes besitzen, entsprechen jedem Mittelschiffquadrat je zwei Seitenschiffquadrate. Diese Zugrundelegung des Quadrats als Maßeinheit wird auch als »quadrat. Schematismus« bezeichnet.

Gedon, Lorenz, dt. Arch., Bildhauer u. Innengestalter (1843–83 München). Ausbildung u. Wirksamkeit in München als maßgebl. Vertreter der Neorenaissance. Im Dienste König Ludwigs II. v. Bayern. Hauptwerke: Schack-Palais in München (1872–74), Saal für Deutsche Kunst auf der Weltausstellung in Paris (1878), öffentl. u. Wohnbauten in München, Schloßsäle in Detmold u. Dessau, Rathaussäle in München u. Lübeck, Palais Heyl in Worms.

Gedrehtes Tau, aus dem normann. Bereich stammendes Friesornament der Romanik in Form eines gedrehten Schiffstaues (→ Taustab).

Gedrückter Spitzbogen, Spitzbogen, dessen Kreisradien kleiner als die Spannweiten sind, wodurch konkave

Gebundenes System. Grundriß der Klosterkirche in Diesdorf b. Salzwedel, 1 Apsis, 2 Chor, 3 Seitenschiffapside, 4 ausgeschiedene Vierung, 5 Vierungspfeiler, 6 Joch

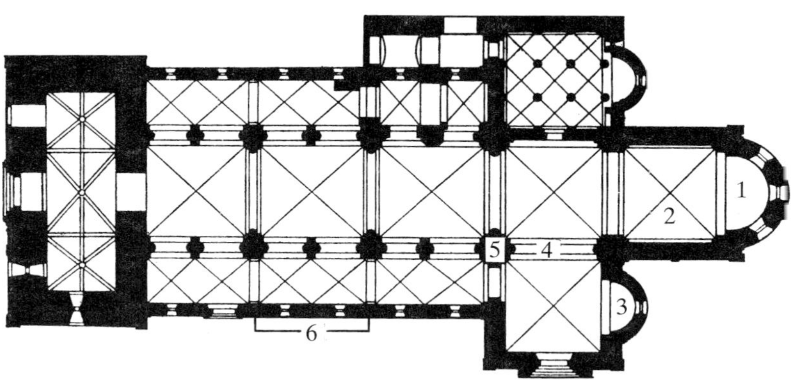

oder konvexe Kurven entstehen. Verbreitet im engl. Tudorstil.

Gehöft, ältere, auf jahrhundertelanger Tradition beruhende Gebäudeanordnung im bäuerl. Haus- u. Siedlungswesen, größtenteils aus dem → Einhaus durch wachsende Differenzierung der Wohn- u. Produktionsformen entwikkelt. Zahlr. Grundtypen mit z. T. landschaftsbedingter Häufung, aber auch abhängig von den landwirtschaftl. Betriebsgrößen. Grundsätzl. Einteilung in: 1. Streuhof mit regelloser Gebäudelage, 2. Gruppenhof mit Vereinigung von Wohn- u. Wirtschaftsgebäuden, 3. Zwiehof mit Trennung des Wohn- u. Wirtschaftsteiles. Daneben Einteilung nach dem Standort der Gebäude: 1. Parallelhof als Rechteckanlage, an dessen Längsseiten die Gebäude parallel zueinander u. rechtwinklig zur Straße liegen; 2. Winkel- oder Hakenhof mit rechtwinkliger Stellung der beiden Haupttrakte für Wohn- u. Wirtschaftszwecke; 3. Dreiseithof, bei dem das Hofrechteck mit Ausnahme der Straßenseite bebaut ist; 4. Vierseithof, der allseitig umbaut ist.

Gehrung, zwei Bauteile in Eckverbindung, die im gleichen Winkel von meist 45° angeschnitten sind u. dadurch die Weiterführung von Profilen um eine Ecke ermöglichen.

Geison [gr.], weit vorkragender u. meist profilierter Gesimsteil des antiken Tempels, der mit der → Sima den oberen Abschluß des Gebälks bildet.

Geisterhaus, heidn. Opfer- u. Ahnenkultstätte im Einzugsbereich ozean. Kulturen in Form kleiner, kunstvoll geschmückter, wohnbauähnl. Hütten.

Gekröpftes Gebälk, ausladendes → Gesims, das um Ecken, Pfeiler, Säulen u. Mauervorkragungen herumgeführt wird.

Gekuppelt, Bezeichnung für 2 oder mehr gleichartige Bauglieder, die durch Bauteile in Form von Säulen, Halbsäulen, Pfeilern, Bögen usw. miteinander zu einer einheitl. Gruppe zusammengefaßt werden (z. B. roman. mehrteilige Rundbogenfenster, 2teilige Renaissancefenster).

Geländer, Schutzvorrichtung an Treppen, Balkonen, Brücken, Gerüsten usw., bestehend aus Pfosten u. Handlauf. Abstände zwischen den Pfosten z. T. durch Füllungen zugesetzt. In allen Stilperioden mehr oder weniger kunstvoll ausgebildet in Stein, Holz u. Metall.

Gelenkbogen, bogenförmiger Teil eines konstruktiven Tragwerks mit je einem Gelenk zum Schwingungsausgleich an den beiden unteren Kämpferpunkten im Bereich des → Widerlagers. Der 3-Gelenkbogen besteht aus 2 Bogenteilen mit je einem Kämpfergelenk u. einem gemeinsamen Scheitelgelenk. Beide Arten dienen als relativ einfache stat. Systeme zur Überspannung großer Weiten bei Brücken, Hallen u. dgl.

Gentz, Heinrich, dt. Arch. (1766 Breslau – 1811 Berlin). Schüler von K. v. Gontard. Hauptvertreter des Klassizismus, Vorläufer K. F. Schinkels. Hauptwerke: ehem. Münze in Berlin (1798–1800, Abriß 1886), Mausoleum der Königin Luise v. Preußen in Berlin-Charlottenburg (1810–11, zusammen mit Schinkel), Festsaal u. Treppenhaus im Schloß Weimar (1802–04; → Klassizismus, Abb.).

Geometrical Style [engl.], architekton. Phase der Verwendung spezieller geometr. Maßwerkformen während der engl. Hochgotik (M. 13. Jh.). Beispiele: Binham, Kathedrale, u. London, Westminster Abbey (um 1240).

Georgian Architecture, Stil der engl. Baukunst (2. H. 17.–1. Drittel 18. Jh.). Klassizist. Strömung der Repräsentationsarchitektur. Hauptvertreter: John Vanbrugh (1664–1726) u. John Nash.

Gerippe (auch Skelett), konstruktives Grundsystem von Fachwerk-, Stahl- u. Stahlbetonbauten.

Gerlach, Philipp, dt. Baumeister (1679 Spandau – 1748 Berlin). Hofbaumeister König Friedrich Wilhelms I. v. Preußen. Anhänger des französ. u. niederländ. Klassizismus. Hauptwerke: Erweiterungen der Dorotheen- u. Friedrichstadt in Berlin (1721, 1732), ehem. Garnisonskirche Potsdam (1731–35), zahlr. Bürgerhäuser u. Palais in Berlin u. Potsdam, Bebauungspläne für Eberswalde, Küstrin, Köslin.

Geschlechterturm → Eigenbefestigungen.

Geschlossene Bauweise, lückenlose, fest umgrenzte Bebauung von Straßen u. Plätzen im Gegensatz zur offenen Bauweise mit freier Anordnung der Baukörper.

Geschoß → Etage.

Geschoßbau, Baukörper, der im Gegensatz zum eingeschossigen Flachbau aus mehreren Stockwerken (Etagen) besteht. Bis zu 5 Geschossen als »mehrgeschossig«, bis zu 9 Geschossen als »vielgeschossig«, ab 10 Geschossen als → Hochhaus bezeichnet.

Gesims [<lat.], waagerecht aus der Mauerflucht vorkragendes Bauglied unterschiedl. Prägung u. Profilierung. Konstruktiv notwendig als Dachgesims zum Schutz darunterliegender Wände vor Feuchtigkeitseinflüssen. Ebenso zur Abdeckung von Sockeloberkanten (Fuß- oder Sockelgesims). Auch anzutreffen bei einzelnen Geschossen in Höhe der Balkenlage des Fußbodens oder der Fensterbrüstung (Gurtgesims) sowie an Giebelschrägflächen oder -schenkeln (Giebelgesims). Alle Formen von antiken Vorbildern (→ Geison, → Sima) abgeleitet u. bis E. 19. Jh. praktiziert, in der modernen Architektur des 20. Jh. systematisch durch neue Bautechniken verdrängt.

Gespärre, Grundlage des hölzernen → Sparrendachs. Dreieckige feste Verbin-

Gesims. Palazzo Rucellai in Florenz. L. B. Alberti
1 Sockelgesims, 2 Fensterbankgesims, 3 Gurtgesims, 4 Dachgesims (Hauptgesims)

dung zweier Sparren mit dem dazugehörigen Dachauflagebalken zum selbständigen Fachwerkträger.

Gestelzter Bogen, runde oder spitze Bogenform mit geradem Anlauf über der Kämpferlinie.

Gewächshaus, meist pavillonartiges Gebäude zur Zucht u. Aufbewahrung von Pflanzen. Im 18. Jh. entwickelt zum Typus der → Orangerie. Im 19. Jh. entwickelt zu besonders transparenten Glas-Eisen-Bauten für Gärtnereien, Parks, Botan. Gärten.

Gewände, schräge Einschnittflächen von Portalen u. Fenstern in Mauern, oftmals Ansatzflächen künstler. Schmucks, z. B. Gewändeportale.

Gewandhaus, reich ausgestattetes Zunfthaus der Tuchmacher u. Gewandschneider in Hauptorten der Tuchweberei u. -verarbeitung. Stärkste Verbreitung seit Spätmittelalter in Flandern u. Deutschland (z. B. Zwickau, 1521, Braunschweig, 1591).

Gewölbe, gekrümmte Raumdecke aus Steinen, deren Fugen auf den Mittelpunkt der Wölbung ausgerichtet sind, unterschieden von den horizontalen Vorkragungen der Steinschichten des → falschen Gewölbes. Bestehend aus tragenden Schalen oder tragenden → Rippen, zwischen denen die Gewölbekappen eingespannt sind. Bis zur Erfindung des Stahlbetons einzige Möglichkeit zur massiven Überdeckung großer Räume. Bekannt schon im alten Ägypten, technisch hochentwickelt in der Römerzeit (Konstantinsbasilika in Rom mit Spannweiten bis 25 m) u. byzantin. Kuppelkirchenbau. In der europäischen Romanik seit E. 11. Jh. wichtiges Element des Kirchenbaues, besonders in Burgund, Lombardei u. Rheinland. Seitdem bis zur Gegenwart Mittel der Raumüberdeckung als Tonnengewölbe, Kreuzgewölbe, Kreuzrippengewölbe, Domikalgewölbe, Dreistrahlgewölbe, Sterngewölbe, Netzgewölbe, Fächergewölbe, Klostergewölbe, Muldengewölbe, Schirmgewölbe, Spiegelgewölbe, Tropfsteingewölbe u. a.

Gewölbeschub, Druck, den das Gewölbe auf die stützenden Mauern, Pfeiler oder Säulen ausübt.

Gewundene Reihung → Schlingrippengewölbe.

Ghetto [<ital.], städt. Straßen u. Wohnviertel der jüd. Bevölkerung. In vorchristl. Zeit auf der Basis freiwilligen Zusammenschlusses entstanden, ebenso als Schutz in Zeiten der Judenverfolgung zu Beginn der Zeitrechnung. Seit dem 13. Jh. zwangsweise Abtrennung von der christl. Bevölkerung durch Mauern u. Tore (z. B. Prag, Wien, Frankfurt/M., Mainz, Warschau) oder Verweisung in spezielle Judengassen, Judenhöfe u. dgl. Aufrechterhaltung bis zur bürgerl. rechtl. Gleichstellung im 19. Jh. Wiederaufnahme der mittelalterl. Isolierung in der Zeit des Faschismus in den okkupierten Ländern Osteuropas mit dem Ziel der vollständigen Ausrottung der Juden.

Giebel, abschließender Außenwandteil eines Gebäudes mit Satteldach sowie Zierform über Portalen, Fenstern u. Wandnischen. Verschiedenartige Formen: 1. Treppengiebel, Stufengiebel u. Staffelgiebel, 2. Rundgiebel, 3. Segmentgiebel, 4. Gebrochener oder Knickgiebel, 5. Geschweifter Giebel. Bei Anordnung über dem Mittelrisalit eines Baues auch als Frontispiz bezeichnet. Bei Existenz von Mittelteil u. vorgezogenen Seitenteilen als verkröpfter Giebel bezeichnet. Das Giebelfeld europäischer Bauten besonders in der Antike u. seit dem Spätmittelalter bevorzugte Ansatzfläche bauplast. Schmucks u. architekton. Glieder (Maßwerk, Säulenordnungen u. a.).

Giebelblume → Kreuzblume.

Giebeldach (Satteldach), am weitesten verbreitete Form des Steildaches, bestehend aus zwei Giebeln u. zwei sich schräg aneinanderfügenden Dachflächen. → auch Dachformen, Abb.

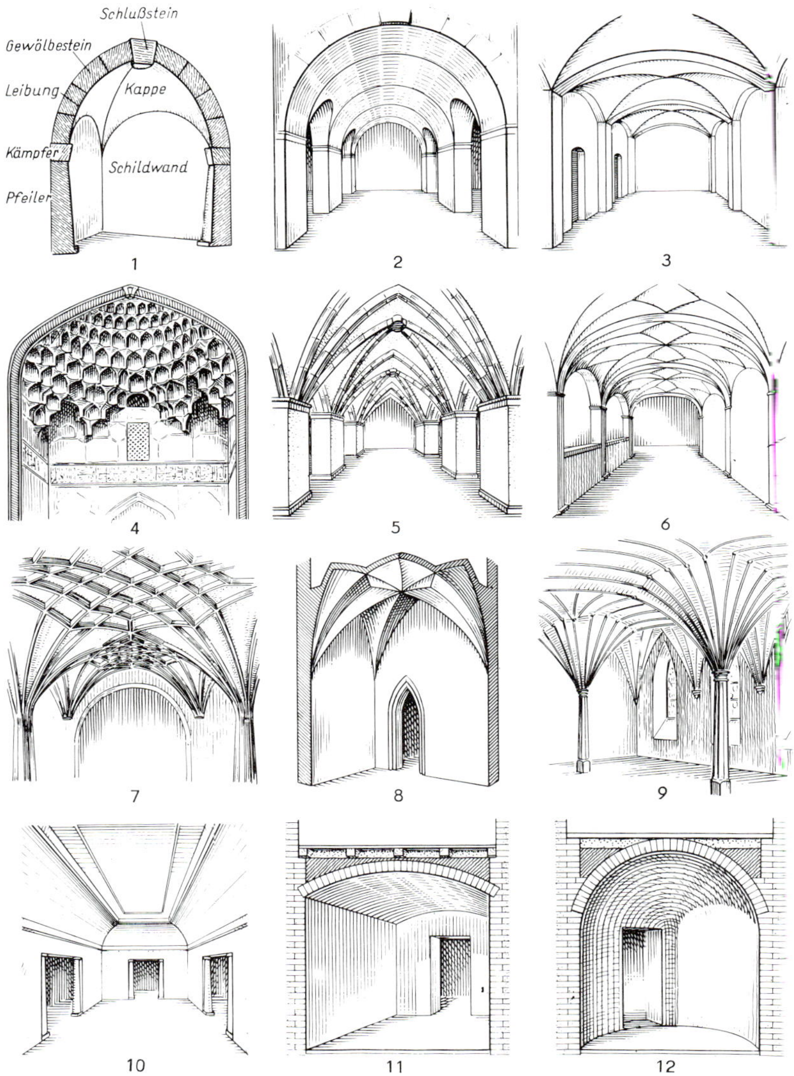

Gewölbe. 1 Schema eines Gewölbes, 2 Tonnengewölbe, 3 Kreuzgewölbe, 4 Tropfstein-(Stalaktiten-)gewölbe, 5 Kreuzrippengewölbe, 6 Sterngewölbe, 7 Netzgewölbe, 8 Zellengewölbe, 9 Fächergewölbe, 10 Spiegelgewölbe, 11 Preußisches Kappe, 12 Böhmisches Kappengewölbe

Giebelfeld → Tympanon.
Giebelhaus, Gebäude mit Satteldach, beiderseitiger Giebelausbildung u. Stellung mit einer Giebelseite zur Straßenfront im Gegensatz zum → Traufenhaus. Giebelseiten seit der Gotik eine der bevorzugten Ansatzflächen künstler.-dekorativen Fassadenschmucks.
Gilardi, Dementi Iwanowitsch, italien.-russ. Arch. (1788 b. Lugano – 1845 Lugano). Übersiedelte nach Moskau, zwischenzeitlich Studium in Mailand u. Rom; beteiligt nach 1812 am Wiederaufbau des durch napoleon. Armeen zerstörten Moskau. Hauptvertreter des Klassizismus in Anlehnung an russ. Traditionen. Ehrenmitglied der Petersburger Akademie, 1832 Rückkehr nach Lugano. Hauptwerke: Umbau der Universität (1817–19), heutiges Maxim-Gorki-Institut (1820), ehem. Haus Ussatschow (1825–31), ehem. Naidjonow-Gut u. Umbau Landhaus Kusminski in Moskau, Mausoleum Otrada b. Serpuchow (1832).
Gildenhaus → Zunfthaus.
Gill, Irving John, amerikan. Arch. (1870 Syracuse/New York – 1936 Carlsbad/Calif.). Bis 1896 Mitarbeiter von L. H. Sullivan in Chicago, anschließend Privatbüro in San Diego/Calif. Seit 1906 Verfechter eines eigenständigen kubist. Betonstiles, angeregt durch spartan. Missionarbauten, die in der span. Kolonialzeit verbreitet waren. Hauptwerk: Dodge House in Los Angeles (1916).
Gilly, David, dt. Baumeister (1748 Schwedt–1808 Berlin). Seit 1771 Landbaumeister in Preußen, 1779 Baudirektor in Pommern, seit 1788 in Berlin. 1793 Gründung der ersten Berliner Bauschule als Vorläufer der Schinkelschen → Bauakademie. Frühklassizist. kubisch einfache Baukörper mit antiken Gliederungselementen. Hauptwerke: Nutzbauten in Form von Speichern, Mühlen, Wohnhäusern, Hafengebäuden; Schloß und Dorfanlage von Paretz (1787–1800), Schloß Bad Freienwalde (1798), Viewegsches Haus in Braunschweig (1801–04), Landhäuser, Schlösser; zahlr. Schriften (»Handbuch der Landbaukunst«, 1797).
Gilly, Friedrich, dt. Arch. (1722 Altdamm – 1800 Karlsbad). Sohn von D. Gilly, Schüler von C. G. Langhans u. F. W. v. Erdmannsdorff. 1793 Parisaufenthalt u. Studium der französ. Revolutionsarchitektur. Bahnbrecher des Klassizismus, Lehrer von K. F. Schinkel, theoret. Begründer neuzeitl. Theaterbaues. Ideen meist nur in Entwürfen überliefert, u. a. Entwurf für ein Nationaldenkmal (1796) u. für ein Nationaltheater (1800), vermutlich auch für ein Opernhaus in Königsberg, Palais Sohn u. Villa Mölter in Berlin.
Gingerbread [engl.], ein verbreiteter amerikan. Zierstil des 19. Jh. an Giebelbrettern von Holzwohnhäusern.
Giocondo, Fra (Giovanni da Verona), italien. Baumeister (1435 Verona–1515 Rom). Vertreter des Überganges von der Gotik zur Renaissance. 1495–1505 vorübergehend in Paris. 1514 mit Raffael u. Antonio da Sangallo zum Baumeister des Petersdomes in Rom ernannt. Nachweisl. Hauptwerk: Loggia del Consiglio in Verona (1476–93).
Giotto di Bondone, italien. Baumeister u. Maler (um 1267 Colle di Vespignano–1337 Florenz). Seit 1334 Stadt- u. Dombaumeister in Florenz. Hauptwerk: Campanile des Florentiner Doms.
Gipsbeton, Gemisch aus Estrichgips u. Kies oder scharfem Sand. Verwendung zur Herstellung von Kunststein.
Gipsmörtel, Gemisch von Stuckgips, Sand u. Wasser (50–75 %).
Girlande [<ital., frz.], von Bändern umschlungenes Laub- oder Fruchtgewinde. Ornament der griech.-röm. Antike, seit 3. Jh. v. u. Z. mit dem Bukranion zu Friesen verbunden. Wiederverwendung in Renaissance u. Klassizismus.

Glasbau. Kristallpalast in London (1851). J. Paxton

Gitterträger, engmaschig ausgefachter Fachwerkträger.

Glacis [<frz.], flachabfallende Erdaufschüttung im Vorfeld von Festungsanlagen als sichtfreier Schußraum. Nach Funktionsverlust im 19. Jh. vielfach umgewandelt in städt. Parkanlagen.

Glasbau (Glas-Eisen-Bau). Anfänge im 18. Jh. mit Orangeriefassaden. Um 1830/40 reine Glas-Eisen-Konstruktionen bei Gewächshäusern u. Passagen. Bahnbrechend seit 1851 die riesige Ausstellungshalle von J. Paxton anläßlich der Londoner Weltausstellung. Mit Erkenntnis der Vorteile der Vorfertigung von Einzelteilen zunehmende Bevorzugung bei Hallenbauten (Ausstellungen, Eisenbahn), Fabriken u. Glasüberdachungen von Warenhäusern, Kassenhallen, Innenhöfen. Seit 2. H. 19. Jh. Entwicklung von Schaufensterverglasungen zu Glasvorhangfassaden bei Büro- u. Geschäftshäusern (erste dt. Glasvorhangfassade am Warenhaus Tietz in Berlin, 1900). Neuer Auftakt durch Übertragung auf den Industriebau (P. Behrens, W. Gropius). 1914 avantgardist. farbiges »Glashaus« von → B. Taut auf der Werkbundausstellung Köln. Seit den 20er Jahren Hauptelement der Architektur der Neuen Sachlichkeit, bahnbrechend → L. Mies van der Rohe.

Gleitbauweise, industrielles Verfahren zur Herstellung vertikaler Stahlbetonbauteile, bei dem eine Schalungswand oder ein Schalungskranz mit dazugehöriger Arbeitsbühne vom Fundament ausgehend mit Hilfe ölhydraul. Klettergeräte kontinuierlich mit etwa 15 cm/h unter Einbringung von Betonmasse u. Stahlbewehrungen nach oben bewegt wird. In Deutschland seit 1927 bekannt, heute weiter vervollkommnet, speziell für den Bau von Silos, Kühltürmen, Schornsteinen, Fernsehtürmen u. Kernbauten von Industrie- u. Wohnhochhäusern, z. B. Fernsehtürme Berlin, Hamburg, Stuttgart, Universitätsgebäude Leipzig, Hochhaus Zeiss Jena.

Glockenstuhl, konstruktives Tragegerüst zur Glockenaufhängung aus Eichenholz oder Stahl, das die Übertragung der Glockenschwingungen auf das Mauerwerk unterbindet. Neben eingebauten Konstruktionen in Türmen u. Dachreitern gibt es kleinere u. orthodoxe Kirchen mit freistehenden, offenen Glockenstühlen. Neuzeitl. Übernahme dieser Art z. B. bei Friedensglocke an dt.-poln. Grenze in Frankfurt/O. (nach 1945).

Glockenturm → Campanile.

Gloriette [frz.], tempel- oder pavillonartiges Gebäude auf einer Anhöhe (Point de vue) barocker u. klassizist. Parkanlagen (z. B. Oktogon in Kassel-Wilhelmshöhe), Gloriette im Park Wien-Schönbrunn (1775).

Glyptothek [<gr.], Skulpturensammlung. Urspr. Sammlung für geschnittene Steine (Gemmen). Durch L. Klenze übertragen auf die Skulpturensammlung in München (1816–34), später von anderen Einrichtungen übernommen, z. B. Kopenhagener Glyptothek (1892–97).

Göderitz, Johannes, dt. Arch. (1888–1978). 1921 Mitarbeiter von B. Taut im Magdeburger Stadtbauamt, 1923–33 Stadtbaurat in Magdeburg. Vertreter des → Neuen Bauens. Hauptwerke in Magdeburg: Elektrizitätswerk (1923), Kohlebunker im Schlachthof (1924), Schule Rothensee (1925), Umspannwerk Buckau (1926), Volksbad (1926), Schweinemarkthalle (1926), Erweiterung Krankenhaus in Sudenburg (1926–28), Stadthalle im Rotehornpark (1926–27), Schule Diesdorfer Straße (1927) u. Wohnsiedlung Lübekker Straße (um 1929–30).

Goldener Schnitt, Teilung einer Strecke in 2 ungleiche Teile, wobei sich die Gesamtstrecke zum größeren Teil wie der größere zum kleineren verhält. Seit Antike, Renaissance u. Klassizismus als harmonischstes Proportionsschema empfunden u. in der Baukunst angewendet (z. B. Säulenhalle von Pergamon, röm. Triumphbögen, Pazzi-Kapelle).

Golossow, Ilja Alexandrowitsch, sowjet. Arch. (1883–1945 Moskau), Bruder von P. A. Golossow. Studium an Stroganowschule, Hochschule für Malerei, Plastik u. Architektur Moskau u. Akademie der Künste Petrograd (bis 1915). 1918 Mitarbeit an der Rekonstruktion Moskaus, Lehrer am Polytechn. Institut u. WCHUTEMAS, in 30er Jahren Leitung einer Werkstatt von Mosprojekt. Hauptwerke: Sowjetpavillon auf Internationalen Ausstellung Paris (1924), Regierungsgebäude in Alma-Ata, Haupttelegrafenamt Moskau, Palast der Arbeit in Rostow (1925), Klubhaus der Moskauer Kommunalarbeiter (1926–27), Sowjetpalast in Chabarowsk (1929), zahlr. Entwürfe im Stil des Funktionalismus.

Golossow, Pantelejmon Alexandrowitsch, sowjet. Arch. (1882–1945 Moskau). Studium an Stroganowschule u. Hochschule für Malerei, Plastik u. Architektur in Moskau (1898–1911). Nach 1917 beteiligt an Rekonstruktion Moskaus, 1923 Organisator der 1. Allunions-Landwirtschaftsausstellung.
Seit 1925 Anschluß an den Konstruktivismus. Lehrer am Architekturinstitut Moskau u. Leiter einer Werkstatt von Mosprojekt (30er Jahre). Hauptwerke: Entwürfe für Krankenhaus Rostow, Kinofabrik Moskau, Hauptpostamt Charkow, Eisenbahnerklub Moskau, Industrieakademie u. Leninbibliothek Moskau, Arbeitergartenstadt »Grosneft«, Sowchos Sernograd (1929–30), Prawda-Gebäude (1930–32) u. Projekt für Großkaufhaus (1940) in Moskau.

Gontard, Karl v., dt. Arch. (1731 Mannheim – 1791 Breslau). Reisen nach Frankreich u. Italien, beeinflußt durch J. F. Blondel, seit 1764 Preuß. Hofbaumeister in Berlin. Hauptwerke:

Ausbau Neues Palais u. Communs in Potsdam-Sanssouci (seit 1765), Freundschafts- u. Antikentempel im Park Sanssouci (seit 1768), Königs- u. Spittelkolonnaden in Berlin (seit 1776), Entwürfe der Kuppeltürme für Dt. u. Französ. Dom am Gendarmenmarkt (Ausführung H. Unger, 1781), Königskammern im ehem. Berliner Stadtschloß (1785), Marmorpalais im Neuen Garten Potsdam (1787, Inneres von C. G. Langhans).

Gotic Revival, engl. Neogotik (auch »Rokokogotik«), 2. H. 18.–19. Jh. Hauptwerke: Hampton Court Palace (W. Kent, 1732), Landsitz Strawberry Hill bei Twickenham (Horace Walpole, 1750–77), zahlr. Kirchen.

Gotik, europäischer Baustil der feudalist. Gesellschaftsordnung vom hohen bis späten Mittelalter (12.–16. Jh.). Trotz nationaler Sonderformen in den einzelnen Ländern von großer stilist. Einheitlichkeit. Herausbildung im ökonomisch u. politisch fortgeschritteneren Frankreich um 1135–40 (Abteikirche St. Denis). Ab etwa 1230 Verbreitung in Deutschland im Ergebnis sich entwickelnder Produktivkräfte, insbesondere durch zunehmende Differenzierung des Handwerks, Entfaltung der Warenwirtschaft u. der Entstehung von Bürgerstädten als Zentren des Handwerks u. Handels. Obwohl das Bürgertum die Gotik förderte, wurde sie von der herrschenden Klasse in den dominierenden Formen des Sakralbaues für die Machtbehauptung genutzt. Charakterist. Kennzeichen gegenüber der Ro-

Gotik. System der Kathedrale in Amiens. 1 Strebepfeiler, 2 Fiale, 3 Strebebogen, 4 Dienst, 5 Triforium, 6 Obergaden, 7 Rippe, 8 Gewölbefeld

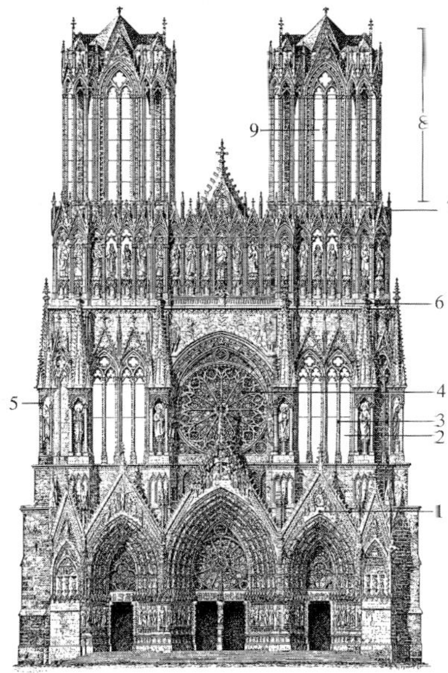

Gotik. Westfassade der Kathedrale von Reims. 1 Wimperg, 2 Turmfenster, 3 Stabwerk, 4 Fensterrose, 5 Fialturm, 6 Galerie, 7 Fialbaldachin, 8 Turmoktogon, 9 Oktogonfenster

Gotik. Chor des Veitsdomes in Prag (um 1380–99). P. Parler

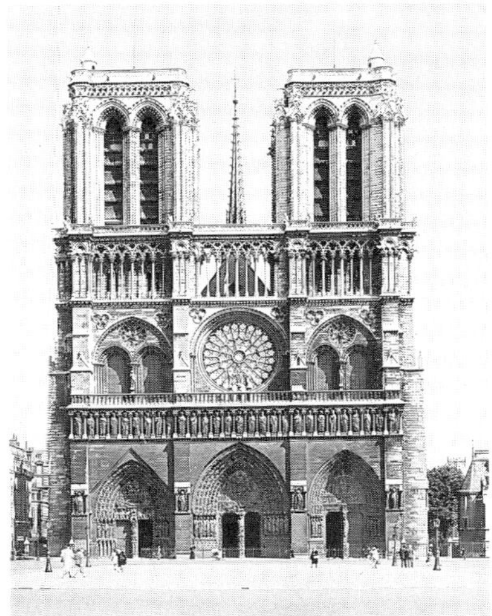

Gotik. Notre Dame in Paris (ab 1163)

Gotik. Grundriß des Kölner Domes. 1 Chor, 2 Querhaus, 3 Langhaus, 4 Mittelschiff, 5 Joch (Jochfeld), 6 Vierung, 7 Chor, 8 Chorpolygon (Binnenchor), 9 Chorumgang, 10 Kapellenkranz

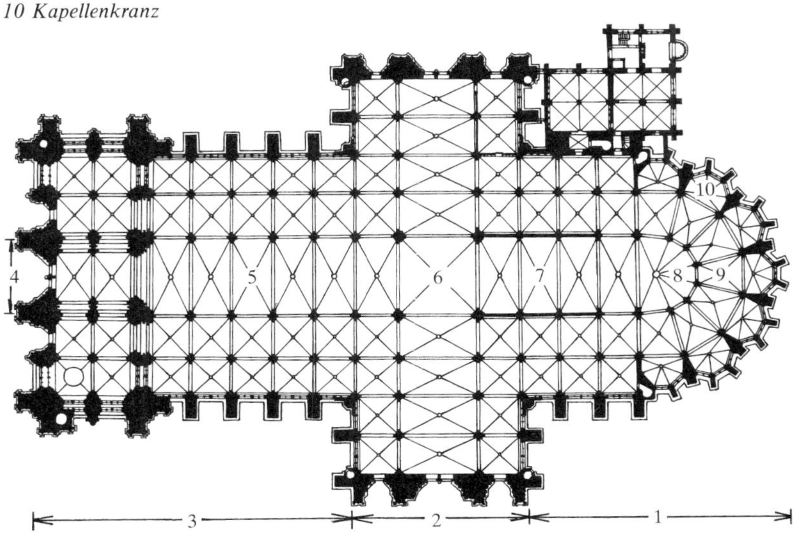

manik waren die konstruktiven → Spitzbogen, die zunehmende Reduzierung schwerer Mauermassen durch hohe → Fenster, → Arkaden, → Triforien, → Emporen u. insgesamt die gerüsthaften Skelettkonstruktionen mit hohen Pfeilern, Türmen, → Strebewerk u. → Kreuzrippengewölben. Im Verlaufe der Entwicklung erfolgte die Ablösung des → Gebundenen Systems durch die queroblonge got. → Travée, der Übergang von der traditionellen Basilika mit Krypta zur → Hallenkirche, die filigranhafte Auflösung u. Überwucherung durch komplizierte Formen der → Gewölbe u. des → Maßwerkes. Das Bürgertum manifestierte seine Macht durch bedeutende Leistungen im Bau von Stadtpfarrkirchen u. durch Profanbauten (Rathäuser, Zunfthäuser, Spitäler, Bürgerhäuser) mit Sonderausprägungen im Verbreitungsgebiet der dt. → Backsteingotik.

Gotischer Verband, → Mauerverband, bei dem jede Schicht im Wechsel aus Läufern u. Bindern besteht.

Grabkapelle, sakrale Andachtsstätte, die über Gräbern bedeutender kirchl. u. weltl. Personen oder Geschlechter im Mittelalter entweder isoliert als eigenständige Rund- u. Polygonalanlage (meist Zentralbauten) oder als integrierter Bestandteil größerer Sakralbauten errichtet wurde (Wenzelskapelle im Prager Dom, Schönbornkapelle im Würzburger Dom, Georgskapelle im Meißner Dom usw.).

Grabmal, architekton. Grab- u. Erinnerungsdenkmal, vorzugsweise errichtet für privilegierte Personen auf Gräberfeldern, Nekropolen, Friedhöfen oder in Kirchen. Älteste monumentale Beispiele sind die aus der Mastaba entwikkelten ägypt. Königspyramiden (2500 v. u. Z.), ferner ägypt. Totentempel, Kuppel- u. Ganggräber, Höhlen- u. Felsgräber, Grabtempel, kleinasiat. u. persische Türben, arab. Grabmoscheen u. dgl. Hauptform des Mittelalters war die Tumba, seit der Renaissance bereichert durch architektonisierte Sarkophage u. vielerlei szen. u. allegor. Darstellungen. Seit dem Klassizismus vielfach als tempelartige Mausoleen angelegt.

Grabtempel, besonderer Kultbau am Bestattungsort eines Heiligen oder sakral Verehrten. Frühestes Auftreten in Vorderasien, im Orient u. Ägypten (Pyramiden). Typisch für Mittelmeergebiete ist das Tempelgrab von Knossos (1500 v. u. Z.) u. das Mausoleum von Halikarnassos (4. Jh. v. u. Z.).

Graft, breiter Schutzgraben einer niederdt. Wasserburg.

Grat, Schnittlinie der Gewölbekappen.

Gratsparren, Sparren eines Walmdaches, der von der Traufecke diagonal zum First verläuft.

Grenander, Alfred, dt. Arch. (1863 Sköfde/Schweden–1931 Berlin). Schüler von A. Messel u. P. Wallot. Tätig in Berlin, Prof. an Vereinigten Staatsschulen für freie u. angewandte Kunst Charlottenburg. Spezialisiert auf kommunale Verkehrsbauten, besonders für den Hoch- u. U-Bahnbereich. Moderne sachliche Architekturen unter Bevorzugung der materialmäßigen Wirkungen des Klinkers. Hauptwerke: erste U-Bahn u. Hochbahn-Teilstrecke Berlins zwischen Zoo u. Warschauer Straße (1902), Knorr-Bremse AG (1913–16), Haus Herpich in Potsdam (1911–12), U-Bahnhöfe Nordsüdbahn Berlin (1921–28), Schwed. Viktoriakirche in Berlin, Schwed. Friedhof in Stahnsdorf (1922–23), Wohnhäuser der Berliner Hochbahngesellschaft (1926), BVG-Verwaltungsbau Dircksenstraße (1930), Gestaltung der mehrgeschossigen U-Bahnhofsanlage am Alexanderplatz (1927–31) in Berlin mit Teilstrecke bis Friedrichsfelde.

Griechische Antike, Baukunst der. Beruhend auf der Vorstufe der kret.-myken. Entwicklung (3. Jt.–13. Jh. v. u. Z.), geprägt durch riesige burgartige Palastanlagen auf der Basis eines erweiterten → Megaron (z.B. Knossos, Tiryns). Die eigentl. griech. Stilformen entstanden zwischen 11. u. 1. Jh. v. u. Z. Während der Geometr. Periode (11.–8. Jh. v. u. Z.) Neubeginn in Form von Kulttempeln (z. B. Heratempel auf Samos). In der Archaischen Periode (7.–6. Jh. v. u. Z.) mit Anregungen aus Vorderasien u. Ägypten zunehmend Übergang vom Holz- zum Steinbau. Tempelbauten als Monumentalarchitekturen, hervorgehoben durch dominante Schmuckformen u. Reliefdarstellungen, Monumentalmalerei u. Großplastiken; Zeit der Entstehung der dor. u. ion. → Säulenordnungen u. unterschiedl. → Tempelformen (z. B. Artemistempel auf Korfu, Apollotempel in Korinth, Artemistempel in Ephesos, kleinere Schatzhäuser). Während der Klass. Periode (5.–4. Jh. v.u.Z.) höchste Blüte der Architektur u. Kunst. Zeit großer städtebaul. Konzeptionen, verbunden mit Hypodamus von Milet, dem Begründer symmetr. Stadtplanungen, u. den Baumeistern → Iktinos, → Kallikrates u. → Mnesikles. Blütezeit antiker Bildhauerkunst, vertreten durch Phidias, Polyklet u. deren Werkstätten. Hauptbeispiele: Akropolis in Athen mit Parthenon, Propyläen, Nike-Tempel u. Erechtheion; Anlage der Hafenstadt Piräus. In der Spät- u. Nachklassik (4. Jh. v. u. Z.) als neue Bauaufgaben Theater, Paläste, Versammlungshallen, Gymnasien u. Grabmäler; Herausbildung der korinth. Säulenordnung. Hauptbeispiele: Apollotempel in Bassae, Theater in Epidauros, Mausoleum in Halikarnassos. In der abschließenden Hellenist. Periode (E. 4.–1. Jh. v. u. Z.) setzte sich der städtebaul. Aufschwung durch Neugründungen auch in anderen Staaten des östl. Mittelmeergebietes fort (Kleinasien, Syrien, Ägypten). Tempel, Verwaltungsgebäude, Bibliotheken, Gymnasien, Thermen u. andere Bauwerke gruppierten sich in neuer Form um einen zentralen Marktplatz (→ Agora), während an breiten Straßen Wohngebäude in Form zweigeschossiger → Peristyl-Häuser angelegt wurden. Anfänge von Garten- u. Parkgestaltungen. Hauptbeispiele: Akropolis von Pergamon, Stadtanlage von Rhodos.

Grohmann (Gromann), Nickel (Nikolaus), dt. Baumeister (tätig 1537–74). Hauptmeister der Renaissance in Sachsen u. Thüringen, speziell bei der Herausbildung des Grundtypus der prote-

Griechische Antike. Sogen. Poseidon-Tempel in Paestum (5. Jh. v. u. Z.)

stant. saalförmigen Schloßkapellen. Hauptwerke: Kapellenflügel von Schloß Hartenfels in Torgau (1543–44), Cranach-Haus in Weimar (1549), Ausbau der Veste Coburg (1553–58), Neuer Bau der Feste Heldburg (1560–64), Rathaus in Altenburg (1562–64), Vollendung Schloß Augustusburg b. Flöha (ab 1572) u. a. m.

Gropius, Martin, dt. Arch. (1824–80 Berlin). Ausbildung am Gewerbeinstitut Berlin, 1849–55 an der Bauakademie. Prakt. Tätigkeit bei H. Strack. 1866 Prof. an der Bauakademie. Seit 1865 Gründung der Firma Gropius & Schmieden. 1867 Mitbegründer u. Direktor der Unterrichtsanstalt am Gewerbemuseum Berlin. 1869 Leiter aller preuß. Kunstschulen. Umfangreiche Bautätigkeit in Berlin, u. a. Palais, Villen, Wohnhäuser, öffentl. Gebäude, z. B. Schloß Biesdorf (1868), Krankenhäuser Friedrichshain (1868–74), Bethanien u. Elisabeth (1872), Klinik Ziegelstraße (1878–83), ehem. Kunstgewerbemuseum (sogen. Martin-Gropius-Bau, 1877–81; → Neorenaissance, Abb.).

Gropius, Walter, dt. Arch. (1883 Berlin – 1969 Boston/USA). Studium in München u. Berlin. 1908–10 Mitarbeiter im Büro von P. Behrens, anschließend selbständig. 1919 Mitglied des Arbeitsrates für Kunst. Gründer (1919) u. Leiter (bis 1928) des Staatl. → Bauhauses in Weimar u. Dessau. 1934 Emigration nach England, 1937 Berufung als Prof. u. Leiter der Architekturabteilung an die Harvard-Universität in Cambridge/Mass. Bahnbrechender Vertreter moderner Architektur der 1. H. 20. Jh. in streng sachl. u. geometr. Formen des Funktionalismus. Seit 1910 vielfache Versuche zur Einführung industrieller Fertigbauweisen. Hauptwerke: Bürohaus der Werkbundausstellung in Köln (mit A. Meyer, 1914), Denkmal der Märzgefallenen in Weimar (1922), Bauhausgebäude u. Meisterhäuser in Dessau (1925/26; → Neue Sachlichkeit, Abb.), Siedlung Dessau-Törten (1926), Siedlung Karlsruhe-Dammerstock (1927/28), Gestaltung der Werkbundausstellung in Paris (1930), Wettbewerbsentwürfe für ein Theater in Charkow (1930) u. Sowjetpalast in Moskau (1931), Versuchssiedlung in Berlin-Haselhorst (1931), Boston-Center (1949), Bauten der Harvard-Universität (1949–50), PANAM-Gebäude in New York (1952), Universitätsbauten in Bagdad (1960 ff.), Gropius-Stadt in Berlin-Britz (1964 ff.), Botschaftsgebäude in Athen (1966) u. Buenos Aires (1969) u. a. m.

Großblockbauweise, Betonmontagebauweise, die im Gegensatz zur industriellen → Großplattenbauweise Blöcke kleineren Ausmaßes u. geringerer Laststufe verwendet, die z. T. auf der Baustelle gefertigt u. durch leichtere Hebezeuge versetzt werden können. Erste Anwendung in Deutschland durch → E. May in Frankfurt-Praunheim (1926–30). Zu dieser Zeit auch Versuche in Holland, Frankreich, England, Skandinavien u. stark verbreitet in der Sowjetunion. Seit 1954 vorübergehend verbreitete Anwendung in allen Ostblockländern, dann abgelöst durch Großplattenbauweise.

Großplattenbauweise, industrielle Montagebauweise für die serienmäßige Herstellung von Gebäuden auf der Grundlage vorgefertigter Wand-, Dekken-, Dach- u. Treppenelemente, die überwiegend in Betonfertigteilwerken mittels Gleitfertiger hergestellt werden. Im Gegensatz zur Stahlbetonskelettbauweise wird hier das stat. System durch die horizontal u. vertikal miteinander verschweißten Platten gebildet. In fast allen Ostblockländern seit 1955 Hauptform des industriellen Wohnungsbaues bis zu 25 Geschossen, u. a. auch Konstruktionsprinzip der → WBS 70.

Großwohneinheit, Wohnhochhäuser

mit besonders hohem Ausstattungsgrad u. im Gebäude untergebrachten, nur für die Bewohner vorgesehenen Einrichtungen (Gaststätte, Läden, Wäscherei, Kinder-, Klub- u. Sporteinrichtungen), die bestimmte Funktionen der Familie u. des Einzelhaushaltes, wie Speisenzubereitung, Lebensmitteleinkauf, Wäschepflege, Wohnungsreinigung usw. übernehmen. Damit Weiterführung der Aufgaben eines → Appartement-Hauses. Erste Versuche dieser Art seit E. 19. Jh. auf utop. Basis. Neue Experimente in den 20er Jahren, besonders durch → Le Corbusier angeregt sowie vorübergehend durch sowjet. Versuche für »Kommune- u. Kollektivhäuser«. Seit M. 20. Jh. in Formen des Hügel-, Terrassen- u. Trichterhauses als Luxusbebauungen in verschiedenen Städten errichtet, jedoch zunehmend als extreme, individuelle Lebensweisen einschränkende Wohnform erkannt u. abgelehnt.

Groteske [<ital.], phantasievoll gemaltes Ornament aus dünnem, grazilem Rankenwerk, in das Menschen- u. Tiergestalten, Trophäen, Früchte, Blumen u. Architekturelemente eingefügt sind. Schöpfung der Antike (Hellenismus). Nach im 15. Jh. zunehmender Wiederentdeckung in unterird. Räumen (fälschlich »Grotten«) ausgegrabener röm. Gebäude in der italien. Renaissance neu belebt, auch in Plastik u. Intarsienkunst (dort als → Maureske). Hauptbeispiel: Raffaels Ausmalung der Loggien des Vatikans (1514). Seit Mitte 16. Jh. Ablösung durch Bandelwerk u. Rollwerk.

Grotte [<ital., frz.], künstl. Fels- oder Erdhöhle. In Renaissance u. Barock beliebtes Ausstattungsstück der Gartenkunst, oft verbunden mit Plastiken u. Wasserspielen (Boboli-Garten in Florenz, 1571; Nymphenbad im Dresdner Zwinger, 1711; ehem. Neptungrotte im Park von Sanssouci, 1751). Seit 18. Jh. auch Innenräume durch Muscheln u. Gestein zu grottenähnl. Gartensälen (→ Sala terrena) umgestaltet (Neues Palais in Potsdam, 1765).

Gründerzeit, die Periode zwischen 1870 u. 1890 in Deutschland, die durch die Gründung des Kaiserreiches 1871 eingeleitet wurde u. durch sprunghaften Übergang zur industriellen Produktionsweise u. die Herausbildung des Industriekapitalismus gekennzeichnet war. Die Probleme der Nichtbewältigung des spontanen Überganges zur industriellen Massenproduktion führten in Architektur, Kunst u. Formgestaltung teilweise zu Pseudoentwicklungen u. Dekadenz. In der Architektur zeigten sich die Gegensätze besonders deutlich im Unterschied zwischen prunkvollen Regierungsgebäuden, Banken, Gesellschaftshäusern, Geschäfts- u. Verwaltungsgebäuden, protzigen Villen des → Wilhelminischen Stils u. den Massenunterkünften der Arbeiter in den Mietkasernenvierteln der Groß- u. Industriestädte. Eine führende Rolle übernahm in dieser Zeit die → Ingenieurbaukunst.

Grundriß, zeichner.-geometr. Darstellung eines Gebäudes in Form eines waagerechten Geschoßschnittes, der je nach Höhe der Schnittführung die Lage u. Größe der Räume, Wandstärken, Wandeinschnitte, Schornsteine, Installationsschächte, Treppenführungen u. dgl. enthalten kann.

Grünverbindung, die der Erschließung u. Verbindung städtebaul. Gebiete u. ihrer Freiflächen dienenden, mit gärtner. Mitteln gestalteten Grünzüge.

Gruppo Sette, italien. Arch.-Vereinigung »Gruppe 7«, gegründet 1927 als nationale Variante des Konstruktivismus mit namhaften Vertretern, wie L. Figini, G. Pollini u. G. Terraqui aus Mailand.

Guarini, Guarino, italien. Arch. (1624 Modena – 1683 Mailand). Hauptvertreter des oberitalien. Spätbarocks der Richtung des → Borromini. Seit 1639

Ordensmitglied der Theatiner, ab 1668 herzogl. Arch. in Savoyen. Großer Einfluß auf J. B. Neumann u. Dientzenhofer-Familie. Hauptwerke: Kirche St. Anne Royale in Paris (1668 ff.), Capella des Santissimo Sudario (1668 ff.), S. Andrea et La Consolata (1679–1705) u. Palazzo Carignano (1680) in Turin sowie zahlr. Theatinerbauten in Rom, Messina, Lissabon, Paris, Prag. Theoret. Werk »Architettura Civile« (1737).

Guilloche [frz.], plastisch geflochtenes Bandmuster zur dekorativen Verzierung von → Profilen.

Guimard, Hector, französ. Arch. u. Formgestalter (1867 Paris – 1942 New York). Studium in Paris, angeregt durch Viollet-le-Duc u. → V. Horta. Vertreter des → Art Nouveau. Berühmt seine dekorativen Metro-Eingänge in Paris. Von sonstigen zahlr. Bauten wenig erhalten. Etwa 2 000 Formgestaltungsentwürfe nachweisbar. Sein Wohnhaus in der Avenue Mozart in Paris dient heute als Museum.

Gulfhaus, fries. Bauernhaus, bestehend aus zentralem hallenartigem Stapelraum, der aus vier 8–10 m hohen Stützen gebildet wird, die deckenlos bis zum Dach hinaufführen (Gulf). Um diesen Teil gruppieren sich Einfahrt, Tenne, Pferdestall, Viehstall u. Wohnräume.

Gumpp, Johann Martin d. Ä., dt. Arch. (1643–1729 Innsbruck). Früher Vertreter des süddt. Barock. Hauptwerke in Innsbruck: Fuggerpalais (1679–80), Umgestaltung des Alten Regierungsgebäudes (1690–92), Umgestaltung Spitalkirche (1700–01).

Gurlitt, Cornelius, dt. Arch. u. Kunsthistoriker (1850 Nischwitz b. Wurzen bis 1938 Dresden). Studium an Bauakademie Berlin u. Polytechnikum Stuttgart. Nach Museumstätigkeit in Dresden 1890 Dozent an TH Dresden, 1895–1920 Prof. Begründer der Barockforschung in Deutschland, zahlr. Veröffentlichungen u. Handbücher. Als Denkmalpfleger Herausgabe des ersten bedeutenden wissenschaftl. Inventares »Beschreibende Darstellung der Bau- und Kunstdenkmäler im Königreich Sachsen« (1894–1921) u. Zeitschrift »Stadtbaukunst alter und neuer Zeit« (seit 1920).

Gurtbogen, Verstärkungsbogen eines Gewölbes an der Trennungsstelle zweier Joche bzw. Raumabschnitte. Vorkommen als Spitz- u. Rundbogen in allen architekton. Stilperioden.

Gurtgewölbe, langes, durch Gurtbögen in Joche unterteiltes Tonnengewölbe

Gußmauerwerk, bereits seit der röm. Antike bekanntes Bauverfahren, bei dem der Hohlraum zwischen äußerer u. innerer gemauerter Wandschale mit einem Gemenge von Bruchsteinen u. Mörtel vergossen wird.

Gymnasion [gr.], Stätte für gymnast. Übungen im antiken Griechenland, erwähnt seit etwa 550 v. u. Z. am Lykeion in Athen. E. 5. Jh. v. u. Z. vermutlich erste baul. Gestaltung von Umkleideräumen u. dgl. Im 3. u. 2. Jh. v. u. Z. zugleich Entwicklung zum polit. u. religiösen Zentrum der Bürger der Polis. In dieser Zeit Herausbildung des klass. Bautyps aus offenem Hof für Lauf-, Sprung- u. Wurfübungen u. der Ringerschule in Form eines geschlossenen Gebäudekomplexes mit quadrat. Innenhof (z. B. Olympia, Epidauros, Delphi, Priene, Pergamon).

H

Hadfield, George, engl.-amerikan. Arch. (2. H. 18. Jh. Livorno – 1826 Washington). Studium in London u. Rom, ab 1795 Leitung u. Bau des Nordflügels des Kapitol in Washington, 1803 Stadtrat. Entwürfe für Schatzamt (1798) u.

Arsenal (1803), City Hall (1820), United States Bank (1824) u. a. Bauten in Washington.

Haesler, Otto, dt. Arch. (1880 München – 1962 Wilhelmshorst/Potsdam). Vor 2. Weltkrieg selbständiger Arch., bedeutender Vertreter des Massenwohnungsbaues. Bahnbrechend durch konsequente Anwendung der → Zeilenbauweise, funktioneller Grundrißanordnungen u. kubischer Baukörper. Nach 2. Weltkrieg führend bei Vorbereitung der Industrialisierung des Bauwesens der DDR. 1952 Mitglied der Dt. Bauakademie. Hauptwerke: Siedlung Georgsgarten in Celle (1925), Siedlung Rathenow (1928–29), Kassel-Rothenberg (1929–31), Celle-Blumlägerfeld (1930–31), Altersheim in Kassel (1931), Wiederaufbau Zentrum Rathenow (1946–52).

Hagen, Gotthilf, dt. Wasser- u. Hafenbaumeister (1797 Königsberg – 1884 Berlin). 1822 Ablegung der Baumeisterprüfung bei K. F. Schinkel, 1834–50 Lehrer an der Bauakademie, 1866 Oberbaudirektor u. Leiter der Techn. Baudeputation, 1869 Oberlandesbaudirektor. Zahlr. Hafen- u. Flußbauten in Preußen, u. a. Bremen, Hamburg, Riga, Stromregulierungen von Rhein u. Donau. Herausgabe eines »Handbuch der Wasserbaukunst« (10 Bände, 1841 bis 1865).

Hakenhof, Gruppierung von zwei rechtwinklig aneinandergefügten Giebelhäusern. Häufige Verbreitung im Bereich kleiner Schloßanlagen u. Herrenhäuser.

Halbgeschoß → Mezzanin.

Halbsäule, zur Hälfte aus dem Mauerwerk hervortretende → Säule, als Gliederungselement von Wandflächen seit griech. Architektur des 5. Jh. v. u. Z. nachweisbar. In nachantiker Zeit vielfältig weiterverwendet mit Höhepunkt in der Renaissance, während im 18./19. Jh. stärker die Dreiviertel- oder Vollsäule angewendet wurde.

Hallenchor (Hallenumgangschor), mehrschiffiger Chor gleicher Wölbungshöhe, entstanden durch Kombination von Hallenkirche u. Umgangschor. Seit 14. Jh. verbreitet in Süddeutschland u. Österreich. Hauptbeispiele: St. Sebald u. St. Lorenz in Nürnberg, Kirchen in Gmünd, Hall, Nördlingen, Tangermünde, Brandenburg.

Hallenhaus, 3schiffiger Typus, ausgeprägt in der älteren Laténezeit in Süddeutschland, Weiterentwicklung bis zum Mittelalter. Charakterist. innere Raumteilung durch 2 Reihen paralleler, senkrecht stehender Innenpfosten, die bis zum Sparrendach reichen. Urspr. Wohnstallhaus, später funktionelle Trennung in Wohn- u. Stallbereich. Entsprechend landwirtschaftl. Gegebenheiten Herausbildung unterschiedl. Typen, z. B. Fachhallenhaus (Schleswig-Holstein), Flettdielen- u. Durchgangshaus (Niederrhein, Westfalen), Zwei- u. Dreiständerhaus (Mecklenburg), Mittelflurhaus (Rügen, Mark Brandenburg).

Hallenkirche, kirchl. Raumform, bei der gleichhohe Mittel- u. Seitenschiffe (im Gegensatz zur Basilika) in der Regel unter einem gemeinsamen Dach vereinigt sind. Zurückgehend auf → Hallenkrypten des 11. Jh. Ab 1200 Herausbildung des Typs der Westfäl. Hallenkirche (z. B. Dom Paderborn, ab 1230; Münster Herford, 13. Jh.; Wiesenkirche Soest, ab 1331). Um 1250 Verbreitung nach Norddeutschland u. Skandinavien unter Entstehung der chorlosen Halle (z. B. St. Marien Greifswald). Kombinationen zwischen westfäl. Hallenkirche u. nordfranzös. Kathedralgotik führten zu Beispielen, wie Elisabethkirche Marburg (1207–31), Dom Minden (ab 1267), Münster Essen (ab 1275), St. Severi Erfurt (E. 13. Jh.), Dom Meißen (14. Jh.). Bevorzugter Typus der bürgerl. Pfarrkirchen der Spätgotik mit Entwicklungshöhepunkt der

Hallenkirche. Ehem. Franziskanerkirche, heute Konzerthalle, in Frankfurt/O. (1516–25)

obersächs. Hallen (Annaberg, Marienberg, Schneeberg, Pirna, Zwickau, Halle u. a., zwischen 1480 u. 1550).

Hallenkrypta, häufigste Form der roman. Krypta. 3schiffige kreuzgewölbte Anlagen mit Grabraum, Reliquie u. Altar. Seit 9. Jh. Herausbildung in Italien, bis zum 11. Jh. z. T. gewaltige Ausmaße erreicht mit Erstreckungen vom Chorteil unter die Vierung u. Querhausarme (z. B. Speyer, 1061; Naumburg, 1170).

Hallenumgangschor → Hallenchor.

Haller von Hallerstein, Carl Freiherr, dt. Arch. u. Archäologe (1774 Hiltpoltstein – 1817 Ampelakia/Griechenland). Studium an Karls-Akademie Stuttgart u. Bauakademie Berlin. Schüler von D. u. F. Gilly. Studien in Italien, Ausgrabungen in Griechenland. Vertreter des strengen Klassizismus. Nicht ausgeführte Entwürfe für Glyptothek in München u. Walhalla bei Regensburg.

Hamilton, Thomas, schott. Arch. (1784–1858 Edinburgh). Klassizist.

Hallenkrypta. Krypta der Stiftskirche St. Servatius in Quedlinburg (um 1170)

Hauptwerke: High School Edinburgh (1825–29), Rathaus in Ayr (1828), Burns Memorial in Alloway (1820–23) u. Knox Memorial in Glasgow (1825), weitere Denkmäler u. Kirchenbauten.

Hangbebauung, Bauanlagen an abschüssigen Geländehängen. Seit dem Altertum aus strateg. Gründen bevorzugt (Akropolen, Tempel, Burgen), ebenso seit dem Mittelalter (Burgen, Klöster, Kirchen, Stadtanlagen) zugleich als Mittel der Steigerung städtebaul. Wirksamkeit im Dienste der herrschenden Klassen ausgenutzt. Zur Sicherung des abrutschgefährdeten Untergrundes wurden teilweise komplizierte Gründungen vorgenommen u. → Substruktionen angelegt. Auf Wohnbebauung erst im 20. Jh. nach Einführung der Zeilenbauweise senkrecht zum Abfall des Hanges ausgedehnt, jedoch erschwert unter den besonderen techn. Anforderungen der industriellen Montagebauweisen, daher mehr bei Einzelgebäuden (Landhäusern, Hotels, Erholungsbauten usw.) anzutreffen. Spezielle Anwendung als → Terrassenhaus.

Hängeboden, ein an der oberen Raumdecke angehängter Zwischenboden als zusätzlicher Abstellraum. In alten bäuerl. Höfen ehemals auch Schlafstätte für Bedienstete, z. T. ebenso in Berliner Mietkasernen des 19./20. Jh.

Hängedach, Dachkonstruktion, die sich nicht selbst trägt, sondern an einem speziellen, statisch stabilen Verankerungssystem hängt.

Hängewerk, besonders bei Dächern u. Brücken angewendete Konstruktion zur Überspannung größerer Weiten, bei der waagerechte Hängebalken zwischen den Auflagern durch Hängesäulen, die an Streben oder dem Firstbalken befestigt sind, das Durchbiegen verhindern.

Hängezapfen → Abhängling.

Hängezwickel → Pendentifkuppel.

Hansen, Theophil Edvard von, dän. Arch. u. Kunstgewerbler (1813 Kopenhagen – 1891 Wien). Ausbildung an Akademie Kopenhagen, Studienaufenthalte in Deutschland, Italien u. Griechenland. Vertreter der Neorenaissance u. des → Neoklassizismus. Hauptwerke: Griech. Akademie der Wissenschaften in Athen (1861). Maßgebl. Anteil an der Ringstraßenbebauung in Wien (ab 1860) mit dem Musikvereinsgebäude (1867–69), der Akademie der Künste (1872–76) sowie dem Parlamentsgebäude (1873–83) u. der Börse (1874–77).

Hardouin-Mansart → Mansart, Jules Hardouin.

Häring, Hugo, dt. Arch. (1882 Biberach – 1958 Göppingen). Studium an TH Stuttgart u. TH Dresden, Schüler von Th. Fischer, P. Wallot u. F. Schumacher. Ansässig in Hamburg (1904–14), Allenburg (1915–21), Berlin (1921–43) u. Biberach (1944–58). Neben H. Scharoun Hauptvertreter der → Organischen Architektur. Mitbegründer der → CIAM u. der Arch.-Vereinigung »Ring«. Hauptwerke: Gut Garkau (1922–23), Reihenhaussiedlung Zehlendorf (1926–27), Wohnbauten in Berlin-Siemensstadt (1928–31), Einfamilienhäuser u. Innenausstattungen.

Hasenauer, Karl Freiherr von, österreich. Arch. (1833–94 Wien). Studium an Wiener Akademie, Reisen durch Westeuropa. Hauptvertreter der Wiener → Neorenaissance u. des Neobarock nach röm. Vorbild. Hauptwerke: Natur- u. Kunsthistor. Museum (1872–81), Hofburgtheater (1879–88), Südostflügel der Neuen Hofburg (1881–1907), Palais Lützow u. zahlr. andere Bauten in Wien, Jagdschloß in Linz.

Haubarg, Sonderform des altfries. Bauernhauses.

Haubendach → Dachformen.

Hauberisser, Georg Joseph, dt. Arch. (1841 Graz – 1922 München). Studium in München u. Berlin, seit 1866 tätig in

München. Vertreter der Neogotik u. Neorenaissance. Hauptwerke: Neues Rathaus in München (1866–74, 1899–1909), Rathäuser Kaufbeuren (1879–81) und Wiesbaden (1884–87), St. Paul in München (1892–1906).

Haus, antikes. Ableitung von vorgeschichtl. Formen des hölzernen Pfostenhauses. Seit 4. Jt. v. u. Z. in Mesopotamien mehrräumige, differenzierte Anlagen nachgewiesen, vermutlich als Ausdruck beginnender Auflösung der Gentilgesellschaft. Gleichzeitig Trennung des sakralen Bereiches vom profanen durch Ausbildung der Tempel. Griech. Haustypen zurückgehend auf das ältere ägäische → Megaron des 3./2. Jt. v. u. Z., davon abgeleitet der Prostas-Typ u. der später überwiegende → Peristyl-Typ mit dem von einer Säulenhalle umgebenen Innenhof. In hellenist. u. röm. Zeit mit Steigerung des Wohnkomforts ab etwa 3. Jh. v. u. Z. Übergang zu entwickelten zweigeschossigen Haustypen mit zentralem, durch beide Geschosse reichendem Atrium. In der röm. Kaiserzeit Herausbildung der freistehenden Villa u. in den Städten unter Verzicht auf das Atrium Entwicklung des mehrstöckigen Mietshauses mit Läden im Erdgeschoß.

Hausmarke, bildhaftes Merkzeichen über Gebäudeeingängen, aber auch anderen Besitztümern zur Eigentumskennzeichnung. Bis ins 19. Jh. gebräuchlich in Form von Symbolen, die sich auf Namen u. Tätigkeiten der Besitzer bezogen. Bemalte oder plast. Relieftafeln, die den Namen eines Hauses illustrierten (z. B. »Goldener Löwe«, »Roter Fisch«), wurden als Hauszeichen bezeichnet.

Hausreihe → Hauszeile.

Haussmann, Baron George Eugène, französ. Advokat u. Städtebauer (1809–91 Paris). 1853–70 als Präfekt des Seinedepartements durch Napoleon III. mit der Rekonstruktion von Paris beauftragt; anstelle enger Altstadtbebauungen ein neues Radialstraßensystem in Form breiter Boulevards u. Alleen, die von sternförmigen Plätzen ausgehen, angelegt. Beispielgebend für viele europäische Städteplanungen des späten 19. Jh., auch für den Berliner Bebauungsplan 1861 von → J. Hobrecht.

Haustein (Werkstein, Bossenstein), bearbeiteter Naturstein von großer Dauerhaftigkeit (Granit, Granulit, Magmatit, Syenit, Porphyr, Trachyt, Phonolith, Basalt, Lava, Gneis, Serpentin, Kalkstein, Marmor, Alabaster, Grauwacke, Sandstein), z. T. auch künstlich hergestellter, bearbeiteter Kalksand- u. Zementstein. Meist auf ästhet. Wirkung der natürl. Struktur bedacht, aber auch steinmetzmäßige Behandlung in Form von Scharrierung, Schliff, Körnung, Spitzung usw. In der histor. Architektur seit 3. Jt. v. u. Z. in Vorderasien u. Ägypten angewendet, ebenso in der Antike u. dem Mittelalter. Ausgeprägte Blüte in Renaissance u. Barock für Prachtfassaden. Erneute Bevorzugung in der bürgerl. Baukunst des 19./1. H. 20. Jh. unter besonderer Ästhetisierung der Materialwirkung. Durch Übergang zu industriellen Bauweisen wurden die führende Rolle u. der Anwendungsbereich wesentlich eingeschränkt.

Hauszeichen → Hausmarke.

Hauszeile, Hausanordnung mit gemeinsamer Giebelfluchtlinie u. paralleler Firststellung im Gegensatz zur Hausreihe. → auch Zeilenbauweise.

Hebebrand, Werner, dt. Arch. (1899 Elberfeld – 1966 Hamburg). Studium an TH Darmstadt, Mitarbeiter von E. May in Frankfurt/M. u. der Sowjetunion (1932–38). 1946 Leiter des Stadtplanungsamtes Frankfurt/M., später Stadtbaudirektor von Hamburg. Hochschullehrer, Mitglied der Akademie der Künste Westberlin. Überwiegend tätig im Bereich sozialer Bauaufgaben. Hauptwerke: Entwürfe für Generalbebauungsplanung von Moskau u. Kran-

Heiliges Grab in Görlitz (um 1498)

kenhäuser (30er Jahre), Entwürfe für Wiederaufbau von Frankfurt/Main (1946), Durchführung des Wiederaufbaues u. Erweiterung von Hamburg in Anlehnung an Ideen von → F. Schumacher. Wohnungsbauten, Gewerkschaftsschule Lohr (1951), Krankenhaus Marl (1964) u. a. m.

Heiliges Grab, Grabstätte Christi in der Grabeskirche von Jerusalem, bestehend aus kleiner Kapelle, Vorraum u. eigentl. Grabkammer, die im 4.–6. Jh. mit einem → Baldachin überwölbt wurde. Umbauten bis ins 16. Jh., Neuerrichtung nach Brand 1808. Seit 5. Jh. vielfach nachgebildet in Malerei, Kleinkunstwerken, Reliquienkästchen, aber auch architektonisch als Kirchen, Friedhofskapellen (z. B. Michaelskapelle in Fulda, 820–22; Görlitz, um 1498; Friedhofskapelle Waldshut/Rhein, 1683). Außerdem Einbau verkleinerter Nachbildungen in Kircheninnenräume (z. B. St. Cyriakus in Gernrode, 11. Jh.; Rotunde der Kapuzinerkirche in Eichstätt, 1194). In stark reduzierter u. veränderter Form auch als Sarkophag mit schlafenden Wächtern u. baldachinartigem Abschluß (z. B. im Münster zu Freiburg/Br., um 1330), in Formen des Andachtsbildes, Holzplastiken oder plast. Darstellungen auf Sakramentshäusern.

Helmdach → Rhombendach, Dachformen (Abb.).

Helmer, Hermann, dt. Arch. (1849 Harburg – 1919 Wien). Ausbildung in Nienburg, Hannover u. München. Mitarbeiter von F. Fellner in Wien, ab 1873 mit dessen Sohn Gründung des weltbekannten Büros für Theaterbauten in Wien »Helmer & Fellner«. Hauptwerke: Stadttheater in Wien (1872), Volkstheater in Budapest (1874), ehem. Metropoltheater in Berlin (1892).

Helmstange → Kaiserstiel.

Hennebique, François, französ. Ingenieur (1842 Neuville-Saint-Vaast – 1921 Paris). Früher Wegbereiter des Stahlbetonbaues, Erfinder des monolith. Stahlbetonskeletts u. des T-förmigen »Plattenbalken« (1892).

Henrici, Karl Friedrich Wilhelm, dt. Arch. (1842 Harste b. Göttingen – 1927). Studium an TH Hannover. 1870–75 Stadtbaumeister in Harburg, seit 1875 Prof. an TH Aachen. Propagierung der weiterentwickelten Städtebauideen von C. Sitte, die sich gegen spekulativ gelenkten Bebauungsschematismus des 19. Jh. wendeten. Planungs- u. Entwurfsarbeiten für Köln (1880), Dessau (1890), Brünn, Trier, Jena, Hannover u. a., zahlr. Schriften über Städtebau.

Henri-deux [frz.], Stilphase der französ. Renaissance z. Z. König Heinrichs II. (1547–89) mit Hinwendungen zu klaren vorklassizist. Proportionen. Vertreten durch → P. Lescot u. → P. Delorme (Tuilerien, Paris).

Henri-quatre [frz.], Stilphase der französ. Spätrenaissance z. Z. König Heinrichs IV. (1589–1610), charakterisiert durch schiefergedeckte Backsteinbauten mit weißen, aus Haustein bestehenden Rahmungen der Fenstertüren. Beispiele: Bebauungen am Place Royale u. Place Dauphine in Paris.

Henselmann, Hermann, dt. Arch. (geb. 1905 Roßla). Studium an Handwerker- u. Kunstschule Berlin. Direktor u. Prof. an Staatl. Hochschule für Bauwesen Weimar (1945–51), Mitglied der Dt. Bauakademie u. Leiter einer der drei Meisterwerkstätten (1951–53), Chefarch. von Ostberlin (1953–59), Chefarch. des Instituts für Städtebau u. Architektur der Bauakademie (1966–70). Hauptwerke: Haus in Montreux (1930), Arbeiterwohnungen für Maxhütte in Unterwellenborn (1947); in Berlin Hochhaus u. Wohnbebauung an der Weberwiese (1951), Strausberger Platz u. Frankfurter Tor als Teilabschnitte der ehem. Stalinallee (1952–54), Haus des Lehrers am Alexanderplatz (1963), Ideenentwürfe für Fernsehturm (1967); Entwürfe für Haus der Wissenschaft, Bildung u. Kultur in Rostock (1969), Universitätskomplex in Leipzig (1969) u. Zeiss-Hochhaus in Jena (1970). Zahlr. theoret. Arbeiten. → auch DDR-Architektur, Abb.

Herdhaus, Frühform der Hausentwicklung, bei der sich im Hausinneren eine offene Feuerstelle befand mit Rauchabzügen in Gestalt hochliegender Fenster oder Dachluken.

Herkomer, Johann Jakob, dt. Arch. (1648 Sameister/Schwaben – 1717 Kloster Füssen). 1686–94 Aufenthalt in Venedig. Vertreter des süddt. Barock der → Vorarlberger Bauschule. Hauptwerke: Kapelle in Sameister bei Roßhaupten (1685–86), Klosterkirche in Füssen (1701–15), Entwurf St. Jakobi in Innsbruck (1712), vermutlich Mitarbeit an Abteikirche in Weingarten (1715–23), Erneuerung Heiligkreuzkirche in Augsburg (1716–19).

Herme [<gr.], urspr. Kultmal für Schutzgott Hermes, bestehend aus sich verjüngendem Schaft, Phallus u. bärtigem Kopf. Aufgestellt in Gärten, an Wegen, Flurgrenzen, auf Friedhöfen usw. In hellenist. u. röm. Zeit z. T. als Doppelhermen gebildet u. vielfach von Kopf bis Hüfte gestaltet. In dieser Form seit Renaissance als → Hermenpfeiler u. → Atlant vielfach angewendet.

Hermenpfeiler (Hermenpilaster), tragende oder vorgeblendete Stützen in Form einer → Herme. Herausbildung in der Renaissance in Anlehnung an antike Tragefiguren. Viele Varianten durch die Ornamentstecher des 16./17. Jh. entwickelt. Im 18. Jh. z. T. als fast vollplast. Hüfthermen ausgebildet als Übergangsformen zu → Atlanten (z. B. Wallpavillon des Dresdner Zwingers und auch Schloß Sanssouci in Potsdam).

Herrenchor, der feudalen Oberschicht vorbehaltener Bereich des Chores einer Kirche, z. B. zur Verrichtung von Gebeten. Hauptsächlich anzutreffen in Kathedralen u. Kollegiatskirchen für Angehörige des weltl. Domkapitels bzw. in Klosterkirchen für Mitglieder des Konvents.

Herrenhaus, dörfl. Wohnsitz oder Gutshaus eines feudalen Grundbesitzers. Nachweisbar seit dem Spätmittelalter mit Gebäudeanlagen, die zwischen komfortablem, meist befestigtem Bauernhaus u. Schloßanlage schwanken. Letztere überwiegt seit 16. Jh. im Zusammenhang mit dem zunehmenden Ausbau grundherrl. Macht. Haupttypus in Form hausartiger Rechteckbauten mit Giebeln, Erkern, Treppenturm u. künstlerisch betontem Eingangsportal. Höhepunkt der Entwicklung im Absolutismus des 17./18. Jh. mit typ. barocken Schloß- u. Parkanlagen, die bis zum Klassizismus beibehalten wurden. Seit 2. H. 19. Jh. vielfach Errichtung monumentaler eklektizist. Villen, z. T. anstelle älterer, abgetragener Vorgängerbauten.

Herrera, Juan de, span. Baumeister u. Mathematiker (um 1530 Mobellán bis 1597 Madrid). Seit 1559 Schüler von

J. B. Toledo am Bau des Escorial, seit 1567 dessen Nachfolger u. Hofarch. Philipps II. mit Oberaufsicht über das Bauwesen in Spanien. Beeinflußt von → Peruzzi, → Serlio u. → Vignola. Vertreter des → Desornamentado-Stils. Hauptwerke: Teile des Escorial (1563–84), Schloß Simancas (1564), Südfassade des Alcazar von Toledo (1571), Palast von Aranjuez (um 1571), Entwurf für Rathaus Toledo (1575), Santo Domingo el Antiguo in Toledo (1576), Teile der Kathedrale Valladolid (1580–85) u. a. m.

Hertlein, Hans Christoph, dt. Arch. (geb. 1881 Regensburg). Studium an TH in München, Berlin-Charlottenburg u. Dresden. 1902–12 Regierungsbaumeister in München. Seit 1912 Chefarch. des Siemens & Halske-Konzerns in Berlin. Mitglied der Akademie des Bauwesens (1929) u. Akademie der Künste (1930). Führender Industriearch. Hauptwerk: Produktionsanlagen, Verwaltungsbauten u. Wohnbauten von Berlin-Siemensstadt (1916–30).

Hesse, Ludwig Ferdinand, dt. Arch. (1795 Belgard – 1876 Berlin). 1819–20 Studium an Bauakademie, seit 1830 Wegebaumeister in Potsdam, seit 1832 Hofbauinspektor in Berlin. 1844–63 Hofbaumeister in Potsdam, u. a. Direktor der Schloßbaukommission u. Vorsitzender der ersten Berliner Gemeinnützigen Baugesellschaft. Hauptwerke: Tierarzneischule Berlin (1839), seit 1851 Bauleiter an Pfingstbergschloß, Neuer Orangerie u. Friedenskirche in Potsdam. Zahlr. Villen u. ländl. Wohngebäude.

Hexastylos [gr.], antiker Tempel mit 6 Säulen in der Front. → auch Tempelformen.

Hilberseimer, Ludwig, dt.-amerikan. Arch. u. Städtebautheoretiker (1885 Karlsruhe – 1967 Chicago). Studium an

Hinterhaus. Schema der regulären Ausnutzung eines Baublocks in Berlin in vier Entwicklungsstufen

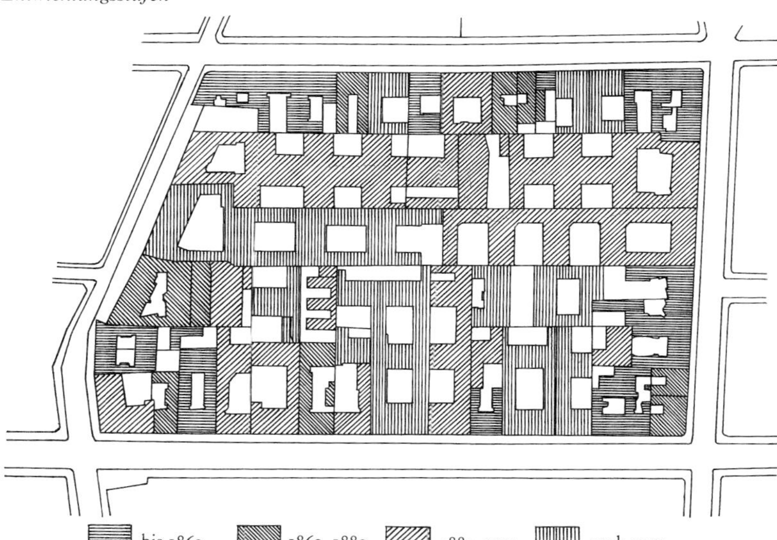

TH Karlsruhe, 1919 Mitglied der Novembergruppe, 1925 Angehöriger der progressiven Arch.-Gruppe »Ring« in Berlin, 1929–33 Lehrer für Städtebau am Bauhaus in Dessau. Nach Emigration vor dem Faschismus 1938 Prof. für Stadt- u. Regionalplanung am Illinios Institut in Chicago, seit 1955 daselbst Direktor des Departments of City and Regional Planning. Bahnbrechender Vertreter neuer, sozial bestimmter Städtebauplanung mit zahlr. analyt. Darlegungen u. Publikationen; Bauten, Projekte u. Entwürfe von Wohnsiedlungen in Stuttgart-Weißenhof u. Berlin (1927–35), u. a. Miethauskomplex in Adlershof, Dörpfeldstraße (1930).

Hildebrandt, Johann Lucas von, österreich. Arch. (1668 Genua–1745 Wien). Tätig seit etwa 1693, neben J. B. Fischer v. Erlach Hauptvertreter des österreich. u. süddt. Barock u. Rokoko, Schöpfer bedeutsamer Schloßanlagen mit imposanten Treppenhäusern. Hauptwerke: Palais Schönborn (1706–11), Palais Daun-Kinsky (1713–16) u. Staatskanzlei in Wien (1719–20), Schloß Mirabell in Salzburg (1721–27), Unteres u. Oberes Belvedere in Wien (1714–23), Mitarbeit an Schloß Pommersfelden (nach 1716), Residenz Würzburg (1730–39; → Risalit, Abb.) u. Stift Göttweig (1719).

Hillebrecht, Rudolf, dt. Arch. u. Städtebauer (geb. 1910 Hannover). Studium in Berlin, seit 1934 Zusammenarbeit mit W. Gropius. 1937–45 Leiter eines Architekturbüros in Hamburg, seit 1948 Leiter der städt. Bauverwaltung Hannover. Hauptwerk: Wiederaufbau von Hannover nach 1945.

Hinterhaus, Seiten- oder Querflügel eines städt. Gebäudes für Wohn- u. Gewerbezwecke. Herausbildung durch Überbauung mittelalterl. Städte im Frühkapitalismus. Im 19./20. Jh. vorherrschendes Element der Mietkasernenbebauung in Groß- u. Industriestädten. Abb. S. 115.

Hintermauerung, 1. das Kernmauerwerk hinter einer → Verblendung. 2. die statisch notwendigen Ausfüllungen in Bogen- u. Gewölbezwickeln oberhalb des Kämpfers.

Hippodamos von Milet, griech. Baumeister, Ingenieur u. Theoretiker des 5. Jh. v. u. Z., aus Milet. Von Aristoteles als Erfinder der symmetr. Stadtplanung bezeichnet mit Bevorzugung regelmäßiger, paralleler u. sich rechtwinklig schneidender Straßensysteme anstelle regelloser älterer Anlagen. Vermutlich Entwürfe der Anlagen von Piräus (um 465 v. u. Z.) u. Thurioi/Süditalien (445 v. u. Z.), nachweisbare Beeinflussung auch späterer Stadtgründungen in Kleinasien (z. B. Alexandria, Priene).

Hippodrom [gr.], Bahn für antike griech. Pferde- u. Wagenrennen mit stufenförmig ansteigenden Zuschauerplätzen an den Langseiten u. Ablaufplätzen an den Schmalseiten. Oft angelegt unter Nutzung natürl. Geländebedingungen. Nur schriftl. Überlieferungen durch Pausanias u. a. für Olympia, Athen, Delphi, Korinth, Delos, Mantineia, Sparta, Alexandria.

Hirsauer Bauschule, Sonderentwicklung innerhalb der dt. Romanik, angeregt durch die Reformbestrebungen der → Cluniazenserbaukunst. Ausgangspunkt war Kloster St. Peter u. Paul in Hirsau/Schwarzwald (1082–91; zerstört). Die Tendenz zur Vereinfachung von Anlage u. Ausstattung erbrachte den bahnbrechenden Typus einer flachgedeckten Säulenbasilika mit Langchor u. ansetzenden Nebenchören unter Verzicht auf Krypta u. Emporen. Nachfolgebauten u. a.: Allerheiligenkirche in Schaffhausen (1087 ff.), Klosterkirche Alpirsbach (um 1099), Paulinzella (1102). Relativ oft wurden nur einzelne Elemente der Hirsauer Bauschule übernommen (z. B. Hamersleben, Magdeburg, Liebfrauenstift).

Historismus, seit dem 2. Drittel des 19. Jh. existierende Geschichtsauffas-

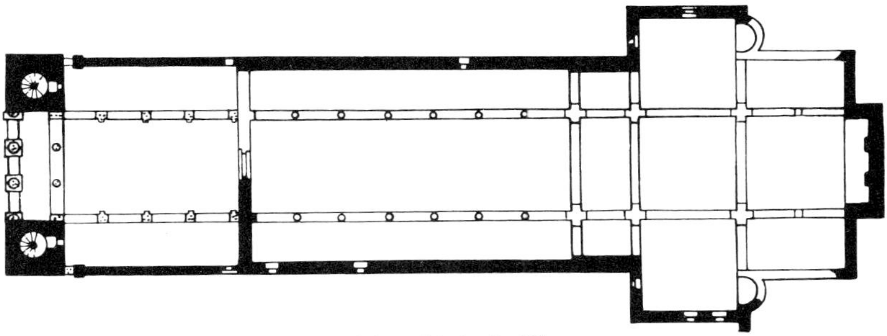

Hirsauer Bauschule. Grundriß der Klosterkirche in Hirsau

sung, die in der künstler. u. architekton. Praxis zu formalen Rückgriffen auf Leistungen der Vergangenheit führte. Der Stilpluralismus diente der Geschichtsbewahrung u. Rückbesinnung auf nationale Perioden der Kunst u. Kultur in fast allen europäischen Ländern, in denen das Bürgertum um seine Emanzipation rang. Die Bestrebungen in Kunst u. Architektur wurden lange Zeit zu Unrecht als unschöpfer. → Eklektizismus abgewertet. Die Hauptströmungen sind mit der → Neogotik vor 1830, der → Neorenaissance ab 1840, der → Neoromanik nach 1850 u. dem → Neobarock u. → Neoklassizismus ab etwa 1870 charakterisiert. Sie lieferten Vorbilder für unterschiedl. Staats- u. Kommunalbauten, Fassadengestaltungen von Bürgerhäusern u. Vorstadtvillen. Die sogen. Stilkunst zwischen 1890 u. 1910, ausgehend von Schottland (R. Unwin) u. Belgien (V. Horta), hat zur Überwindung des Historismus beigetragen.

Hittorf, Jakob Ignaz, dt.-französ. Arch. u. Archäologe (1792 Köln–1867 Paris). Schüler von Ch. Percier u. F. J. Bélanger in Paris (seit 1810). Hofarch. (1818–48). Antikenstudium in Italien. Vertreter des Klassizismus mit Bestreben der Einbeziehung moderner techn. Möglichkeiten. Hauptwerke: Anlagen der Place de la Concorde, Place de l'Étoile u. Champs-Élysées (1833 ff.), Panorama (1838–39), St.-Vincent-de Paul (1824–44), Nordbahnhof in Paris (1861–65); zahlr. archäolog. Schriften.

Hitzig, Friedrich, dt. Arch. (1811–81 Berlin). Schüler u. Mitarbeiter von K. F. Schinkel, tätig in Berlin seit 1837, 1875–81 Präsident der Preuß. Akademie der Künste. Vertreter der italienisch geprägten Neorenaissance. Hauptwerke in Berlin: Bebauung der Viktoriastraße (1858), Börse (1859–64, 1880–83), Reichsbank (1869–76), Beteiligung am Projekt für TH Charlottenburg u. Umgestaltung des Zeughauses zur Ruhmeshalle.

Hobrecht, James, dt. Arch. u. Ingenieur (1825 Memel–1902 Berlin). Spezialist für Wasser-, Wege- u. Eisenbahnbau. 1845 Feldmesserprüfung. Zwischen 1847 u. 1856 Ausbildungen an der Bauakademie. Prakt. Tätigkeit in Ostpreußen u. Rheinprovinz. Seit 1858 Regierungsbaumeister am Polizeipräsidium Berlin. 1859–61 Leitung der Ausarbeitung der Bebauungspläne für die Umgebung Berlins (sogen. Hobrechtplan). Seit 1869 Chefingenieur der Kanalisation, 1884–96 Stadtbaurat für Straßen- u. Brückenbau in Berlin.

Hochbauten, alle über das Geländeniveau herausragenden Bauten einschließlich ihrer unterird. Teile. Im speziellen Sinne Bezeichnung für mehrgeschossige Gebäude, vielgeschossige Gebäude u. Hochhäuser.

Hochchor, der Chorbereich vor dem Hauptaltar einer Kirche, urspr. ausschließlich für Kleriker u. Chorherren bestimmt u. meist durch Chorschranken oder Stufenerhöhung vom Hauptschiff geschieden.

Hocheder, Karl, dt. Arch. (1854 Weiherhammer/Oberpfalz – 1917 München). Seit 1881 tätig als Stadtbaurat u. seit 1898 an TH München. Zählt durch Bauten in Formen des gemäßigten süddt. Neobarock neben G. u. E. Seidl u. Th. Fischer zu den profiliertesten Gestaltern Münchner Architektur des Zeitraums 1885–1914. Hauptwerke in München: Volksbad (1898–1901), Verkehrsministerium (1905–13), Himmelfahrtskirche Neu-Pasing (1904), zahlr. Wohnhäuser, Schulen, Krankenhäuser u. a. Kommunalbauten.

Hochhaus, vielgeschossiges, vertikal erschlossenes Gebäude. Älteste histor. Beispiele der ca. 90 m hohe Turmbau von Babel (um 680 v. u. Z.) u. die ca. 30 m hohen Geschlechter- oder Wohntürme von mittelalterl. Eigenbefestigungen. Erste moderne Bauten als »Wolkenkratzer« seit Ende des 19. Jh. in den USA infolge rapide steigender Bodenpreise entstanden (z. B. Home Insurence Company in Chicago, 1883; 1931 als höchster Bau der Welt das Empire-State-Building in New York mit 381 m Höhe u. 102 Stockwerken). In den 20er Jahren auch Projekte für Zentren dt. Großstädte (M. Berg, H. Poelzig, H. Scharoun, L. Mies van der Rohe, B. Taut u. a.). Nach dem 2. Weltkrieg spontane Zunahme aus Gründen stärkerer Konzentration der Bebauung auf innerstädt. Räume u. als Element städtebaul. Ordnung. Verwendung für Wohngebäude, Hotels, Verwaltungs-, Kultur-, Bildungseinrichtungen. Voraussetzung für die Errichtung sind moderne industrielle Bauweisen (Skelettbauweise, Stahlbeton u. a.). Beispiele: World Trade Center New York (M. Yamasaki, 1960–76), Sears Tower Chicago (Skidmore, Owings u. Merrill, 1969–74), American Telephone & Telegraph Company New York (P. C. Johnson u. J. Burgee, 1978).

Hof, durch Einfriedungen, Wälle, Gräben oder Bauten umgrenzter Frei- u. Nutzraum. In der bäuerl. Wirtschaft als → Gehöft bezeichnet. In Burgen, Pfalzen, an mittelalterl. Märkten u. Handelsstraßen auch Handelsplatz, Beherbergungs- u. Schutzraum für Menschen, Vieh u. Handelsgüter vor Überfällen. In Tempeln u. Palästen zugleich Kult- u. Huldigungsplatz. Entstanden mit dem Privateigentum an Grund u. Boden im Zuge der sozialen Differenzierung der frühgeschichtl. Gesellschaft, daher werden auch allgemein die Häuser der Feudalklasse als »Höfe« bezeichnet. Je nach Funktion Ausbildung von Sonderformen als Wirtschaftshof, → Wohnhof, → Karawanserei, Klosterhof, → Paradies, → Camposanto, → Cour d'honneur, → Innenhof, → Lichthof usw.

Hoffmann, Josef, österreich. Arch. u. Kunstgewerbler (1870 Pirnitz/Mähren bis 1956 Wien). Schüler von K. v. Hasenauer u. O. Wagner, seit 1899 Prof. an Wiener Kunstgewerbeschule. 1897 Mitbegründer der Wiener Sezession, 1903 der Wiener Werkstätten, 1912 des Österreich. Werkbundes. 1920 Leiter der Wiener Werkbundgruppe u. des Bauwesens der Stadt Wien. Mitglied der Preuß. Akademie der Künste Berlin. Pionier neuzeitl. Architektur. Hauptwerke: Sanatorium Purkersdorf (1904), Villa Stoclet in Brüssel (1905–11), Ausstellungsbauten in Leipzig, Wien, Köln, Großwohnblocks für Arbeiter in Wien (1924–25), Reihenhäuser der Werkbundausstellung in Wien (1932), zahlr. Villen u. a. m.

Hoffmann, Ludwig, dt. Arch. (1852 Darmstadt – 1932 Berlin). Studium an Akademie in Kassel u. Bauakademie

Berlin. 1896–1924 Stadtbaurat von Berlin. Vertreter des liberalen Bürgertums. Umfangreiche Kommunalaufgaben. Anwendung des schöpfer. Historismus unter Bevorzugung von Neogotik, Neorenaissance u. Neobarock. Hauptwerke: Neues Stadthaus (1902–11), Märk. Museum 1901, Märchenbrunnen im Friedrichshain (1913), zahlr. Schulen, Krankenhäuser, Bäder in Berlin.

Höger, Fritz, dt. Arch. (1877 Bekenreihe/Holstein – 1949 Bad Segeberg). Ausbildung an der Baugewerkschule Hamburg, seit 1905 selbständig. Zeitweilig Vorstandsmitglied des Dt. Werkbundes. Enge Kontakte zu F. Schumacher. Vertreter neuzeitl. Backsteinarchitektur in z. T. expressionist. Gestaltungsformen. Spezielle Verdienste auf dem Gebiet des modernen Bürohausbaues. Hauptwerke: Klöpperhaus (1913), Chilehaus (1922–23; → Expressionismus, Abb.) u. Bürohaus Sprinkenhof (1927–28) in Hamburg, Zigarettenfabrik in Wandsbek (1927), Lyzeum Hamburg-Eppendorf (1926–27), Hochhaus des »Hannoverschen Anzeiger« in Hannover (1927), Kirche am Hohenzollernplatz in Berlin (1930–33), Verwaltungsbau der Konsumgenossenschaften in Leipzig-Plagwitz (1929–30), Siedlungsbauten u. a. m.

Hohlblockstein, meist großformatiger Mauerstein aus Beton u. Ziegelsplitt bzw. Schlacke (Schlackenbetonstein) mit Hohlräumen zur Gewichtsreduzierung u. Wärmedämmung. Weniger material-, bauzeit- u. kostenaufwendig als die traditionelle Ziegelbauweise. Entwicklungsanfänge nach dem 1. Weltkrieg, Fortführung nach 1945 in genormten Größen speziell für Außenmauerwerk weniggeschossiger Bauten u. Zwischendeckenkonstruktionen.

Höhlentempel (auch Grotten- oder Felsentempel), in gewachsenen Fels eingetiefte Kultbauten. Hauptvorkommen in Äthiopien, Ägypten u. Indien, Ostturkestan u. China, speziell unter dem Einfluß des Buddhismus u. Hinduismus (z. B. Tschaitya-Hallen in Ajanta, Elura, Karli; Tempel von Elephanta; Klöster von Bhaja, Nasik). → auch Felsarchitekturen.

Hohlkehle, konkave Eintiefung mit Profilquerschnitt in Form eines Kreis- oder Ellipsensegmentes. Pendant zum Halbstab. Häufigstes Gliederungselement von Gesimsen, Säulenbasen, Kämpferplatten, Portal- u. Fenstergewänden.

Holl, Elias, dt. Baumeister (1573–1646 Augsburg). 1600 Aufenthalt in Venedig. 1602–35 Stadtbaumeister in Augsburg, als Protestant durch kath. Kräfte der Gegenreformation amtsenthoben u. in die Verarmung getrieben. Bis dahin Hauptvertreter des → Palladianismus der Spätrenaissance unter schöpfer. Weiterentwicklung heim. Traditionen. Hauptwerke mit neuartigen u. einmaligen Fassaden-, Grundriß- u. Innenraumlösungen in Augsburg: Zeughaus (1602–07) und Stadtmetzig (1609), Aufstockung des Perlachturmes (1614–16), Rathaus (1615–20), Stadttore (1622).

Holländischer Verband, → Mauerverband, abgeleitet vom got. Verband, bei dem in jeder Schicht Binder u. Läufer wechseln.

Holzbaukunst → Fachwerk, → Blockbau, → Stabkirche, → Umgebinde.

Holzmeister, Clemens, österreich. Architekt und Bühnenbildner (1886 Fulpmes – 1983 Hallein). Studium an der TH Wien, 1919–24 Lehrauftrag an der Staatsgewerbeschule in Innsbruck. 1924–38 Prof. u. Leiter der Meisterschule der Akademie der bildenden Künste Wien u. außerdem Leiter einer Meisterschule an der Kunstakademie Düsseldorf (1928–32). 1938 wegen Faschismus Emigration in die Türkei, Prof. an TH Istanbul. 1957 Rektor der Kunstakademie Wien. Hauptwerke: kathol. Kirchen in Österreich u. Tirol, Um- u. Neubauten des Salzburger Festspielhauses (1926, 1937–38, 1956–60), Präsidentenpalast u. Grabmal für Atatürk in Istanbul; Entwürfe in z. T. eigenen Veröffentlichungen.

Hopp, Hanns, dt. Arch. (1890 Lübeck bis 1971 Berlin). Studium in Karlsruhe u. München, Schüler von Th. Fischer. Seit 1913 tätig in Königsberg. 1946–50 Direktor der Kunstschule Burg Giebichenstein/Halle. 1951 Gründungsmitglied der Dt. Bauakademie, Leiter einer Meisterwerkstatt. Hauptwerke nach 1945: Entwürfe für den Wiederaufbau von Dresden (1946), Heilstätte Bad Berka (1951–55), Entwürfe u. Teilabschnitte der ehem. Stalinallee in Berlin (mit R. Paulick, K. W. Leucht, E. Hartmann u. K. Souradny, 1951), Kulturhaus der Maxhütte in Unterwellenborn (1952–54), Sporthochschule Leipzig (1952–55), Krankenhaus in Saalfeld (1953–55) u. a. m.

Horizontalismus [<lat.] → Vertikalismus.

Hornkonsole, Stützkonsole der Gotik mit hornförmigem Auslauf des unteren Endes.

Horta, Victor, belg. Arch. (1861 Gent bis 1947 Brüssel). Studium an Akademien in Gent u. Brüssel, 1912 Prof., 1927–31 Direktor der Brüsseler Akademie des Beaux Arts. Aufenthalte in Paris u. Chicago. Neben H. van de Velde Hauptvertreter des Jugendstils bzw. → Art Nouveau, speziell durch elegante Glas-Eisen-Bauten mit stark geschwungenen Fassaden. Hauptwerke: Haus Tassel (1893), Wohnbauten u. Hotels (1893–1903), Maison de peuple (1897 bis 1899), Kaufhäuser (1901), Hospital Brugmann (1912–24), das Palais des Beaux-Arts (1922–28) u. der Bahnhof (1936–41) in Brüssel; Kaufhäuser in Frankfurt/M. (1903).

Hospital [<lat.], urspr. Bezeichnung für Krankenhaus, Altersheim oder Herberge mittelalterl. Klöster u. Städte. Meist getrennte, mit einer Kirche oder Kapelle verbundene Säle für männl. u. weibl. Insassen, die oft in speziell eingebauten, nach oben geöffneten Kojen untergebracht waren (z. B. Lübeck, Rostock).

Hospiz [<lat.], urspr. eine von Mönchen für Pilger u. Reisende eingerichtete christl. Herberge. Im 19. Jh. übertragen auf Hotels der Inneren Mission protestant. Kirchen. Erster Bau dieser Art 1860 in Berlin errichtet.

Hotel [<frz.], im 17. Jh. Bezeichnung für palastartige städt. Adelsbauten. Seit dem 19. Jh. in Verbindung mit zunehmendem Reiseverkehr übertragen auf Logiergebäude mit über 20 Betten u. spezielle Einrichtungen für Gäste in Form von Gastronomie, Gesellschaftsräumen u. Dienstleistungen. Daneben Sonderformen für Kur- u. Erholungszwecke, Spezialformen als → Appartementshaus, Wohnhotel u. Motel. Staffelung von einfacher bis Luxusausstattung. Aus funktionellen Gründen oft Aufgliederung der Baukomplexe in städtebaulich dominante Bettenhäuser (Hochhäuser) u. Flachbauten für gastronom. Einrichtungen.

Howard, Sir Ebenezer, engl. Siedlungstheoretiker (1850 London – 1928 Welwyn Garden City). Wurde durch Beschäftigung mit Wohn-, Boden- u. sozialreformerischer Literatur zum Begründer der → Gartenstadt-Bewegung in England. Darlegung seiner Konzeptionen ländl. Wohnsiedlungen mit Arbeitsstätten u. kulturellen Einrichtungen in seinen Schriften »Tomorrow« (1898) u. »Garden Cities of Tomorrow« (1902). Nach diesen Vorstellungen ab 1903 durch B. Parker u. → R. Unwin erste baul. Realisierung in Letchworth mit weitreichender Vorbildwirkung auf den europäischen Siedlungsbau der 1. H. 20. Jh.

Hübsch, Heinrich, dt. Arch. (1795 Weinheim – 1863 Karlsruhe). Schüler von F. Weinbrenner. 1824–27 Lehrer am Städelschen Institut Frankfurt/M., 1832–53 Leiter der Baufachschule

Karlsruhe, 1827 Residenzbaumeister, 1829 Leiter des Bauwesens im Land Baden. Zeitgenosse von K. F. Schinkel, F. v. Gärtner, G. Moller, G. Semper. Vertreter des Klassizismus, später Übergang zur versachlichten Architektur mit Bevorzugung elementarer Konstruktionen u. unverhüllter Materialwirkung, damit ein Vorläufer O. Wagners. Hauptwerke: Finanzministerium, Theater u. Akademie in Karlsruhe, Bauten in Heidelberg u. Baden-Baden, denkmalpfleger. Wiederherstellungen am Münster in Konstanz u. Dom zu Speyer (→ Neoromanik, Abb.).

Hufeisenbogen, vorderasiat. Bogenform des 4. Jh. Seit 9. Jh. auch in der islam. (maur.) Architektur Spaniens u. Nordafrikas verwendet.

Hundszahn, engl. Ornament der Frühgotik, bestehend aus der Kombination kleiner Blatt- u. Pyramidenformen. Vorwiegend verwendet zur Gliederung von Profilen. → auch Fries.

Hypogäum [gr.], unterird. Funktionsräume in Häusern, Grabbauten u. Kellerräumen von Thermen, Substruktionen von Amphitheatern u. Circussen der griech.-röm. Antike.

Hypokausten [gr.], Hohlräume unter Fußböden antiker röm. Bauten zur Beheizung darüberliegender Räume mittels erwärmter Luft. → auch Thermen.

Hypostolon [gr.] → Ägyptischer Saal.

Hypotrachelion [gr.], unterer Teil des Kapitellhalses einer architekton. Stütze, meist durch ein Profilband betont. Im 5. Jh. v. u. Z. sporad., in der hellenist. u. röm.-antiken Architektur häufigeres Auftreten.

I

Idealentwurf, Möglichkeit zur Veranschaulichung von realen u. utop. Vorstellungen über künftige gesellschaftl. Verhältnisse mit Hilfe gezeichneter oder modellierter Raumstrukturen. In der Geschichte oftmals angewendetes Mittel, über architekton. Lösungswege entwicklungsfördernden, verändernden oder hemmenden Einfluß auszuüben.

Idealstadt, nach utop. oder Idealvorstellungen geplante, meist nur in An-

Idealstadt. Entwurf zu Freudenstadt/ Schwarzwald (1556ff.). H. Schickhardt

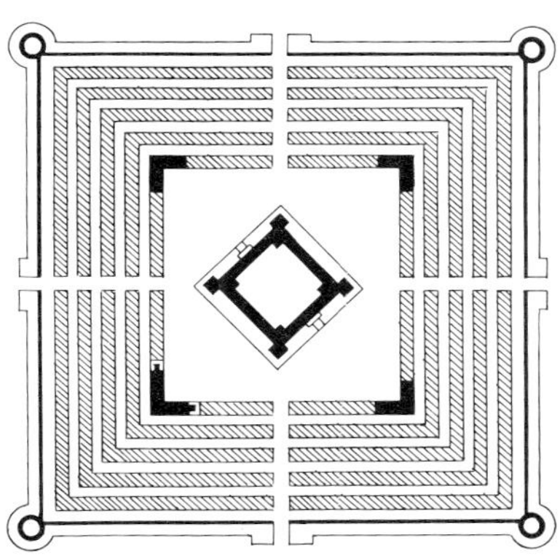

Idealstadt. Stadt am Meer (Entwurf). K. Kikutake

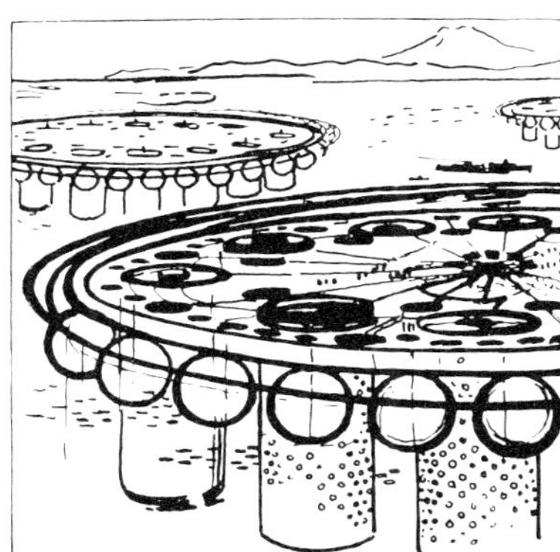

fängen realisierte Anlagen. Ausgangspunkte bildeten theoret. Vorstellungen über den Charakter eines Gesellschaftsgefüges, dessen Entstehung an der histor. Entwicklung scheiterte. Derartige Entwürfe reichen von Plato u. Aristoteles über Vitruv (1. Jh. v. u. Z.) u. das Mittelalter (Vorstellungen von der ird. Verwirklichung des himml. Jerusalem) bis zu L. B. Alberti, Filarete, F. di G. Martini, B. Peruzzi, A. da Sangallo d.J. u. Leonardo da Vinci. Strenger Rationalismus u. Symmetrisierung führten zu wenigen, aber typ. Zentralanlagen der Renaissance (z.B. Palmanuova, 1593 von V. Scamozzi; Granmichele/Sizilien, E. 17. Jh.). Die unter italien. Einfluß in Deutschland geschaffenen Entwürfe von A. Dürer (1527), D. Speckle (1583) u. H. Schickhardt (1599) betonen bereits die Zentralmacht des Adels durch zentrale Stellung des Schlosses, an denen dann die absolutist. Entwürfe anknüpften (z. B. Mannheim, 1607, 1652; Karlsruhe, 1715ff.). Ab 19. Jh. gab es zahlr. sozialreformer. Versuche der Neuordnung der Stadt, u. a. die → Gartenstadt-Bewegung, B. Tauts Vorstellungen über »Alpine Architektur« (1919), Le Corbusiers »Ville Radieuse« (1922), R. Neutras »Rush-City-Projekt« (1923–35). Derartige Ideenprojekte waren zu allen Zeiten Spiegel der besonderen Kreativität u. des Phantasiereichtums großer Baumeister. Teilweise verwirklichtes Beispiel des 20. Jh. ist die Gestaltung der Stadt Brasilia durch O. Niemeyer.

Ihne, Ernst Eberhard von, dt. Arch. (1848 Elberfeld–1917 Berlin). Studium in Karlsruhe, Berlin u. Paris, seit 1888 kaiserl. Hofarch. in Berlin. Hauptvertreter der Staatsarchitektur des dt. Kaiserreiches (→ Wilhelminischer Stil) mit der Sprache italien. Neobarockformen. Hauptwerke: Marstall (1896), Bode-Museum (1897–1903) u. Staatsbibliothek (1908–14) in Berlin, Schlösser u. Villen für den Hochadel.

Ikonostas (Ikonostasis) [gr.], die mit Ikonen behangene Trennwand im Ostteil griech.-kathol. u. orthodoxer Kirchen, die das Allerheiligste mit dem Altar vom Gemeinderaum scheidet u. nur an besonderen Feiertagen durch 1–3 Türen für die Gläubigen sichtbar macht. Entwicklung aus Chorschranken, die sich seit dem 14. Jh. bis in die Gewölbe erstreckten.

Iktinos, griech. Baumeister aus der 2. H. 5. Jh. v. u. Z., vermutlich aus Athen. Nach Mitteilung von Vitruv Verfasser einer theoret. Schrift über den Parthenontempel auf der Akropolis in Athen. Zeitgenosse von Phidias u. Perikles. Wahrscheinlich Bauleiter am Parthenon (447–432 v. u. Z.), möglicherweise auch Errichtung des Telesterions in Eleusis u. des Apollontempels in Bassae-Phigalia.

Imhotep, altägypt. Baumeister, Arzt, Beamter u. Vertrauter des Königs Djoser (um 2600 v. u. Z.). Vermutlich Bauleiter der Königsgräber von Sakkara.

Immediatbauten [<frz.], Wohngebäude für Adel, Hofbeamte, Hoflieferanten u. Soldaten, die im Zusammenhang mit absolutist. Städtebaumaßnahmen im 17./18. Jh. auf Kosten der Landesfürsten im Interesse des einheitlich geplanten Ausbaues der Residenzstädte errichtet u. vergeben bzw. vermietet wurden (z. B. Karlshafen, 1699 Ludwigslust, nach 1758; Berlin, nach 1769).

Impluvium [lat.], Regenwassersammelbecken im Atrium des antiken röm. Hauses.

Industriebau, Bauten u. Nebenanlagen für die maschinell betriebene Produktion. Nach frühesten Anlagen der Manufakturperiode (16./17. Jh.) in Form von Schmieden, Hüttenanlagen, Ziegeleien, Brennereien usw. Schnelle Entwicklung seit der industriellen Revolution (18./19. Jh.), zunächst noch beeinflußt von Architekturen des städt. Bürgerhauses, ländl. Herrenhauses u.

feudalem Schloßbau. Seit 1. H. 19. Jh. durch einfache kub. Baukörper ersetzt, zuerst mit klarer Funktionsbetonung u. ausgewogenem Formempfinden. Seit Mitte 19. Jh. zunehmend durch unförmige Kästen ersetzt und z. T. durch Formen des Eklektizismus drapiert. Dabei zunehmender Übergang von Holzfachwerk- zu Steinbauten mit inneren Aussteifungen durch Eisensäulen oder zu hallenartigen Glas-Eisen-Bauten. Seit etwa 1910 unter Erfordernissen der Rationalisierung u. unter Einfluß der Arbeiterbewegung allmähl. Durchsetzung neuer Möglichkeiten funktioneller Gestaltung (→ P. Behrens, H. Poelzig, → W. Gropius), besonders seit den 20er Jahren Übergang zu aufgegliederten Gebäudekomplexen in Anpassung an rationalisierte Produktionsabläufe. Dabei Rückgewinnung spezieller ästhet. Gestaltungsprinzipien, oftmals werbewirksam für den Industriezweig bzw. den Produzenten.

Industrielle Bauweisen, die möglichst umfangreiche Anwendung industrieller Herstellungsverfahren im Bauwesen. Industrielle Vorfertigung (Präfabrikation) anstelle traditioneller handwerkl. Bauprozesse, beginnend von der Herstellung standardisierter Bauelemente in speziellen Produktionsanlagen (Plattenwerke usw.) über maschinellen Transport bis zur maschinellen Montage auf der Baustelle. Arbeitsgänge z. T. automatisiert. Hauptsysteme sind → Großblockbauweise, → Großplattenbauweise u. → Skelettbauweise unter hauptsächl. Verwendung von Beton, Stahl u. Stahlbeton. Daneben existiert die → Leichtbauweise. Nach verschiedenen baustellengebundenen Fertigungsverfahren unterscheidet man u. a. zwischen → Gleitbauweise, Tunnelschalverfahren u. Hubdecken- oder Geschoßhebeverfahren. Histor. Anfänge um 1850 in England (Gußeisen-Montagekonstruktionen), erste Wohnbauten aus Betonhohlplatten in den USA (1908); 1925 erste Versuche mit Großplatten in Deutschland durch O. Wagner in Berlin-Friedrichsfelde u. erste Versuche der Fließfertigung (Berlin-Britz, B. Taut u. M. Wagner), erste Großblockbauten 1926–30 in Frankfurt/M. (E. May). 1955–89 Hauptform der Bauausführungen in den Ländern des sozialist. Herrschaftssystems.

Ingenieurbaukunst. Eiffelturm in Paris (1889) A. G. Eiffel

Ingenieurbaukunst, die Errichtung techn. Bauwerke u. Anlagen, ihre Planung u. Konstruktion mit einem hohen Maß an Erfindergeist, wissenschaftl. Erkenntnis, Funktionalität, Wirtschaftlichkeit u. Ästhetik. Ansätze bereits in den Sklavereistaaten des Vorderen Orients, z. B. beim Bau großer Städte wie Babylon u. Alexandria, bei der Anlage von Straßen, Brücken, Häfen, Leuchttürmen u. dgl. Höhepunkt auf dem Gebiet raumüberdeckender Baukunst war der Übergang vom Steinbalken zu gewaltigen Gewölbekonstruktionen in der antiken Architektur der röm. Kaiserzeit (1.–4. Jh.), angewendet u. a. beim Pantheon (118–135) u. der Kon-

Ingenieurbaukunst. Brücke bei Köln-Rodenkirchen (1938–41, 1954)

stantinsbasilika (306–312) in Rom sowie bei der Errichtung komplizierter Brücken u. Wasserleitungen. Bis M. 18. Jh. wurden derartige Aufgaben dem handwerkl. Bereich zugeordnet. Erste techn.-künstler. Aspekte in der italien. Renaissance in phantasievollen techn. Entwurfsideen von Leonardo da Vinci, Francesco di Giorgio Martini u. a. Seit dem frühen 16. Jh. die besondere Gattung der »Architectura militaris« durch Kriegstechniker u. Festungsbaumeister. Die eigenständige Definition des Ingenieurbaus, zunächst bezeichnet als »Eisenbau«, seit etwa 1750 im Zusammenhang mit der Abgrenzung gegenüber dem entwerfenden Architekten, ausgelöst durch die Anfänge der industriellen Revolution, in der auch im Bauwesen die Differenzierung planer., konstruktiver, techn., technolog. u. ökonom. Prozesse begann. Früheste Ansätze zeigte England, gefolgt von Frankreich u. Deutschland. Bahnbrechend war seit E. 18. Jh. die konstruktive Verwendung von Gußeisen, u. a. bei Brücken, bei mehrgeschossigen Industriegebäuden wie der Flachsspinnerei in Shrewsbury (Ch. Bage, 1796) u. der Baumwollfabrik Salford bei Manchester (J. Watt, M. Boulton, 1801), beim Themsetunnel in London (J. K. Brunel, 1843). Nach M. 19. Jh. neue Möglichkeiten durch Einsatz von Stahl, Beton u. Glas; zum europäischen Symbol der Stahlbauweise wurde der Turm der Pariser Weltausstellung auf dem Marsfeld (A. G. Eiffel, 1889), ebenso pionierhaft die Gebäudekonstruktionen von → J. Paxton, → T. Garnier u. → A. Perret. Nach dem Vorbild der Pariser École politechnique (1794) entstanden im 19. Jh. höhere techn. Lehranstalten, darunter die → Bauakademie in Berlin. 1877 Patentierung der Stahlbetonbauweise; seit A. 20. Jh. von der Avantgarde der Ingenieure u. Arch. als wichtige Gestaltungsform, insbesondere für Hochbauten, aufgenommen. Bahnbrechend u. a. → F. L. Wright, → L. H. Sullivan, → W. Kreis, → H. Poelzig, → M. Taut, → L. Mies van der Rohe, → P. L. Nervi, → A. Gaudi, → F. Candela. Spezielle Technologien führten z. B. zu Konstruktionsverfahren für Stahlrippenkuppeln, Stahlbetonschalen, Raumgitternetze, Seilnetz- u. Zeltkonstruktionen, Schalen- u. Gleitbauweisen.

Inhalt, architektonischer, die Gesamtheit der gestaltbestimmenden Faktoren einer Bauaufgabe.

Inkrustation [<lat.], Wandverkleidungen mit eingelegten edlen, meist farbigen Verblendsteinen. Technik ähnlich der Intarsie. Anwendung von der Antike über die Fassaden florentin. Romanik bis zur Gegenwart.

Innenhof (Binnenhof), durch Bauten begrenzter, meist architektonisch gestalteter Freiraum. Ursprünglichste Form das Gehöft der Ackerbauvölker. In hellenist.-röm. Zeit das Atrium des Wohnhauses, im Mittelalter der Kreuzgang, in der Renaissance der Arkadenhof italien. Palazzi u. Prachthöfe europäischer Schloßanlagen (z. B. Blois, Torgau, Krakau, Heidelberg, Aschaffenburg, Escorial) u. Bürgerhäuser (z.B. Pellerhaus in Nürnberg). Nach Bevorzugung offener Höfe im 18. Jh. (Cour d'honneur) im 19. Jh. neue funktionelle Aufgaben als Höfe in Verwaltungsbauten, Hotels, Warenhäusern (Lichthöfe), Fabrikhöfe, Wohnhöfe, Höfe in Hinterhäusern u. dgl.

Insthaus, überholte Bezeichnung für ein primitives Landarbeiterwohnhaus (Kate) ehem. ostelb. Gutsanlagen. Typ. langgestreckte ebenerdige Bauten abseits vom Herrenhaus. Meist in schemat. Reihung als Straßenzeile, im Inneren überwiegend gegliedert in Wohnküche u. 1–2 Kammern.

Intarsie [<ital.], kunsthandwerkl. Einlegearbeit in Holz, Stein, Stuck oder anderen Werkstoffen, bei der verschiedenfarbige Teilchen zu Ornament- oder Bilddarstellungen zusammengesetzt werden. Besonders hohe techn.-künstler. Vollendung in der Innenraum- u. Schreinerkunst des 16./17. Jh.

Interieur [frz.], Innenarchitektur u. Innenausstattung von Gebäuden.

Interkolumnium [lat.], in der Antike der in Säulendurchmessern ausgedrückte Säulenabstand. Maßordnungssystem der Architekturlehre Vitruvs.

International Style [engl.] (Internationaler Stil), ein von H.-R. Hitchcock u. → P. Johnson 1932 in den USA geprägter Sammelbegriff für die europäische

International Style. Zentrum von Brasilia

International Style. Seagram Building in New York (1956–59). L. Mies v. d. Rohe

Architektur des 2. V. 20. Jh., die sich durch einfache kub. Grundformen, weißen Glattputz, Flachdächer sowie Verzicht auf ornamentalen u. plast. Schmuck auszeichnete. Vertreter: F. L. Wright, T. Garnier, A. Loos, W. Gropius, L. Mies van der Rohe u. a. m.

Inventare, Veröffentlichungen mit gebietsweise erfaßten Beständen kulturhistorisch wertvoller Bausubstanz. Wichtige dokumentar. Quellen bau- u. kunstwissenschaftl. Forschung mit Angaben über Entstehung, Zeit, Topographie, Material, Künstler usw., ausgestattet mit Abbildungen u. Literaturhinweisen. Arbeitsmaterial u. a. für Denkmalpflege u. Städtebau. Vorläufer waren Sammlungen von Stadtansichten des → M. Merian. Anfänge wissenschaftl. Erfassung unter K. F. Schinkel. Vorbildlich die Handbücher von G. Dehio u. E. Gall (1899 ff.), heute Behörden für Denkmalpflege.

Ionische Ordnung → Säulenordnungen.

Isometrie (Militärriß), zeichner. Darstellung eines Bauwerkes in geometr. Dimensionen, wobei die Vertikalen senkrecht u. maßstabgerecht bleiben, der Grundriß aber im gleichen Winkel von etwa 30° zu einer Horizontalen gesetzt wird, was eine Verzerrung der Kurven u. Diagonalen zur Folge hat. Verwandt mit der → Axonometrie. → auch Architekturdarstellung, Abb.

Isozaki, Arata, japan. Arch. (geb. 1931 Oita). Nach 1960 Anschluß an japan. Stilgruppe der Metabolisten mit Gestaltungsanalysen zum Zellwachstum. Nach Mitarbeit bei → K. Tange ab 1963 eigenes Büro, seit 70er Jahren Bevorzugung stereometr. Formen. Hauptwerke: Zentralbibliothek Oita (1966), Museum für moderne Kunst Tazaky (1971–74), Kunstmuseum Kitakyushu (1979–82), Museum of Contempary Art Los Angeles (1981–86), Victoriahof Berlin (1987).

Istmaß → Konstruktionsmaß.

Iwan (Liwan) [arab.], nach einer Seite offene, tonnengewölbte Halle an der südl. Hofseite iran.-sassanid. Bauten (z. B. Thronhalle in Ktesiphon/Bagdad, 3. Jh., 25 m breit, 28 m hoch, größte der Welt). Ähnl. Formen im Wohnbau Syriens u. Mesopotamiens, seit 11. Jh. im Seldschukenreich als → Medrese. Außerdem bei iran. → Moscheen mit prächtigem Kuppelsaal.

Ixnard, Pierre Michel d', französ. Arch. (1723 Nîmes–1795 Straßburg). Aufenthalte in Rom u. Paris. Seit 1763 am Hof in Stuttgart, 1764 fürstl. Baudirektor in Hechingen, 1780 Rückkehr nach Frankreich. Hauptmeister des Frühklassizismus in West- u. Süddeutschland. Hauptwerke: Schloßumbau in Hechingen (1764), Schloß Königseggwald (1766), Stift Buchau (1769), Palais Sickingen in Freiburg/Br. (1769), Kloster St. Blasien (1771–83), Schloßumbau in Ellingen (1772 ff.), Damenstiftskirche in Buchau (1776 ff.), Schloß Gammertingen (1775 ff.), Schloß Koblenz (1777–86).

J

Jacobean Style [engl.], Stilstufe der engl. palladian. Renaissance unter Einflüssen der niederländ. Profanarchitektur z. Z. Jakobs I. (1603–25). Breitgelagerte Gebäude mit E- u. H-förmigen Grundrissen, großen Innen- u. Ehrenhöfen u. großflächigen Fenstern. Hauptbeispiele sind Audley End bei Saffron Walden (1603 ff.), Bramshill (1605–12), Hatfield House in Hertford (1608–12).

Jacobsen, Arne, dän. Arch. u. Industriegestalter (1902–71 Kopenhagen). 1927 Studienabschluß an Kunstakademie Kopenhagen. Bahnbrecher des dän. Funktionalismus unter maßgebl. Einfluß von → Le Corbusier, → Mies van der Rohe u. → G. E. Asplund. 1956 Prof. an Kunstakademie Kopenhagen. Hauptwerke: Wohnhäuser in Ordrup u. Gentofte, Rathäuser in Århus u. Søllerod (30er Jahre), Siedlung Søholm (1950), Rathaus in Rødovre (1955), Schule in Gentofte (1956), Hotel (1960) u. Nationalbank (1965–76) in Kopenhagen, Neues Rathaus Mainz (1968–74), Verwaltungsgebäude Hamburgische Elektrizitätswerke (1971).

Jagdschloß. Herausbildung im ausgehenden Mittelalter als landesherrl., vorübergehend genutzter Aufenthaltsort in bevorzugten Jagdrevieren. Umwandlung bzw. Nutzung älterer Anlagen u. Errichtung von Neubauten, speziell angeregt durch die französ. Renaissance (Chambord, La Muette usw.). Bei kleineren Gebäuden z. T. Zentralbauten, Lusthäuser u. Pavillons bevorzugt. Entwicklungshöhepunkt im Barock mit überwiegend zentralisierenden Baukörpern in Mittelpunkten von Schneisensternen u. mit Dachaufbauten für Beobachtung u. Fernsicht (z. B. Moritzburg, Wermsdorf). Im 19. Jh. meist romant. Anlagen in Formen der Neogotik (Rügen, Schloß Granitz), seit dem späten 19. Jh. durch einfache bis exklusive Jagdhütten ersetzt.

Jahn, Helmut, dt.-amerikan. Arch. (geb. 1940 Nürnberg). Seit 1966 ansässig in Chicago, beeinflußt durch Art Déco u. → L. Mies van der Rohe. Erbauer moderner Geschäfts- u. Verwaltungsgebäude, z. B. McCormick Place, Chicago (1970), Kemper Arena, Kansas City (1974), Madison Office Building, Chicago (1978), State of Illinois Building, Chicago (1978), Gebäudeprojekt für die Berliner Friedrichstraße (1992/93).

Jansen, Hermann, dt. Arch. (1869 Aachen – 1945 Berlin). Studium an TH Aachen, anschließend tätig in Berlin, 1920 Prof. für Städtebau an TH Charlottenburg, 1929 Mitglied der Preuß. Akademie des Bauwesens. Wegbereiter neuzeitl. Stadtbaukunst des 20. Jh. durch zahlr. Teil- u. Gesamtbebauungspläne für Städte in Deutschland u. im Ausland. Seit 1902 Herausgeber der Zeitschrift »Der Baumeister«.

Jarus, charakterist. stufenartige Horizontalgliederung an Sakral- u. Profanbauten der altruss. Baukunst, besonders typisch ausgebildet bei kirchl. Zentralbauten des 17./18. Jh.

Jeanneret → Le Corbusier.

Jefferson, Thomas, amerikan. Rechtsanwalt u. Arch., 1801–09 als Republikaner USA-Präsident (1743 Shadwell bis 1826 Monticello). Nach vorübergehendem Frankreichaufenthalt Elemente des französ. Klassizismus, des engl. Palladianismus u. Neoklassizismus sowie des engl. Landschaftspark in USA eingeführt. Hauptwerke: eigener Wohnsitz in Charlottesville (1796–1805), Regierungsgebäude in Richmond (1785, gemeinsam mit Ch. L. Clérisseau), führend beteiligt an der Planung von Washington als Regierungszentrum u. am Bau des Weißen Hauses, zahlr. Wohngebäude im Staat Virginia u. Universität in Charlottesville (1826).

Jeropkin, Pjotr Michailowitsch, russ.

Arch., Städtebauer u. Theoretiker (um 1698–1740 St. Petersburg). Auf Veranlassung Peters I. zum Studium nach Italien entsandt, seit 1737 Mitglied der St. Petersburger Baukommission. Hauptwerke: Projekte zur planmäßigen Bebauung St. Petersburgs, Übersetzung des Architekturbuches von Palladio ins Russische u. maßgebl. Mitarbeit bei der Herausgabe des ersten russ. Architekturhandbuches.

Jesuitenbaukunst, Kirchen- u. Klosteranlagen im Barockstil des späten 16. u. 17. Jh. von teilweise monumentalen Ausmaßen, die sich ableiten von der Architektur der jesuit. Stammkirchen in Rom (Il Gesù, 1568 ff.; S. Ignazio, 1626 ff.) in der charakterist. Verschmelzung von Langhaus mit eingezogenen Kapellen u. einem Zentralraum. Demonstration von kraftvoll-dynam. Formenbewegtheit an spannungsreich-rhythmisch schwingenden Räumen in Verbindung mit Plastik u. Malerei. Zur schnellen Gewinnung von Anhängern, besonders im Zuge der Gegenreformation, weitgehende Anpassung an landschaftl. Baugewohnheiten, daher oftmalige Mischungen der Barockformen mit spätgot., rokokohaften u. überwiegend klassizist. Elementen. Hauptverbreitung im Rheinland, in Süddeutschland, Böhmen u. Polen, darüberhinaus in Indien u. Lateinamerika.

Joch [<lat.], ein von 4 senkrechten Stützen u. überdeckenden Gewölbefeldern gegliederter Teilraum einer Gewölbefolge, wie sie das Schiff einer Kirche aufweist, oder im Brückenbau der Bogenabschnitt zwischen zwei Pfeilern. Vorzugsweise Anwendung des Begriffes in der Romanik als Element des quadrat. Schematismus (→ Gebundenes System). In der Gotik zweckmäßigerweise als Travée bezeichnet. Folgen mit rhythm. Wechsel stützender Pfeiler u. Säulen werden als rhythm. Travée bezeichnet.

Johnson, Philipp, amerikan. Arch. (geb. 1906 Cleveland/Ohio). 1940–43 Studium bei M. Breuer, beeinflußt durch L. Mies van der Rohe. Wegbereiter des International Styles u. der Postmoderne. Hauptwerke: Glashaus New Canaan, Connecticut (1946–49), Synagoge Post Chester, New York (1956), Amon Carter Museum, Fort Worth/Texas (1961), New York State Theater u. Lincolncenter for Performing Arts, New York (1962–68), Kunsthalle Bielefeld (1968) u. a. m.

Jones, Inigo, engl. Baumeister (1573–1652 London). Nach zwei Italienaufenthalten (1600 und 1613–14)

Jesuitenbaukunst. Grundriß der Benediktiner-Klosterkirche Neresheim (1745 ff.). J. B. Neumann

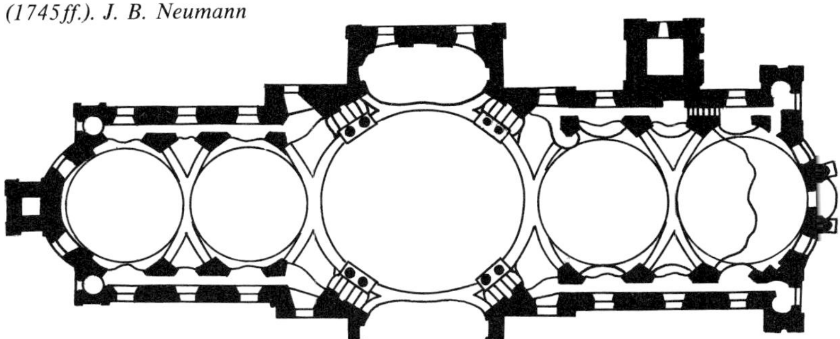

Wandlung vom Spätgotiker zum Anhänger Palladios, damit Bahnbrecher der klassizist. Grundhaltung engl. Architektur mit Ausstrahlung auf die Länder Westeuropas. 1615 oberster Hofarch. Hauptwerke: Queens House in Greenwich (1616 in Anlehnung an Palladios Palazzo Chiericati in Vicenza), Schloß Whitehall in London (1619; → Palladianismus, Abb.), Marktanlage in Convent Garden (1631–38), Wilton House in Wiltshire (nach 1647) u. a.

Jugendherbergen, seit 1912 in Deutschland errichtete billige Übernachtungs- u. Wanderquartiere in touristisch interessanten Gegenden. Seit 20er Jahre systematisch zu einem Netz verdichtet unter Einbeziehung histor. Bauten, wie Burgen, alte Stadttürme, Bürgerhäuser, Mühlen u. Bauernhäuser. Die urspr. funktionelle Gliederung in Schlafsäle, Wascheinrichtung, Selbstkochküche, Tagesraum u. Wohnung des Verwalters heute z. T. erheblich aufgewertet durch Kultur-, Gruppen-, Sporträume u. Küchen für Teil- u. Vollverpflegung.

Jugendstil, dekorative Kunstrichtung der Jahrhundertwende in Deutschland (etwa 1890–1910) zur Überwindung von Historismus u. Eklektizismus. Benannt nach der ab 1896 erschienenen avantgardist. Münchner Zeitschrift »Jugend«. Basierend auf der Weiterentwicklung der Ideen von → W. Morries u. der engl. »Arts-and-Crafts«-Bewegung. Kennzeichnende Formen sind u. a. pflanzl. Ranken aus kurvigen, gewellten u. flammenden Linienführungen in vielfältig variierter Ornamentik. Ihre geschwungenen Formen wurden in der Architektur auch auf die Grundrißbildung u. die Fassadengestaltung übertragen. Dt. Hauptvertreter waren Hermann Obrist, → A. Endell, → J. M. Olbrich, Bernhard Pankok u. P. Behrens. Insgesamt eine Variante gesamteuropäischer Stilkunst, auftretend in Frankreich als → Art Nouveau, in England als Modern Style, in Österreich als → Sezessionsstil, in Spanien als Arte modernista usw.

Justizgebäude. Urspr. Rechtsprechung unter freiem Himmel, seit 2. Jh. v. u. Z. in Rom verlegt in die Apsis der Basilika. Im Mittelalter Tagungen des Hohen Gerichts vor Kirchenportalen (Weltgerichtsportale) u. in Königssälen der Pfalzen, niederes Gericht vor oder im Rathaus (Gerichtslauben, 13.–15. Jh.), seit 16. Jh. spezielle Richterstuben in Rathäusern. Erst in 2. H. 19. Jh. selbständige Bauaufgabe als monumentale, Respekt erheischende

Jugendstil. Ehem. Werkbundtheater in Köln (1914). H. van de Velde

Jugendstil. Haus Peter Behrens in Darmstadt (1901)

Machtsymbole des Staatsapparates. Höhepunkte bildeten die überkuppelten Justizpaläste in Paris (1840), Brüssel (1866–79), Wien (1875–81), München (1890–97) u. Leipzig (1888–95).

Juvara, Filippo, italien. Arch. u. Kupferstecher (1678 Messina – 1736 Madrid). Schüler von C. Fontana, tätig in Rom, Turin, Lissabon, Herzogtum Savoyen; Reisen nach Portugal, England u. Frankreich. 1714 erster Hofarch. von Piemont. Hauptvertreter des Spätbarocks → Borrominis. Neben zahlr. Kirchen, Palästen, Villen, Jagdschlössern u. neuen Stadtvierteln in Turin. Hauptwerke: Stiftskirche Superga b. Turin (1717–31), Capelle Veneria Reale (1716–21), S. Filippo Neri (1715), S. Croce (1718ff.), Chiesa del Carmine (1732ff.), Palazzi Birago della Valle (1716), Richa di Covasolo u. d'Ormea in Turin; außerdem Castello di Rivoli (1718–21), Schloß Stupinigi (1729ff.), Entwürfe für Interieurs u. Möbel, hervorragende Zeichnungen u. Stiche.

K

Kabinett [<frz., ital.], urspr. kleiner abgeschlossener Raum für intime Zwecke in Schlössern des 16.–19. Jh., zur Unterbringung wertvoller Bücher, verschiedenerlei Sammlungen, kleinerer Kunstgegenstände usw. Seit 18. Jh. übertragen auf bestimmte Amtsräume, seit 19./20. Jh. auf Beratungszimmer,

museale Sammlungen (z. B. Münzkabinett, Kupferstichkabinett), Lehrmittelsammlungen und Lehrzentren.

Kaffgesims, Sonderform eines horizontalen Gesimsbandes der Gotik, das unterhalb der Fenster verläuft u. dessen Abschrägung mit vorkragenden, wasserableitenden Deckplatten belegt ist.

Kahn, Louis Israel, amerikan. Arch. (1901 Ösel/Estland – 1974 New York). Studium in Pennsylvania (1920–24), Reisen durch Europa, 1947 Prof. an Yale-Universität u. eigenes Büro. 1950–51 Lehrtätigkeit an der Amerikan. Akademie in Rom, seit 1955 an Universität Pennsylvania. Auffassung der Architektur als System von Beziehungsverhältnissen einander »bedienender« Räume auch unter Einbeziehung der Gebäudeumgebung. Moderne Stadtplanungsaufgaben, aus dem Widerspruch der Bedürfnisse der Fußgänger u. Kraftfahrzeuge abgeleitet. Hauptwerke: Sanierungsprojekte für Slums (1933), Kunstgalerie der Yale-Universität (1951), Medizin. Institut in Philadelphia (1957–61), zahlr. städtebaul. Projekte für Philadelphia, Vorschlagslösung für die Umgestaltung des Biennale-Geländes in Venedig zum Internationalen Kunst- u. Kongreßzentrum (1969).

Kaiserdach, ältere Bezeichnung für → Zwiebelhelm.

Kaiserdome, monumentale Kirchenbauten, die als Ausdruck imperialer kaiserl. Macht im 11.–13. Jh. in Deutschland auf Veranlassung kaiserl. Bauherrn oder zur Aufnahme von Kaisergräbern errichtet wurden. Unklare Bezeichnung, die vor allem auf die rhein. Dome von Speyer (Grabstätte der sal. Kaiser, 1024–nach 1159), Mainz (1009–1239) und Worms (1020–1234) bezogen wird.

Kaiserpfalz → Pfalz.

Kaiserstiel (auch Helmstange), senkrechter Stützbalken in den Gratsparren eines Turmdaches. Im obersten Teil Ansatzpunkt für Wetterfahnen, Spitzen, Kreuze, Blitzableiter.

Kalefaktorium [<lat.], Wärmestube in Klöstern (z. B. Maulbronn, Chorin). Beheizt durch ein Kanalsystem als Abart der griech. → Hypokausten; Feuergase oder Heißluft wurden dabei durch Fußboden- oder Wandöffnungen in den Raum geleitet; Anwendung auch in Pfalzen u. Burganlagen des Mittelalters. → auch Klosteranlage, Abb.

Kallikrates, griech. Baumeister der 2. H. 5. Jh. v. u. Z., vermutlich Zeitgenosse u. Mitarbeiter von Iktinos. Tätig am Parthenon-Tempel (447 v. u. Z.), Pläne für Niketempel auf der Akropolis (448 v. u. Z.), vermutlich Mitbeteiligung am Wiederaufbau der Akropolis u. Errichtung der Propyläen.

Kalotte [<frz.], Bezeichnung für die Fläche eines kugeligen oder sphär. Gewölbes; übertragen auch auf die drehbare Haube von Holländerwindmühlen.

Kaltdach, spezielle Form des Flachdachs, bei dem zwischen Dichtungs- u.

Kaiserdome. Chor im Dom von Speyer (1024–nach 1159)

Isolierschichten eine belüftete Schicht eingefügt ist.

Kamin [<gr., lat.] (Schlot), aus dem Herd entwickelte, halboffene gemauerte Feuerstelle mit einem darüberliegenden Rauchabzug u. eigenem Schornstein. Im oberdt. Sprachbereich Übertragung auch auf Schornstein. Nachweisbar in Burgkemenaten u. Klöstern seit 9. Jh., in Pfalzen seit 13. Jh. In der Renaissance wichtiges Mittel prachtvoller Innenraumgestaltung. In England übertragen auf das bürgerl. Wohnhaus; in Anlehnung an engl. Vorbilder seit spätem 19. Jh. Bestandteil vieler Villen u. Landhäuser kontinentaler europäischer Länder. In der modernen Landhausarchitektur z. T. als Außenkamin auf Terrassen angelegt.

Kämpfer, 1. oberste, meist vorspringende u. profilierte Platte zwischen einer architekton. Stütze (Pfeiler oder Säule), die als Auflager für Gebälke, Bögen oder Gewölbe dient. Nachweisbar seit spätantiker u. frühbyzantin. Baukunst (E. 4. Jh.). 2. Querholz zur Unterteilung eines Fensters.

Kämpferaufsatz, würfelartiger oder trapezoider Block, der in Höhe des Kämpfers zwischen Kapitell u. Bogen eingefügt ist.

Kämpferhöhe, Abstand des Kämpfers vom Fußboden.

Kämpferlinie, Ansatz der Innenfläche eines Gewölbes oder Bogens am Mauerwerk.

Kanephore [gr.], Karyatide in Form einer Korbträgerin.

Kaňka, František Maximilian, tschech. Arch. (1674–1766 Prag). Hauptvertreter der böhm. Baukunst des Spätbarock u. Rokoko. Hauptwerke; Entwurf der Jesuitenkirche St. Clemens in Prag (1711–15), Erweiterung des Klementinums in Prag (1719–24), Schloß Vinoř (1719–24), Vollendung des Zisterzienserkonvents Königssaal (1724–32), Entwurf der Kirche in Donaueschingen (1724), Gartenflügel Schloß Liboch (um 1730), Nepomukkirche in Kuttenberg (um 1730), Erneuerung der Marienkirche in Trebitsch (1727–32).

Kannelure [<gr., lat.], senkrechte, in den Schaft einer Säule eingetiefte Hohlkehle. Gesamtheit wird als Kannelierung bezeichnet. Auftreten seit griech.-myken. Zeit. Mittel zur opt. Erzeugung von Schlankheit u. Lichtschattenwirkungen. Vorherrschend bei Pfeilern, Säulen, Pilastern u. Lisenen, weit verbreitet vom Mittelalter bis zum 19. Jh.

Kanon, klassischer, Prinzip der Säulenordnung, das in Anlehnung an Lehren antiker Bautheoretiker von den Arch. der Renaissance u. des Barock in der Weise festgelegt wurde, daß am Außen- u. Innenfassadensystem in den Untergeschossen dor. oder toskan. Säulen, im Mittelgeschoß ion. u. im Obergeschoß korinth. oder komposite Säulen, Halbsäulen oder Pilaster zur dekorativen Anwendung kommen sollten.

Kanzel [<lat.], im 13. Jh. aus Ambo u. Lettner entwickelter, erhöhter Standort für den Geistlichen einer christl. Kirche. Meist an einem Pfeiler des Langhauses angebracht, bestehend aus Kanzelfuß, Kanzelkorb u. Schalldeckel. Alle Teile boten Ansatz für reichen figürl. u. ornamentalen Schmuck. Sonderformen: freistehende Kanzel (z. B. Tulpenkanzel im Freiberger Dom), Kanzelaltäre (besonders in Sachsen u. Norddeutschland).

Kapelle [<lat.], seit dem 17. Jh. herausgebildeter kleinerer sakraler Kultraum in Form eines Einzelgebäudes (Wegekapelle, Gedenkkapelle, Grabkapelle, Friedhofskapelle) sowie als An- u. Einbau bei Kirchen, Klöstern, Burgen, Schlössern, Rathäusern, Hospitälern usw. Auch Bezeichnung für Kirche ohne eigenes Pfarrecht. → auch Doppelkapelle.

Kapellenerker → Chörlein.

Kapellenkranz, reihenmäßige Anord-

Kapitell. 1 Lotosknospenkapitell, 2 Papyrusknospenkapitell, 3 Blüten-(Dolden-)kapitell, 4 Lilie, 5 Palmenkapitell, 6–8 Korinthisches Kapitell, 6 Vorstufe, 7 klassisches, 8 mittelalterliches Kapitell, 9 Knospenkapitell, 10 Blattkapitell, 11 Ionisches Kapitell, 12 mittelalterliches Ionisches Kapitell, 13 Äolisches Kapitell, 14 Kompositkapitell, 15 Figürliches Kapitell, 16 Kelchkapitell, 17 Persisches Kapitell, 18 Hathorkapitell, 19 Dorisches Kapitell, 20 Toskanisches Kapitell, 21 Korbkapitell, 22 Würfelkapitell, 23 Trapezkapitell, 24 Pfeifenkapitell, 25 Doppelwürfelkapitell, 26 Faltenkapitell, 27 Stalaktitenkapitell

nung radialer Kapellen um einen halbrunden oder polygonalen Chor. → auch Gotik, Abb.

Kapitelhaus (Chapter house [engl.]), Sonderform des → Kapitelsaales engl. Klöster. Polygonaler Bau mit Mittelstütze u. Schirmgewölbe, der mit dem Kreuzgang verbunden ist.

Kapitell [<lat.], Kopf einer architekton. Stütze (Säule, Pfeiler, Pilaster) zur Erweiterung des Auflagers. Als vermittelndes Bauglied zwischen Stütze u. Last Ansatzpunkt reicher plast. Gestaltung. In altägypt. Kunst Lotosknospen- u. Papyrusknospenformen, in griech.-antiker Baukunst spezielle Formen für ion., dor. u. korinth. → Säulenordnungen. Aus dem byzantin. Bereich stammende Korb-, Falten- u. Trapezkapitelle z. T. auf Bauten der Karolingerzeit übertragen, ebenso wie Pilzkapitelle aus der Holzarchitektur. In der Frühromanik vorherrschend Würfelkapitelle, in der Frühgotik Kelch- u. Kelchblockkapitelle. Die Verbindung der letzteren mit Pflanzendekorationen führte zu Knospen- u. Blattkapitellen, deren Naturalismus E. 13. Jh. neuerl. Stilisierung weicht. In Renaissance, Barock u. Klassizismus Rückgriffe auf antike griech. Formen. Abb. S. 133.

Kapitelsaal, hallenartiger, meist 2schiffiger gewölbter Raum vorherrschend an der Ostseite des Kreuzganges mittelalterl. Klöster. Hauptversammlungs- u. Beratungsort der mönch. Gemeinschaft. In engl. Abteien z. T. besonders prächtige Raumformen in speziellen → Kapitelhäusern. → auch Klosteranlage, Abb.

Kappe, die durch Schnitt der Grate begrenzte Teilfläche eines Gewölbes. Einschnitt eines sphär. Dreiecks in eine Tonnenwölbung führt zur Entstehung der Stichkappe.

Kappfenster → Dachluke.

Karawanserei [<ital.] (Han, Khan [pers.]), Zufluchts- sowie Aufenthaltsgebäude für Karawanen, angelegt an wichtigen Handelswegen des Iran u. Kleinasiens in Abständen von Tagereisen. Urspr. flache, später überkuppelte Gebäudekomplexe um einen rechteckigen Innenhof, z. T. mit Moschee u. kostbarem Eingangstor. Bis zum 13. Jh. oft zu mächtigen Anlagen mit großen zwei- u. mehrgeschossigen Arkadenhöfen erweitert, die gleichzeitig als Marktanlagen benutzt wurden (z. B. Akseray, Bursa, Edirne, Istanbul, Tabris). Weiterführung des Grundtypus der Anlage bis ins 19. Jh.

Karcher, Johann Friedrich, dt. Arch. u. Gartengestalter (1650–1726 Dresden). Schüler von A. Le Nôtre, vermutlich zeitweise Mitarbeiter von M. D. Pöppelmann. 1684 Obergärtner des Dresdner Großen Gartens, seit 1690 kurfürstl.-sächs., ab 1697 zugleich auch königl.-poln. Oberlandbaumeister. Hauptwerke: Anlage u. Kleinarchitekturen des Dresdner Großen Garten, Entwürfe für die Schloßerweiterung in Warschau, Mitarbeit an der Planung des Gartens am Japan. Palais in Dresden (um 1718), Entwürfe für Schloß Wilhelmshöhe in Kassel u. Schloß Weißenfels.

Karner → Beinhaus.

Karnies, Zierglied mit S-förmig gekrümmtem Profil. Entweder als steigender K. oder fallender K. oft als Zwischenglied an einem Pfeiler oder Gesims angebracht.

Karolingische Architektur, frühfeudaler Baustil zur Zeit des von Karl dem Großen gegründeten Frankenreiches (751–A. 10. Jh.), auch als Vor-Romanik bezeichnet, nach Zerfall des Karolingerreiches abgelöst durch die Otton. Baukunst. Verbindung von Elementen antiken, röm. u. frühchristl.-byzantin. Charakters in Grund- u. Aufrißgestaltungen, Proportionen, Säulen, Kapitellen, Tonnen- u. Gratwölbungen, Mosaiken, Wandmalereien frühbyzantin. Nachfolge u. anderen Details mit bereits roman. Merkmalen (schwere Mauerhaftigkeit, basilikaler Raumtypus,

Zentralbau, Monumentalität des Eindruckes usw.). Hauptwerke: Abtei St. Denis (754–75), Pfalzkapelle Aachen (790–806), Bonifatius-Kapelle Fulda (791–819), Klosterplan für St. Gallen (um 820), Torhalle des Klosters Lorsch (774), Kloster Centula (um 790–99), Abdinghofkirche in Paderborn (um 799).

Kartause [<ital.], Sonderform eines Klosters der Kartäusermönche, bei der nur Kirche u. Kapitelsaal gemeinsam benutzt werden, während die Mönche in Einzelklausur in gesonderten Häuschen mit Garten lebten, die am Kreuzgang liegen. Hauptbeispiele: Pavia, Parma, Grenoble, Mauerbach.

Kartusche [<frz.], ornamentales Zierglied aus schildartiger Fläche für die Aufnahme von Inschriften, Jahreszahlen, Wappen, Emblemen oder Malereien u. aus einem aus Rollwerk, Akanthus oder Rocaillen gebildeten Rahmenwerk. Hauptverbreitung im 16.–18. Jh.

Karolingische Architektur. Pfalzkapelle in Aachen (790–806)

Karyatide [gr.] → Atlant.

Kasakow, Matwej Fedorowitsch, russ. Arch. (1733 Moskau – 1812 Rjasan). Hauptvertreter des Moskauer Klassizismus mit großer Nachfolge. Hauptwerke in Moskau: Schloß Petrowskoje (1775–82), Vollendung Schloß Ostankino, Paschkow-Palast (1785), Demidow-Palast (1789–91), Universitätsbau (1786), Palais Rasumowsky (1790–93), Himmelfahrtskirche (1790–93), Golizyn-Krankenhaus (1796–1801).

Kasematten [<frz.], unter abgedeckten Wällen befindl. schußsichere Räume einer Festung.

Kaserne [<frz.], Soldatenunterkunft, bekannt seit der röm. Kaiserzeit in Form 2geschossiger, langgestreckter massiver Baracken. Wiederaufnahme in Idealkonzeptionen für Festungsanlagen der Renaissance. Prakt. Realisierung erst mit der Einführung stehender Heere in Residenzstädten des 17./18. Jh. In Preußen seit 1717, zunächst in Form von Mehrfamilienhäusern für Soldaten (z. B. Potsdam, Ludwigslust, Berlin). In Sachsen der Typ der Mannschaftsunterkünfte mit Offiziers-, Stabs-, Mannschafts-, Wirtschafts-, Stall- u. Wachgebäuden. Seit 19. Jh. Bevorzugung des speziellen Typus des Mittelganghauses mit Einzel- u. Mannschaftsräumen.

Kasino [<ital.], urspr. Pavillon eines Renaissancegartens, im 18. Jh. übertragen auf Tanz- u. Gesellschaftssäle (u. a. Spielkasino), im 19. Jh. auf Offiziersspeiseräume.

Kassettendecke, durch sich überkreuzende Balkenlagen in einzelne Felder aufgeteilte, vorherrschend flache, aber auch gewölbte Decke. Die regelmäßigen quadrat., rechteckigen, polygonalen oder runden Felder (Kassetten) sind z. T. bemalt, reliefiert u. durch besondere Rahmungen profiliert. Vorkommen bei antiken Säulenhallen, Innenräumen der Renaissance u. des Barock.

Kastell [<lat.], festes Schloß oder klei-

nere selbständige Festung im Gegensatz zur Zitadelle, die Teil einer größeren Festung ist.

Kastengrab, kastenförmiger Steinsarg des Mittelalters.

Katakombe [<ital.], unterird. oder in den Felsen eingetiefte Grabanlage der frühen Christenvereinigungen in Italien (Coemetrium) und Nordafrika. Hauptbeispiele in Rom (2.–4. Jh.). Verzweigte Systeme übereinanderliegender Haupt- u. Nebengänge mit übereinanderliegenden Grabnischen in den Wänden. Auf den Verschlußplatten die Namen der Toten, an Wänden u. Decken älteste Zeugnisse christl. Wandmalereien (z. B. Katakombe SS. Marcellino e Pietro in Rom, 3.–4. Jh.).

Kate [niederdt.], einfache Behausung eines landarmen Bauern oder Tagelöhners.

Kathedrale [<lat., gr.], vorwiegend in England, Frankreich u. Spanien gebräuchl. Bezeichnung für eine Bischofskirche (Bischofssitz) in einer Stadt, in Deutschland überwiegend als Dom bezeichnet.

Kaufhäuser, Handelsgebäude, seit 14. Jh. aus Erdgeschoß-Verkaufslauben von Bürger- u. Rathäusern entstanden. Entsprechend der Bedeutung u. Wirtschaftslage der Städte seit der Spätgotik zu eigenständigen, das Stadtbild mitbeherrschenden Gebäuden entwickelt (z. B. Tuch- u. Gewandhäuser, Fleischhallen, Fischhäuser). Vom 17.–19. Jh. auch Zusammenfassung von Einzelhändlern in besonderen Kaufhöfen. Differenzierung der Angebotssortimente führte seit dem 19. Jh. zur Herausbildung des mehrgeschossigen Warenhaustyps. Bahnbrechend waren Frankreich, England u. Deutschland mit zentralen glasüberdeckten Lichthöfen, charakterist. Treppenführungen, Schaufensterfassaden u. dgl. (z. B. Gerson in Berlin, 1849 von Friebus; Wertheim in Berlin, 1897–1904 von A. Messel). Im 20. Jh. Nebeneinander von mehrgeschossigen Großraumanlagen u. 1–2geschossigen Kaufhallen.

Kaufmann, Oskar, dt.-ungar. Arch. (1873 St. Anna/Ungarn – 1956 Budapest). Studium an TH Karlsruhe, seit 1900 in Berlin, 1933 Emigration nach Tel Aviv, 1945 Übersiedlung nach Budapest. Führender Theaterarch. der 1. H. 20. Jh. Hauptwerke: Hebbeltheater (1907), Filmtheater am Nollendorfplatz (1912), Volksbühne am Luxemburgplatz (1913/14; → Neoklassizismus, Abb.), Krolloper (1922/23), Komödie (1924) u. Renaissancetheater (1926) in Berlin, Stadttheater in Bremerhaven, Wien u. Königsberg, Villen u. Interieurs. Nach 1945 Wiederaufbau zahlr. Theater in Ungarn.

Kavalierarchitekt, aus dem Hofadel des 17./18. Jh. hervorgegangener dilettant. Arch., der den an vielen Höfen eingeführten Unterricht in Zivil- u. Militärbaukunst, den führende Baukünstler dort erteilen mußten, absolviert hatte. Nach der Vermittlung architekton., techn. u. zeichner. Fähigkeiten erfolgten oft spezielle Studienreisen (Kavalierstouren) zur Vertiefung der Anschauungen über das Bauschaffen anderer Länder. Der K. übte nachhaltigen Einfluß auf viele zeitgenöss. Baukonzeptionen aus.

Kavalierperspektive, Kavalierriß → Axonometrie.

Kavaliershäuser, in der Regel kleinere, pavillonartige Gebäude, die in erweiterten Hofhaltungen des Barock meist streng symmetrisch in das Gesamtanlagesystem axialer Schloß- u. Parkareale eingebunden waren als vorübergehende oder längere Aufenthaltsorte für Hofkavaliere, Gäste, Adjutanten u. dgl., z. B in Nymphenburg, im Großen Garten Dresden, im Neuen Garten Potsdam.

Kegeldach, → Dachform mit kegelförmigem Abschluß, charakteristisch für runde Türme.

Kehlbalkendach, Sonderform des → Sparrendachs bei Sparrenlängen über

4,50 m, die zusätzl. Unterstützung durch einen Kehlbalken erhalten, der in die Ebene des → Gespärres gelegt wird.
Kehle (auch Dachkehle), der weniger als 180° betragende Winkel, der durch das Zusammentreffen zweier Dachschrägen im Firstbereich entsteht.
Kelchblockkapitell → Kapitell.
Keller (auch Kellergeschoß, Untergeschoß), die unter dem Erdgeschoß liegenden, in das Bodenniveau eingetieften Räume eines Gebäudes. → auch Souterrain.
Kellerschacht → Lichtschacht.
Kemenate [<lat.], steinernes, heizbares Wohngemach einer mittelalterl. → Burg, später übertragen auf Breitwohntürme und Frauengemächer (seit dem Spätmittelalter auch Dirnitz genannt). Dann angewendet auf überwölbte »Steinwerke« mittelalterl. Bürgerhäuser, die zur feuergeschützten Aufbewahrung wertvollen Habes dienten u. besonders in speziellen Fachwerkstädten des Harzvorlandes, Niedersachsens, Hessens sowie Westfalens verbreitet waren.
Kenotaph [gr.], ein leeres oder Scheingrab in Form von Sarkophag, Tumba, Gruft u. dgl., das zur Erinnerung an einen Verstorbenen oder eine anderenorts befindl. Grabstätte errichtet wurde. Bekannt seit vorgeschichtl. Zeit, häufiger im 16./18. Jh. (wie z. B. Kenotaph des Kurfürsten Moritz v. Sachsen im Domchor Freiberg, 1563).
Kent, William, engl. Arch., Landschaftsgärtner, Dekorateur u. Maler (1685 Bridlington/Yorkshire – 1748 London). Nach 10jährigem Malereistudium in Rom mit Unterstützung von Lord Burlington Übergang zur Architektur. Wegbereiter u. seit 1730 Hauptvertreter palladianist. Architektur u. Innenraumkunst in London. Außerdem Bahnbrecher für den engl. Landschaftsgarten. Hauptwerke: Holkham Hall (1734), Schatzamt (1734), Häuser an der Arlington Street (1741) u. am Berkeley Square (1742) sowie Horse Guards (1750) in London.
Kielbogen → Eselsrücken.
Kikutake, Kiyonori, japan. Arch. (geb. 1928 Kurume). Schüler von K. Tange. Vertreter der 1959 gegründeten sogen. Metabolismus-Gruppe mit charakterist. Betonbauten in extrem phantast. Formen u. Konstruktionen. Hauptwerke: eigenes Wohnhaus in Sternform (1957–59), Schatzhaus am Heiligtum in Izumo (1963), Hotel Tokoen in Kaika Spa (1965), Gemeindehaus in Miyakonojo (1966) u. Pacific Hotel in Chigasaki (1965–66). Entwürfe von Wohnzylindern u. Meeresstädten (1959–60; → Idealstadt, Abb.), Kongreßhalle Kioto (1963).
Kiosk [<türk.], urspr. offener Pavillon ind., pers. u. türk. Gartenanlagen. Heute Bezeichnung für pavillonartigen Verkaufsstand.
Kirche, christl. → Sakralbau zur Gottesverehrung.
Kirchenburg, befestigte Kirchenanlage mit Wehrtürmen, Wehrmauern oder

Kenotaph des Kurfürsten Moritz im Dom zu Freiberg/Sa. (1563). J. M. Nosseni

Klassizismus. Glyptothek in München (1816–34). L. v. Klenze

Klassizismus. Festsaal des Schlosses Weimar (1802–04). H. Gentz

Umwallungen des Kirchenplatzes u. Friedhofs. Hauptverbreitung in Siebenbürgen (z. B. Heltau), Niederösterreich u. Westfrankreich.

Klangarkade (Schallarkade), Bogenöffnungen im Glockengeschoß eines Kirchturmes.

Klassisch, adjektiv. Bezeichnung für die antike griech.-röm. Kunst u. Kultur (A. 5.–E. 4. Jh. v. u. Z.), im weiteren Sinne für »formvollendet« u. »vorbildlich« verwendet.

Klassizismus, in der dt. Architektur die künstler. Strömung des Bürgertums in der aufsteigenden Phase seiner Entwicklung zwischen 1750 u. 1840. Durch Aufklärung, Rationalismus u. die wachsende Rolle der Wissenschaft unter dem Einfluß der industriellen Revolution geförderte Gegenbewegung zu → Barock u. → Rokoko. Vorklassizist. Ansätze gab es bereits in karoling. Architektur, Protorenaissance u. Palladianismus, unmittelbare Vorläufer im französ. Empire u. der Revolutionsarchitektur sowie im Schaffen G. W. v. Knobelsdorffs. Zunächst basierend auf der bürgerl. Idealisierung klass.-strenger Stilüberlieferungen der röm. Republik, dann Erneuerung im Sinne der griech. Antike. Zwischen 1800–20 Aneignung durch den Adel u. teilweise Überleitung zum Historismus. Im Gegensatz zur barocken Formenpracht des 18. Jh. Bevorzugung von Einfachheit u. Klarheit in Form u. Material, kub. Bauformen, großflächigen Wänden u. maßvollem Dekor (Akanthus, Mäander), antik. Giebelformen, Portiken, Reliefs u. Säulenstellungen unter Vorherrschaft horizontaler Linien, Symmetrie u. gesetzmäßig überlieferten Proportionen. Haupttheoretiker war Johann Joachim Winckelmann (1717–68). Hauptvertreter u. Beispiele: F.W. v. Erdmannsdorff (Schloß Wörlitz, 1769–73), D. Gilly (Schloß u. Dorfanlage in Paretz, 1787–1800), C.G. Langhans (Brandenburger Tor in Berlin, 1788–91), L. v. Klenze (Glyptothek München, 1816ff.), F. Weinbrenner (Rondellplatz in Karlsruhe, 1804–24), K.F. Schinkel (Altes Museum in Berlin, 1824–30).

Klausur [lat.], der ausschließlich Klosterinsassen vorbehaltene, abgeschlossene innere Klosterbereich mit den Klosterzellen (Klausen) u. übrigen Gebäuden rund um den Kreuzgang.

Kleeblattbogen, Bogenform mit Dreipaß-Schluß (→ Paß).

Kleihues, Josef Paul, dt. Arch. (geb. 1933 Rheine/Westfalen). Seit 1962 Architekturbüro in Berlin, seit 1937 Prof. an Universität Dortmund. 1979–82 Planungsdirektor der IBA (Internationale Bauausstellung) 1984 in Berlin. Hauptwerke: Kopfklinik Berlin-Westend (1960–66), Hauptwerkstatt Stadtreinigung Berlin (1969–79), Platzbebauung in Berlin-Wedding (1972–78), Krankenhaus Neukölln (1973ff.), Zentrum Wulfen (1975–79).

Klein, Alexander, Arch. u. Theoretiker (1879 Odessa–1961 Haifa). Studium u. frühe Tätigkeit in St. Petersburg, 1921 bis zur Emigration 1933 selbständig tätig in Berlin, 1933–56 Prof. für Städtebau u. Siedlungswesen an der TH Haifa. Bahnbrechend durch seine wissenschaftl. Untersuchungen über gut proportionierte, äußerst funktionsgerechte Grundrißlösungen im Kleinwohnungsbau. Hauptwerke: Einfamilienhäuser in Berlin (1923–24), Siedlung Bad Dürrenberg (1929), Miethausprojekt für die »Interbau« Berlin (1957), Wohnanlagen u. Institutsbauten in Haifa.

Kleinasiatisch-ionische Ordnung → Säulenordnungen.

Klengel, Wolf Caspar von, dt. Arch. (1630–91 Dresden). Kavalierarchitekt, nach Ausbildung als Artillerieoffizier u. Militäringenieur sowie Reisen nach Frankreich, Niederlanden u. Italien ab 1656 Oberlandbaumeister in Dresden, seit 1672 Oberinspekteur der Festungen u. öffentl. Gebäude. Frühester sächs. Vertreter des italienisch u. französisch beeinflußten Barock mit besonderer Auswirkung auf die Dresdner Stadtanlage u. das Befestigungswesen. Hauptwerke: Komödienhaus, Neues Ballhaus u. Schießhaus (zwischen 1664–73) in Dresden, im 18. Jh. abgebrochen. Umbauarbeiten an Schlössern in Torgau, Dresden u. Moritzburg. Die von antik-röm. Ideen beeinflußten Bebauungspläne nach dem Stadtbrand 1685 wurden grundlegend für die Konzeption der zentralen barocken Nord-Süd-Achse Dresdens.

Klenze, Leo von, dt. Arch. u. Maler (1784 Schladen/Harz–1864 München). Schüler von D. Gilly, Ch. Percier u. P.-F.-L. Fontaine. Aufenthalte in Frankreich, Italien u. Griechenland. 1808–13 Hofarch. in Kassel, 1816–64 Hofarch. in München. Vertreter des → Klassizismus, gleichzeitig Vorläufer der Neorenaissance. Hauptwerke: Theater in Kassel-Wilhelmshöhe (1808–19), Glyptothek München (1816–34), Königsbau der Münchner Residenz (1826), Alte Pinakothek (1826–30) u. Bauensemble am Königsplatz u. in der Ludwigstraße in München (1828–30), Walhalla b. Regensburg (1830–42), Eremitage (1839–52) u. Innenraum der Isaakkirche (1839) in St. Petersburg, Entwürfe für Athen (1839–51), Ruhmeshalle in Kelheim (1847–63).

Klerk, Michael de, holländ. Arch. u. Lithograph (1884–1923 Amsterdam). Vertreter der »Amsterdamer Schule« expressionist. Architektur. Hauptwerke: Reihenhäuser am Vermeer-Platz u. Schiffahrtsgebäude in Amsterdam, Entwürfe für Inneneinrichtungen.

Klinker, durch starke Brennwirkung gesinterter Backstein mit hoher Widerstandsfähigkeit gegen Druck und Feuchtigkeit.

Klosteranlagen. Herausbildung mit der Entstehung christl. Ordensgemeinschaften, bei der sich Mönche u. Nonnen getrennt zur Pflege asket. Lebensweise abseits von Siedlungen niederließen. Anfänge in Ägypten (4. Jh.), von dort Ausbreitung über den gesamten byzantin. Feudalstaat. Seit 529 mit Gründung des Benediktinerordens (→ Benediktinerbaukunst) Ausgangspunkt für die europäische Entwicklung gegeben. Durch Neulanderschließung, Feldbau, Krankenpflege, Ausübung von Kunst u. Wissenschaft von entscheidender Bedeutung für die Herausbildung der Produktivkräfte im Mittelalter, speziell die Zisterzienser (→ Zister-

Klosteranlagen. Grundriß des Zisterzienserklosters Chorin. 1 Sakristei (vestiarium), 2 Bibliothek (armarium), 3 Sprechsaal (auditorium, parlatorium), 4 Kapitelsaal (capitulum), 5 Novizen- oder Pilgerzelle (noviciatum), 6 Treppe zum Schlafsaal der Mönche (dormitorium), 7 Karzer (carcer), 8 Ostdurchgang, 9 Verwaltungs- und Archivräume, 10 Brüdersaal (fraterium), 11 Wärmestube (calefactorium), 12 Speisesaal der Mönche (refectorium), 13 Küche (coquina), 14 Altes Pforthaus, 15 Neues Pforthaus, 16 Speisesaal der Konversen, 17 Tagesraum der Konversen, 18 Kreuzgang, 19 Brunnenkapelle

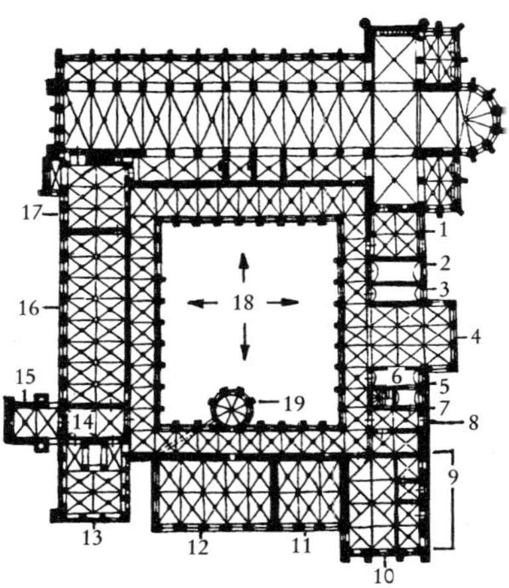

Knagge

zienserbaukunst) u. Hirsauer (→ Hirsauer Bauschule). Grundform der Klosteranlage bestehend aus Kirche u. meist nach Süden gelegener Klausur mit Kreuzgang, Kapitelsaal, Dormitorium, Refektorium, Kalefaktorium u. Wirtschaftshof; teilweise mit Sondergebäuden, wie Abthaus, Gästehaus, Novizenhaus, Hospital, Schule. Abweichend seit 13. Jh. die städt. Anlagen der Bettelorden ohne Wirtschaftshöfe, z.T. auf dem eng begrenzten Stadtterritorium gebäudemäßig eingeschränkt oder auch bei Randlagen in städt. Wehranlagen einbezogen. → auch Ordensbaukunst, Buddhist. Architektur.

Klosterdach, Form der Dachdeckung, bei der 2 halbzylindr. Ziegelformen (»Mönch und Nonne«) mit ihren Höhlungen abwechselnd oben u. unten ineinandergreifen.

Klosterformat, bevorzugtes Backstein-Großformat des Mittelalters von etwa 28,5 x 13,5 x 8,5 cm.

Klostergewölbe, kuppelähnl. Gewölbe, dessen gekrümmte Wandungen unmittelbar auf den Umfassungsmauern aufsitzen u. durch Grate voneinander geschieden sind.

Knagge, hölzerne Verstrebung des Fachwerks. Kurzes Kantholz als Balkenstütze zwischen senkrechtem Pfosten u. horizontalen Auflagen als Sicherung gegen Durchbiegen oder Abgleiten der Balken.

Kniestock → Drempel.

Knobelsdorff, Georg Wenzeslaus von, dt. Baumeister (1699 Kuckädel b. Crossen/Oder–1753 Berlin). Nach Offizierslaufbahn ab 1729 Ausbildung als Maler bei Antoine Pesne, dann Architekturausbildung bei J. G. Kemmeter d. J., beeinflußt durch → A. Palladio, → C. Perrault u. → J. H. Mansart. Angehöriger des Rheinsberger Kreises Friedrichs II. Seit 1740 Oberintendant der preuß. Schlösser u. Gärten. Vertreter des Spätbarock mit Elementen des Rokoko u. Frühklassizismus. Hauptwerke: Umbau Schloß Rheinsberg (1737–39), Dt. Staatsoper Berlin (1741–43; → auch Portikus, Abb.), Umbau Schloß Charlottenburg (1740–43), Umbau ehem. Stadtschloß Potsdam (1744–51), Schloß u. Teile der Parkanlage von Sanssouci (1745–47) nach Ideenskizze Friedrichs II. u. a. m.

Knöffel, Johann Christoph, dt. Arch. (1686–1752 Dresden). Zeitgenosse von G. Chiaveri u. Z. Longuelune. 1734 sächs. Oberlandbaumeister in Dresden. Vertreter der französisch-klassizistisch beeinflußten Richtung des Barock in Sachsen. Hauptwerke: Palais Wackerbarth (1723–28), Kurländer Palais (1728–29) u. Palais Brühl (um 1734) in Dresden (alle vernichtet), Park Großsedlitz (1719), Vollendung des Jagdschlosses Hubertusburg in Wermsdorf (1743–51), Cosel-Palais in Dresden (1744/45), Vollendung der Dresdner Hofkirche (ab 1748).

Knorpelwerk, ornamentale Zierform der 2. H. 17. Jh., bestehend aus Bandformen mit knorpelartigen Verknotungen. Entstanden aus der Auflösung des Rollwerks, vorbereitet durch Ornamentstiche. Hauptverbreitung in Deutschland,

Kolossalordnung. Čzernin-Palais in Prag (1669). F. Caratti

Niederlande, Frankreich. → auch Ohrmuschelwerk.

Knospenkapitell (Knollenkapitell), in Frankreich aufgekommene Form der Spätromanik (E. 12. Jh.). Die Grundform basiert auf dem Kelch- bzw. Kelchblockkapitell. Charakterisiert durch stilisiertes Blattwerk (Akanthus), das sich der Kelchform anschmiegt u. am Kapitelloberteil in plast. Knospen übergeht. → auch Kapitell, Abb.

Knotensäule, spezielle Form gekuppelter Säulen der Romanik, bei der die Säulenschäfte durch eine knotenartige Verschlingung miteinander verbunden sind (z. B. Gropina, Pieve di San Pietro; Lucca, San Michele).

Kollegiatskirche → Stiftskirche.

Kolonialstil → Colonial Style.

Kolonnade, Säulengang mit geradem Gebälksabschluß. Als Gebäudeteil oder selbständiges Bauwerk beliebtes städtebaul. Gliederungselement in Renaissance, Barock u. 19. Jh. Hauptbeispiele: architekton. Umrahmung des Petersplatzes in Rom (G. L. Bernini, 1657–67), auch an Louvre-Fassade in Paris (C. Perrault, 1667–74), Nationalgalerie in Berlin (H. Strack, 1866–76).

Kolossalordnung, aus Säulen oder Pilastern bestehende Säulenordnung, die in zusammenfassender Weise über mehrere Geschosse hinwegreicht. Beliebtes Motiv der italien. Spätrenaissance (Michelangelo, A. Palladio), Hauptentfaltung an Fassaden des Barock.

Kolumbarium → Columbarium.

Kommunikation, städtische, Vielzahl der Verkehrsverbindungen, funktionellen u. sozialen Zusammenhänge einer Stadt oder eines Siedlungsorganismus.

Kommunizierende Nebenchöre, Sonderform des Kirchenbaues der Romanik, bei der die sonst geschlossenen Trennwände zum Hauptchor durch Öffnungen mit den Nebenchören verbunden sind (z. B. Kirche Murbach/Elsaß).

Kompaktbauten, eingeschossige, kastenförmige, ausgedehnte u. flexibel nutzbare Flachbauten.

Kompositkapitell [<lat.], von der röm. Antike abgeleitetes → Kapitell, dessen Hauptmerkmale auf älteren griech. Vorbildern (ion. Voluten u. korinth. Blattwerk) beruhen. Hauptverbreitung in Renaissance u. Barock.

Kompositordnung, röm. → Säulenordnung, bei der in der Kapitellausbildung ion. u. korinth. Elemente miteinander verschmolzen sind.

Koncha [gr.], urspr. Bezeichnung für die Kuppelschale einer Apsis, später auf diese selbst übertragen.

Königsgalerie, horizontale Aufreihung got. Nischenplastiken (histor., bibl. oder der Sage entnommene Königsgestalten) besonders an französ. Kathedralfassaden (z. B. Westfassaden der Kathedralen Notre Dame in Paris, um 1220, Burgos/Spanien, 1240–60, u. Reims, 1241).

Königshalle, Typus einer german. Versammlungshalle, Vorform des Palas der Kaiserpfalzen (z. B. Lorsch, um 768, u. westgot. Aula regia Ramiros I. bei Oviedo, um 850).

Königshof, urspr. befestigte u. unbefestigte fränk. Wirtschaftshöfe der Karolingerzeit in königl. Besitz. Sie bestanden meist aus Wohn- u. Nutzgebäuden, z. T. mit Kapelle, Obstgarten, Fischteich, u. dienten über das gesamte Reich verstreut als Versorgungspunkte für die Hofhaltung u. für die königl. Truppen. Häufig in Hessen, Thüringen u. Sachsen. Bildeten meist Keimzellen späterer Pfalzen oder Klosteranlagen (z. B. Fulda).

Konsole [<frz.], aus der Mauer hervorkragender, oftmals gegliederter u. plastisch verzierter Tragstein oder Kragstein, der anderen Bauteilen (Balken, Bögen, Gesimsen, Figuren, Balkonen, Galerien usw.) als Auflage dient.

Konsolgesims, meist ein Kranzgesims, das in Folge starker Auskragung durch Konsolen gestützt wird.

Konstruktion [<lat.], Zusammenfügung von Bauteilen u. -stoffen zu einem stat. System oder Bauwerk. Als Massiv- u. als Skelettbau seit altersher aufgrund von Erfahrungen herausgebildet, mathematisch erfaßt seit Galileis Formulierung der Gesetze der Mechanik (1638), Hookes Elastizitätsbestimmungen (1676) u. Coulombs Torsionsuntersuchungen (1755). Erste wissenschaftl. Zusammenfassung 1826 durch L. M. H. Navier als Grundlagenwerk der Baustatik. Seit E. 18. Jh. lehrmäßige Beschäftigung mit stat. Problemen an Ingenieurschulen, seit 19. Jh. erweitert durch neue Anforderungen des Stahl- u. des Betonbaues. Seit M. 20. Jh. mit industriellem Bauen weiterer Ausbau der Konstruktions- u. Festigkeitslehre sowie Übergang zu neuen Herstellungsverfahren.

Konstruktionsmaß (Baumaß, Baurichtmaß, Baunennmaß, Rohbaumaß, Zielmaß oder Sollmaß), gibt die konstruktiven Abmessungen in der Bauzeichnung an, die bei der Herstellung der Bauelemente, Bauteile u. Bauanlagen angestrebt werden. Der durch Messung erreichte tatsächl. Wert nach der Ausführung wird als Istmaß bezeichnet.

Konstruktivismus, übersteigerte Betonung des ästhet. Ausdruckgehaltes unverhüllter Konstruktion. Nach 1900 aufkommende Reaktion gegen Historismus u. Eklektizismus. Erwachsen aus neuen Produktionsbedingungen der Jahrhundertwende, vertreten durch Architektenschulen in Wien (→ A. Loos), Chicago (→ L. Sullivan), P. Behrens, → Deutschen Werkbund, W. Tatlin u. → WCHUTEMAS in Moskau, → Stijl-Bewegung in Holland, Gruppe »Blok« in Warschau u. a. m. Von fruchtbarem Einfluß auf das moderne Architekturschaffen u. die künstler.-architekton. Bewegungen des Kubismus, Futurismus u. → Bauhaus.

Konvent [<lat.], urspr. gemeinschaftl.

Zusammenkunft der Vollmönche eines Klosters. Übertragen auf den Versammlungsort, zunächst auf den unmittelbar an der Klosterkirche liegenden Kreuzgangflügel, dann auch auf den speziell für Versammlungszwecke angelegten Kapitelsaal.

Koolhaas, Rem, holländ. Arch. (geb. 1944 Rotterdam). Seit 1972 zeitweise Zusammenarbeit mit O. M. Ungers. 1975 Mitbegründer des »Office for Metropolitan Architecture« in New York. Projekte gewaltiger, von der New Yorker Wolkenkratzerbebauung abgeleiteter Stadtentwicklungen des »Metropolitanismus«, u. a. für London (1972) u. New York (1972–78).

Kopfhöhe, lichte Mindesthöhe von 1,80 m bei Türen u. anderen Gebäudedurchgängen.

Koptische Baukunst, Architektur der christl. Bevölkerung Ägyptens seit Mitte 5. Jh., fußend auf altägypt. Erbe, importierter provinzialröm. Kunst u. syr. sowie südarab. Einflüssen. Widerspiegelung in den ältesten basilikalen Klosterkirchen von Deir el Abyad u. Deir el Ahmar (um 440) oder Abu Mena (E. 5. Jh.) mit charakterist. Innenraumaufteilung in Altarraum mit Ikonostas, Chorraum für die Kleriker u. Presbyter u. den Gemeinderaum. Bauplastik vorwiegend nach griech.-röm. Vorbildern entstanden. Wichtigste Fundstätte ist das Ausgrabungsgelände von Faras (Nubien) mit bedeutsamen Wandmalereien (8. Jh.).

Korb, Hermann, dt. Arch. (1656 Niese–1735 Wolfenbüttel). Urspr. Zimmermann, später Hofbaumeister des Herzog Anton-Ulrich v. Braunschweig-Wolfenbüttel. Vertreter des Barock. Nachahmungen von Steinarchitekturen in Holzbauweise. Hauptwerke: Bibliothek (1706–10) u. Trinitatiskirche (1705–19) in Wolfenbüttel.

Korbbogen → Bogen.

Kore [gr.], Typus einer aufrechtstehenden archaisch-griech. Mädchenplastik (E. 7. Jh. v. u. Z.–E. 5. Jh. v. u. Z.). Der Kopf trägt oft, einer Karyatide entsprechend, eine architekton. Last (Gebälk usw.). Hauptbeispiel: Korenhalle des Erechtheion auf der Akropolis in Athen (um 420–406 v. u. Z.).

Korinthische Ordnung → Säulenordnungen.

Korridor [<ital.], Laufgang innerhalb eines Gebäudes, aber außerhalb einer Zimmerflucht.

Krabbe (Kriechblume), Blattornament der Gotik an Bogenläufen u. schräg verlaufenden Architekturgliedern, wie Wimpergen, Fialen und Giebeln. Reichste Anwendung in der Spätgotik. In England Bevorzugung breiter Blattformen.

Kraemer, Friedrich Wilhelm, dt. Arch. (geb. 1907 Halberstadt). 1946–74 Prof. an TH Braunschweig. Spezialist für technisch perfekte Verwaltungs- u. Industriebauten, z. B. Jahrhunderthalle der Farbwerke Hoechst in Frankfurt/M. (1960–63), Hauptsitz DKV Köln (1966), Deutsche Bank Düsseldorf (1976).

Kragstein → Konsole.

Krankenhausbauten, entwickelt aus ältesten Hospitälern vor der Zeitrechnung in Kaschmir u. Ceylon, dann erst wieder im frühen Mittelalter im Zusammenhang mit Klöstern (z. B. im Plan von St. Gallen, um 820). Seit A. 12. Jh. selbständige Bauten in Zentren u. an Hauptstraßen von Städten (z. B. Freiburg/Br.). Im 13. Jh. als großräumige Krankensäle in Verbindung mit einer Hospitalkirche (z. B. Lübeck, 1234). Erst im Spätmittelalter räumlich differenzierter (z. B. in Nürnberg, E. 15. Jh.) u. aus Gründen der Seuchengefahr zunehmend an die Stadtränder verlegt. Mit den wissenschaftl. Fortschritten der Medizin u. Krankenpflege entstanden aus den einfachen Bettenhäusern mit einigen Behandlungsräumen spezialisierte u. funktionell gegliederte Bebauungssysteme (Pavillon-,

Kamm-, Block-, Breitfuß- u. Hochhaussystem, Doppel-T-Prinzip).

Kranzgesims, vorkragendes Abschlußgesims an Gebäuden mit der prakt. Funktion des Schutzes der Außenwände vor Niederschlagswasser, gleichzeitig auch ästhet. Abschluß. Reichste Ausprägungen in Renaissance, Barock u. 19. Jh.; im 20. Jh. mit der Verbreitung des Flachdaches an Bedeutung verloren.

Kratzputz, urspr. identisch mit → Sgraffito, seit dem 19. Jh. jedoch vorwiegend auf einen mechanisch behandelten Rauhputz (→ Berapp) angewendet.

Krebs, Conrad, dt. Baumeister (1492 vermutlich Büdingen – 1540 Torgau). Ausbildung als Steinmetz. Hauptvertreter der Frührenaissance in Sachsen. Hauptwerke: Johann-Friedrich-Bau des Schlosses Hartenfels in Torgau mit Großem Wendelstein (1533–36; → Wendelstein, Abb.), Modell für das ehem. Renaissanceschloß in Berlin (1537, Ausführung C. Theiß), Entwürfe für ein Zeughaus in Gotha (1537).

Kreis, Wilhelm, dt. Arch. (1873 Eltville – 1953 Honnef). Nach Studium an TH Dresden Assistent von P. Wallot, 1902–08 Prof. an Kunstgewerbeschule Dresden. 1909–20 Nachfolger von Behrens an Kunstgewerbeschule Düsseldorf, anschließend bis 1936 an Kunstakademie Düsseldorf, dann an Kunstakademie Dresden. 1942 Präsident der faschist. Reichskammer bildender Künstler. Typ. Vertreter nationalist. Architekturauffassung zwischen Wilhelmin. Kaiserreich u. Naziregime. Überwiegend Bauten des Historismus, erst in den 20er Jahren Hinwendung zu Neuer Sachlichkeit. Hauptwerke: mehr als 50 Bismarckdenkmale, Warenhäuser in Köln (1912–14) u. Chemnitz (1912–13), Vorgeschichtsmuseum in Halle (1916), W.-Marx-Hochhaus in Düsseldorf (1922–24), Hygienemuseum in Dresden (1927–30).

Kreml [russ.], von Wällen, Mauern u. Türmen aus Holz oder Stein umgebene Festungsanlage für Verteidigungs- u. Verwaltungszwecke in russ. Städten des Mittelalters. Komplexe, bestehend aus Fürstensitz, Bojarenhöfen, Kathedralen, Klöstern u. Kanzleien. Hauptbeispiel: Kreml von Moskau mit Bauensemble vom 12. Jh. bis zur Gegenwart.

Kretisch-minoische Architektur, Bauten der Stein-, Kupfer- u. Bronzezeit auf Kreta (2700–1100 v.u.Z.). Aus dem Frühminoikum (2700–2000 v.u.Z.) Reste eines Herrenhauses u. Familiengrüfte in Hausform nachgewiesen. Im Mittelminoikum (2000–1700 v. u. Z.) Errichtung von Siedlungen u. Palastbauten besonders in Knossos, Phaistos u. Mallia nach einheitl. Bauprinzip (alle Bauten durch ein Erdbeben zerstört). Im Spätminoikum (1700–1100 v.u.Z.) Wiederaufbau des Palastes von Knossos als polit., ökonom. u. kulturelles Zentrum, Neuaufbau der kleineren Paläste von Mallia, Hagia Triada u. Phaistos, die insgesamt nochmals zerstört u. später ausgegraben wurden. Fast alle mit reichen Wandmalereien. Daneben existierten Tempelgräber u. Häuser des Megaron-Typs.

Kreuzblume (auch Giebelblume), plast. Ornament der Gotik in Form eines kreuzförmigen Blatt- oder Blütenstandes, verbreitet als Bekrönungselement von Türmen, Wimpergen, Fialen, Portal- u. Fensterbögen.

Kreuzdach → Dachformen.

Kreuzformen, Zierelemente u. Symbole, die in der Architektur als Ornament- u. Grundrißformen Verwendung fanden: 1. latein. Kreuz, 2. griech. Kreuz, 3. Antoniuskreuz, 4. Andreaskreuz, 5. Gabelkreuz, 6. Doppelkreuz, 7. lothring. Kreuz, 8. päpstl. Kreuz, 9. Malteserkreuz, 10. Kleeblattkreuz.

Kreuzgang, gedeckter Umgang eines Klosterhofes, der meist zur Hofseite durch Arkaden geöffnet ist. Anordnung

Kreuzgang am Dom zu Merseburg (1015–21)

überwiegend an der besonnten Südseite von Stifts- u. Klosterkirchen. Die Bogenstellungen mit Säulen meist aufwendig gestaltet. Früheste Anlagen nachweisbar seit karoling. Zeit (Idealplan von St. Gallen, um 820).

Kreuzgewölbe (Kreuzgratgewölbe), Entstehung bei rechtwinkliger Durchdringung zweier gleichgroßer → Tonnengewölbe. → auch Gewölbe, Abb.

Kreuzkuppelkirche, ein auf 4 bzw. 8 Stützen ruhender überkuppelter → Zentralbau mit dem Grundriß eines griech. Kreuzes. Von den ersten frühchristl. Anlagen Vorder- u. Kleinasiens ab 5. Jh. auf die → byzantin. Baukunst übertragen, seitdem Hauptform des oström. Kirchenbaues. Verbreitung auch in vielen Mittelmeerländern, besonders Griechenland, Bulgarien, Italien sowie Frankreich (→ Aquitanische Kuppelkirchen).

Kreuzrippengewölbe, ein Kreuzgewölbe, dessen Grate durch Rippen besonders verstärkt sind, um höhere Drucklasten aufnehmen zu können. → auch Gewölbe, Abb.

Kreuzverband, → Mauerverband mit regelmäßigem Wechsel der Läufer- u. Binderschicht, wobei aber jede zweite Läuferschicht um einen halben Stein versetzt ist.

Kriechblume → Krabbe.

Kronwerk, kronenartiger Grundriß einer Festungsanlage.

Krubsacius, Friedrich August, dt. Arch. u. Theoretiker (1718–89 Dresden). Schüler von Z. Longuelune u. J. C. Knöffel. 1755 sächs. Hofbaumeister, 1764 Prof. für Baukunst an der Kunstakademie in Dresden, 1776 Oberhofbaumeister. Vertreter der klassizist. Richtung des Barock u. neben J. J. Winckelmann theoret. Wegbereiter des Klassizismus. Hauptwerke: Palais Sanguszko-Brühl in Warschau (1761–64), Schloß u. Park Thallwitz/Wurzen (1764), Entwurf für Schloß Zschepplin/Eilenburg (1763), Schloß u. Park Neschwitz/Bautzen (1766–69), Landhaus in Dresden (1770–76).

Krümmling, das an zwei die Richtung wechselnden Treppenwangen angebrachte gebogene Verbindungsstück.

Krumpper, Hans, dt. Bildhauer u. Bau-

Kreuzkuppelkirche. Grundriß von S. Front in Périgueux (nach 1120)

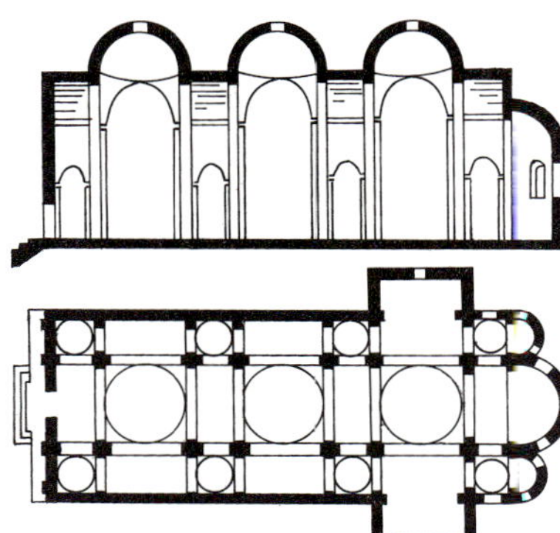

meister (um 1570 Weilheim – 1634 München). Nach Lehre bei Hubert Gerhard in München zunächst als Bildhauer tätig. Während seiner Italienreise (um 1590) vermutlich Aufenthalt bei Giovanni da Bologna. Seit 1592 Schwiegersohn von F. Sustris, ab 1599 dessen Nachfolger, später Hofarch. Wilhelms u. Maximilians I. von Bayern. Vertreter des Übergangs von der Spätrenaissance zum Frühbarock. Hauptwerke: Stiftskirche Polling (1604–11), Pläne für den Umbau der Jesuitenkirche Köln (1612), Mitarbeit am Bau der Münchner Residenz (um 1612–18), Paulanerkirche München (1621–23), Pläne für den Domumbau in Freising (1621–24).

Krüppelwalmdach → Dachformen.

Krypta [gr.], halb oberird. hallenartiger Raum unter dem Chor einer roman. Kirche zur Aufnahme von Reliquien u. Grabstätten bedeutender kirchl. u. weltl. Persönlichkeiten. Frühestes Auftreten in Italien seit 9. Jh. als → Confessio u. Stollenkrypta. Mit der Reliquienverehrung zunehmende Vergrößerung der Anlagen bis zu mächtigen Unterkirchen (Peterskirche in Görlitz).

Kryptoportikus [gr., lat.], gedeckter oder unterird. Gang, der zum Eingang einer Gruft führt (z. B. Eingang der Sibyllengrotte in Cuma/Italien).

Kübbung, ein meist als Stall dienender Anbau am alten niedersächs. Bauernhaus in Gestalt eines niedrigen Seitenschiffes (Abseite).

Kugelbauten. Erste Entwürfe in der französ. Revolutionsarchitektur von C. N. Ledoux u. É. L. Boullée, erste Realisierung 1800 auf der Pariser Weltausstellung. Erneut aufgegriffen in den 20er Jahren des 20. Jh. in B. Tauts Vorstellung über die »Auflösung der Städte« sowie Entwürfen von A. Weininger u. J. J. Leonidow. 1929 Aufstellung eines mehrgeschossigen Stahlkugelhauses in Dresden. Seit den 20er Jahren international verschiedenartigste Versuche zur Entwicklung entsprechender Wohn- u. Freizeithäuser aus Beton und Plastik, Bau von Kugelbehältern für Tanklager, Chemieanlagen.

Kulturhaus, spezielle Gebäudegattung mit umfassendem Raumprogramm, darunter Theatersaal, Bibliothek, Ausstellungsräume, Gaststätte, Zirkel- u. Klubräume, Einrichtungen für künstler. u. techn.-wissenschaftl. Selbstbetätigung. Historisch entstanden aus dem Anspruch des Proletariats nach Bildung u. Kultur. Erste Anfänge die durch die Gewerkschaftsbewegungen in verschiedenen Ländern Europas eingerichteten Volkshäuser des späten 19. Jh., die Gemeinschaftshäuser der Gartenstädte u. der sich herausbildende Typus einiger Stadthallen der 20er Jahre. Ähnl. Einrichtungen entstanden nach der Oktoberrevolution in der UdSSR u. nach 1950 in den sozialist. Ländern in Form von Arbeiter- u. Dorfklubs, Stadt-, Dorf- u. Betriebskulturhäusern. Skandinav. Beispiel: Kulturhuset am Sergelstorg in Stockholm (1971, P. Celsing).

Künette, Wasserabzugsgraben auf der Sohle eines Festungsgrabens.

Kuppel [<lat.], Wölbung über einer kreisrunden oder ovalen Basis in den vorherrschenden Formen der Flachkup-

Kuppel. Kuppelformen

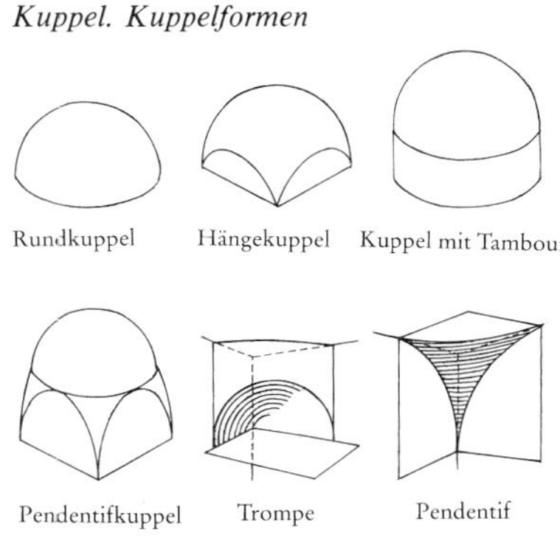

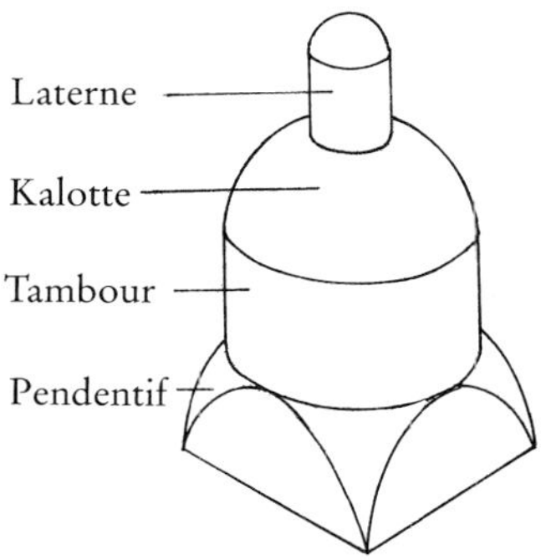

Kuppel. Teile des Kuppeldaches

pel, Halbkugelkuppel, Spitz- u. Zwiebelkuppel oder über einer quadrat. Basis in den Formen der Stützkuppel, Trompenkuppel u. → Pendentifkuppel. Je nach Ausführung sind unterscheidbar: Massivkuppel, Schalenkuppel, Rippenkuppel, Faltkuppel u. Kassettenkuppel. Die Überhöhung der Kuppelbasis ist der → Tambour, eine Lichtöffnung im Scheitel das → Opaion, dessen Überkuppelung wiederum als → Laterne ausgebildet sein kann. → auch Böhmisches Kappengewölbe.

Kuppelbasilika, byzantin. Kirchentypus des frühen Mittelalters. Herausbildung im 5./6. Jh. als Synthese von → Basilika u. → Zentralbau. Bedeutendste Beispiele: Hagia Sophia in Istanbul (532–37), Hagia Irene in Istanbul (532–48) u. Hagia Sophia in Thessaloniki (6. Jh.). Letztere leitet bereits zum Typus der → Kreuzkuppelkirche über. Späte Zeugnisse sind u. a.: Sv. Sophia in Ohrid (M. 11. Jh.), Metropolis in Trapezunt (A. 13. Jh.) u. zahlr. Kirchen auf Zypern.

Kuppeldach → Dachformen.

Kuppelgewölbe, Gewölbeform, deren sphär. Laibungsflächen in der Regel als Teil einer Kugel in Erscheinung treten. Daneben gibt es ellipt. u. spitzbogige Ausbildungen.

Kuppelgräber, griech.-myken. Fürstengräber, Nachfolger der Schachtgräber (1500–1300 v. u. Z.). Hauptbeispiel: sogen. Schatzhaus des Atreus (1300 v. u. Z.) mit 14 m hohem konischen Kuppelraum als Kultstätte u. quadrat. Nebenraum (Grabstätte). Urspr. von einem künstl. Erdhügel überdeckt u. durch ein Portal zugänglich. Vorformen dieser Anlagen wurden auf Kreta gefunden (3.–2. Jt. v. u. Z.), weiterhin auf dem Peloponnes, in Kleinasien u. Korea.

Kurgan [<türk., russ.], teilweise als Steinkammergrab ausgebildetes Hügelgrab der frühen Metallzeit im Kubangebiet. Hauptbeispiele: Königskurgan bei Kertsch (4. Jh. v. u. Z.), Maikop, Nowoswobodnaja, Tschertomlyk, Kelermes, Kul'Oba, Pazyryk u. a. m.

Kurtine, Bindeglied zwischen zwei Bastionen einer Festung. Teil des Hauptwalles mit eingebauten Kasematten, in der Regel durch Wassergraben u. davorliegendes Bollwerk gesichert.

Kyma [gr.] (Blattstab), Schmuckleiste der antiken Architektur, besonders an griech. Tempelgesimsen in dreierlei Ausbildung: 1. als Hohlkehle (dor. Kyma), 2. als Eierstab (ion. Kyma, auch Kymation genannt) u. 3. als Wasserlaub (lesbisches Kyma, Reihung herzförmiger Blätter).

L

Labrouste, Henri, französ. Arch. (1801 Paris – 1875 Fontainebleau). Antiken- u. Renaissancestudien in Rom. 1830 eigenes Lehratelier in Paris aus Opposition zur eklektizistisch arbeitenden École des Beaux-Arts. Vertreter einer auf rationalist., funktionelle u. konstruktive Erfordernisse gerichteten Architektur mit besonderer Betonung der Eisenkonstruktion. Hauptwerke: Bibliothek

Ste. Geneviéve (1844–50) u. Nationalbibliothek (1854–68) in Paris.

Labyrinth [<gr.], planmäßiges, nach strengem geometr. System angelegtes Gefüge von Irrgängen, die dem Eintretenden das Auffinden des Zielraumes u. das Wiederauffinden des Zuganges erschweren. Älteste Beispiele vermutlich bei ägypt. Grabanlagen in Fayum (um 1850 v. u. Z.). Im 2. Jt. v. u. Z. von den Griechen übernommen (z. B. Pylos, um 1200 v. u. Z.), möglicherweise mit kult. Funktion. Seitdem im Schrifttum Gegenstand variabelster geistl. u. welt. Interpretation (Irrwege des Lebens, Symbolik für kompliziertes Bauen u. dgl.). Im 17./18. Jh. beliebtes Element der Gartenbaukunst, speziell in französisch beeinflußten Barockparks.

Laconicum [lat.], Schwitzbad innerhalb antiker röm. Thermen.

Ladenbauten, Einzelhandelseinrichtungen, die seit der röm. Antike als selbständige Räume in Erdgeschossen von Wohnhäusern entstanden. In europäischen Städten im Mittelalter zunächst als Anbauten (Verkaufsarkaden) an Wohngebäuden oder Holzbuden auf Marktplätzen (Budiken) angelegt. Seit E. 15. Jh. ebenfalls Verlagerung in die Wohnhauserdgeschosse. Seit 17./18. Jh. vielfach Errichtung von massiven Verkaufsgewölben mit Kolonnaden, Verkaufshöfen u. → Basaren an städtebaulich bevorzugten Stellen. Im 19. Jh. Entstehung des Sondertypus der → Passage. Seit etwa 1850 Öffnung der Läden durch große Schaufenster, seit E. 19. Jh. zunehmende Auflösung der Außenfassaden im Interesse der Käuferwerbung. Seit 1924 Herausbildung selbständiger Verkaufspavillons. Rationalisierung des Handels u. Verkaufs führten in 2. H. 20. Jh. zur Entstehung sortimentreicher Supermärkte u. Einkaufscenter.

Lady-Chapel [engl.], selbständige Kapelle hinter dem Chor großer engl. Kathedralen u. Klosterkirchen. Seit dem 14. Jh. im Zusammenhang mit dem zunehmenden Marienkult angelegt (z. B. Westminster Abbey in London, Kathedralen in Salisbury, Ely).

Lageplan, horizontale zeichner. Projektion eines Geländeabschnittes zur Darstellung örtl. Lageverhältnisse in größeren landschaftsgeograph. oder städtebaul. Zusammenhängen, vorherrschend in den Maßstäben zwischen 1:500 u. 1:2 000.

Laibung (Leibung), senkrecht in das Mauerwerk eingeschnittene Wandung von Tür u. Fenster, im Gegensatz zum schräg eingeschnittenen → Gewände.

Lambris [<frz.], Holz-, Marmor- oder Stuckverkleidungen im unteren Wandbereich von Innenräumen.

Lamellenbauten, Frühform des Metallleichtbaues, bei der Flächentragwerke aus serienmäßig hergestellten montierbaren, leichten u. daher gut transportablen Einzelteilen (Lamellen) gefertigt wurden. Beruhen auf einer in den 20er Jahren erfundenen Dachkonstruktion, die aber wegen unzureichender Anpassungsfähigkeit wieder aufgegeben wurde.

Landschaftsgarten → Englischer Garten.

Langhans, Carl Ferdinand, dt. Arch. (1782 Breslau – 1869 Berlin). Sohn u. Schüler von C. G. Langhans d. Ä., Schüler von F. Gilly. Tätig in Wien, Breslau u. Berlin (1797–1806). Bedeutender Theaterbaumeister am Übergang vom Klassizismus zum Historismus. Hauptwerke: Opernhaus in Berlin (1843–44), Theater in Breslau (1837), Liegnitz (1839), Stettin (1846) u. Dessau (1855), ehem. Stadttheater in Leipzig (1864). Schriften über Theaterbau.

Langhans, Carl Gotthard d. Ä., dt. Arch. (1732 Landeshut/Schlesien bis 1808 Grüneiche/Schlesien). Nach Mathematikstudium zur Architektur, Reisen nach Italien, Holland, England u. Frankreich. 1775 Oberbaurat, seit 1786 in Berlin, dort Direktor des Oberhofbauamtes. Vertreter des Frühklassizismus. Hauptwerke: Mohrenkolonnaden (1787), Veterinär-Anatomie (1787–89), Schloßtheater u. Belvedere Charlottenburg (1788–90), Brandenburger Tor (1788–91) u. erstes dt. Nationaltheater am Gendarmenmarkt (1800–02) in Berlin; Vollendung Marmorpalais (1787–90) und Schauspielhaus (1795) in Potsdam.

Langhaus, Mittelschiff u. Seitenschiffe einer christl. Basilika u. Hallenkirche mit typ. Längserstreckung im Gegensatz zum Zentralbau. Im Mittelalter in der Regel der Raum für die Laien, oftmals eingeschränkt durch Lettner u. Chorschranken.

Längsschnitt, zeichner. Darstellung eines Vertikalschnittes durch einen Baukörper, der zusammen mit Querschnitt, Grund- u. Aufriß, axonometr. u. isometr. Darstellungen das Hauptgefüge eines Baues veranschaulicht.

Längsverband, Teile zur Längsaussteifung einer Dachkonstruktion. Bei Sparrendächern die → Windrispen, bei Pfettendächern die → Pfetten u. bei Kehlbalkendächern die Rähme.

Längswandbauweise, traditionelles konstruktives Prinzip des Hausbaues, bei dem im Gegensatz zur → Querwandbauweise die Geschoßdecken auf die äußeren u. inneren Längswände gelegt werden. Die Giebelfronten bleiben dabei frei von Deckenlasten u. sind in große Öffnungen oder Verglasungen auflösbar. Im industriellen Bauen meist Kombinationen von Längs- u. Querwandbauweise als statisch stabilisierendes Verfahren, besonders bei Punkthäusern mit hoher Geschoßzahl.

Lapidarium [lat.], Sammlung von Steindenkmälern in Form von Grabungsfunden, Grabsteinen, Sarkophagen, Skulpturen, Epitaphien, Grenzsteinen, Postsäulen, Originalwerksteinen, die bei Wiederherstellungsarbeiten ausgebaut u. erhaltenswert befunden wurden. Seit E. 19. Jh. besonders häufig in der Nähe antiker oder provinzialröm. Ausgrabungsgebiete angelegt (z. B. Aquincum Budapest).

Laterne, rundes oder polygonales, von Fenstern u. Öffnungen durchbrochenes Türmchen auf Scheitelöffnungen von → Kuppeln u. Dächern. Bei → Welschen Hauben als Zwischenglied des Turmdaches ausgebildet. Nicht zu verwechseln mit Dachreiter.

Laube, offener Raum an Stirn- u. Traufseiten eines Hauses, der nach innen durch die Hauswand u. nach außen durch Ständer, Pfeiler, Brüstungen abgegrenzt ist. Stärkste Verbreitung im traditionellen ländl. Bauen. → auch Vorhalle.

Laubengang (Außengang), ein- oder mehrseitig offener, überdachter Gang. In unterschiedlichsten Formen aus der Holzbauweise entwickelt u. vom Steinbau als Säulengang, Arkade u. Kolonnade übernommen. In erster Linie Schutz gegen Sonne, Regen u. Wind, aber in reihenmäßiger Anordnung seit dem Spätmittelalter auch bevorzugtes architekton. Gestaltungselement von Gebäuden, Straßen u. Plätzen (z. B. Marktplatz in Teltsch/Mähren).

Laubenganghaus (auch Außenganghaus), mehrgeschossiges modernes Gebäude, dessen Wohnungen vom Treppenhaus über freiliegende, gedeckte Außengänge erreichbar sind.

Laub- und Bandelwerk → Bandelwerk.

Läufer → Binder (1), Mauerverband.

Laufgang, im mittelalterl. Wehrbau ein in der Dicke der Mauern liegender Verbindungsweg oder aber ein an der Mauerinnenseite angebrachter Steg hinter den Wehröffnungen. Im got. Kirchenbau eine Gangführung im ausgesparten Mauerwerk über den Scheidbögen der Mittelschiffswände, die meist als → Triforium zum Schiff geöffnet ist. Hauptbeispiele in der normann. u. rhein. Baukunst (11.–13. Jh.).

Laufender Hund (Spiralmäander), ein

Laubengang und Zwerchhäuser am Alten Rathaus in Leipzig (1556). H. Lotter

→ Mäander der griech. Antike in Form eines regelmäßigen, an eine sich überschlagende Welle erinnernden Spiralbandes. Besonders ausgeprägt im sogen. spätgeometr. u. protoatt. Stil. → auch Fries.

Läuferschicht, eine im Backsteinmauerverband mit den Längsseiten parallel zur Mauerflucht angeordnete Reihe von Mauersteinen.

Le Blond, Jean Baptiste Alexandre, französ. Arch. (1679 Paris–1719 St. Petersburg). Nach Pariser Tätigkeit 1716 durch Peter I. als Hofarch. u. Leiter der Gobelinmanufaktur nach St. Petersburg berufen. Hauptwerke: Hôtel der Kartäuser (1706), Hôtel Clermont (1708) u. Adelspaläste in Paris, Sommergarten und Schloßentwurf in Strelna, Vollendung Schloß Peterhof (1717), unausgeführtes Idealstadt-Projekt für die Erweiterung von St. Petersburg.

Lebrun, Charles, französ. Innendekorateur, Ornamentzeichner u. Maler (1619–90 Paris). 1648 Mitbegründer der Académie Royale in Paris, 1668 ihr Direktor. Als Premier peintre du Roi verantwortlich für die dekorative Ausstattung der Schlösser König Ludwigs XIV. Vielseitig tätiger Hauptvertreter des → Louis-quatorze. Maßgebl. Beteiligung an der Ausgestaltung der Spiegelgalerie u. anderer Räume des Schlosses Versailles, der Tuilerien, der Schlösser Fontainebleau, Sceaux, Vaux u. Marly.

Lechner, Ödön, ungar. Arch. u. Theoretiker (1845–1914 Budapest). Studium am Polytechnikum Budapest u. an der Berliner Akademie. Aufenthalte in Italien, Frankreich u. England. Vertreter national angepaßter Neorenaissance mit charakterist. oriental. u. volkskünstlerischen Dekorationselementen. Hauptwerke: Kunstgewerbemuseum (1896), Geolog. Institut (1896) u. ehem. Postsparkasse in Budapest (1900).

Le Corbusier (Charles Édouard Jeanneret), schweizer.-französ. Arch. (1887 La Chaux-de-Fonds/Schweiz – 1965 b.

Cap Martin). Nach Ausbildung als Maler u. Graphiker ab 1904 Arch. 1908–09 Mitarbeiter von A. Perret in Paris u. P. Behrens in Berlin. Studienaufenthalte in Türkei, Griechenland u. Italien. Seit 1917 Büro in Paris, Mitbegründer der Zeitschrift »Esprit Nouveau«. Seitdem einer der einflußreichsten Baukünstler des 20. Jh. Schöpfer. Vertreter des Funktionalismus mit Bevorzugung kub. u. flächiger Formen, Metall, Glas u. Beton (→ Plastischer Stil, Abb.). Mitbegründer der → CIAM. Hauptwerke: städtebaul. Projekte für Algier, Antwerpen, Namours, Bogota, Barcelona, Stockholm, Paris, Chandigarh (um 1930), Großwohneinheiten für Zürich, Marseille, Nantes, Berlin (1932–33), Projekte für Völkerbundpalast u. Zentrosojus-Gebäude in Moskau (1928), Schweizer Pavillon in Uni-Stadt Paris (1930), Nachtasyl in Paris (1929), Bildungsministerium in Rio de Janeiro (1936, mit O. Niemeyer u. L. Costa), Entwurf für UNO-Gebäude New York (1947), Unité d'Habitation in Marseille (1947–52), Wohnhaus der »Interbau« in Berlin (1956–58), Wallfahrtskirche Ronchamp (1950–54), Philipps-Pavillon auf Weltausstellung Brüssel (1958), Stadion in Raleigh/North Carolina (1950–53), Museum in Tokio (1957–60), Carpenter Art Center in Harvard/USA (1963).

Ledoux, Claude Nicolas, französ. Arch. (1736 Dormans – 1806 Paris). Schüler von J.F. Blondel. Seit 1757 tätig für die Pariser Aristokratie, 1771 Königl. Kommissar, 1773 Akademiemitglied u. Arch. des Königs. Nach Perioden des Louis-seize-Stils u. Klassizismus neben É. L. Boullée radikaler Vertreter der französ. Revolutionsarchitektur. Viele Werke u. Entwürfe durch eigene Publikationen u. umfangreiche Kupferstichwerke überliefert. Hauptwerke: Schloß Eaubonne (1764), Schloß Bénouville bei Caen (1768–77), Communs in Versailles (1772), Hôtels in Paris (zwischen 1769–72), Entwurf für Saline u. Stadt Chaux b. Arc-et-Senans (1774), Idealstadtentwurf (1775), Theater in Besançon (1775–84), Entwürfe für Zollhäuser (1784–89), Gefängnis in Aix (1786–90), Architekturentwürfe für hess. Landgrafen (1777–89) u. in St. Petersburg für Großfürst Paul u. Zar Alexander I.

Legeay, Jean Laurent, französ. Maler, Kupferstecher u. Arch. (Geburts- u. Todesjahr unbekannt). Ausbildung an École des Beaux-Arts in Paris, seit 1739 in Rom, seit 1745 in Berlin. Vorübergehend von 1747–52 am Hof in Schwerin, anschließend bis 1766 in Berlin, dann Flucht nach England. Hauptwerke: Mitarbeit an der St. Hedwigs-Kathedrale in Berlin, Rostocker Palais u. Schloßgarten in Schwerin, Projekte für Potsdam-Sanssouci, Schloß u Parkentwürfe für Ludwigslust. In allen Fällen ist sein Anteil nicht genau bestimmbar.

Legrand, Jacques Guillaume, französ. Arch., Architekturkritiker u. Historiker (1743 Paris – 1807 Saint Denis). Vertreter des Klassizismus u. Wegbereiter der Neogotik. Hauptwerke: Mitarbeit an der Kathedrale in Orléans (1773–87), Hôtel Galliffet (1775) u. Hôtel Jarnac (vor 1787) sowie Théâtre Feydeau (1788–90) in Paris; zahlr. Publikationen.

Lehmbauweise, ungebrannter Lehm, der in Form des Lehmziegelbaues, Lehmstampfbaues (Schalverfahren), Lehmwellerbaues (schalungsloses Aufschichten) u. des Lehmfachwerks als Baumaterial verwendet wird. Älteste Anwendungsspuren im Orient (5. Jt. v.u. Z.) unter Benutzung luftgetrockneter Lehmziegel (Adoben). Seit 3. Jt. v. u. Z. Material für die monumentalen Königsbauten u. Zikkurate in Mesopotamien. Seit 2. Jt. in Assyrien erste Verkleidungen des Lehmmauerwerks mit gebrannten Ziegeln. Auch bei den Ägyptern bestanden die Wohnbauten fast ausnahmslos aus Lehm mit stabilisierenden Zuschlägen, in der griech.-röm. Antike ebenfalls umfangreicher Anteil an Lehmbauten. Noch in der Gegenwart verbreitet in der → afrikanischen Baukunst der bäuerl. Bevölkerung (Lehmhäuser, Lehmburgen), bei Indianerkulturen Mexikos u. Südamerikas (Pueblos) sowie anderen Völkern. Als Lehmstampfbau u. Lehmfachwerk vielfach bis ins 19. Jh. in Europa angewendet, speziell in materialarmen Notzeiten, so u. a. auch nach dem 2. Weltkrieg.

Lehrgerüst (Lehrbogen), ein Stützgerüst, das bei der Aufmauerung von Bögen u. Gewölben bis zur Verfestigung des Mauerwerks als hölzerne Tragekonstruktion fungiert, dann aber abgetragen wird.

Leibung → Laibung.

Leichtbauweisen, kosten- u. materialsparende Konstruktionsverfahren. Nach ersten Versuchen in den 20er Jahren ab 1945 besonderes Gebiet der Bauforschung u. Anwendung bei → industriellen Bauweisen, speziell als Metallleichtbau mit leichten Gitterkonstruktionen für Außenwände u. Überdachungen. Bevorzugtes Material sind Leichtprofile aus Stahl u. Aluminium, die durch leichte wand- u. deckenbildende Baustoffe mit hoher Wärmedämmung, Reißfestigkeit, Wasserundurchlässigkeit usw. ausgefüllt werden (z. B. Schaumstoffe, Leichtbeton, Gasbeton). Anwendung insbesondere zur Errichtung von Hallen. Nachteilig gegenüber stabileren Gebäuden ist ihre kürzere Lebensdauer.

Lemercier, Jacques, französ. Arch. (um 1585 Pontoise–1654 Paris). Studium in Italien, anschließend tätig im Dienste Kardinal Richelieus, seit 1639 Arch. des Königs. Bedeutendster Vertreter der klassizist. Richtung des Barock neben F. Mansart. Hauptwerke: Kirche der Sorbonne (1635–56), Erweiterung des Louvre (1624), Entwürfe für Schloß u. Stadtanlage Richelieu in Poitou (1627 ff.), Palais Richelieu in Paris (1629–36), Arbeiten an Schloß Rueil (1633 ff.), Mitarbeit an Kirchen Val-de-Grâce (1646) u. St. Roche (1653) in Paris.

Le Muet, Pierre, französ. Baumeister u. Theoretiker (1591 Dijon – 1669 Paris). 1616 Arch. des Königs, zunächst tätig im Festungsbau, seit 1618 Mitarbeit an Bauten des Hofes. Hauptwerke: Vollendung Schloß Tanlay (1643–48), Vollendung der Kirchen Val-de-Grâce (1655–65) u. Pètits-Pères (1655) in Paris, Hôtels in Paris, Luynes u. d'Avaux, Schloß Chauvigny; zahlr. Architekturschriften.

Lenné, Peter Joseph, dt. Gartenarch. (1789 Bonn – 1866 Potsdam). Generaldirektor der Königl.-Preuß. Gärten. Hervorragender Gartenkünstler des 19. Jh. in Deutschland, Hauptvertreter des engl. Landschaftsparks (→ Englischer Garten), Pionier moderner, auf Städtebau u. Landeskultur ausgerichteter Landschaftsgestaltung. Gründer der Landesbaumschule u. ersten dt. Lehranstalt für Gärtner in Potsdam (1824). Seit 1816 ansässig in Potsdam-Sanssouci. Hauptwerke: Volksgarten Magdeburg (1824), Bürgerwiese in Dresden, Stadtplätze in Leipzig, Frankfurt/O., Koblenz u. Berlin (Umgestaltung des Tiergartens, Anlage des Zoo, Gesamtbegrünungsplan 1840), Schloßparks in Schwerin, Ludwigslust, Ballenstedt, Neustrelitz, Charlottenburg, Friedrichsfelde, Niederschönhausen, Brühl b. Köln, Benrath, Planungen für die Bäder Liebenstein, Ischl, Freienwalde, Swinemünde, Godesberg, Homburg u. a. m., Entwürfe für Ringanlagen in Wien u. München.

Le Nôtre, André, französ. Gartenarch. (1613–1700 Paris). Seit 1637 Leiter der Tuileriengärten in Paris. Bedeutendster Gartenschöpfer des absolutist. Barock in Europa (→ Französischer Garten). Hauptwerke: Gärten des Schlosses

Vaux-le-Vicomte/Melun, Park von Versailles (1661 ff.), Schloßparks von Clagny, Fontainebleau, Chantilly, Meudon, Saint-Cloud u. St. Germain. In England St.-James-Park in London u. Park von Greenwich.

Leonardo da Vinci, italien. Universalgenie der Renaissance (1452 Vinci b. Empoli – 1519 Cloux b. Amboise). Seit 1469 Ausbildung als Maler u. Bildhauer in Florenz, seit 1483 im Dienst des Herzogs von Mailand als Spezialist für Architektur u. Ingenieurkunst (Kriegstechnik, Hydraulik u. dgl.). 1500 über Mantua, Venedig u. Bologna zurückgekehrt nach Florenz. 1502 Festungsinspizient bei Cesare Borgio, 1506–13 im Dienst des französ. Königs Ludwig XII. in dessen Mailänder Residenz. Nach vorübergehendem Aufenthalt am Hof Papst Leos X. in Rom ab 1516 Hofarch. König Franz' I. in Frankreich. Architekton. Hauptwerke nur durch techn. Zeichnungen, Skizzen, Entwürfe (z. B. Idealstädte, Vierungskuppel des Mailänder Doms), Gutachten u. Traktate über die Perspektive überliefert.

Leonidow, Iwan Iljitsch, russ. Arch. (1902 Babino/Twerskoj – 1959 Moskau). Studium an Kunstschule Twerskoj, 1921 Mitglied der → WCHUTEMAS in Moskau, 1928–30 Lehrer an der WCHUTEMAS u. Mitherausgeber der Zeitschrift »Sowremennaja architektura«. International bekannt durch technisch hochentwickelte Zukunftsarchitekturprojekte. 1932 Leiter einer Werkstatt bei Mosprojekt, anschließend Mitarbeit an der Rekonstruktion Moskaus u. Bebauung von Igarka. 1934–41 tätig bei M. I. Ginsburg, nach dem 2. Weltkrieg Mitarbeiter der Akademie der Architektur der UdSSR u. Spezialist für Ausstellungsbauten.

Lepautre, Antoine, französ. Arch. (1621–91 Paris). Arch. des Königs (1655), Mitglied der Architekturakademie. Hauptvertreter des Barock. Hauptwerke: Kapelle von Port-Royal (1646 ff.) u. Hôtel de Beauvais (1655) in Paris, Schloß Saint-Cloud bei Paris (nach 1655), Schloß Clagny (1672), Pläne für die Jakobinerkirche in Lyon (1656).

Lescot, Pierre, französ. Baumeister (um 1510–78 Paris). Vertreter der Renaissance. Hauptwerke: Musée Carnavalet (mit J. Bullant, 1544), Mitarbeit am Louvre-Neubau (ab 1546) u. Fontaine des Innocents (mit J. Goujon) in Paris.

Lettner [<lat.], aus Altar- u. Chorschranken an der Grenze zwischen Chor u. Mittelschiff entwickelte hohe, massive Scheidewand mit Plattform für den Sängerchor u. Lesebühne für den Vortrag des Evangeliums. Abschließender Bauteil zwischen Priesterchor u. Laienraum. Vorherrschend in Dom-, Stifts- u. Klosterkirchen des 13. Jh. mit späten Ausklängen im frühen 16. Jh. Im 18. Jh. auch Doxale genannt. Seit der Gotik reich mit plast. Darstellungen versehen. Dt. Hauptbeispiel: Westlettner des Naumburger Doms (13. Jh.).

Le Vau, Louis, französ. Arch. (um 1612–70 Paris). Nach Studium in Genua u. Rom bedeutender Vertreter des

Lettner. Westlettner im Dom zu Naumburg (13. Jh.)

Barock, Nachfolger von J. Lemercier als Bauleiter am Louvre u. Schloß Versailles (zwischen 1655–70) in Paris. Wesentl. Schöpfer des → Louis-quatorze-Stils, seit 1661 Arch. des Königs. Hauptwerke: Schloß Vaux-le-Vicomte b. Melun (1657–61; → Lusthaus, Abb.), heutiges Institut des France (1661), Ausbau der Tuilerienflügel (1664–70), Hôtels, Schloßumbauten, Palais u. Kirchen in u. um Paris.

Lichtgaden → Obergaden.

Lichthof, schachtartiger Hof zur Belichtung u. Belüftung anschließender Räume, meist mit Glasoberlichtabdekkungen. Vorstufen gab es bei absolutist. Schloßbauten des Barock u. Klassizismus. Hauptverbreitung bei Verwaltungsbauten u. Warenhäusern im späten 19. Jh./frühen 20. Jh. u. in der Gegenwart.

Lichtschacht, schachtartige Aussparung für die zusätzl. Belichtung u. Belüftung von Räumen, die im Gegensatz zum räumlich größeren Lichthof nicht bis zum Erdgeschoß hinabgeführt wird. Ein vor einem tiefliegenden Keller angelegter Lichtschacht wird als Kellerschacht bezeichnet.

Liegender Dachstuhl → Stehender Dachstuhl.

Lisene [<frz.], aus der Mauer hervortretender schmaler, senkrechter u. flacher Streifen als architekton. Gliederungselement von Wandflächen. Im Gegensatz zum → Pilaster durchlaufend ohne Basis u. Kapitell. In der Romanik meist mit Rundbogenfriesen verbunden.

Lissitzky, El (Eliezer Markowitsch), russ. Arch., Graphiker u. Formgestalter (1890 Polschinok–1941 Moskau). Studium an TH Darmstadt (1909–14), anschließend tätig in Moskau. 1917 Mitglied der Kunstkommission, 1919 Lehrer an der Kunstschule in Witebsk, 1921 Leiter der Architekturfakultät von → WCHUTEMAS. Mehrere Aufenthalte in Deutschland u. Schweiz. Vertreter des Konstruktivismus mit Kontakten zu Dadaisten, holländ. De Stijl-Bewegung u. Bauhaus in ideenreicher Verbindung mit neuen, durch die Oktoberrevolution angeregten Inhalten. Hauptwerke: Sowjetpavillons auf der »Pressa«-Ausstellung in Köln (1928) u. Hygieneausstellung in Dresden (1930), zahlr. Ideenskizzen, darunter »Lenin-Tribüne« (1924) u. »Wolkenbügel-Hochhäuser« (1924/25).

Littmann, Max, dt. Arch. (1862 Schloßchemnitz–1931 München). Studium in Dresden, seit 1885 tätig in München. Vertreter des Neobarock u. Neoklassizismus. Führender Theaterbaumeister. Hauptwerke: Prinzregenttheater u. Schauspielhaus in München (1900), Schiller-Theater in Berlin (1905), Altes Nationaltheater in Weimar (1907), 2 Hoftheater in Stuttgart (1908), außerdem Kur- u. Krankenhäuser, Verwaltungs- u. Warenhäuser, Gaststätten u. Villen.

Liwan → Iwan.

Loge [<ital.], 1. im Kirchenbau eine abgeschlossene Herrschaftsempore als architekton. Ausdruck der Klassentrennung. Im 17. Jh. auf den Theaterbau übertragen (erstmals in Venedig, 1639). Seit dem 19. Jh. infolge der Demokratisierungsansprüche des Bürgertums u. neuer Konzeptionen des freien Zuschauertheaters allmählich verdrängt bzw. auf wenige Ehrenlogen reduziert. A. 20. Jh. vorübergehend erneute Rückgriffe bei Filmtheateranlagen. 2. Versammlungshaus der Freimaurer.

Loggia [ital.], urspr. kleine, nach ein bis drei Seiten offene Halle in ein- u. mehrgeschossiger Anlage an Außen- u. Hoffassaden. Bei gangartiger Ausbildung als Galerie bezeichnet, bei Bildung eines eigenen Baukörpers als Laube. Von den Palazzi der italien. Renaissance bis zum Wohn-, Hotel- u. Krankenhausbau bevorzugt als beliebte Raumerweiterung nach außen u. als gestalter. Element. Abb. S. 156.

Loggia. Loggien und Laubengang am Schloß Güstrow (1558–70). F. Parr

Longhena, Baldassare, italien. Arch. (1598–1682 Venedig). Vielbeschäftigter Baukünstler des Barock mit Elementen des → Palladianismus. Hauptwerke: Sta. Maria della Salute (1631), Prokuratorenpalast (1638), Bibliothek von S. Giorgio Maggiore, Kloster SS. Giovanni e Paolo, zahlr. Palazzi (z. B. Rezonioco, um 1660) in Venedig.

Longhi, italien. Architektenfamilie des 16./17. Jh. in Rom. Vertreter der Übergangsperiode vom Manierismus zum Hochbarock. Hauptvertreter: 1. Martino Longhi (gest. 1591); 2. sein Sohn Onorio Longhi (1569–1619); 3. dessen Sohn Martino Longhi d. J. (1602–60), Hauptwerke: S. Carlo al Corso, Fassade SS. Vincenzo ed Anastasio (1646–50) u. S. Antonio dei Portoghesi (1638) in Rom.

Longitudinalbau [<lat.], ein sich in Längsrichtung erstreckendes Bauwerk, z. B. Basilika, Hallenkirche, Industriehalle; Gegensatz: → Zentralbau.

Longuelune, Zacharias, französ. Arch. (1669 vermutlich Paris–1748 Dresden). Schüler von A. Lepautre, seit 1696 Baukondukteur in Berlin, seit 1715 Hofbaumeister in Sachsen. Vertreter der klassizist. Richtung des Barock. Hauptwerke: Untere Orangerie in Großsedlitz (1723), Orangerie in Pillnitz (1724), Projekt für eine Zwingererweiterung in Dresden (1724–30), Umbau Schloß Moritzburg (1726), Japan. Palais in Dresden (1726–30), Blockhaus in Dresden (1730–32); zahlr. Entwürfe.

Loos, Adolf, österreich. Arch. u. Theoretiker (1870 Brünn–1933 Kalksburg b. Wien). Studium an TH Dresden, nach USA-Aufenthalt 1896–1922 tätig in Wien, 1920–22 Chefarch. des Wiener Siedlungsamtes, anschließend Übersiedlung nach Paris. Bahnbrecher einer Architektur einfacher kub., funktionserprobter u. konstruktiv bester Zweckerfüllung. Sachl. Gestaltung durch natürl. Materialien unter Verzicht auf das Ornament. Vorläufer der Neuen Sachlichkeit u. vieler Ideen des Bauhauses. Hauptwerke: Villa Karma in Clarens/Montreux (1904–06), Haus Steiner in Wien (1920), Haus Spanner in Gumpoldskirchen/Niederösterreich (1923), Haus Tristan Tzara in Paris (1926–27), Haus Moller in Wien (1928), Haus Müller in Prag (1930), Projekt für Haus Josephine Baker in Paris u. zahlr. andere Entwürfe. Programmat. Schrift »Ornament und Verbrechen« (1908).

Lorbeerblattgirlande, Ornamentform der Antike, häufig angebracht an den konvexen Wülsten att. Basen einer Säule (z. B. Nordhalle des Erechtheions in Athen, um 421–06 v. u. Z.).

Lotossäule, ägypt. Säulenform der frühen Architekturperiode um etwa 2600 v. u. Z. in geometr. Abstraktion des pflanzl. Vorbildes, ähnlich den ägypt. Schilfbündel- u. Papyrussäulen.

Lotter, Hieronymus, dt. Baumeister u. Kaufmann (um 1497 Nürnberg – 1580 Geyer/Erzgebirge). Seit 1533 in Leipzig, seit 1540 nachgewiesen als Baumeister u. Bürgermeister in 7 Amtsperioden. Hauptwerke: Bauleitung am Umbau der Pleißenburg in Leipzig (bis 1565), Beteiligung am Bau der Alten Waage (1555) u. Bauleitung des Alten Rathauses in Leipzig (1556; → Laubengang, Abb.), beteiligt am Rathausbau in Pegau (1559) u. als sächs. Oberbaumeister Leitung des Neubaues der Augustusburg b. Flöha (1568–72).

Louis-quatorze [frz.], offizieller Kunst- u. Baustil z. Z. König Ludwigs XIV. in Frankreich (1643–1715) auf dem Höhepunkt des Absolutismus. Klassizist. Variante des Barock (in Frankreich auch als Klassik bezeichnet). Von beispielhafter Wirkung auf die gesamte Schloß- u. Parkgestaltung sowie Innenarchitektur europäischer Höfe. Hauptbeispiel: Schloßanlage von Versailles b. Paris als architekton. Widerspiegelung eines streng zentralisierten, auf der Wirtschaftsbasis des Merkantilismus beruhenden feudalabsolutist. Staatsgefüges. Führende Arch.: → Ch. Lebrun, → Le Vau, → J. H. Mansart, Le Nôtre.

Louis-quinze (Style rocaille) [frz.], spezieller kunsthandwerkl. Dekorationsstil in Frankreich z. Z. König Ludwigs XV. (1723–74), entspricht dem dt. Rokoko. Gegenüber dem klassizist. Barockstil des vorausgehenden Louis-quatorze aufgelockert u. höfisch verfeinert unter Einbeziehung galanter Motive u. exot. Elemente (Chinoiserien, Arabesken u. dgl.). Ausgeprägte Entfaltung in der Möbel-, Goldschmiede- u. Porzellankunst. Bevorzugt von Arch. wie P. Boullet, R. de Cotte, G. G. Bofrand, F. de Cuvilliés u. a.

Louis-seize [frz.], offizieller Stil des Kunsthandwerks u. der Innendekoration unter König Ludwig XVI. (1774–93) in Frankreich. Spätbarock mit Übergangsformen vom Rokoko zum Klassizismus. Entstanden im Ergebnis wachsenden Einflusses der bürgerl. Opposition nach der Französ. Revolution gegen die schwülstig-barocken Formen der vorangegangenen Stilphasen unter Ludwig XIV. u. Ludwig XV. Philosophisch untermauert durch den geistigen Rationalismus von J. J. Rousseau u. D. Diderot. Hauptvertreter in

Louis-quatorze. Schloß Versailles (1687ff.). J. H. Mansart

Louis-seize. Petit Trianon im Park von Versailles (1762-64). J. A. Gabriel

Paris: J. A. Gabriel (Petit Trianon, 1762–64), J. G. Soufflot (Ste. Geneviève oder Pantheon, 1764–90) u. → J. F. T. Chalgrin. Dekorationselemente sind der Antike entlehnt, strenge horizontale u. vertikale Gliederungssysteme wurden bevorzugt.

Luckhardt, Gebrüder: 1. Hans (1890 Berlin – 1954 Bad Wiessee), 2. Wassili (1889–1972 Berlin). Seit 1924 gemeinsames Atelier in Berlin. Vertreter des Neuen Bauens in strengen kub. Formen mit Flachdächern u. weißem Glattputz. Vorwiegend tätig im Wohnungsbau. Hauptwerke in Berlin: Einfamilienhäuser (1924–26), Stahlgerippe-Versuchsbauten Schorlemmerallee (1927), Entwürfe zur Neubebauung des Alexanderplatzes (1929), Hochhausgruppe am Kottbuser Tor (1956).

Lukarne [<frz.], Dachluke, Dachfenster. Urspr. allgemein gebräuchlich für alle Lichtöffnungen in einer Dachschräge, seit 13. bis 17. Jh. im französ. Profanbau spezielle Ausformung als geschoßhoher Ausbau, der dem Hauptgesims in Fortsetzung der Außenfassade aufsitzt; seit 2. H. 17. Jh. durch die → Mansarde abgelöst.

Lünette [<frz.], 1. Festungsanlage mit mondsichelförmigem Grundriß, im 18./frühen 19. Jh. allgemeine Bezeichnung für vorgeschobene Nebenanlagen der Hauptfestung. 2. Halbkreisförmiges Bogenfeld über Fenstern und Türen, oft dekorativ ausgestaltet.

Lurago, Carlo, italien. Arch., Stukkateur u. Bauunternehmer (1615 Pellio Superiore – 1684 Passau). Hauptvertreter einer in Böhmen u. Süddeutschland tätigen Künstlerfamilie. Neben F. Caratti Hauptvertreter des Barock, speziell der gemäßigteren → Jesuitenbaukunst. Hauptwerke: Jesuitenkolleg u. -kirche in Březnice (um 1640), Stuckierung der Altstädter Salvatorkirche in Prag (1638–40), Umbau der Malteserkirche in Prag-Kleinseite (um 1645), Befestigungsarbeiten, speziell der Zitadelle auf dem Vyšehrad (um 1650), Klementinum, St. Ignaz, Kreuzherrenkirche, Umbau Palais Lobkowicz (um 1650–65) in Prag. Jesuitenkirche in Königsgrätz/Böhmen (nach 1654), Dreifaltigkeitskirche in Klösterle (1665–70), Umbau Schloß Náchod (1650 ff.), Rathaus Náchod (1657–65), Umbau des Doms in Passau (1664 ff.).

Lurago, Martino (Anselm Martin), italien.-böhm. Arch. (1702 Como – 1765 Prag). Nachkomme von C. Lurago seit 1725 ansässig in Prag, verehelicht mit einer Tochter von K. I. Dientzenhofer. Vertreter des Prager Spätbarock mit Zügen des Rokoko. Hauptwerke: Schloßkapelle Hořin (1747), Kirche Vysoká b. Mělnik (1752–54), Mitarbeit an: Schloß Buštěhrad (1747–51) u. Piccolomini-Palais in Prag (1743–51), Kirche in Přeštice (1756–65), Palais Kinský in Prag (1755–65).

Lurçat, André, französ. Arch. u. Theoretiker (1894 Bruyères–1970 Sceaux b. Paris). Studium in Paris. 1928 Mitbegründer der → CIAM, 1934–37 tätig in der Sowjetunion, Prof. am Institut für Architektur in Moskau. 1939–44 Lehrtätigkeit in Paris, aktiver Widerstandskämpfer. Nach 1945 bedeutsame Pla-

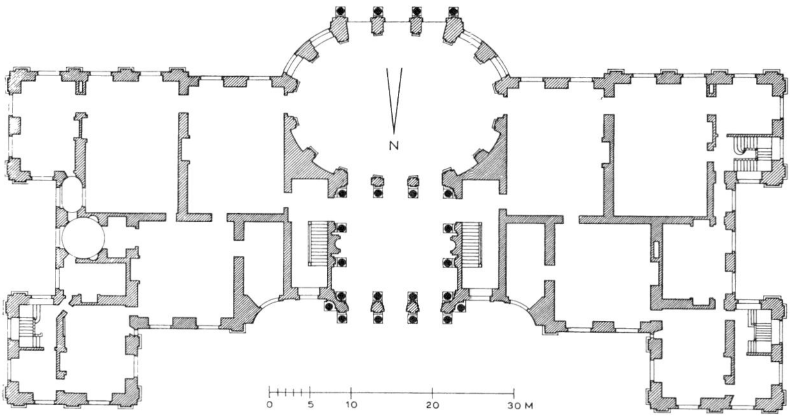

Lusthaus (Maison de plaisance). Grundriß des Schlosses Vaux-le-Vicomte (1656–60). L. Le Vau

nungs- u. Bautätigkeit in Saint-Denis, Maubeuge, Leblanc-Mesnil, Nancy, Villejuif, Sceaux u.a. Städten. Vertreter des Funktionalismus mit frühzeitigem Interesse für Probleme des Arbeiterwohnungsbaues. Hauptwerke: Einfamilienhäuser in Paris (1924–27), Karl-Marx-Schule für Arbeiterstadt Villejuif (um 1930), Wiederaufbau von Maubeuge (1945–63), Wohn- u. Sozialbauten in Saint-Denis (1953ff.), Rathaus in Mesnil (1964), Wohn- u. Gesellschaftsbauten in Mesnil, Nancy u. Villejuif (zwischen 1953 u. 1966).

Lusthaus, seit der italien. Renaissance eine eigene Bauaufgabe in Verbindung mit der aufblühenden Gartenkunst. Zunächst als Gartenhaus mit Gartensaal angelegt, dann erweitert zu Villen u. Lustschlössern des 17./18. Jh. (z.B. Versailles, Nymphenburg, Wien-Schönbrunn, Pommersfelden, Wien-Belvedere). Im französ. Spätbarock Entstehung des neuen räuml. Idealtypus der eingeschossigen Maison de plaisance. Seit 19. Jh. erneute Reduzierung auf Pavillon u. Laube.

M

Mäander [<gr.], eine der wichtigsten Ornamentformen der Antike. Ableitung der Bezeichnung von einem vielfach gekrümmten Flußlauf in Kleinasien, stilisiert als rechtwinklig gebrochenes oder spiralförmiges Band (→ Laufender Hund). Älteste Vorkommen bereits in der Kunst des Paläolithikums, Blüte in der neolith. Keramik, in voretrusk. u. Hallstattkultur. In der Antike klass. Form entwickelt, höchste Blüte der Wiederbelebung im → Klassizismus. → auch Fries.

Macellum [lat.], Säulenhalle mit Lebensmittelverkaufsläden, die sich um einen Mittelbau herumlegen. Älteste Beispiele in Rom (2. Jh. v. u. Z.), Pompeji, Puteoli, Aquincum, Ephesos, Sagalossos u. Timgad.

Machuca, Pedro, span. Maler u. Baumeister (E. 15. Jh. Toledo – 1550 Granada). Nach Aufenthalt in Italien tätig am span. Hof. Vertreter der Renaissance, beeinflußt von Giulio Romano

u. Raffael unter Einbeziehung des heimatl. Platereskenstils. Hauptwerk: Palast Karls V. in der Alhambra von Granada (1527–68).

Mackintosh, Charles Rennie, schott. Arch., Kunstgewerbler u. Bauunternehmer (1868 Glasgow – 1928 London). Studium u. Tätigkeit in Glasgow, ab 1913 in London. Bedeutender engl. Reformer, Vertreter sachl., funktioneller, weitgehend ornamentloser Architektur ebenso wie die Österreicher O. Wagner, J. Hoffmann u. A. Loos. Hauptwerke: Turm des Zeitungsgebäudes (1894), Volksschule (1895), Teerestaurants (1897) u. Kunstschule (1897–1909) in Glasgow, seit 1913 ausschließlich Entwürfe für Möbel, Textilien u. Gebrauchsgegenstände.

Maderno, Carlo, italien. Arch. u. Ingenieur (1556 Capolago – 1629 Rom). Schüler von D. Fontana in Rom, Nachfolger von G. della Porta als päpstl. Baumeister, ab 1603 Hauptarch. am Petersdom. Lehrer von F. Borromini. Vertreter des Frühbarock mit großem Einfluß auf die Architektur Frankreichs im 17. Jh. Hauptwerke: Fassade S. Susanna in Rom (1603), Weiterführung des Petersdomes (1603–12), Kuppel von S. Andrea della Valle (1623), Palazzi Matthei di Giove (1597–1612), Aldobrandini, Chigi (1602–10) u. Barberini (1628, Vollendung G. L. Bernini).

Magistrale [<lat.], städt. Hauptstraßenzug mit dichter Folge gesellschaftl. Einrichtungen, Wohnbauten, hoher Dichte des Fußgänger- und z. T. des Fahrverkehrs sowie vielen Möglichkeiten städt. Kommunikation. Städtebaul. Betonung durch hervorragende Raumfolgen u. Einzelbauten.

Maillart, Robert, schweizer. Ingenieurarch. (1872 Bern – 1940 Genf). Studium an TH Zürich, seit 1902 eigenes Büro. 1911 Lehrtätigkeit an TH Zürich, 1912–19 tätig in Rußland. Neben A. Perret, P. L. Nervi u. F. Candela ein Bahnbrecher modernen Stahlbetonbaues, spezialisiert auf Brückenkonstruktionen; Erfinder des Kastentragwerkes. Seit 1908 auch Experimente mit Betonpilzdecken. Hauptwerke: Rheinbrücke bei Tavanasa (1905), Salginatobel-Brücke bei Schiers (1929–30), Landquart-Brücke (1930) u. Aire-Brücke in Genf (Entwurf 1938, Ausführung 1952–54), Zementhalle der Landesausstellung in Zürich (1938–39).

Maison de plaisance [frz.] → Lusthaus.

Mandapa [Sanskrit], sakraler Schrein, Tempel oder offene Kulthalle eines süd- oder südostasiat. Heiligtums

Manierismus [<ital.], Periode des Überganges von der Spätrenaissance zum Frühbarock, in Italien seit etwa 1530 einsetzend, in den europäischen Ländern nördlich der Alpen etwa 2. H. 16. Jh.–1620. Hauptausprägung in Malerei, Plastik u. Kunsthandwerk. In der Architektur gekennzeichnet durch Abkehr von den ausgewogenen klass. u. idealen Proportionsschemata der Renaissancetheoretiker. Typisch waren neue Säulenordnungen, opt. Täuschungen, vertikale Überdehnungen der Architekturglieder, illusionist. Architekturmalereien, theaterartige Kulissenwirkungen, insbesondere aber die Auswucherung dekorativer Ornamentformen (Beschlagwerk, Rollwerk, Floris-Stil). Sonderentwicklungen des gegenreformator. Kirchenbaues in Form der → Jesuitenbaukunst.

Manor House [engl.], urspr. Bezeichnung für das spätmittelalterl. Hauptgebäude eines engl. Lehnsgutes, später allgemein auf Herrenhäuser u. Gutshöfe übertragen.

Mansarddach, geknicktes Giebel- oder Walmdach, dessen untere Flächen steiler verlaufen als die oberen, daher oft zum Ausbau geeignet, speziell zu Wohnzwecken. Verbreitet im Klein- u. Mietshausbau. Benannt nach J. H. Mansart. → auch Dachformen, Abb.

Manierismus. Rathaus in Bremen (1609–14)

Mansarde [<frz.], das zu Wohnzwekken ausgebaute Dachgeschoß. Im 17./18. Jh. waren es die Räume unter dem Mansarddach; im Miethausbau des 19./20. Jh. Ausdehnung des Begriffs auf alle ausbaufähigen Dachräume.

Mansart, François, französ. Arch. (1598–1666 Paris). Seit 1636 Arch. des Königs. Hauptvertreter der frühen klassizist. Phase des französ. Barock. Hauptwerke: Schloß Maisons-Lafitte b. Paris (1642–50), Südwestflügel von Schloß Blois (um 1635), Schlösser in Balleroy, Berny, Blérancourt u. Fresnes (zwischen 1624–48), Umbau Hôtel Carnavalet (1660–61), Hôtel Mazarin (1643–46), Abtei Val-de-Grâce (1645–65), Adelspalais, Klöster u. Kirchen.

Mansart, Jules Hardouin, französ. Arch. (1646 Paris–1708 Marly b. Paris). Schüler u. Großneffe von F. Mansart. Seit 1647 Hofarch., seit 1685 erster Arch. des Königs Ludwig XIV. Hauptvertreter der klassizist. Richtung des französ. Barock. Hauptwerke: Weiterführung des Schloßbaus von Versailles als Nachfolger von L. Le Vau (1678 ff.; → Louis-quatorze, Abb.) in enger Zusammenarbeit mit C. Lebrun, insbesondere Spiegelgalerie (1678–80; → Spiegelsaal, Abb.), Grand Trianon (1687) u. Schloßkapelle (1699); in Paris Mitarbeit an Nôtre Dame (1684–86), Entwurf für Place des Victoires u. Place Vendôme (um 1685), Invalidendom (1693–1706) u. a.

Mantelpiece [engl.], Einfassung eines Kamins aus Stein, Klinker, Marmor u. anderen Materialien. Teilweise auch auf den Kaminüberbau (Spiegel usw.) bezogen. Seit dem Spätmittelalter willkommener Bereich der künstler. Innenraumgestaltung.

Manuelinischer Stil → Emanuelstil.

March, Werner, dt. Arch. (1894–1976 Berlin), Sohn des Arch. Otto March (1845–1913 Berlin). Studium an TH

Charlottenburg u. Dresden, ab 1922 an der Berliner Akademie, seit 1925 selbständiges Büro. 1954 Prof. für Städtebau u. Siedlungswesen an der TU Berlin-Charlottenburg. Hauptwerke: Wohnsiedlungen der Reichsbank in Berlin-Schmargendorf (1925–26), Bürohaus u. Montagehalle der Rohrbach-Werke in Berlin-Wedding (1927–29), ehem. Reichssportfeld in Berlin mit Olympiastadion u. Waldbühne (Entwurf 1925ff., Ausführung 1934–36). Stadion Kairo (1958–66).

Marienkapelle, eine dem speziellen Marienkult der kathol. Kirche dienende östl. Chorkapelle, die bei den von der französ. Kathedralgotik beeinflußten Bauten meist als Scheitelkapelle des Kapellenkranzes angelegt ist (z. B. Marienkirche Lübeck, 1291).

Markise [<frz.], textiles aufrollbares Sonnendach als Strahlenschutz an Balkonen, Fenstern, Außenterrassen, Verkaufsläden.

Marktplatz, früheste Platzform im Städtebau. Ältester Ort des Warenaustauschs u. Handels, Konzentrationspunkt städt. Lebens. In antiken Kulturen entsprechend die griech. → Agora, im röm. Einflußgebiet als → Forum angelegt. In Europa seit dem 10. Jh. urwüchsige Herausbildung an wichtigen Fernstraßen, meist im Bereich des Suburbiums auf dem Vorgelände feudaler Burganlagen, an Flußübergängen oder vor bedeutenden Sakralanlagen. Seit der Zeit der bewußten Stadtgründungen durch Lokatoren ab 12./13. Jh. bevorzugtes Ansiedlungsgebiet von Händlern u. Handwerkern unter Errichtung stattl. Marktkirchen. Nach Erlangen der städt. Freiheiten Standort des bürgerl. Rathauses, bedeutender Gilde- u. Zunftbauten sowie repräsentativer Wohnhäuser patrizial. Bürger u. Ratsherren. Reguläre Ausbildung der Märkte in überwiegend längsrechteckigen u. quadrat., seltener dreieckigen Formen im Zentrum regelmäßig gerasterter Stadtgrundrisse. In größeren Städten oftmals zugeordnete kleinere Nebenmärkte für Handel mit Vieh, Fisch, Salz, Holz, Töpferwaren u. dgl. Teilweise großartige architekton. Gestaltung seit Mittelalter u. Renaissance als Zeichen des Reichtums u. der ökonom. Macht des Bürgertums in sichtbarer Konkurrenz zu den Feudalmächten. Seit dem späten 19. Jh. vielfach überbaut durch große Geschäftshäuser.

Marot, Daniel d. Ä., französ. Arch. u. Kupferstecher (um 1663 Paris – 1752 Den Haag). Seit 1685 Hofarch Wilhelms III. von Oranien. Übertragung des französ. → Louis-quatorze-Stils auf Holland mit spezieller holländ. Note. 1697–98 vorübergehend in London tätig mit Einfluß auf den engl. »William and Mary-Stil«. Hauptwerke: Interieurs des Audienzsaales der Generalstaaten in Den Haag (1696–98), Königl. Bibliothek in Amsterdam (1734–37).

Marot, Jean, französ. Arch. u. Kupferstecher (vermutlich 1619–79 Paris). Bedeutend durch die Fixierung nicht mehr existierender französ. Bauten aus der Zeit König Ludwigs XIV. in Architektur- u. Ornamentstichwerken.

Marstall, Pferdestall eines Schlosses. Seit der Renaissance als eigene Bauaufgabe in Form selbständiger Gebäudeflügel oder als Teil eines Wirtschaftshofes errichtet. Von A. 18.–E. 19. Jh. wichtiger dominanter Bau vieler Schloßanlagen, z. T. in palastartiger Ausprägung als Gegenstück des Wohnschlosses. Hauptbeispiele: Augustusburg b. Flöha (um 1573), Pommersfelden (1714ff.), Potsdam (1746), Dresden (1794–95), Berlin (1896–1902).

Martinelli, Domenico, italien. Arch. u. Priester (1650–1718 Lucca). Bereiste als Wanderkünstler u. a. Österreich, Polen, Böhmen u. Holland. Vertreter des italien. Barock. Hauptwerke: Stadtpalais (1692–1705) u. Gartenpalais Liechtenstein (1698–1711) in Wien; zahlr. Entwürfe.

Martyrion [gr., lat.], ein Bauwerk an einem Ort, der mit dem Leben oder der Reliquie eines Heiligen oder Märtyrers in enger Beziehung steht (z. B. Gräber, Grabeskirchen, Krypten, Mausoleen) in Palästina, Syrien, Armenien, Kleinasien u. anderen Gebieten. Hauptbeispiele: Geburtskirche Christi in Bethlehem, Grabeskirche in Jerusalem, Petersdom in Rom u. a. m.

Maschikulis [<frz.], im französ. mittelalterl. Wehrbau des 14./15. Jh. übl., reihenweise aufeinanderfolgende Anordnung von → Pechnasen, die auf Kragsteinen ruhend die Wehrgänge u. Turmplattformen umziehen. Auch nach Einführung der Feuerwaffen wurden sie als beliebter Außenschmuck an französ. Adelsschlössern beibehalten u. teilweise auch von Italien übernommen.

Maskaron [frz.], plast. dekorative Form in Gestalt einer grotesken oder stilisierten Maske. Vorkommen an Schlußsteinen, Kapitellen, Tür- u. Fensterbögen, Konsolen, speziell aber bei kunsthandwerkl. Gegenständen, Möbeln, Porzellan u. dgl.

Massivbauten, Bauten, die aus homogenen, schweren Massenbaustoffen (z. B. Lehm, Naturstein, Backstein, Beton) errichtet wurden, wobei die Bauteile zugleich konstruktive, isolierende u. andere techn. Funktionen miterfüllen.

Maßstab, architektonischer, die Größenverhältnisse von Architekturwerken u. -gliedern in ihrer Beziehung zum Menschen. Wesentlichstes Mittel der Komposition.

Maßwerk, mit dem Zirkel »gemessenes«, d. h., aus Kreisen u. Kreissegmenten konstruiertes Ornament. Durchbrochene Flächenfüllungen an Fenstern, Balustraden, Wimpergen, Mauerfeldern verschiedenster Art. Frühestes Beispiel am Chor der Kathedrale in Reims (um 1210; → Gotik, Abb.). Variabelstes Auftreten in der Spätgotik mit der asymmetr. Form der → Fischblase.

Mastaba [arab.], unterird. Grabkammer mit schachtförmigem Zugang u. oberird. Aufbau, der oftmals eine Kultnische oder eine Opferkammer enthält. Spezielle ägypt. Grabanlage der Frühzeit u. des Alten Reiches für königl. Be-

Mastaba in Giseh. Rekonstruktion

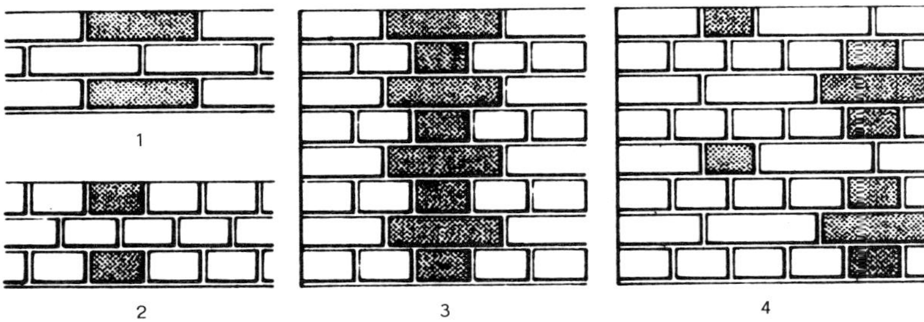

Mauerverband. 1 Läuferverband, 2 Binderverband, 3 Blockverband, 4 Kreuzverband

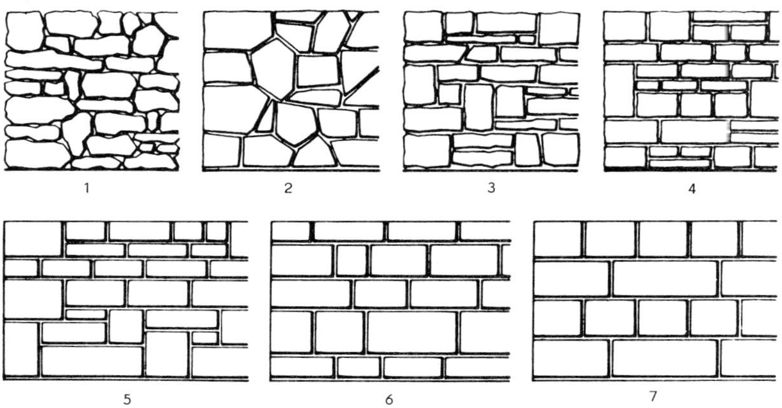

Mauerwerk. 1 Trockenmauerwerk, 2 Zyklopenmauerwerk, 3 Bruchsteinmauerwerk, 4 hammerrechtes Schichtmauerwerk, 5 unregelmäßiges Schichtmauerwerk, 6 regelmäßiges Schichtmauerwerk, 7 Quadermauerwerk

amte. Vorform der sich seit der 3. Dynastie herausbildenden → Pyramiden.

Mastenkirche → Stabkirche.

Materialstil, eine gegen Eklektizismus u. Historismus gerichtete Tendenz der Zeit zwischen 1895 u. 1914, speziell in Österreich u. Deutschland, die den natürl. Charakter der Werkstoffe (Materialechtheit) u. die funktionsentsprechende Verarbeitung u. Anwendung (Materialgerechtigkeit) als neues Mittel künstler.-ästhet. Gestaltung propagierte. Hauptvertreter: → A. Loos, → J. Hoffmann, → H. Muthesius, → R. Riemerschmid, → Th. Fischer, → H. Tessenow, P. Behrens, H. Poelzig, Gebrüder Taut u. a.

Mathey, Jean-Baptiste, französ. Arch. (um 1630 Dijon – 1696 Paris). Nach Romaufenthalt seit 1668 tätig in Böhmen, 1675–95 in Prag, anschließend in München und Augsburg. Vertreter der streng klassizist. Richtung des französ. Barock nach dem Vorbild von F. Mansart. Hauptwerke in Prag: Erzbischöfl. Palais (1675–84), Schloß

Troja (1675–85), Kreuzherrenkirche (1679–89), Südflügel des Klosters Strahov (1682–84), Palais Toskana (1689–91) u. Reitschule (1694).

Mauer [<lat.], massives, raumumschließendes Gefüge aus Steinschichten u. bindenden Materialien (Lehm, Lehmmörtel, Metalldübel, Kalkmörtel, Zement). Außerhalb von Gebäuden zur Begrenzung von Terrains, Dämmen, Tunnels u. zur Sicherung von Böschungen. Aufbau aus Mauersohle (Basis), Mauerkern u. Mauerkrone (Abschluß). Begrenzungslinie als Mauerflucht, Dicke als Mauerstärke bezeichnet. Vielfache Unterscheidungen nach Material, Lage (Außen-, Innen-, Zwischen- u. Scheidemauern) u. Funktion (Grund- oder Fundament-, Keller-, Sockel- u. Geschoßmauer; Abschluß-, Strebe- u. Stütz-, Stau- u. Flügelmauer).

Mauerring (Bering), Mantelmauer einer mittelalterl. → Burg sowie Hauptteil der mittelalterl. Stadtmauer.

Mauerverband, regelmäßige, exakte Verbindung natürl. u. künstl. Steine unter gleichmäßigem Fugenversatz durch Mörtel innerhalb eines festen, gegenüber stat. Kräften stabilen → Mauerwerks. Grundbestandteile des Ziegelmauerverbandes sind → Binder (1) u. Läufer. Hauptsächl. Zweckverbände sind Läufer-, Binder-, Block- u. → Kreuzverband. Daneben existieren zahlr. Variationen als Zierverbände: → got. Verband, märk. Verband, → holländ. Verband, → engl. Verband, Kopfverband, Stromverband, figurierter u. ornamentaler Verband (Ährenverband, Netzverband, → Fischgrätenverband). Anwendung seit der griech.-röm. Antike, Höhepunkte in der Backsteingotik, Neogotik u. Klinkerarchitektur der 20er Jahre.

Mauerwange, seitl., meist vorgezogene Einfassungs- oder Haltemauer einer Treppe, eines Schornsteins (Kamin), einer Tür u. dgl.

Mauerwerk, Steingefüge mit Mörtelbindung im Gegensatz zum mörtellosen → Trockenmauerwerk. Überwiegendes Auftreten als massives Vollmauerwerk u. aus 2 Mauerschalen bestehendes Hohlmauerwerk. Hauptmaterialien: Bruchsteine, → Haustein, → Bossen, → Quader, → Backsteine u. Feldsteine, die seit der Frühzeit verschiedenartigen Bearbeitungsarten unterworfen waren. Älteste Beispiele im Vorderen Orient aus Feldsteinen u. Lehmmörtel (8. Jt. v. u. Z.) nachgewiesen. Kalkmörtel erst im 3. Jh. v. u. Z. systematisch verbreitet. Älteste frühgeschichtl. Mauerwerksart in Vorderasien war das Kastenmauersystem, in Griechenland das → Zyklopenmauerwerk u. → Polygonalmauerwerk, seit 6. Jh. v. u. Z. das Quadermauerwerk. Seit der röm. Antike Blüte des Misch-, Schalen- u. Ziegelmauerwerks, Übertragung auf Arabien u. Syrien, nach der Völkerwanderungszeit auch auf nord- u. osteuropäische Länder, wo vorher Holz- u. Lehmbauten dominierten. In Romanik u. Gotik Blüte des Bruchstein- u. Hausteinquaderbaues, in Gotik Blüte der Backsteinmauertechnik. Seit der italien. Renaissance Verbreitung des Bossenquadermauerwerks, in der französ. u. engl. Baukunst des 16./17. Jh. sowie im Barock häufige Anwendung des Steinfachwerks. Sonst seit 16. Jh. Kernsubstanz überwiegend aus Backstein mit Putz u. Verblendarchitekturen. Neuerl. Aufwertung durch den Materialstil. Seit der 2. H. 20. Jh. mit Durchsetzung des industriellen Bauens mehr auf sekundäre Bauaufgaben, Ausfachungen, Verkleidungen usw. beschränkt.

Maureske, stark stilisiertes u. symmetrisiertes Flächenornament der Renaissance (bevorzugt im Zeitraum 1530–50). Bestehend aus zarten, dünnlinigen Ranken, Blüten u. Blättern, die sich gegenseitig in kreisenden Schwüngen durchdringen. Angeregt durch italien. Importe islam. Kunstgegenstände.

Maureske

Verwandt mit der plastischer wirkenden → Arabeske.

Maurischer Stil, westislam. Kunst- u. Architekturform, hervorgegangen aus der Kunst der span. Omaijaden während der Herrschaftsperiode der aus Mauretanien stammenden Herrscher des 11.–13. Jh., als sich das Zentrum der Macht von Andalusien nach Marokko (Marrakesch, Rabat) verlagerte. Teilweise verbunden mit der Aufnahme ostislam. Elemente. Bis zum 15. Jh. übernommen von den Berberdynastien, von der christl. Baukunst Spaniens während des 13. Jh. als maur.-got. Mischstil (Mudéjar-Stil). Letzterer auch mit späten Auswirkungen auf den Barock in Europa und Lateinamerika. Hauptzentren: Marrakesch, Rabat, Fés, Algier, Tunis, Taza, Malaga, Sevilla, Almeria; Granada als letzter Höhepunkt im 14./15. Jh. Anwendung beim Bau von Moscheen, Palästen u. Festungen. Charakterisiert durch reich verzierte Bogenformen in Kuppeln, Wölbungen u. Nischen, Zwillingsfenster, herauskragende Schutzdächer, durchbrochene Wände, kassettierte Holzdekken, reich stuckierte Wände u. Portale, seit dem 14. Jh. durch geometr. Fayencemosaik. Beispiele: Hallenmoschee in Córdoba (9./10. Jh.), Hofmoschee in Marrakesch (12. Jh.), Karawijin-Moschee in Fés (1613–24), Löwenhof der Alhambra in Granada (14. Jh.).

Mausoleum [gr., lat.], architektonisch aufwendig gestaltetes Grabmal, abgeleitet vom Grabmonument des König Maussolus in Halikarnassos/Kleinasien (um 352 v. u. Z.). Grundaufbau aus Sokkel, Grabtempel u. Pyramidendach in der Folge vielgestaltig variiert. Seit Römerzeit Übertragung der Bezeichnung auch auf große Familiengrabmale. Bedeutende Beispiele: Augustus-Mausoleum (28 v. u. Z.) u. Hadrians-Mausoleum (um 138 u. Z.) in Rom, Theoderichsgrab in Ravenna (um 526). In Europa bis zum Klassizismus selten, seit 19. Jh. Übertragung des Mausoleumsgedanken auf viele Grab- u. Heldengedenkstätten.

May, Ernst, dt. Arch. (1886 Frankfurt/M.–1970 Hamburg). Studium in England, Darmstadt u. München. 1910–12 Mitarbeiter von R. Unwin bei der Gartenstadtanlage Hampstead, seit 1913 selbständig in Frankfurt/M., zwischenzeitlich von 1919–25 in Breslau. Ab 1925 Baurat u. Leiter des Siedlungsamtes von Frankfurt/M. Vertreter des → Neuen Bauens u. der Ziele der → CIAM. Pionier des typisierten Kleinwohnungsbaues mit Versuchen zur Einführung der Blockbauweise u. Erfindung der eingebauten »Frankfurter Küche«. 1926–30 Generalbebauungsplanung für Frankfurt/M., Anlage international beachteter Wohngebiete, wie Riederwald, Bornheimer Hang, Praunheim, Römerstadt, Westhausen (→ Zeilenbauweise, Abb.). Von 1930–34 tätig als Leiter einer Architektengruppe in der UdSSR an der Generalbebauungsplanung von Moskau. 1934–52 in Tansania u. Nairobi. 1954–56 Leiter des Planungsbüros der Siedlungsgesellschaft »Neue Heimat« in Hamburg. Umfangreiche städteplaner. Arbeiten für Hamburg, Bremerhaven, Bremen u. Wiesbaden. 1. Preis im Bebauungswettbewerb Berlin-Fennpfuhl (1957).

Maya-Architektur → Mesoamerikanische Hochkulturen.

Mebes, Paul, dt. Arch. (1872 Magdeburg – 1938 Berlin). Seit 1906 tätig in Berlin, seit 1911 gemeinsames Büro mit P. Emmerich. 1918 Prof. an TH Berlin-Charlottenburg, Mitglied der Preuß. Akademie der Künste bis 1933, Chefarch. des Beamtenwohnungsbauvereins Berlin. Vertreter des → Neuen Bauens, speziell auf dem Gebiet des rationellen Kleinwohnungsbaues. Bedeutendste Wohnanlagen in Berlin u. a.: Grabbe-Allee in Pankow (1907–09), Heidehof in Zehlendorf (1922–23), Hainstraße in Schöneweide (1929–31), Große Leege-Straße in Hohenschönhausen (1932); Wohnstadt »Neu-Gohlis« in Leipzig, Max-Liebermann-Straße (1929–31).

Medaillon [frz.], in der Architektur ein flaches plast. Bildwerk (Relief) in runder oder ovaler Form, vorwiegend aus Stein, Stuck, Terrakotta u. anderen Materialien mit histor., mytholog. u. Bildnisdarstellungen als Schmuckmotiv an Fassaden, Portalen, Fenstern, Bögen usw. Hauptverbreitung in der röm. Antike, von dort übertragen auf Renaissance (→ Tondo), Barock u. Klassizismus.

Medrese [arab.], besonderer Gebäudetypus einer islam. Lehrstätte u. Rechtsschule der Sunniten. Ursprung im Iran um 1020, Blütezeit vom 11.–14. Jh., Ausklänge im 18. Jh. Wichtigster sakraler Bautyp neben der → Moschee, Errichtung meist in deren Nachbarschaft, daher auch Existenz verwechselbarer Mischformen. Grundrißanlage bestimmt durch den oft mehrfach addierten → Iwan, besonders bei internatsmäßigen Unterbringungen für Studierende. Hauptbeispiele in Bagdad, Mekka, Medina, Kairo, Damaskus, Tunis, Fès, Marrakesch, Algier, Granada, auch in Klein- u. Zentralasien.

Megaron [gr.], urspr. charakterist. Form eines vorgeschichtl. griech. Langhauses mit offener Vorhalle. Nachweisbar auch im Neolithikum Mitteleuropas als Vorhallenhaus. Älteste Vorkommen im 3. Jt. v. u. Z., Hauptverbreitung während der Bronzezeit im gesamten ägäischen Raum. In monumentaler Form auch übertragen auf Paläste der großen Burganlagen von Troja, Mykene, Tiryns u. Pylos in Gestalt eines quadrat. Hauptraumes mit Herdstelle u. Thron, dem eine schmale Vorhalle aus 2 Stützen u. Antenmauern u. ein zwischengeschalteter Vorraum vorgelegt war. Die Kombination des Megaron mit dem Säulenkranz einer antiken Ringhalle führte zur Tempelform des Peripteros.

Mehrspänner, Wohnhaus mit mehr als einer Wohnung an einem Treppenpodest.

Meier, Richard, amerikan. Arch. (geb. 1934 Newark/New Jersey). Vertreter des sogen. Vorkriegsrealismus. Angehöriger der Architektengruppe »New York Five Architects« mit P. Eisenman, J. Heiduk, M. Graves u. C. Gwathmey. Hauptwerke: Saltzman House (1967) u. Bronx Development Center in New York (1978).

Meisterzeichen → Steinmetzzeichen.

Memorialbauten [<frz.], Gedenk- u. Erinnerungsbauten an histor. Ereignisse u. Persönlichkeiten in Form eines → Grabmals, → Mausoleums, → Denkmals, → Martyrions, → Triumphbogens (2), Siegesmonumentes, einer Mahn- u. Gedenkstätte u. dgl.

Mendelsohn, Erich, dt.-amerikan. Arch. (1887 Allenstein–1953 San Francisco). Studium in Berlin u. München, seit 1919 tätig in Berlin, Reisen nach Holland, USA u. UdSSR, beeinflußt durch → H. P. Berlage, → F. L. Wright u. → H. van de Velde. 1933 Emigration nach Holland, anschließend nach England, 1934 nach Palästina, 1941 Übersiedlung nach USA. Frühes Schaffen durch expressionist. Auffassungen in schwungvoller Dynamik gekennzeichnet, in den 30er Jahren zunehmende Versachlichung. Hauptwerke: Einsteinturm in Potsdam (1919–21), Hutfabrik in Luckenwalde u. Umbau Mossehaus in Berlin (1920–21), Entwurf einer Textilfabrik für Petrograd (1925), Kaufhaus Chemnitz (1928–29), Projekt für den Sowjetpalast in Moskau (1929), öffentl. Bauten für Jerusalem u. Haifa (1936–39), Krankenhaus in San Francisco (1945–50), zahlr. Synagogen in USA (1950–54). → auch Expressionismus, Abb.

Mensa [lat.], 1. im Sakralbereich der Altartisch oder dessen Platte, 2. im Profanbereich der Speisesaal einer Universität bzw. Hochschule.

Mensagrab, rechteckige Form des → Nischengrabes im Gegensatz zum bogenförmig abschließenden → Arcosolium.

Merian, Matthäus d. Ä., dt. Kupferstecher u. Buchverleger (1593 Basel–1650 Schwalbach). Lehre in Zürich, Straßburg, Nancy u. Paris. 1615 ansässig in Basel, seit 1624 in Frankfurt/M. als Kunsthändler mit umfangreichem Vertrieb von Radierungen u. Kupferdrukken, darunter eigene weitbekannte Editionen topograph. Abbildungen u. Zeichnungen von Landschaften u. Städten (Grundrisse, Ansichten), die bis heute von hohem dokumentar. Wert sind. Damit ein Pionier der wissenschaftl. Buchillustration.

Merlini, Domenico, italien. Arch. in Polen (1730 Castello di Vasolda – 1797 Warschau). Seit 1761 Arch. des poln. Königs. Vertreter der klassizist. Richtung des Spätbarocks. Hauptwerke: Umgestaltung von Innenräumen in Schloß Ujazdów (1766–71), Schloß Warschau (1776–86), Łazienski-Palais (1774 ff.) u. Palais Jabłonna (1775–79) in Warschau.

Mesoamerikanische Hochkulturen, Zeugnisse des in archäolog. Zeit von Mayas u. Nahuas bewohnten Gebietes von Mexiko, Honduras, El Salvador u. Guatemala, periodisiert in: 1. Archaikum, 2000 v. u. Z.–300 u. Z., 2. klass. Zeit, 300–900 u. Z., 3. nachklass. Zeit, 900–ca. 1520. Architekton. Hauptwerke sind Pyramiden zur Götterverehrung, sakrale Ballspielplätze u. Siedlungsreste, bestehend aus Kult- u. Verwaltungszentren, die von Wohnanlagen umgeben waren.

Messel, Alfred, dt. Arch. (1853 Darmstadt–1909 Berlin). Studium in Darmstadt, Kassel u. an der Bauakademie in Berlin. Schüler von K. Bötticher u. H. Strack. Seit 1896 selbständig in Berlin, 1904 Mitglied der Preuß. Akademie der Künste. Vertreter des Überganges vom Historismus zu modernen, funktionell bestimmten Bauaufgaben unter schöpfer. Anwendung älterer Gestaltungsgrundsätze u. Auffassungen des → Materialstils. Hauptwerke: Landesmuseum Darmstadt (1892–1905), ehem. Wertheim-Warenhaus in der Leipziger Straße in Berlin (1897–1904), Bankhäuser in Berlin (um 1901), Rathaus Ballenstedt (1906), Entwurf für das Pergamon-Museum in Berlin (1909, Erbauung durch L. Hoffmann bis 1930).

Metope → Triglyphe.

Meyer, Adolf, dt. Arch. (1881 Mechernich – 1929 auf Baltrum). Studium an Kunstgewerbeschule in Düsseldorf, Mitarbeiter von P. Behrens u. später von → W. Gropius. 1919–25 Lehrer am Bauhaus in Weimar, anschließend Stadtbaurat in Frankfurt/M. Hauptwerke: Entwürfe für Planetarium in Jena (1925), für Völkerbundpalast in

Genf (1927), für Umspannwerk in Eschersheim; beteiligt an vielen Bauten von W. Gropius.

Meyer, Hannes, schweizer. Arch. (1889 Basel–1954 Crocifisso b. Lugano). Seit 1909 in Berlin, Besuch von Kursen an Kunstgewerbeschule u. TH Charlottenburg. Beeinflußt nach Englandaufenthalt 1912–13 durch engl. Wohnungsbau u. die → Gartenstadt-Bewegung. Ab 1919 selbständig in Basel, Mitglied der dt. Bodenreformbewegung u. des Verbandes Schweizer Konsumvereine. 1927–30 Direktor des Dessauer → Bauhauses. Nach Entlassung wegen KPD-Zugehörigkeit mit einer Studentengruppe Übersiedlung nach Moskau als Chefarch. von GIPROWTUS u. Lehrer der Hochschule für Architektur. 1936 Rückkehr in die Schweiz. 1938–49 tätig in Mexiko, u. a. als Direktor des Instituts für Städtebau u. Planung u. in ministeriellen Bereichen des Wohnungs- u. Sozialbaues. Hauptvertreter des → Neuen Bauens unter starker Betonung der sozialen Funktion u. strenger Sachlichkeit. Hauptwerke: Entwurf für Völkerbundpalast in Genf (1927), Laubenganghäuser in Dessau (1930), Gewerkschaftsschule in Bernau (1928–30).

Mezzanin [ital.], niedriges Zwischen- oder Halbgeschoß entweder zwischen Erd- u. erstem Obergeschoß oder zwischen letztem Obergeschoß u. Dach. Die gegenüber den Normalgeschossen geringere Höhe ist meist am Außenbau durch kleinere horizontale Fensterreihungen erkennbar. Häufiges Auftreten bei Profanbauten in Renaissance, Barock u. Klassizismus.

Michelangelo Buonarroti, italien. Maler, Dichter, Bildhauer u. Arch. (1475 Caprese – 1564 Rom). Seit 1489 tätig in Florenz, anschließend in Bologna u. Rom, 1501–05 u. 1517–34 erneut in Florenz, dann bis 1564 in Rom. Universalkünstler u. Hauptmeister der italien. Hochrenaissance am Übergang zum Manierismus u. Frühbarock. Sein Schaffen war bestimmt von den revolutionär-demokrat. Ideen des italien. freien Stadtbürgertums. Architekton. Hauptwerke: Fassade der Kapelle Leos X. in Rom (1514), Fassade (1515) u. Grabkapelle der Medici (1520) in S. Lorenzo in Florenz, Biblioteca Laurentiana (1524 ff.), Festungsanlagen (1528–29) in Florenz, Neugestaltung des Kapitols in Rom mit Fassaden des Konservatoren- u. des Senatorenpalastes, Vollendung des Petersdomes (1546–64), Entwurf der Sforza-Kapelle (um 1560), Umbau des Tepidariums der Diokletiansthermen zur Kirche S. Maria degli Angeli (1561 ff.)

Michelozzo di Bartolomeo, italien. Bildhauer u. Baumeister (1396–1472 Florenz). Zuerst Mitarbeiter der Bildhauer Ghiberti u. Donatello, seit 1435 Übergang zur Baukunst, 1446 Nachfolger von F. Brunelleschi als Dombaumeister in Florenz. Hauptmeister der italien. Renaissance im Dienste der Medici. Hauptwerke: Innenhof u. Loggia der Medici-Villa in Careggia (um 1433), Sakristei, Kreuzgang u. Kloster S. Marco (1437–41), Palazzo Medici-Riccardi (1444) u. Sakristei von SS. Annunziata in Florenz; Medici-Villen in Cafaggiolo (1451) u. Fiesole (1458–61); S. Maria delle Grazie (1452) in Pistoia, Portinari-Kapelle in Mailand (um 1462), Rektorenpalast in Dubrovnik (1462–63) u. a.

Mies van der Rohe, Ludwig, dt. Arch. (1886 Aachen – 1969 Chicago). Vor 1911 Mitarbeiter von B. Paul u. P. Behrens in Berlin, dann selbständig. 1930–33 Leiter des → Bauhaus, seit 1938 nach Emigration Prof. am Illinois Institute of Technology in Chicago. Nach Frühperiode des Neoklassizismus in den 20er Jahren über expressionist. Architektur zu eigenständiger rationaler Stilhaltung des → Neuen Bauens unter Hauptverwendung von Stahl u. Glas bei einfachen, meisterhaft ausgewogenen kub. Raumformen in Skelettbauweise. Neben Wright, Le Corbusier u. W. Gropius einflußreichster Arch. der 1. H. 20. Jh. Hauptwerke: Glashochhausentwürfe (1919–21), Siedlungsbauten in Berlin u. Stuttgart (1925–27), Pavillon in Barcelona (1929), Haus Tugendhat in Brünn (1930), Hochschulbauten (1939) u. Lake Shore Drive Apartments (1951) in Chicago, Seagram Building in New York (1956–59), Neue National-Galerie in Berlin (1962–68), Dominion Centre in Toronto (1963–68), Chicago Federal Center (1964–68).

Mietshaus, mehrgeschossiges Wohnhaus mit einzeln vermietbaren Wohnungen. Entstehung mit der Ausdehnung frühbürgerl. Städte seit E. 15. Jh.

Mietskaserne, überwiegend 4- bis 5geschossiges städt. Mietshaus des späten 19./frühen 20. Jh., meist eingebunden in flächenmäßig größere, durch Korridorstraßen erschlossene u. stark verdichtete Bebauungskarrees von Industriestädten u. Arbeiterwohnvierteln. Bestehend aus Vorder-, Seiten- u. Hintergebäude an einem oder mehreren Hinterhöfen unter sozialer Staffelung der Bewohnerschaft vom Vorder- zum Hinterhaus bei Abnahme der Wohnungsgröße u. der sanitären Ausstattung; Wohnqualität auch beeinträchtigt durch eingelagerte Handwerks- u. Industriebetriebe. Zur größten dt. Mietskasernenstadt entwickelte sich um die Jh.wende Berlin; ähnl. Verbreitung auch in anderen europäischen Industriestädten. → auch Hinterhaus.

Mihrab [arab.], Gebetsnische einer → Moschee, die auf die heilige Stadt Mekka ausgerichtet ist. Seit 8. Jh. fester Bestandteil der islam. Architektur.

Militärriß → Isometrie.

Mimbar [arab.], hochliegende Kanzel einer → Moschee.

Minarett [arab.], Turm einer → Moschee zum Ausruf von Gebeten. Älteste Zeugnisse seit der Omaijadenzeit (A. 8. Jh.), Verbreitung vermutlich von Syrien über den gesamten oriental. Bereich.

Minoische Architektur → Kretisch-minoische Architektur.

Mittelschiff, Mittelraum des mehrschiffigen → Langhauses einer Kirche. → auch Schiff.

Mnesikles, griech. Baumeister aus der 2. H. 5. Jh. v. u. Z. Vermutlich Schüler von Iktinos, Zeitgenosse von Phidias u. Kallikrates. Beteiligt am Umbau der → Akropolis in Athen, wahrscheinl. Erbauer der Propyläen auf der Akropolis (437–32 v. u. Z.).

Modell, bauliches, meist im verkleinerten Maßstab vorgenommene Konstruktion eines geplanten, Fixierung eines gegenwärtigen oder Nachbildung eines vergangenen baul. Zustandes.

Modellprojektierung, modernes Spezialverfahren zur Reduzierung u. Optimierung baul. Projektierungszeiten u. -kosten. Anwendung in techn. Bereichen u. a. des Bauwesens, Maschinen- u. Anlagenbaues.

Modernisierung, bauliche, Maßnahmen zur Verbesserung der Lebensqualität in Altbaugebieten, die insbesondere in der Erhöhung des techn. Ausstattungsgrades u. der funktionellen Eigenschaften der Wohnungen bestehen, aber auch fehlende gesellschaftl. Einrichtungen ergänzen.

Modern Style, engl. Variante des → Jugendstils.

Modillion, französ. Bezeichnung für Konsole u. Sparrenkopf eines Balkens.

Modul [<lat.], die grundlegende Maßeinheit für die Proportionierung eines gesamten Baukörpers. In der Antike u. Renaissance abgeleitet vom unteren Radius der Säulen, im mittelalterl. Kirchenbau von der ganzen oder halben Seitenlänge eines Vierungsquadrates, in späteren Zeiten das jeweilige Einheitsmaß bestimmter Bemessungssy-

steme (z. B. Normenmaße vorgefertigter Bauelemente).

Moghul-Stil, z. Z. der ind. Moghulkaiser Jahangir u. Shah Jahan (1. H. 17. Jh.) entstandene spezielle Entwicklungsform der islam. Architektur, besonders gekennzeichnet durch die dekorative Kombination weißer Marmorgebäude mit Inkrustationen aus Edel- u. Halbedelsteinen. Hauptbeispiele in der ehem. Residenz Agra: u. a. Hauptwohnhaus u. Audienzsaal des Palastes (um 1637), Grabbau des Itimad-ud-Daula (1630), Perlenmoschee (1648–55), Tja-Mahal-Mausoleum (1632–53); ähnlich wichtige Bauten befinden sich in Delhi u. Lahor.

Moller, Georg, dt. Arch. u. Städtebauer (1784 Diepholz–1852 Darmstadt). Tätig in Darmstadt, Schüler von F. Weinbrenner. Studienreisen nach Italien, Frankreich u. England. 1810 hess. Hofbaumeister. Vertreter des Spätklassizismus. Hauptwerke: Stadterweiterung in Darmstadt mit Hoftheater (1818–20), Ludwigskirche (1822–27), Kollegienhaus (1825–26), Neuer Kanzlei (1825–26) u. Residenzschloß (1839), Theater in Mainz (1829–33), Erweiterungsentwürfe für Schloß Wiesbaden (1835) u. a. m.

Mönchschor, der in einer Klosterkirche für die Vollmönche bestimmte Teil des Chores, manchmal auch Bezeichnung für einen hinter dem Hochaltar befindl. Raum.

Mönch und Nonne → Klosterdach.

Monier, Josef, französ. Gärtner u. Pionier des Eisenbetonbaues (1823 St. Quentin-la-Poterie – 1906 Paris). Wendete um 1850 nach Vorversuchen der Franzosen Mallot, Lambot u. Coignet (1. H. 19. Jh.) den mit Eisen armierten Beton zuerst auf die Herstellung von Blumenkübeln an. Ausdehnung des Verfahrens unter Sicherung zahlr. Patente ab 1867 auf die Herstellung stabiler Rohre, Platten, Wasserbehälter, Brückenkonstruktionen u. a.

Moniergewebe, Drahtgeflecht zur → Bewehrung von Beton, benannt nach → J. Monier.

Monolith [<gr.], 1. Architekturglied, z. B. Pfeiler, Säule, Deckplatte. 2. Kolossalstatue (Menschen-, Dämonen- u. Tierfigur), die aus einem einzigen Stein herausgearbeitet wurde.

Monolithischer Bau [<gr.], ein aus großen, vorwiegend vorgefertigten Formstücken (Bauelementen) oder aus homogenem Stahlbeton (Guß-, Schalbeton) errichteter Bau.

Monopteros [gr.], von Säulenkranz umgebener antiker griech. u. röm. Rundtempel ohne Cella, gleichsam pavillonartiges Gehäuse, bei dem der Säulenkranz zum Träger des Daches ausgebildet ist. Vielfach zur Überdeckung von Kultbildern, Grabdenkmälern, Plastiken usw. angelegt. In Barock u. Klassizismus Wiederaufnahme des Motivs in der beliebten Form des Gartentempels.

Montagebauweise, Zusammenfügung vorgefertigter Bauelemente auf der Baustelle. Die heutige, überwiegend industrielle Technologie ist hervorgegangen aus handwerkl. Vorfertigungsprozessen. Erste, sporadisch vorgenommene Versuche u. Einzelanwendungen von Holzplattenbauweisen, Stahl- u. Stahlbetonskelettbauweisen sowie Großblockbauweisen auf Betonbasis erfolgten in England, USA, Frankreich, Holland u. Deutschland zwischen 1850 u. 1950.

Montferrand, Auguste Ricard de, französ. Arch. (1786 Chaillot–1858 St. Petersburg). Schüler von Ch. Percier u. P.-F.-L. Fontaine. Vertreter des Klassizismus. Nach anfänglicher Tätigkeit in Paris ab 1816 in Rußland. Hauptwerke: Isaakskathedrale (1817–57), Kriegsministerium (um 1820) u. Alexandersäule vor dem Winterpalais (1829) in St. Petersburg.

Monument [<lat.] → Denkmal, Memorialbauten.

Moosbrugger, Caspar, schweizer. Arch. (1656 Au/Bregenzer Wald – 1723 Einsiedeln). Benediktiner-Laienbruder in Einsiedeln, Berater u. Ausführender komplizierter Raumanlagen von Klöstern des Hochbarock. Mitbegründer der → Vorarlberger Bauschule. Hauptwerke: Benediktinerabtei in Einsiedeln (1719ff.), Nonnenkloster Au (1684–87), Klosterkirche in Fischingen (1685), Entwurf der Klosterkirche in Muri (1694–98), Pläne für Neuanlagen der Klöster St. Gallen, Disentis, Rheingau u. Münsterhagen.

Morris, William, engl. Kunstgewerbler, Typograph sowie Gesellschaftsreformer (1834 Walthamstow – 1896 London). Studium der Theologie, Geschichte, Kunst, Literatur; Reisen nach Belgien u. Frankreich. 1861 Gründung eines künstler. Unternehmens zur Reformierung des Kunstgewerbes auf handwerkl. Basis. Früher Wegbereiter des → Jugendstils; seine theoret. u. prakt. Anregungen übten weitreichenden Einfluß auf die europäische Kunst- u. Formentwicklung aus. Seine Grundvorstellung, die kapitalist. Gesellschaftsverhältnisse mit den Mitteln der Kunst ändern zu können, blieb eine Utopie. Seit 1883 Übernahme einer führenden Position in der engl. Sozialistenbewegung. Zahlr. bedeutende Schriften.

Mörtel, erhärtendes Gemenge aus Bindemitteln, Zuschlagstoffen u. Wasser zum Mauern, Verputzen u. a. Bauarbeiten. Je nach Zusammensetzung u. Hauptzuschlagstoff unterschieden in Lehm-, Kalk-, Zement-, Verbund-, Gips-, Aschenbinder-, Magnesit-, Plastmörtel. Älteste Verwendung seit vorgeschichtl. Zeit bis A. 19. Jh. von Lehmmörtel. Gipsmörtel ist nachweisbar seit altägypt. u. assyr. Baukunst, in Mitteleuropa seit dem frühen Mittelalter. Kalkmörtel in Griechenland seit dem 5. Jh. v. u. Z., in Mitteleuropa seit 9. Jh. gebräuchlich.

Mosaik [<frz.], aus kleinen, durch Mörtel verbundenen Materialstücken (Stein, Marmor, Glas) zusammengesetzte Flächendekoration in bildhafter oder ornamentaler Gestaltung. Im Alten Orient seit 4. Jt. v. u. Z., in Europa seit 3. Jh. nachweisbar als Fußbodenbelag, Wandverkleidung, Kuppelschmuck. Höhepunkte der künstler. Anwendung in der röm. u. byzantin. Architektur.

Moschee [<frz., arab.], Hauptform des islam. Kultbaues mit überwiegender Verbreitung im arab., pers., türk. ind., pakistan. u. ceylones. Einflußbereich. Vielseitige Nutzung als Gebets- u. Gemeindehaus. Typisch sind arab. Anlagen der Frühzeit (7. Jh.), bestehend aus weiträumigem Arkadenhof, mit vielsäuligem Haram (Betsaal) u. dominierendem Gebetsturm (→ Minarett). Der Kultraum (→ Mihrab) war in der Regel auf die heilige Stadt Mekka ausgerichtet (→ Qibla) u. äußerlich durch Kuppeln betont. Seit 11. Jh. Entwicklung der → Iwan-Moschee, die z. T. auch durch den Anlagetypus der → Medrese geprägt wurde. Seit 14. Jh. neue baul. Züge durch Verbreitung der türk. Kuppelmoschee.

Motel, Form eines Touristenhotels in der Nähe von Erholungsgebieten, Autostraßen, Flugplätzen, Sehenswürdigkeiten usw. mit Abstellmöglichkeiten für Personenkraftwagen in unmittelbarer Nähe des Hotelzimmers. Meist ein- bis zweigeschossige, relativ leicht gebaute, hofartig gruppierte Gebäudereihungen in begrünten Anlagen mit Additionen der aus Wohn-, Schlaf-, Sanitärbereich u. Autogarage oder -abstellplatz bestehenden Funktionseinheiten. Ein spezielles Versorgungsgebäude enthält meist Verwaltung, Gaststätte, Dienstleistungseinrichtungen.

Mudejar-Stil → Maurischer Stil.

Muldengewölbe, eine vom → Tonnengewölbe abgeleitete Konstruktion, die anstelle bogenförmiger Endungen durch Wölbungen abgeschlossen wird.

Munggenast, Josef, österreich. Arch. (1680 Schnann/Tirol–1741 St. Pölten). Schüler u. Bauführer von J. Prandtauer. Meister des überschwengl. österreich. Barock. Hauptwerke: Mitarbeit an Stiftskirche in Zwettl (1722–35), am Umbau des Chorherrenstifts St. Pölten (1722–39) u. des Benediktinerstifts Altenburg mit bedeutsamer Bibliothek (1730–33), Bauleitung am Stiftsbau in Melk (1730–38).

Münster, nicht eindeutige, in Süddeutschland gebräuchl. Bezeichnung sowohl für Bischofskirche (Dom) als auch für die Hauptkirche einer Stadt (z. B. Ulmer Münster).

Muschelwerk, muschelähnl. Dekorationsform des 16.–18. Jh. Beliebtes Motiv für die aus Stuck hergestellten Ausstattungen von Innenräumen, besonders Gartensälen u. künstl. Grotten.

Museumsbauten, urspr. ein geweihter Musentempel, seit dem 19. Jh. mit der Entwicklung der wissenschaftl. Forschungen eine selbständige Bauaufgabe zur Aufbewahrung u. Aufstellung von Kunstsammlungen, die vorher in den zum Schloß gehörenden Kunst- u. Wunderkammern, Bibliotheken u. Galerien absolutist. Fürsten unter Ausschluß der Öffentlichkeit angehäuft wurden. Nach zunehmender Überführung königl., fürstl., kirchl. u. klösterl. Kunstbesitzes seit A. 19. Jh. in Nationaleigentum entstanden bedeutende Bauwerke: Glyptothek in München (L. v. Klenze, 1816–34), Altes Museum Berlin (K. F. Schinkel, 1825–28), Neues Museum Berlin (F. A. Stüler, 1843–55), British Museum in London (R. u. S. Smirke, 1847), Gemäldegalerie Dresden (G. Semper, 1847–54), Hofmuseum in Wien (K. v. Hasenauer, 1872–89) u. a. Bis zur Gegenwart Erfüllung umfangreicher Raumprogramme mit Ausstellungs-, Depot-, Verwaltungs-, Bibliotheks-, Restauratorenräumen, gastronom. Einrichtungen; z. B. Neue National-Galerie u. Bauhaus-Archiv in Berlin, Kunstsammlung Nordrhein-Westfalen in Düsseldorf, Kestner-Museum Hannover, Guggenheim-Museum New York, Musée d'Orsay Paris, Neue Staatsgalerie Stuttgart.

Musterbuch, Sammelbezeichnung für die in bildender Kunst, Architektur u. Kunsthandwerk existierenden illustrierten Skizzen-, Modell-, Schriftmuster-, Ornament- u. Möbelbücher, die über Generationen, Stilperioden und z. T. über Ländergrenzen hinweg bestimmte praktische Gestaltungsgepflogenheiten überlieferten. Aus dem Mittelalter erhielten sich etwa 30 derartige Fragmente (10.–15. Jh.), z. B. das Bauhüttenbuch des → Villard de Honnecourt (um 1230). Seit der Erfindung der Buchdruckerkunst nahmen die Beispielsammlungen unterschiedl. künstler. Ranges bis zum 19. Jh. zu, jedoch mit fast ausschließlich handwerkl. Bestimmung.

Muthesius, Hermann, dt. Arch. (1861 Groß-Neuhausen – 1927 Berlin). Studium in Berlin. 1896–1903 Botschaftsattaché in London zum Zwecke des Studiums engl. Hausbaues u. der Formgestaltung. 1907 Referent für die Kunstgewerbeschulen in Preußen u. namhaftester Begründer des → Deutschen Werkbundes. Durch Übertragung der reformer. Ideen der engl. »Arts-and-Crafts«-Bewegung Wegbereiter moderner industrieller Formgestaltung u. Typisierung. Vertreter des → Materialstils. Hauptwerke: Landhausbauten in Berlin u. Dresden-Hellerau (1913), Industriebauten; zahlr. Publikationen über engl. Landhäuser, Beiträge zur Stilarchitektur, Untersuchungen über das Verhältnis von Kunst u. Maschinenproduktion.

Mutulus [lat.], kragsteinartige steinerne Nachbildung eines Sparrenkopfes an der Unterseite des → Geisons dor. Tempel.

Mykenische Architektur, Baukunst der Helladen auf dem Peloponnes. In den

Grundlagen stark beeinflußt von der → kret.-minoischen Architektur, nur von wehrhafterem u. monumentalerem Charakter. Hauptbauformen waren die um ein Megaron mit labyrinthartigen Gangsystemen gruppierte Burg (z. B. Tiryns, 1300 v. u. Z.; Mykene, 1450 v. u. Z.) u. → Kuppelgräber.

N

Nachgotik, nachlebende Elemente der mittelalterl. Gotik während der Renaissance u. des Barock, z. B. bei → G. Aichel.

Nagelkopfornament, anglo-normann. Rautenornament in Form von Nagelköpfen.

Naos, griech. Bezeichnung der Cella, Innenraum des → Tempels mit dem Götterbild.

Narthex [gr.], im mittelalterl. Kirchenbau eine von der byzantin. Baukunst abgeleitete abgeschlossene Vorhalle zwischen Haupteingang u. Langhaus.

Nase, 1. vorspringendes Ende einer Gesimsplatte, die dem Abtropfen des Regenwassers dient. 2. hakenförmige Aufhänger an Dachziegeln u. Abfallrohren. 3. Vorsprünge an den inneren Bogenprofilen got. Maßwerks.

Nash, John, engl. Arch. u. Städteplaner (1752 London – 1835 East Cowes Castle). Seit 1813 Generalinspektor für Bauwesen in London. Bekanntester Vertreter des Überganges vom stark palladianistisch beeinflußten engl. Klassizismus zum Historismus unter Bevorzugung neogot., chines. u. ind. Architekturformen. Hauptwerke: Miet- u. Landhäuser (seit 1780), Regent's Park u. Regent Street (1811 ff.), Haymarket Theatre (1820–21), Langham Place (1822–25), Planung des Trafalgar Square, Suffolk Place mit Suffolk Street, Clarence House, Carlton House Terrace (1827ff.) u. Umbau des Bukkingham Palace (1825ff.) in London, Königl. Pavillon in Brighton (1815 bis 1823).

Natatio (auch Sudatorium) [lat.], Schwitzbad innerhalb antiker röm. Thermen.

Nebenchöre, kleinere, meist als Apsiden ausgebildete Räume, die den Hauptchor einer Kirche flankieren.

Nebenschiff → Seitenschiff.

Nekropole [<gr.], Totenstadt. Gräberfeld oder Friedhof außerhalb von Siedlungsbereichen des Altertums (Ägypten, Alter Orient, Griechenland, Etrurien, Rom), wird durch Weganlagen regelmäßig gegliedert u. durch architekton. Gestaltungsmittel hervorgehoben. Hauptbeispiele in Ur, Theben, Athen, Rom, Caere, Pompeji.

Neobarock (Neubarock), eine Stilrichtung des → Historismus der 2. H. 19. Jh. mit bewußter Rückwendung zur Formensprache des Adels. Besondere Förderung in der Periode der Entstehung von Monarchien (2. Kaiserreich in

Neobarock. Berliner Dom (1894–1905). J. K. Raschdorff. Zustand vor 1945

Neogotik. Parlamentsgebäude in London (1840ff.). Ch. Barry

Frankreich, Dt. Kaiserreich 1871), in Deutschland als → Wilhelminischer Stil ausgeprägt. Gekennzeichnet durch gesteigertes Pracht- u. Repräsentationsbedürfnis, Monumentalität u. Pathos der Staatsbauten. Im 1. Jahrzehnt des 20. Jh. durch Jugendstil, Neoklassizismus u. Neues Bauen verdrängt. Hauptvertreter u. Beispiele: → Ch. Garnier (Oper Paris, 1861–74), F. Hitzig (Börse Berlin, 1859–63), P. Wallot (Reichstagsbau in Berlin, 1884–94), J. Raschdorff (Berliner Dom, 1894–1904), → E. E. v. Ihne (Staatsbibliothek Berlin, 1908–14).

Neogotik (Neugotik), ausgeprägteste Strömung des → Historismus, die um 1750 von Frankreich u. England ausging u. sich über Europa bis nach Rußland verbreitete. Verbunden mit sentimentaler Hinwendung zur Natur, gefördert durch Ideen J. J. Rousseaus; Parallele zum Frühklassizismus (Engl. Garten, künstl. Ruine). In der Früh-

Neogotik. Votivkirche in Wien (1856–79). H. v. Ferstel

phase um 1800 in Deutschland vom Adel getragen (Nauener Tor in Potsdam, Got. Haus in Wörlitz u. a.), seit der Französ. Revolution, gemischt mit Ideen der Romantik, als nationaler Stil des Bürgertums propagiert. Verstärkung der bürgerl. Tendenz nach den Freiheitskriegen mit gewecktem neuen Geschichts- u. Nationalbewußtsein, u. a. dokumentiert in zahlr. Ergänzungen got. Bauwerke, z. B. an Domen in Köln, Prag. In der 2. H. 19. Jh. erneut umgemünzt als Mittel der Mittelalter-Verherrlichung. Daher Hauptanwendung auf Schloß- u. Kirchenbauten bis 1900. Hauptvertreter in Deutschland: → K. F. Schinkel, → E.-F. Zwirner, G. Moller, G. Semper, B. Schmitz u. a.

Neoklassizismus (Neuklassizismus), Wiederaufnahme von Elementen der Architektur des → Klassizismus, jedoch meist unter Verzicht auf jegl. Dekorationsform. In der Architektur etwa seit 1900 nachweisbar als rationelle, tektonisch ordnende Bestrebung als Gegenpol zum → Eklektizismus u. zur Überladenheit des → Jugendstils. In dieser Form charakterisierte er bis zum 1. Weltkrieg das Schaffen fast allen Vertreter des späteren Neuen Bauens. In extremer Fortführung mißbraucht als architekton. Ausdrucksmittel zur nationalist. Betonung der Macht des dt. u. italien. Faschismus.

Neoklassizismus. Festhalle der Gartenstadt Dresden-Hellerau (1907). H. Tessenow. Zustand vor 1945

Neoklassizismus. Parlamentsgebäude in Wien (1873–83). Th. v. Hansen

Neorenaissance (Neurenaissance), von Frankreich ausgehende Strömung des → Historismus mit Wiederaufnahme von Renaissanceformen. Zunächst nach 1800 als Widerspiegelung neu errungener Klassenpositionen des Bürgertums in Erinnerung an den Stil freier italien. Stadtrepubliken der Frührenaissance. Dann aber seit etwa 1840 Aneignung durch den Adel, nunmehr jedoch in Erinnerung an den Glanz fürstl. Höfe der Hochrenaissance. Hauptvertreter: L. v. Klenze, F. v. Gärtner, → K. F. Schinkel, → G. A. Demmler, → F. A. Stüler, → G. Semper, → K. v. Hasenauer. Besonders Sempers bürgerl. Interpretation des demokrat.-humanist. Gehaltes führte zu einer großen Anzahl repräsentativer Bauten der Kunst, Bildung u. Wissenschaft sowie geschlossenen städtebaul. Räumen (→ Ringstraßen u. a. m.). Etwa 1870 mit Hervorhebung des nationalen Inhalts (→ G. v. Seidl, → K. Hocheder) Über-

Neorenaissance. Gemäldegalerie in Dresden (1847–54). G. Semper

Neorenaissance. Schweriner Schloß (1845–58). G. A. Demmler/F. A. Stüler. Histor. Aufnahme

Neoromanik. Thomaskirche in Berlin. Perspektivische Ansicht (1864–69). F. Adler

Neoromanik. Westfront des Domes zu Speyer (1854ff.). H. Hübsch

gang von den italien. zu Formen der »maler.« dt. Renaissance mit Bevorzugung bei Villen, Rathäusern, Schulen u. Geschäftshäusern bei gleichzeitigem Übergang zum → Neobarock als offiziellem Staatsbaustil.

Neoromanik (Neuromanik), Strömung des → Historismus, etwa 1813–1910. In der 1. Phase (bis 1850) unter freier Anwendung der Stilformen neben der → Neogotik propagiert. Stärkste Verbreitung im Kirchenbau Bayerns, des Rheinlandes u. Niedersachsens, aber auch in Frankreich, USA u. Skandinavien. In der 2. Phase (nach 1850) nach intensiveren geschichtl. Formstudien Übergang zu historisch getreuen Nachahmungen sowie Erweiterung auf öffentl. u. private Profanbauten, wie Rathäuser, Bahnhöfe, Postämter, Verwaltungsbauten, Museen, Schulen u. Villen. Hauptbeispiele in München Köln, Aachen, Berlin u. Potsdam (→ Rundbogenstil). Hauptvertreter: L. v. Klenze, → F. v. Gärtner, H. Hübsch, E.-F. Zwirner, F. Schwechten u. → L. Persius).

Nering, Arnold, dt. Baumeister u. Festungsingenieur (1659 Wesel – 1695 Berlin). Nach Ausbildung in Holland u. Italienreise ab 1680 preuß. Oberbauingenieur, später Oberbaudirektor in Berlin mit großem Einfluß auf die städtebaul. Entwicklung. Neben A. Schlüter bedeutendster Vertreter des Berliner Barock mit starken Einflüssen des holländ. Neopalladianismus. Hauptwerke: Leipziger Tor (1683), Ladenarkaden am Mühlendamm, Anlage der Friedrichstadt (1688ff.), Baubeginn Schloß Charlottenburg, Zeughaus (1665 ff.) u. Parochialkirche in Berlin, Umgestaltung Schloß Oranienburg (1689–95).

Nervi, Pier Luigi, italien. Arch. (1891 Sondrio – 1979 Rom). Hervorragender Stahlbetonkonstrukteur, Spezialist für große Hallenbauten. Hauptwerke: Stadion Florenz (1930–32), Ausstellungshallen Turin (1948–50), UNESCO-Gebäude Paris (mit M. Breuer, 1953–57), Palazzo del Lavoro Turin (1979–81).

Netzgewölbe, sogen. figuriertes Gewölbe der Spätgotik, bei dem sich die Rippen unter weitgehendem Verlust ihrer urspr. konstruktiven Funktion maschen- oder netzartig über die im Querschnitt tonnenförmigen Gewölbelai-

Netzgewölbe der Spätgotik im Schloß Ueckermünde

bungen ausbreiten. → auch Gewölbe, Abb.

Neue Sachlichkeit, geistige Auffassung in Kunst, Architektur u. Kunsthandwerk zwischen 1924–32, die sich durch Betonung gestalter. u. funktioneller Zweckmäßigkeit bewußt vom Eklektizismus u. Historismus, aber auch von der expressionist. Formgebung abzugrenzen suchte. Sie enthielt Elemente des → Materialstils ebenso wie des → Funktionalismus, → Konstruktivismus u. des → Neuen Bauens unter nüchterner Ausrichtung auf die Verfestigung geometr. Grundformen u. die Anerkennung der »realen Sachwelt«.

Neues Bauen, Bezeichnung für den → Funktionalismus oder den »modernen Zweckbau« in der dt. Architektur der 20er Jahre, ausgedrückt in rationellen kub. Baukörpern. Aufgrund ähnl. Entwicklungen in anderen Ländern seit 1925 auch als → International Style bezeichnet. Bestandteil der Kunst- und Architekturströmungen zwischen 1924–32, die insgesamt auch als Periode der → Neuen Sachlichkeit aufgefaßt wurde u. Malerei u. Plastik einbezog. Abb. S. 180.

Neumann, Johann Balthasar, dt. Ingenieur-Arch. (1687 Eger – 1753 Würzburg). Fürstbischöfl. Hofbaumeister in Franken. Studien in Paris u. Wien, beeinflußt von → R. de Cotte, → G. G. Boffrand, Zeitgenosse von L. v. Hildebrandt u. M. v. Welsch. Hauptmeister des süddt. Spätbarock mit bedeutsamen Treppenanlagen u. Interieurs in überschwengl. Rokoko. Hauptwerke: Trep-

Neue Sachlichkeit. Bauhaus Dessau (1925/26). W. Gropius

Neues Bauen. Siedlung in Frankfurt/Main. E. May

Neues Bauen. Volksbad in Magdeburg (1926). J. Göderitz

penhaus in Schloß Bruchsal (1731–32), Teile der Residenz in Würzburg mit Treppenhaus (1744; → Barock, Abb.), Treppenhaus in Schloß Brühl bei Köln (1743–48), Schloß Werneck (1733–44), Stadtplanungen für Würzburg, zahlr. Kirchen, u. a. Baubeginn der Wallfahrtskirche in Vierzehnheiligen (1743) u. Abteikirche in Neresheim (1745 ff.; → Jesuitenbaukunst, Abb.).

Neutra, Richard, österreich.-amerikan. Arch. u. Theoretiker (1892 Wien–1970 Wuppertal). Nach Studium in Wien Mitarbeiter von A. Loos, 1921 im Bauamt Luckenwalde, 1922–23 bei E. Mendelsohn, anschließend Übersiedlung nach Chicago mit engen Kontakten zu F. L. Wright. Seit 1926 selbständig in Los Angeles, 1928–29 dort Dozent für Architektur, 1930 USA-Delegierter des

CIAM. Hauptvertreter des → Neuen Bauens u. → International Styles. Hauptwerke: Entwurf eines Geschäftsviertels in Haifa (1923); Jardinette-Wohnblock (1926), Gesundheitshaus (1927), Forschungshaus am Silverlake (1931), Kleinwohnungsgebiet »Channel Heights« (1942) u. Archivbau in Los Angeles; Schulen in Puerto Rico u. Guam (1944), zahlr. Wohnbauten, Schulen, Erholungsbauten, Theater, Gewerkschaftshäuser, Büros, Stadt- u. Landschaftsplanungen unter Berücksichtigung sozialer Aspekte in USA, Europa, Asien u. Afrika.

Niemeyer, Oscar, brasilian. Arch. (geb. 1907 Rio de Janeiro). Studium in Rio, anschließend Mitarbeiter von → L. Costa, stark beeinflußt von → Le Corbusier. Seit 1956 Berater u. Chefarch. der Organisation zur Gründung der Hauptstadt Brasilia. Sympathisierend mit sozialist. Auffassungen. Nach Staatsstreich 1964 vorübergehende Emigration nach Paris. Hauptvertreter eines individuellen, vom Funktionalismus abgeleiteten Stils. Hauptwerke: Brasilian. Pavillon der Weltausstellung in New York (1939), Sport- u. Erholungsbauten in Pampulha (1943–44), Hotels, Privathäuser u. Siedlungsbauten (bis 1946), Mitprojektant des UNO-Gebäudes in New York (1947), Hochhäuser in Belo Horizonte (1951), Wohnhochhaus in Berlin (1957), Zentrum von Brasilia mit Präsidentenpalast (1958), Kongreßgebäude (1960), Theater, Kathedrale, Verwaltungs- u. Wohnbauten (→ International Style, Abb.); Stadtviertel in Algeria (1973).

Nische [<frz.], tekton. Wandgliederung in Form einer Mauervertiefung mit viertelkugeliger Abschlußwölbung. Angewendet auch zur Reduzierung fassadenartiger Mauermassen u. zur Aufstellung von Plastiken. In Renaissance u. Barock meist in muschelförmiger Ausprägung.

Nischengrab, ein in Wandnischen von → Katakomben eingelassenes Grab in den Hauptformen des → Mensagrabes u. des → Arcosoliums.

Nobile, Pietro von, schweizer.-italien. Arch. u. Ingenieur (1774 Campestro bis 1854 Wien). Studium der Lehren A. Palladios u. G. B. Vignolas an der Akademie in Rom. Seit 1807 Baudirektor in Triest, seit 1818 Leiter der Bauschule der Wiener Akademie der bildenden Künste. Hauptverteter des Klassizismus. Hauptwerke: Nautische Akademie (1817), Leuchtturm, Kanalbrücke, Casa Constanza u. Casa Fontana, Kirche S. Antonio Nuovo in Triest; Bauten in Wien (1821–24), Theater u. Redoute in Graz (1825), Metternich-Schloß Königswarth, Umbau der Potocki-Kapelle im Dom zu Krakau (1832–40), Regierungspalast in Lemberg (1840).

Nonnenempore → Prieche.

Normannischer Stil, roman. Bauweise (2. H. 11.–1. H. 12. Jh.), die unter Wilhelm dem Eroberer aus der Normandie

Normannischer Stil. Ste. Trinité in Caen (1059–66)

Normannischer Stil. Abteikirche St. Étienne in Caen (um 1080)

(z. B. Kirchen von Jumièges, Mont-St.-Michel, Caen) nach England importiert wurde. Gekennzeichnet durch konstruktive Klarheit, z. T. Nebenchöre, Doppelturmfassade, im Langhaus Emporen oder Blendgalerien, offener Dachstuhl. Hauptbeispiele: Kathedralen von Canterbury u. Southwell.

Nutzung, bauliche, der materiell-prakt. Gebrauch architekton. Räume durch den Menschen.

Nymphäum [<gr.], in der griech. Antike ein architektonisch oder durch Plastiken gestaltetes Heiligtum der Quellnymphen. Seit der röm. Antike entwikkelt zum Garten- u. Lusthaus mit Brunnen, teilweise mit Badeanlagen, Grotten u. Fontänen. Auch in Renaissance, Barock und Landschaftsgärten zur Verherrlichung der antiken Götterwelt. Dt. Beispiele: Dresdener Zwinger, Potsdam-Sanssouci, Wörlitzer Park.

O

Obbergen, Antoni, holländ. Arch. (1543 Mecheln – 1611 Danzig). Nach Tätigkeit in Dänemark seit 1586 ansässig in Danzig, seit 1592 Stadtbaumeister u. Festungsingenieur. Vertreter der Spätrenaissance u. des Manierismus, stark beeinflußt von → C. Floris u. → H. Vredeman de Vries. Hauptwerke: Schloß Kronberg/Helsingör (1574–85), Altstädter Rathaus (1587–89), Zeughaus (1600–05) sowie Teile der Stadtbefestigung in Danzig.

Obelisk [<gr.], ein sich nach oben verjüngender u. in einer pyramidenförmigen Spitze endender Pfeiler. In ägypt., babylon. u. assyr. Kunst als Kultsymbol des Sonnengottes errichtet. Seit der Renaissance beliebtes Zierelement der Architektur, im 18. Jh. als Dominante in Parks, Alleen u. auf Plätzen errichtet (z. B. Petersplatz in Rom, Eingang zur Hauptallee von Sanssouci, Potsdam).

Obergaden (Fenstergaden, Lichtgaden), Fensterregion im Mittelschiff einer Basilika. → auch Gotik, Abb

Oberkirche, oberes Geschoß einer → Doppelkapelle.

Oberlicht, in die Decke von Räumen eingelassene, verglaste Fensteröffnung zur Tageslichtversorgung. Häufig bei Industriebauten, Markthallen, Passagen, Läden, Kaufhäusern, Museen, Ateliers, Hofunterkellerungen, überdachten Höfen (Lichthof). Zum Schutz vor direkter Sonneneinstrahlung, Reflexionen u. dgl. teilweise in speziellen Aufbauten (→ Raupen, → Sheddach) untergebracht. Im späten 19. u. frühen 20. Jh. z. T. dekorativ gestaltet durch Sprossenteilungssysteme u. Farbgläser (→ Glasbau).

Ochsenauge, runde oder ovale, im Barock entstandene Fensterform; in Frankreich »œil-de-bœuf« genannt.

Odeon [gr.], urspr. ganz oder teilweise überdachtes antikes Konzerthaus auf quadrat. Grundriß. Seit dem Hellenismus Durchsetzung des halbkreisförmigen Auditoriums. Ältestes griech. Beispiel in Athen (um 445 v. u. Z.) nachweisbar, frühe röm. Anlage in Pompeji (1. Jh. v. u. Z.). Wiederaufnahme der Bezeichnung bei Konzertbauten des 19. Jh. (Odeon in München, L. v. Klenze, 1826; Theatre de l'Odeon in Paris, 1872) u. Filmbühnen der Stummfilmzeit.

Ogive, französ. Bezeichnung für → Spitzbogen.

Ohren, seitlich überstehende Teile am oberen Abschluß von Tür- u. Fensterrahmungen.

Ohrmuschelstil, zwischen 1580 u. 1680 in Deutschland u. Niederlanden verbreitetes Ornament mit teigig-quellender Oberfläche, deren Form z. T. an eine menschl. Ohrmuschel erinnert. Verwandtschaft zum Knorpelwerk.

Oktastylos [gr.], den Grundtypen des Peripteros u. Dipteros angehörende antike griech. → Tempelform mit 8 Frontsäulen.

Ohrmuschelstil

Oktogon → Achtort.

Olbrich, Joseph Maria, österreich. Arch. u. Formgestalter (1867 Oppau bis 1908 Düsseldorf). Nach Studium an Wiener Staatsgewerkeschule u. Akademie (1882–95) Mitarbeiter von O. Wagner. 1897 Gründungsmitglied der Wiener Sezession (→ Sezessionsstil), 1899 Berufung als Mitglied der → Darmstädter Künstlerkolonie. Vertreter des Überganges vom phantasievoll geschwungenen Jugendstil zur strengeren Tektonik der Wiener Schule → O. Wagners. Hauptwerke: Mitarbeit am Sezessionsgebäude in Wien (1897), Atelierhaus (1901) u. Hochzeitsturm (1907) in Darmstadt, Planung für eine Gartenvorstadt in Darmstadt (1905), Rosenhof auf Kölner Kunstausstellung (1905 bis 1908), Kaufhaus in Düsseldorf (1908).

Opaion [gr.], urspr. Rauchabzugsloch in der Decke eines Raumes, übertragen auf die runde oder ovale Scheitelöffnung einer → Kuppel.

Opisthodomos [gr.], der Raum an der Rückwand der Cella (Naos) eines antiken → Doppelantentempels, damit das Pendant zum vorgelagerten Pronaos.

Orangerie [frz.], in nördl. Ländern im Zusammenhang mit Schloß- u. Gartenanlagen des 17./18. Jh. errichtetes Gewächshaus für nicht winterharte Pflanzen südl. Klimabereiche (Orangen- u. Zitronenbäume, Oleander, Palmen usw.). In der Regel heizbare eingeschossige Gebäude mit zentralem Mittelsaal u. 2 Seitenpavillons, die durch eine nach Süden gerichtete Fensterfront (oft auch Fenstertüren) belichtet werden. Seit E. 18. Jh. mit neuen Auffassungen der → Gartenkunst durch rein funktionell bestimmte Treibhäuser ersetzt. Hauptbeispiele: Versailles (J. H. Mansart, 1684–86), Potsdam, Neuer Garten (G. H. Langhans, um 1790) u. Sanssouci (F. A. Stüler, 1851–60), Übertragung auf das Anlageprinzip des Dresdener Zwingers (M. D. Pöppelmann, 1711–22).

Oratorium [<lat.], in frühchristl. Zeit Bezeichnung für ein kleineres kapellenartiges Bethaus. Von den Zisterziensern übertragen auf die Klosterkirche, seit E. 12. Jh. ausgedehnt auf kleinere Chorkapellen u. Kapellen im Emporengeschoß, die besonderen Würdenträgern für Privatandachten vorbehalten waren. Auch Bezeichnung für Schloß-, Spitalkapellen, Orgelemporen.

Orchestra [gr.], in der Mitte des griech. antiken → Theaters gelegener runder Tanz- u. Aufführungsplatz.

Ordensbaukunst (Deutschordenskunst), Architektur des führend an der dt. Ostexpansion beteiligten Dt. Ritterordens (M. 13.–A. 16. Jh.). Verkörpert in erster Linie durch die Ordensburgen in der Backsteingotik. Wehrhafte Verteidigungsanlagen (Hochmeister- u. Bischofsitze), die sich aus der Kombination von Burg u. Kloster ergaben. Bedeutendster Bau ist die Marienburg (1280–A. 15. Jh.) als ehem. Sitz der Ordenshochmeister. Ebenso beachtlich waren die Anlagen in Marienwerder, Allenstein, Rastenburg, Neidenburg, Rössel, Georgenburg, Reval u. a. als Stützpunkte in einem dichten Netz mit Abständen von 20–30 km. Die Architektur insgesamt von größtem Einfluß auf den Sakral- u. Profanbau im ehem. Ostpreußen, in Lettland u. Estland.

Organische Architektur (biologische Architektur), Tendenz der 20er Jahre, Gebäude der Formbildung natürl. Organismen entsprechend dynamisch, aber unter Verzicht auf jegl. Regelmäßigkeit anzulegen, oder der Versuch, der Gestaltung eines Baues die Maßverhältnisse eines Lebewesens zugrunde zu legen. Extreme Versuche der Individualisierung des Bauens in eigentümlich bizarren u. kurvigen Lösungen. Zeitweilige Hauptverfechter: → H. Häring, → H. Scharoun, → A. Aalto u. → F. L. Wright.

Orgelprospekt, architektonisch gegliederte Schauseite eines Orgelgehäuses, hinter dem sich das Spielwerk verbirgt. Großer Formenreichtum in Spätgotik u. Barock, im 19. Jh. vorherrschend neogot. Verkleidungen, im 20. Jh. Bevorzugung der unverkleideten, »offenen« Orgel, deren ästhet. Raumwirkung auf der Staffelung der Pfeifen beruht.

Orientierung → Ostung.

Ornament [<lat.], künstler. Schmuck- u. Gliederungselement, das sich im Gegensatz zur Verzierung durch eine in sich geschlossene Form auszeichnet.

Ortbeton, auf der Baustelle hergestellter Frischbeton, der sofort in die Schalungen eingebracht wird.

Orthostaten [<gr.], aufrecht stehende Steinblöcke, die die unterste Lage des

Organische Architektur. Robie House in Chicago (1908). F. L. Wright

Organische Architektur. Seilnetzkonstruktion am Olympiastadion in München (1972). F. Otto

Sockelmauerwerks antiker Gebäude bilden.

Ostberg, Ragnar, schwed. Arch. (1866–1945 Stockholm). Nach Studium an TH u. Akademie Stockholm (1884–91) u.a. Prof. an der Kunsthochschule in Stockholm (1922–32). Unter dem Einfluß der reformer. engl. »Arts-and-Crafts«-Bewegung Übergang vom Historismus zur modernen Architektur der 20er Jahre. Hauptwerke: Rathaus (1909–23), Patentamt (1921) u. Seefahrtsmuseum (1934) in Stockholm.

Ostung (Orientierung), vorherrschende Ausrichtung sakraler Gebäude in Ost-West-Richtung; das Heiligtum, der Altarraum oder der Chor sind im Ostabschluß angeordnet.

Ottmer, Carl Theodor, dt. Arch. (1800 Braunschweig–1843 Berlin). Nach Studien in Braunschweig u. an der Bauakademie in Berlin sowie Italienaufenthalt seit 1829 tätig in Braunschweig. Vertreter des Spätklassizismus. Hauptwerke: Singakademie (Maxim-Gorki-Theater) in Berlin (1827); ehem. Residenzschloß (1831–38), Kaserne (1842) u. Bahnhof (1845) in Braunschweig; Bayr. Bahnhof in Leipzig (1842).

Otto, Frei, dt. Arch. (geb. 1925 Siegmar/Sachsen). 1948–52 Studium an TH Stuttgart. Wegbereiter der modernen Hängedachkonstruktionen. Hauptwerke: Ausstellungsbauten in Kassel (1955), Köln (1957), Interbau Berlin (1957), Hamburg (1963), Lausanne (1964), zur Weltausstellung in Montreal (1967) u. Olympiade München mit Sportbauten (1972; → Organische Architektur, Abb.), Projekte für Mast- u. Hängehochhäuser u. dgl.

Ottonische Baukunst, dt. Baukunst der 2.H. 10.Jh. unter der gestärkten Kaisermacht u. Reichsgewalt der Ottonen, die eine Erneuerung des röm. Kaiserreiches im Bündnis von Staatsmacht u. Kirche anstrebten. Hauptphase expansiver feudaler Landnahme mit baul. Errichtung von Stützpunkten der Zentral-

Ottonische Baukunst. Stiftskirche in Gernrode (um 990)

gewalt in Form von Domburgen u. Siedlungsgründungen im Kerngebiet zwischen Westfalen u. Sachsen. Dominierende Sakralkunst charakterisiert durch Säulenbasilika (→ Basilika), → Stützenwechsel, → ausgeschiedene Vierung, Doppelchörigkeit, → Westwerke, Vierturmanlagen, Trapez- u. → Pilzkapitelle, Verwendung von → Spolien u. Einflüsse der → byzantin. Baukunst. Hauptbeispiele u.a.: St. Michael in Hildesheim (1010–33), St. Pantaleon in Köln (um 980), Abdinghofkirche in Paderborn (1017), Dom in Magdeburg (Gründungsbau 955), Stiftskirche in Gernrode (um 990), Dom in Mainz (955–1009).

Oud, Jacobus Johannes Pieter, holländ. Arch. (1890 Purmerend – 1963 Wassenaer). Nach Studium an Kunstgewerbeschule Amsterdam u. TH Delft ab 1911 Mitarbeiter von Th. Fischer in München, stark beeinflußt von → H. P. Berlage, 1918–33 Stadtarch. in Rotterdam. Gehörte seit 1915 mit T. v. Doesburg u. T. G. Rietveld zu den Hauptvertretern der von ihnen 1917 begründeten → Stijl-Gruppe mit streng kub. Architekturen des Konstruktivismus u. Neuen Bauens. Hauptwerke: Wohnsiedlungen in Spangen (1919), Tusschendijken (1920), Hoek van Holland (1924–27) u. Kiefhoek in Rotterdam (1925–29), Arbeiterhäuser in Stuttgart-Weißenhof (1927); Shell-Haus (1938–42) u. Lyzeum (1950–56) in Den Haag, Versicherungsgebäude in Rotterdam (1954–61), Kongreßhalle in Den Haag (1956–66).

P

Pagode [<Sanskrit], asiat. Tempelform des Buddhismus in Gestalt eines Turmes, dessen gestaffelte, zurückspringende Stockwerke je ein eigenes Dach besitzen.

Palais [frz.], repräsentatives schloßartiges Gebäude; → auch Palast.

Palas [<lat.], Wohnbau der mittelalterl. → Pfalz u. → Burg. Meist architektonisch dominante 2geschossige Anlage mit Reichs-, Kaiser- oder Königssaal im 1. Obergeschoß. Bei kleineren Anlagen oft vereinigt mit der → Kemenate. Hauptbeispiele entstanden in der Romanik (z. B. Goslar 1065, Wartburg in Eisenach um 1180).

Palast [<lat.], fürstl. oder herrschaftl. Wohnsitz, ausgebildet als Schloß, Residenz, Adelssitz, weitläufiges Stadt- oder Landhaus reicher privilegierter, auch bürgerl. Familien, sowie öffentl. Prachtbauten. Frühe Beispiele bereits im alten Ägypten in der Periode des Neuen Reiches in Amarna u. Theben. Seit 1. H. 3. Jt. v. u. Z. verbreitet im Alten Orient in Babylonien (z. B. Eridu) u. im Iran (Anschan), ebenso in Syrien seit 1. Jt. v. u. Z. u. in der → Kretisch-minoischen Architektur des 2. Jh. v. u. Z. (Knossos, Phaistos). Ausprägung des röm. Palastes im 1. Jh. (Palatinum in Rom). Hauptentwicklung in Europa in Italien seit dem 14. Jh., speziell in der Architektur von Florenz im 15. Jh. unter → Michelozzo di Bartolomeo. Im 17. u. 18. Jh. starke Impulse aus Frankreich durch den Bau von Schloßanlagen, Stadtpalästen u. Hôtels. Im 19. Jh. spezielle Formen voluminöser Verwaltungspaläste, insbesonders für Parlamente u. Justizbehörden (Berliner Reichstag, Reichsgericht Leipzig) sowie für Ausstellungszwecke (Grande Palais Paris), für Bildung u. Kultur (→ Kulturhaus).

Palästra [gr.], eine meist zum → Gymnasion gehörende griech.-antike Ringerschule (z. B. Delphi, Olympia).

Palisade [<frz.], Stützwerk aus eingerammten Pfählen zur Untergrundbefestigung von Bauten; auch Teil primitiver Wohnanlagen.

Palladianismus (Palladianischer Klassizismus), eine von der italien. Hoch- u. Spätrenaissance abgeleitete, auf → A. Palladio u. seinen Nachfolgern fu-

Palladianismus. St. Pauls-Kathedrale in London (1675–1709). Ch. Wren

ßende Architekturströmung. Sie existierte in den meisten europäischen Ländern, besonders in protestant. Gebieten u. Ländern mit fortgeschrittener kapitalist. Entwicklung parallel zum Barock u. Rokoko. Hauptverbreitung in England (→ I. Jones, → Chr. Wren) u. Niederlanden (→ J. van Campen), aber auch in Deutschland (→ E. Holl), Rußland (→ Ch. Cameron) u. a. Ländern. Um 1800 Übergang in den Klassizismus. Grundlegend waren Palladios Gesetz von den harmon. Proportionen u. seine bevorzugte Formgebung: strenge Klarheit u. Rationalismus blockhafter Baukörper, Fassaden mit Strukturen antiker Tempelfronten, Kolossalordnung u. Figurenschmuck auf der Attika.

Palladio, Andrea, italien. Arch. u. Theoretiker (1508 Padua – 1580 Vicenza). Seit 1524 in Venedig, Antikenstudium bei mehreren Romaufenthalten, 1552 Stadtbaumeister in Vicenza, seit 1560 wieder in Venedig. Auseinandersetzungen mit den Lehren von Vitruv u. D. Bramante. Hauptmeister des → Palladianismus mit Einflüssen von Michelangelo, Raffael, Sanmicheli, Sansovino u. Serlio. Hauptwerke: Villa in Lonedo (1540–42); Palazzo Thiene (um 1541), Loggien am Palazzo della Ragione (sogen. Basilika, 1549), Palazzo Porta (um 1550), Palazzo Chierigati (um 1580), Palazzo Valmasana (1565 ff.) und Villa Rotonda (um 1566–80) in Vicenza; Kirchen (1566–79), Kloster Carita (1560 ff.) u. Teatro Olimpico (1580 ff.) in Venedig.

Palladiomotiv, von A. Palladio bevorzugtes dreiteiliges Fenster (auch »Venezian. Fenster«), bestehend aus breiterem Mittelbogen u. zwei flankierenden schmaleren Öffnungen, die durch ein Abschlußgebälk in Höhe der Bogenkämpfer zusammengefaßt werden (z. B. Basilika in Vicenza). Aufgrund älterer Publikationen von S. Serlio in England als »Serliomotiv« bezeichnet.

Palladianismus. Schloß Whitehall in London (1619). I. Jones

Palmengewölbe → Fächergewölbe.

Palmette [<frz.], symmetr. fächerpalmblattartiges Ornament, dessen Bestandteile sich vom Zentralblatt in der Mittelsenkrechten zu den Seiten verkleinern. Entstanden aus dem ägypt. Lotosornament (2. Jt. v. u. Z.), seit 7. Jh. v. u. Z. neben dem Mäander beliebtestes griech.-antikes Schmuckwerk.

Paneel [<niederländ.], urspr. eine brusthohe hölzerne Wandverkleidung, später reduziert auf das als Abstellmöglichkeit benutzte vorkragende obere Abschlußbrett.

Papyrussäule, frühe ägypt. Architekturform (3000–2600 v. u. Z.), die an ein stilisiertes Papyrusbündel erinnert.

Paradies [<lat.], in der Baukunst seit dem 6. Jh. gleichbedeutend mit → Atrium. In erster Linie bezogen auf den Vorhof an der Westseite einer Klosterkirche (z. B. Maria Laach, 12. Jh.), aber auch übertragen auf den → Narthex (z. B. Abteikirche in Maulbronn, um 1215) oder unter der französ. Bezeichnung »Parvis« auf den Vorplatz von Kathedralen u. Kirchen.

Parkett [<frz.], 1. Fußboden aus musterartig zusammengefügten u. polierten Hartholzriemchen (Eiche, Buche, Edelhölzer), die auf den Untergrund (Blindboden oder Massivdecke) aufgeklebt u. in neuerer Zeit durch Kunstharzlacke gegen Feuchtigkeit u. mechan. Beanspruchung »versiegelt« werden. 2. ebene Blumenrabatte in Renaissancegärten. 3. vordere Sitzreihen im Zuschauerraum eines Theaters oder Kinos.

Parkhaus, mehrgeschossiges, aus übereinanderliegenden Parkdecks u. verbindenden Auffahrten bestehendes Gebäude zur Aufnahme von Kraftfahrzeugen. Als Spezialform der Großgarage u. Einrichtung des sogen. ruhenden Verkehrs vorwiegend in Stadtzentren, oft in Verbindung mit Hotels oder Verwaltungsgebäuden, errichtet.

Parlatorium [lat.], Sprechraum im Klausurbereich einer → Klosteranlage, meist in der Nähe des Refektoriums, oft gemeinsame Nutzung mit der Wärmestube (Kalefaktorium).

Parler, weitverzweigte dt. Baumeister- u. Steinmetzfamilie am Übergang von der Hoch- zur Spätgotik. Hauptvertreter: 1. Heinrich Parler d. Ä. von Gmünd, tätig um 1330–55 in Köln, Zwettl, Ulm, Augsburg u. Nürnberg. 2. Peter Parler, Sohn Heinrichs, Dombaumeister in Prag, tätig um 1353–99; Hauptwerke: Fortsetzung des von Matthias von Arras begonnenen Veitsdomes (→ Gotik, Abb.), Chor der Bartholomäuskirche in Kolin, Altstädter Brükkenturm in Prag, Barbarakirche in Kuttenberg.

Parr, Baumeisterfamilie der Renaissance, urspr. eingewandert von Italien nach Schlesien, von dort umgesiedelt nach Mecklenburg-Vorpommern u. Schweden. Bedeutendste Vertreter: 1. Jakob Parr (I), tätig E. 15.–A. 16. Jh. nach Einwanderung aus Italien in Schlesien. 2. Franz Parr (gest. 1580), Bruder von Johann Baptist u. Domenicus Parr. Baumeister in Schlesien, Brieg (1547–54), Güstrow (1558–67), Bützow (1562), Rostock (1566), in Schwerin als Herzogl.-Mecklenburg. Baumeister (1571/72) u. in Schweden als Hofbaumeister (1572–80). 3. Johann Baptist Parr, bis 1558 tätig in Schlesien, 1558–71 Herzogl.-Mecklenburg. Baumeister in Schwerin, 1572–78 Festungsbaumeister in Schweden u. Finnland. 4. Jakob Parr (II), um 1558 tätig als Baumeister in Güstrow, um 1566 als Festungsbaumeister in Rostock. 5. Christoph Parr, Steinmetz, Stukkateur u. Herzogl.-Mecklenburg. Baumeister vor allem in Schwerin (1558, 1563–72), Güstrow (1560–68) u. Schweden (1573/74). 6. Domenicus Parr (gest. 1602). Baumeister u. Festungsingenieur in Mecklenburg-Vorpommern, ab 1572 Baumeister in Schweden. Der Gesamtumfang der

Bautätigkeit der einzelnen Familienmitglieder ist bisher nicht erschlossen, verwandte Stilgepflogenheiten offenbaren sich an den Schloßbauten in Brieg, Schwerin u. Güstrow.

Parterre [frz.], das zu ebener Erde liegende Geschoß eines Gebäudes, aber auch die einem Schloß vorgelagerte ebene Gartenfläche einer französ. Gartenanlage.

Parvis [frz.] → Paradies.

Paß, got. Maßwerkfigur aus Dreiviertelkreisen, je nach Anzahl der Kreisstücke unterschieden in Dreipaß, Vierpaß, Fünfpaß usw. Besonders vielfältig am → Maßwerk von Fenstern ausgebildet.

Passage [<frz.], glasüberdeckter Durchgang zwischen Häusern u. Höfen, die mit aneinandergereihten Läden als Verkaufsgänge dienen. Als eigener Bautyp im 19. Jh. entwickelt. Frühes Beispiel die Galerie d'Orleans in Paris (1831), größte Anlagen die Galleria Vittorio Emmanuele in Mailand (1875–77) u. Galleria Umberto I. in Neapel (1887–91), Mädler-Passage in Leipzig (1912–14). Seit den 80er Jahren neuerl. Element innerstädt. Funktionsbelebung in vielen Großstädten, z. B. in Hamburg, München, Berlin.

Pastophorie [gr.], Nebenraum frühchristl. Kirchenchöre für die Aufbewahrung der Altarsakramente. Funktion später von der → Sakristei übernommen.

Patera [lat.], auf der Stilisierung einer Opferschale beruhendes antikes Dekorationselement.

Patio [span.], Innenhof eines span. Hauses.

Paul, Bruno, dt. Arch., Kunsthandwerker u. Maler (1874 Seifhennersdorf bis 1968 Berlin). Studium an den Kunstgewerbeschulen in Dresden u. München. 1897 Mitbegründer der Vereinigten Werkstätten für Kunst u. Handwerk in München. Mitglied der Preuß. Akademie der Künste Berlin. Führender Vertreter des Jugendstils, ab 1900 Übergang zu einfachen, sachl. Formen des → Materialstils u. Neoklassizismus. Bedeutsam durch seine innenarchitekton. Entwürfe, besonders für industriell herstellbare Typenmöbel, aber auch durch Reformen des prakt. Kunstunterrichts.

Paulick, Richard, dt. Arch. (1903 Roßlau – 1978 Berlin). Studium an TH Dresden u. Charlottenburg, Schüler von M. Dülfer u. H. Poelzig, zeitweilig tätig am Bauhaus. 1930–33 freischaffend in Dessau u. Berlin, 1933 Emigration nach Shanghai. Seit 1950 Ordentl. Mitglied der Dt. Bauakademie u. Leiter einer Architekturwerkstatt; Chefarch. in Hoyerswerda (1956–61), Schwedt (1962–64) sowie Halle-Neustadt (1963–68). Hauptwerke: Stahlfertighaus in Dessau-Törten (1926), Wohnsiedlungen in Berlin u. Dessau (20er u. 30er Jahre), Bauten in China (1930–50), Wiederaufbau der Dt. Staatsoper, des Operncafé u. Palais Unter den Linden in Berlin. Ab 1951 Hauptprojektant für den ersten Abschnitt der Stalinallee in Berlin.

Pavillon [frz.], urspr. Bezeichnung für ein Rechteckzelt, dann übertragen auf kleine freistehende Gartenbauten. Seit dem 18. Jh. auch ausgedehnt auf plastisch stark aus der Fassade heraustretende Gebäudeteile im Gegensatz zum flachen Risalit.

Paxton, Sir Joseph, engl. Gärtner u. Amateurarch. (1801 Milton Bryant/Bedfordshire – 1865 London). Als Reisebegleiter des Herzogs von Devonshire Besuch vieler Länder, ab 1826 Parkverwalter in Chatsworth. Entwürfe monumentaler Gewächshäuser in Glas u. Eisen unter Erprobung von serienmäßig hergestellten Bauelementen, damit Pionier der Präfabrikation. Hauptwerke: Gewächshäuser in Chatsworth (1836–40), Kristallpalast in London (1850–51; → Glasbau, Abb.), zahlr. Landhäuser.

Pendentifkuppel in der Abteikirche Weingarten (1715/16). F. Moosbrugger

Pechnasen, Senk- oder Wurfscharten im Boden der meist erkerartig vorgekragten Brustwehr an Außenmauern mittelalterlicher Befestigungsanlagen, durch die man Pech, kochendes Wasser, Blei, glühende Steine u. dgl. auf Angreifer schütten konnte.

Pendentifkuppel, eine über den Bögen horizontal abgeschnittene Böhm. Kappe (→ Böhmisches Kappengewölbe) oder Hängekuppel, bei der die Kreisfläche des Abschnittes von einer Halbkugelwölbung abgeschlossen wird. Die dabei entstehenden dreieckigen, sphär. Zwickel werden als Pendentifs (oder Hängezwickel) bezeichnet, z. B. Theatinerkirche in München, 1663ff. → auch Kuppel, Abb.

Pentastylos [gr.], antiker Tempel mit 5 Frontsäulen. → auch Tempelformen.

Penthouse [engl.] (Penthaus), eine über der Dachebene angeordnete, meist komfortable Wohnung. Begriffsableitung von technisch genutzten Dachaufbauten großer Industriegebäude mit Lüftungs- u. Klimaanlagen.

Percier, Charles, französ. Arch. (1764–1838 Paris). Studium in Paris, 1794–1818 Zusammenarbeit mit → P.-F.-L. Fontaine. Führender Vertreter des Empire.

Pergola [ital.], aus Pfeilern oder Pfosten bestehender Laubengang, an dessen Längs- u. Querhölzern sich Pflanzen aufranken. Beliebtes Mittel der Gartenarchitektur zur Begrenzung von Freiräumen, Überdachung von Wegen u. Sitzplätzen.

Peribolos [gr.], der von einer Mauer eingefaßte heilige Bezirk eines antiken Tempels.

Peridromos [gr.], der zwischen Cella u. Säulenkranz eines griech. Tempels befindl. Umgang.

Perikopenbühne, Empore eines Lettners.

Peripteros [gr.], antike Tempelform, bei der die Cella von einer ringförmigen Säulenhalle umgeben ist. → auch Tempelformen, Abb.

Peristyl [gr.], spezielle Form einer Säulenhalle, die den offenen Hof eines antiken Hauses oder Tempels umgibt. In der altchristl. Baukunst Übertragung des Begriffs auch auf das → Atrium.

Perlschnur, Perlstab → Astragal.

Perpendicular Style, engl. Sonderentwicklung der Spätgotik (um 1330–A. 16. Jh.). Gekennzeichnet durch gitterartige Wanddekorationen, speziell Rechteckfelder mit langgezogenen spitzbogigen Maßwerkformen u. durch kunstvolle Fächergewölbe. Hauptbeispiele: Chor der Kathedrale von Gloucester (1337–57), Kathedralen in Canterbury (um 1375), Winchester (1360–94) u. Oxford (um 1478), Pfarrkirchen in Suffolk, Norfolk, Somerset. Abb. S. 192.

Perrault, Claude, französ. Arzt, Architekturdilettant u. Theoretiker (1613–88 Paris). Bruder des Architekturtheoretikers Charles Perrault (1628–1703). Vertreter des streng klassizist. Louis-qua-

Perpendicular Style. Kapelle Heinrichs VII. in Westminster Abbey in London (1503–19)

torze-Stils. Hauptwerke: Ostfassade des Louvre (1664–74), Triumphbogen auf der Place de la Nation (1760) u. Entwurf für das Observatorium (1667–72) in Paris.

Perret, Auguste, französ. Arch. (1874 Brüssel – 1954 Paris). Studium in Paris, Spezialisierung auf Stahlbetonbau, seit 1890 dessen konsequentester u. rationalistischster Vertreter. Bis zum 1. Weltkrieg noch klassizist. Gepräge, dann Übergang zu sachl.-modernen Formen, zunehmender Industrialisierung u. Standardisierung bei hoher Ökonomie der Bauausführung u. Nutzung. Hauptwerke: Haus in der Rue Franklin (1905), Garage in der Rue Ponthieu (1905), Théâtre des Champs Elysées (1911–14), Musée des Travaux Publics (1937) in Paris; Atomforschungszentrum Saclay (1947), Wiederaufbau von Amiens u. Le Havre (1947–48), Flugzeughalle in Marseille (1950).

Perron [frz.], veraltete Bezeichnung für Bahnsteig oder für den oberen podestartigen Absatz der Freitreppe eines Haupteinganges.

Persius, Ludwig, dt. Arch. (1803–45 Potsdam). Schüler von K.F. Schinkel an der Bauakademie in Berlin. 1826 Baukondukteur in Potsdam, 1842 Oberbaurat in Preußen. Vertreter des Übergangs vom Spätklassizismus zum Historismus (Neoromanik mit speziellem → Rundbogenstil, Neorenaissance) mit starker Einflußnahme auf den Bau von Villen im 19. Jh. Hauptwerke: Röm. Bäder (1834–35), Fasanerie (1840), Friedenskirche (1842) in Potsdam-Sanssouci, Heilandskirche in Sacrow (1841–43).

Perspektive [<lat.], die Gesetzmäßigkeiten, die eine bildl. Wiedergabe einer dreidimensionalen räuml. Situation in einer zweidimensionalen Ebene ermöglichen. Als Zentralprojektion ist sie Teil der darstellenden Geometrie. Beschäftigung mit perspektiv. Problemen seit der Antike (z. B. Euklid, um 300 v. u. Z.), erneut von großer Bedeutung seit der florentin. Renaissance, besonders unter → F. Brunelleschi, B. Peruzzi u. D. Bramante. Seitdem bis E. 19. Jh. von vorherrschendem Einfluß auf die zeichner. Darstellung der Architektur. In der Gegenwart höchste techn. Perfektionierung in der Computeranwendung. → auch Froschperspektive.

Peruzzi, Baldassare, italien. Baumeister (1481 Siena – 1536 Rom). Seit 1503 Mitarbeiter von D. Bramante in Rom, 1520 Nachfolger von Raffael als Baumeister am Petersdom. 1527 vorübergehend Stadtarch. in Siena, anschließend wieder Zusammenarbeit mit A. da Sangallo in Rom. Hauptmeister italien. Hochrenaissance mit Ansätzen des Manierismus. Hauptwerke: Villa Farnesina in Rom (1508–11), Weiterbau des Petersdomes (1520ff.), Villa Farnese in Caprarola (um 1530), Palazzo Massimo in Rom (1532–36).

Pesel, Prachtstube des altfries. Bauernhauses.

Petrini, Antonio, italien. Arch. (1624 Trient–1701 Würzburg). Seit 1651 tätig in Würzburg. Vertreter des italien. Barock. Hauptwerke: Stiftskirche Haug in Würzburg (1670–91), Marquardsburg bei Bamberg (1687ff.), Fassade u. Turmanlage der Universitätskirche

(1696–1703) u. Hofflügel des Juliusspitals (1699) in Würzburg.

Pfahlbauten, auf Holzpfählen errichtete prähistor. Wohn- u. Vorratsbauten. Anlage im Spätneolithikum u. der Bronzezeit als Schutz vor Feinden u. Überschwemmungen an den Rändern flacher Seen u. auf moorigem Gelände (Moorbauten). Hauptverbreitung in den Alpen u. im Alpenvorland, vereinzelt nachweisbar auch in Skandinavien, Norddeutschland, Irland, Polen u. Rußland, aber auch in Ozeanien, Hinterindien, Japan, Indonesien, Afrika u. Amerika. Das System der Baugrundbefestigung durch Pfahlgründungen wurde bis zur Gegenwart (Stahlbetonpfähle) beibehalten.

Pfalz [<lat.], über das mittelalterl. dt. Reich verteilte kaiserl. oder königl. Verwaltungs-, Wohn- u. Repräsentationssitze, die bei Inspektionsreisen des Herrschers aufgesucht u. vorübergehend als Residenzen genutzt wurden. Anlageprinzip fußt auf dem Vorbild des röm. Kastells. Hauptgebäude waren Kapelle, → Palas u. ausgedehnte Wirtschaftsgebäude. Hauptbeispiele: Aachen (um 800), Goslar (11.–13. Jh.), Gelnhausen (12. Jh.), Reste u. a. in Tilleda, Rohr, Memleben, Quedlinburg.

Pfannendach, Dachdeckung aus Hohlziegeln (sogen. Holländ. Pfannen).

Pfeiler, senkrechte Stütze, abgeleitet vom Pfosten oder aus der Reduktion eines Wandstückes. Mannigfache Formen als Frei-, Wand-, Halb-, Eck-, Doppelpilaster-, Kreuz-, Rund-, Bündel- u. cantonierter Pfeiler.

Pfeilerbasilika, Basilika, deren Langhausbögen im Gegensatz zur Säulenbasilika auf → Pfeilern ruhen. Abb. S. 194.

Pfeilerhaupt (Pfeilerkopf), im Brückenbau ein mit dem Strombrückenpfeiler im unteren Bereich verbundener keilförmiger Vorbau, der als Strömungsbrecher dient. → auch Eisbrecher.

Pfeilervorlagen → Dienste.

Pfetten, Auflager der → Sparren bei Dachkonstruktionen zur Stabilisierung des Dachstuhls in Längsrichtung. Gebräuchlich seit den Tempeldachkonstruktionen der Antike.

Pfalz. Kaiserpfalz in Goslar. Rekonstruktion

Pfeilerbasilika. Liebfrauenkirche in Halberstadt (vor 1150)

Pfettendach, → Dachkonstruktion, bei der die Sparren auf waagerechten Pfetten aufliegen, die mit den Stützen u. Aussteifungen den stabilen Dachstuhl bilden. Unteres Auflager bilden die Fußpfetten (Dachschwellen) in Höhe der Deckenbalkenlage. Oberes Auflager am First bildet die von Firstsäulen getragene Firstpfette. Anwendung bei Dachräumen, die frei von stützenden Hölzern bleiben sollen. Oft verbunden mit einer → Drempel-Konstruktion.

Pforte [<lat.], kleiner Tür- oder Toreingang.

Pfosten, in den Boden eingelassene Stein- oder Holzstütze als Halt für Einfriedungen (Zäune, Wände, Fenster- u. Türrahmungen, Geländer) u. zur Abstützung (Dächer, Stege usw.).

Pfostenhaus, prähistor. Frühform der Hausentwicklung, die seit der Jungsteinzeit die noch ältere Hüttenkonstruktion ablöste. Teilweise bis 80 m lange u. 7 m breite Gemeinschaftsgebäude in einschiffiger Anlage.

Piacentini, Marcello, italien. Arch. (1881–1960 Rom). Führender Vertreter des Neoklassizismus während des Faschismus. Hauptwerke: Banca d'Italia Rom (1918), Siegesdenkmal in Bozen (1928), Gestaltung der Stadtzentren Bergamo (1927) u. Brescia (1932), Universitätsviertel Rom (1932–35).

Piano nobile [ital.], in Stockwerken angelegte Grabkammern von Katakomben.

Piazza, italien. Bezeichnung für einen öffentl. Platz.

Piedestal [<frz.] → Postament.

Piermarini, Guiseppe, italien. Arch. (1734–1808 Foligno). Ausbildung in Rom, seit 1769 tätig in Mailand. Hauptmeister des italien. Klassizismus. Hauptwerke: Fassade der Scala (1776–78), Palazzo Reale (1773) u. Palazzo Belgioso (1779) in Mailand, Villa Reale in Monza (1780).

Pietra dura [ital.], Abart des Mosaiks, mehr verwandt mit → Inkrustation. Fugenlos aneinandergekittete verschiedenfarbige Steine, deren Gesamtoberfläche anschließend poliert wird. Seit Mitte 16. Jh. auch als »Florentiner Mosaik« zur Verzierung von Architekturgliedern verwendet.

Pigage, Nicolas de, französ. Arch. (1723 Lunéville – 1796 Mannheim). Nach Ausbildung in Paris 1749 Kurfürstl. Hofarch. in Mannheim. Vertreter des Rokoko. Hauptwerke: Schloß Benrath bei Düsseldorf (1755–69), Park u. Theater in Schwetzingen (1766).

Pilaster [<lat.], Außen- u. Innenwänden flach aufliegender Wandpfeiler der im Gegensatz zur → Lisene aus Basis, Schaft u. Kapitell besteht. Als Element der Wandgliederung, Portal- u. Fensterrahmung seit der Antike angewendet. Neubelebung durch Renaissance, Barock u. Klassizismus.

Pilgram, Anton, dt. Plastiker u. Baumeister (um 1460/65 Brünn – 1515 Wien). Seit 1495 tätig in Brünn, seit 1510 in Wien, dort seit 1512 Dombaumeister. Vertreter der Spätgotik. Hauptbauwerke: Chorumgestaltung der

Kilianskirche in Heilbronn (ab 1480); Seitenschiffportal der Jakobskirche, Jakobsstiege u. Rathausportal in Brünn (um 1510/11); Dombau (seit 1512) u. Landhaus (um 1515) in Wien; bedeutsame Werke der Plastik.

Pilote [<frz.], die freien Pfeiler oder Stützen (oft V-Form), die ein Gebäude tragen, dessen Erdgeschoßzone allseitig offen ist. Häufige Anwendung in der modernen Architektur von Le Corbusier u. seinen Nachfolgern.

Pilzkapitell, Sonderform der → Otton. Baukunst, vermutlich entstanden in Anlehnung an ältere Beispiele in Kleinasien (z. B. Kryptenkapitelle der Stiftskirche Quedlinburg, um 999–1021).

Pinakothek [<gr.], nach Beschreibung Vitruvs Räume exklusiver röm. Landhäuser, in denen Bilder gesammelt u. aufbewahrt wurden. Seit der Renaissance übl. Bezeichnung für eine größere Gemäldesammlung. Im Klassizismus zur eigenen Bauaufgabe entwickelt (z. B. Alte Pinakothek in München, L. v. Klenze, 1836). → auch Museumsbauten.

Pinienzapfen, knaufartige Schmuckform, verbreitete Dach- u. Giebelbekrönung der Spätrenaissance in Deutschland. Ableitung von Pinienfrüchten des Mittelmeergebietes. Als Symbol der Fruchtbarkeit u. des Reichtums seit der assyr. Kunst (um 1000–600 v. u. Z.) u. Antike in vielfältigen Variationen u. Zusammenhängen verwendet.

Piranesi, Giovanni Battista, italien. Arch. u. Architekturstecher (1720 Mogliano/Venedig – 1778 Rom). Tätig in Rom. Bedeutsam durch seine Verherrlichungen der Stadt in großformatigen Veduten in der Formensprache des Spätbarock.

Pisano, Andrea, italien. Baumeister, Bildhauer u. Goldschmied (um 1290 Pontedera b. Pisa – 1358 Orvieto). 1340 Dombaumeister in Florenz. Vertreter der Gotik mit französ. Einfluß. Hauptwerke: Domfassade in Orvieto, Campanile in Florenz, Bronzetüren des Baptisteriums in Florenz als bedeutendstes Werk des Trecento sowie andere bauplast. Ausstattungen.

Pisano, Giovanni di Niccolò, italien. Baumeister u. Bildhauer (um 1250 Pisa – nach 1314 vermutlich Siena). 1284 Dombaumeister in Siena, ab 1297 auch in Pisa. Hauptwerke: ausdrucksstarke bauplast. Zyklen unter dem Einfluß der französ. Gotik, z. B. am Dom in Siena, 1284ff., u. am Baptisterium in Pisa, 1297ff.

Piscina [lat.], urspr. Schwimmbecken in röm. → Thermen, später Bezeichnung für das Taufbecken im → Baptisterium, dann Übertragung auf Wasserablaufnischen in Südwänden von Chören, in denen das Wasser beseitigt wurde, das vom Priester während der Messe zum Reinigen der Gefäße u. Hände benutzt wurde. Abb. S. 196.

Pisébauweise [<frz.], eine Lehmbauweise, bei der schichtweise Lehm- u. Erdmassen in eine Schalung gestampft werden.

Pittoreske Architektur, maler., asymmetr. Anordnung von Gebäuden u. Bauteilen, meist verbunden mit vielfältiger Anwendung unterschiedl. Baumaterialien, wie z. B. beim → Cottage orné u. anderen Landhausarchitekturen des 19. Jh.

Plafond [frz.], Flachdecke.

Plantagenet-Stil [<frz.], spezielle Form frühgot. Baukunst in Südwestfrankreich, die auf die Herrschaftsperiode der engl. Dynasten (12. Jh.) zurückgeht. Hauptbeispiele: Kathedralen von Angers u. Poitiers. Bevorzugung 3schiffiger Hallen u. Saalanlagen mit Domikalgewölben. Ausstrahlung des Einflusses auch auf die Architektur des 13. Jh. in Westfalen (z. B. Dom in Münster, 1225–45).

Planum [lat.], eingeebnete, vorbereitete Fläche als Standort für die Errichtung eines Bauwerkes.

Plastischer Stil (auch Neojugendstil,

Piscina im Stift Kremsmünster (1690–92)

Plastischer Stil. Kirche in Ronchamp (1950–53). Le Corbusier

Neoexpressionismus), modernist. Betonstil, gekennzeichnet durch Monumentalität, Plastizität u. Dynamik kubist. Baukörper. Hauptbeispiele: Wallfahrtskirche Ronchamp (Le Corbusier, 1950–53), Zentrumsbauten in Brasilia (O. Niemeyer, 1943 ff.), TWA-Gebäude auf dem Kennedy-Flughafen in New York (E. Saarinen, 1956–62), Philharmonie in Berlin (H. Scharoun, 1963), Bauten von → K. Tange, → F. Candela, → P. L. Nervi. → auch Organisches Bauen, Abb.

Plastizität, die Verformbarkeit eines Materials oder Werkstoffes. In der Architektur der Aussagewert für die künstler. Anwendung raumkörperl. Gestaltungsmittel.

Platereskenstil [<span.], spätgot. Dekorationsstil in Spanien unter Einbeziehung niederländ., maur. u. Frührenaissanceformen (E. 15.–M. 16. Jh.). Hauptbeispiele: Kreuzgang der Kathedrale in Santiago (1521–80), Westfassade der Universität in Salamanca (1515–33), Rathaus Sevilla (1527 ff.).

Plattenbauweise → Großplattenbauweise.

Plattenfries, → Fries aus keramischen Wandplatten.

Platz, städtebaulich abgegrenzte, von Bebauungen umgebene Freifläche innerhalb einer Ansiedlung. Seit den antiken Kulturen (→ Agora, → Forum) bis zur Gegenwart unmittelbar prakt. Funktionen der Gesellschaft dienend (Versammlung, Kult, gemeinschaftl. Tätigkeiten, Handel, Kultur, Verkehr usw.). In Europa feste baul. Fassung seit 11. Jh. bei Verwandlung urspr. Kaufanger in Marktplätze mit öffentl. Gebäuden (Kirche, Vogtei, Rathaus). Seit dem 12. Jh. zunehmende räuml. Gestaltung als Hauptelement des Städtebaues. In der Folge wachsende Funktionsanforderungen u. -teilungen unter Entstehung von Nebenmärkten, Fest-, Spiel- u. Empfangsplätzen, Theater-, Bahnhofs-, Exerzier-, Parade-, Sport-, Lager-, Werk- u. anderen Plätzen, von denen sich seit dem späten 19. Jh. in zentralen städt. Bereichen viele zu Knotenpunkten des Massenverkehrs entwickelten. → auch Marktplatz.

Platzgewölbe, österreich. Gewölbeform des 17. Jh. mit geringer Stichhöhe, die konstruktiv dem → Böhm. Kappengewölbe verwandt ist.

Plinthe [gr.], rechteckige oder quadrat. Fußform von Säule, Pfeiler, Postament u. Statue.

Podest [<gr.], 1. der Absatz zwischen zwei Treppenläufen als Basis einer Richtungsänderung oder Ruhefläche für den Benutzer. 2. Unterbau zur Aufstellung von Plastiken, Denkmälern, Rednerpulten u. ä. → auch Postament.

Podium [<lat.], erhöhter, oft architektonisch betonter Unterbau eines Baues.

Podiumtempel, etrusk. u. röm. antiker Tempel auf hohem Unterbau, der im Eingangsbereich die Vorlagerung einer breiten Fronttreppe bedingt.

Poelaert, Jozef, belg. Arch. (1817–79 Brüssel). Stadtarch. in Brüssel, Vertreter großbürgerl. Repräsentationsarchitektur in Formen des Historismus, speziell der Neogotik u. des Neobarocks. Hauptwerke: Justizpalast (1866–83) u. Terrassenumbauung der Kongreßsäle (1850–59) in Brüssel.

Poelzig, Hans, dt. Arch. (1869–1936 Berlin). Nach Studium an TH Charlottenburg ab 1899 Lehrtätigkeit an der Akademie in Breslau. 1916–20 Stadtbaurat u. Prof. in Dresden, 1919 Vorsitzender des Dt. Werkbundes. Seit 1920 wieder in Berlin, Mitglied der Novembergruppe, Leiter eines Meisterateliers an der Akademie der Künste, 1923 bis Amtsenthebung durch die Faschisten 1933 Prof. an TH Charlottenburg. Hauptvertreter des → Materialstils in klarer Massengliederung unter zeitweiser Verwendung volkstüml. Elemente u. nach 1919 auch Architekturen des → Expressionismus. Pionierleistungen auf dem Gebiet des frühen Industriebaues. Hauptwerke: Chem. Fabrik Luban u. Wasserturm Posen (1911–12), Umbau ehem. Berliner Schauspielhaus (1919), Mosaikbrunnen in Dresden (1926), Gestaltung Luxemburg-Platz mit Kino »Babylon« in Berlin (1929), Rundfunksendehaus in Berlin (1930), Verwaltung der IG-Farben in Frankfurt/M. (1929–30), Wettbewerbsprojekte für Theater in Charkow u. Sowjetpalast in Moskau (1932). → auch Rationalismus, Abb.

Polnische Brüstung (polnische Attika), spezielles Element der poln. Renaissancebaukunst in Formen aneinandergereihter, schwalbenschwanzartiger Aufsätze (z. B. Tuchhallen in Krakau, 1557).

Polsterquader → Quader.

Polychromie [<gr.] (farbige Architektur), Vielfarbigkeit. Vorherrschendes Gestaltungsmittel seit den frühgeschichtl. Kulturen Altägyptens, Asiens, Altamerikas u. der Mittelmeerländer in Architektur u. Volkskunst. Erzielt durch Bemalung, verschiedenfarbigen Putz, Terrakotta, Farbmarmor, farbige Natursteine, Glasflüsse, Email u. a. Bis auf die Zeit des Klassizismus mit der fälschl. Orientierung am angeblich reinen Weiß antiker Kunstwerke angewendet in allen Gesellschafts- u. Stilperioden. Neuerl. Deklarierung als städtebaul. Gliederungselement in der Periode der farbigen Architektur vor u. nach dem 1. Weltkrieg in Deutschland.

Polygon [gr.], vieleckiger Baukörper. Beliebte Grundform der Gotik für Chorschlußkonstruktionen in 5-, 6-, 8-, 9-, 10- u. 12eckiger Lösung, Erker- u. Turmbildungen.

Polygonalmauerwerk, roh behauene Mauerwerksblöcke, die in der Ansichtsfläche Vielecke mit ungleichen Seitenlängen ergeben. Seit 7. Jh. v. u. Z. in der antiken Architektur, seit E. 6. Jh. v. u. Z. in Italien verbreitet.

Ponti, Giò, italien. Arch. u. Industriedesigner (1891–1979 Mailand). Bis etwa 1936 Vertreter des Neoklassizismus, später Übergang zu freien plast. Kubaturen. Hauptwerke: Banca Unione Mailand (1926), Institut für Mathematik Rom (1934), Montecatini-Verwaltungsbau (1936) u. Pirelli-Hochhaus (mit P. L. Nervi, 1958) in Mailand.

Pöppelmann, Matthäus Daniel, dt. Arch. (1662 Herford – 1736 Dresden). Seit etwa 1680 ansässig in Dresden, 1691 Baukondukteur, 1705 Landbau-, 1718 Oberlandbaumeister. Reisen nach Italien, Böhmen, Österreich, Polen u. Frankreich. Beeinflußt von → C. Fontana u. → F. Borromini. Hauptmeister sächs. Spätbarocks. Hauptwerke Taschenbergpalais (1705–11) u. Zwinger (1711–28) in Dresden, Schloß Pillnitz (1720–23), Schloß Graditz (1722 ff.), Umbau Schloß Moritzburg (1723–33), Erweiterung Japan. Palais in Dresden (1727 ff.), Brücken, Kirchen, Bürgerhäuser.

Porta [lat.], zweiflügeliger Torbau eines röm. Kastells.

Porta, Giacomo della, italien. Baumeister (um 1537/41–1602 Rom). Schüler von Michelangelo u. → G. B. Vignola. Nach Vignolas Tod 1573 dessen Nachfolger als Dombaumeister an St. Peter. Vertreter des Überganges vom italien.

Manierismus zum Frühbarock. Hauptwerke in Rom: Weiterbau des Konservatorenpalastes (1564–75), Umbau des Senatorenpalastes (seit 1564), Mitarbeit an Il Gesù (ab 1573), Vollendung Palazzo Farnese (1589), Baubeginn Palazzo Chigi (1575) u. Villa Aldobrandini in Frascati (1598), zahlr. Kirchen (z. B. S. Giovanni in Laterano, 1592ff; S. Paolo alle Tre Fontane, 1599), Brunnen u. a. m.

Portal [<lat.], durch Größe u. Schmuck betonter repräsentativer Gebäude- oder Hofeingang, gleichbedeutend mit »Tor«. In allen Gesellschafts- u. Stilepochen eine der bevorzugtesten Ansatzstellen architekton.-plast. u. künstler. Schmucks.

Portikus [lat.], von Säulen oder Pfeilern gestützter Vorbau eines Gebäudes an den mit Haupteingängen versehenen Fassaden. Als Vorbild gelten die Tempeleingänge der klass. Antike. Wiederaufnahme in Renaissance, klassizist. Barock (Staatsoper Berlin) u. Klassizismus (Schloß Wörlitz).

Portikus der Deutschen Staatsoper Berlin (1741–43). G. W. v. Knobelsdorff

Porzellankabinett, Spezialform der Kunst- u. Raritätenkammern europäischer Fürsten. Im 17./18. Jh. für die Aufstellung von wertvollen Porzellansammlungen angelegt. Hauptbeispiele: Münchner Residenz (um 1700), Schloß Charlottenburg in Berlin (1705), Japan. Palais Dresden (1719ff.).

Postament [<lat.] (Piedestal [frz.]), Sockel oder Unterbau für Säulen, Statuen, Denkmäler, Vasen, Bildwerke u. dgl.

Posthume Gotik, die seit Ende des Mittelalters besonders im Sakralbau nachlebenden got. Tendenzen, die vor allem in der Neogotik neuen Auftrieb erhielten.

Postmoderne, 1976 durch den amerikan. Kunstkritiker C. Jencks geprägter Begriff für vielfältige Bestrebungen, den Funktionalismus in der Architektur durch Hinzufügung abgewandelter u. »modernisierter« Stil- u. Formelemente vergangener Bauperioden künstlerisch aufzuwerten. Abb. S. 200.

Präfabrikation [<lat.], Vorfertigung als Teil der → industriellen Bauweisen.

Prandtauer, Jakob, österreich. Arch. (1660 Stranz/Tirol – 1726 St. Pölten). Hauptmeister des österreich. Barock neben J. B. Fischer v. Erlach u. L. v. Hildebrandt. Hauptwerke: Stift Melk (1702–14), Klosterkirche St. Pölten (1703–12), Vollendung der Wallfahrtskirche in Christkindl (1708–09), Stift St. Florian (ab 1711), Umbau der roman. Stiftskirche St. Pölten (1721), Jagdschloß Hohenbrunn (1724–29).

Predella [ital.], kastenartiger, meist durch Malerei oder Plastiken geschmückter Unterbau eines → Altarretabels.

Prellstein (Abweichstein), ein an Ekken u. Toreinfahrten alter Gebäude stehender Stein, der das Mauerwerk vor Beschädigungen durch Wagenräder schützte. Oftmals auch durch künstlerisch gestaltete Ausformungen in Metall (Bronze, Eisen) ersetzt.

Postmoderne. Torhaus Messe in Frankfurt/Main (1980ff.). O. M. Ungers

Presbyterium [gr.], der vom Gemeinderaum einer Kirche geschiedene Priesterraum. Seit dem 14. Jh. Übertragung der Bezeichnung auch auf den Chor.

Preußische Kappe, eine Gewölbeform aus Eisen- oder Stahlträgern in Form flacher, aneinandergereihter Tonnensegmente. → auch Gewölbe, Abb.

Prieche, ausschließlich Nonnen vorbehaltene Tribüne oder Empore, die sich meist im Westteil des Langhauses von Kirchen befinden, die an Nonnenklöster angeschlossen waren (z. B. Zisterzienserkloster Güldenstern in Mühlberg/Elbe, 14. Jh.).

Priependach, ein mit Mönch u. Nonne (→ Klosterdach) gedecktes Dach.

Profan [lat.], ungeweiht, unkirchlich, weltlich.

Profanbauten, weltl. Bauten (Schlösser, Rathäuser, Zunfthäuser, Bürgerhäuser) im Gegensatz zu Sakralbauten (Kirchen, Klöster).

Profil [<ital.], 1. Seitenansicht eines Baukörpers oder Umrißlinie seines Schnittes. 2. Querschnitt aus der Mauerflucht vorkragender oder rückspringender Bauglieder. Nachweisbar seit 4. Jh. v. u. Z.

Projekt [<lat.], die detaillierte bauausführungsreife Bearbeitungsstufe des Entwurfs eines baul. Objektes; in speziellen Projektunterlagen fixierte Vorlage für die prakt. Bauausführung.

Projektierungsprozeß, Einheit von Entwurfsphase u. Projekterarbeitung.

Projektion [<lat.], techn. Zeichenverfahren, mit deren Hilfe Linien, Flächen u. Körper durch besonders geordnete Strahlen auf eine Fläche übertragen werden. Verschiedenartige Methoden führen zu Zentralprojektion, Parallelprojektion, senkrechter Parallel- oder Orthogonalprojektion, schiefer Parallelprojektion u. Dreitafelprojektion. Zentralprojektion ergibt die Zentralperspektive, schiefe Parallelprojektion die Parallelperspektive als Hauptformen der Darstellung.

Promenade [<frz.], gärtnerisch u. architektonisch gestaltete Anlage zum Spazierengehen. Beliebtes Element des Städtebaues vom 19. Jh. (Wall-, Ufer-, Kurpromenaden) bis zur Gegenwart (Fußgängerbereiche).

Pronaos [gr.], Vorhalle, die der Cella (Naos) eines griech. Tempels vorgelagert ist.

Proportionen [<lat.], durch ein Grundmaß (→ Modul) oder geometr. Grundfiguren (Rechteck, Quadrat, Dreieck, Kreis) bestimmte Maßverhältnisse einzelner Architekturteile untereinander oder zur Ganzheit. Als ideale Regel der Proportion wurde seit der Antike (Kanon des Polyklet) der → Goldene Schnitt angesehen.

Proportionslehre, Lehre von der Harmonie der Maßverhältnisse einzelner Bauteile zueinander u. zur Gesamtheit des Gebauten, die seit der Antike u. besonders seit der Renaissance in feste Regeln zu bringen versucht wurde (z. B. Goldener Schnitt, Säulenordnungen, Triangulatur). Hauptvertreter: Polyklet, Pythagoras, Vitruv, → Alberti, Leonardo da Vinci, Palladio, Serlio, → Vignola, N. F. Blondel, Le Corbusier u. a.

Propyläen [<gr.], Eingangstore zu monumentalen griech.-antiken Heiligtümern, wie Aegina, Eleusis. Bedeutendste Anlage auf der Akropolis von Athen (Mnesikles, 437–32 v. u. Z.).

Propylon [gr.], urspr. Torbau eines Heiligtums der griech. Antike. Seit etwa 2400 v. u. Z. in verschiedenen Formen nachgewiesen als → Megaron, → Antentempel, → Doppelantentempel, flachüberdeckte Halle, → Propyläen u. a. Seit der Römerzeit als spezielle Portikusbauten auch auf profane Gebäude übertragen (z. B. Markttor von Milet, 165 u. Z.).

Prospekt [<lat.], 1. gemalte, streng perspektiv. Darstellung von Einzelgebäuden, Ensembles u. städtebaul. Zusammenhängen. 2. die künstlerisch gestal-

tete Rahmung von Orgelanlagen. 3. in Rußland eine breite Straße mit repräsentativer Bebauung (z. B. Kalininprospekt in Moskau).

Prostylos [gr.], Antentempel mit einer Vorhalle.

Proszenium [lat.], Vorderbühne vor der eigentl. Spielbühne eines antiken → Theaters, heute der Raum zwischen Rampe u. Vorhang.

Prothesis [gr.], sakraler Nebenraum an der Nordseite der Hauptapsis orthodoxer Kirchen zur Vorbereitung der geweihten Gaben, die während des »Großen Einzuges« zum Altar hinter dem Ikonostas getragen werden. → auch Sakristei.

Protorenaissance, von J. Burckhardt geprägter Begriff für architekton. Phasen der europäischen Kunst des 12./13. Jh. mit starker Orientierung an antiken Formen, speziell in der Toskana u. Provence (z. B. S. Miniato al Monte in Florenz).

Pseudoarchitektur, Scheinarchitektur, die über inhaltlich u. formal vorgegebene Ansprüche hinwegtäuscht. Im extremen Fall verwendet als Kulissen- u. Theaterarchitektur.

Pseudobasilika, basilikaler Kirchenraum, der nicht durch Fenster im Obergaden des Mittelschiffs, sondern wie bei Hallenkirchen durch Fenster der Seitenschiffwände natürlich belichtet wird.

Pteron (Pteroma) [gr.], Raum zwischen Cella u. Säulenkranz eines antiken Tempels.

Pückler-Muskau, Fürst Hermann von, dt. Gartenkünstler, Gartentheoretiker u. Reiseschriftsteller (1785 Muskau – 1871 Branitz). Nach Parkstudien in England (1828) Hauptvertreter der engl. Landschaftsgartenkunst (→ Englischer Garten). Seine Parkanlagen in Muskau u. Branitz b. Cottbus beeinflußten u. a. Anlagen in Weimar, Wilhelmsthal, Potsdam-Babelsberg und Alt-Glienicke.

Pugin, Augustus Welby Northmore, engl. Arch., Architekturzeichner u. Kupferstecher (1812–52 London). Vertreter der engl. Neogotik. Hauptwerke: Möbelausstattung für Windsor Castle (1827), Mitarbeit an Ch. Barry's Londoner Parlamentsgebäude (1837–43), Kirchen, Wohnbauten in London; Architekturschriften.

Pulpitum [lat.], urspr. gerüstartige Rednerbühne, übertragen auf den Mittelteil des → Proszeniums. In engl. mittelalterl. Kirchen auch Scheidewand zur Abgrenzung der Sänger vom Langhaus.

Pultdach, rechteckige → Dachform mit nur einer geneigten Dachfläche.

Pulvinus [lat.], reduzierter Architrav in Form eines kissenartigen Kämpferblocks zwischen Säulenkapitell u. Bogen. Verbreitet in der byzantin. Baukunst.

Punkthaus (Turmhaus), Form des Hochhauses auf annähernd quadrat. oder rundem Grundriß im Gegensatz zum Scheibenhaus mit langgestrecktem Grundriß.

Pura, charakterist. indones. Terrassentempel, der von Mauern u. Toren fest umschlossen ist u. auf dessen höchster Ebene sich Kultschreine u. Opferstellen befinden; z. B. auf Bali.

Puteal [lat.], Brunneneinfassung.

Putz, Mörtelüberzug auf Wandflächen zum Schutz des Mauerwerkes, innen auch mit Schmuckfunktion (→ Stuck); mehrfarbige Putzschichten für → Sgraffito.

Putzträger, Drahtgeflechte, Rohr- u. Rabitzgewebe zur Verkleidung glatter Unterlagen (Metall, Holz, Plaste) als Haftunterlage für den Putzmörtel

Pylon [gr.], massiver turmartiger Baukörper mit rechteckigem Grundriß u. abgeschrägten Seitenwänden. Meist in paarweiser Anordnung zur Flankierung von Portalen, speziell von Tempeleingängen des Mittleren Reiches in Ägypten (z. B. Amuntempel in Karnak, um

Pylone im Amuntempel zu Karnak

1190 v. u. Z.; Horus-Tempel in Edfu, um 300 v. u. Z.). Architekton. Anlehnungen im Spätbarock, Klassizismus u. im 19. Jh. als Brückenportale sowie Pfeiler für Tragwerke von Hängebrükken, im 20. Jh. als Träger von Feuer- u. Opferschalen bei Sport- u. Gedenkstätten, Friedhofsarchitekturen u. dgl.

Pyramiden [<gr.], altägypt. Grabmonumente göttlich verehrter Könige. Nach Vorläufern der Stufenmastaba (z. B. Sakkara u. Meidum) seit der 4. Dynastie klass. Ausprägung als charakteristischste Baudenkmale des Alten Reiches (z. B. Memphis, Cheopspyramide in Giseh) mit östlich vorgelagerten Kultanlagen in Form der Tal- u. Totentempel sowie abgeschlossenen, vor räuber. Zugriffen gesicherten Grabkammern im Inneren. Die ausschließlich dem Götterkult dienenden altamerikan. Pyramiden waren keine Grabbauten. → auch Ägyptische Architektur, Abb.

Pyramidendach → Zeltdach.

Pytheos, griech. Baumeister (tätig 353–334 v. u. Z.). Hauptwerke: Athena-Tempel in Priene u. Mausoleum von Halikarnassos (gemeinsam mit Baumeister Satyros).

Q

Qabr [arab.], das Grab in der Totenkammer eines islam. Mausoleums.

Qibla [arab.], auf die Stadt Mekka orientierte Gebetsrichtung der Moslems, die im Inneren einer → Moschee durch die Gebetsnische (→ Mihrab) angegeben ist.

Quader, massiver rechteckiger Werksteinblock, je nach der Bearbeitungsart der Ansichtsflächen im Mauerwerksverband unterschieden in glatte Quader, Bossen- u. Buckelquader, → Diamantquader u. Polsterquader. Verwendung hauptsächlich als Sockelmauerwerk u. zur Stabilisierung von Mauerwerkskanten (Gebäudeecken, Portale, Fenster, Befestigungswerke). → auch Mauerwerk, Abb.

Quaderung, Nachahmung von Quadermauerwerk durch Putz oder aufgemalte Fugen. Anwendung in Renaissance, Barock u. Eklektizismus.

Quadrangle [engl.], der von hohen Gebäuden umschlossene Rechteckhof engl. Schulen u. Colleges.

Quadratischer Schematismus → Gebundenes System.

Quadraturmalerei, Form der illusionist. Fassadenmalerei des 17./18. Jh.
Quadrifons [lat.], besondere Form eines vierseitig ausgebildeten röm. Triumphbogens.
Quadriga [<lat.], ein von 4 nebeneinander angespannten Pferden gezogener zweirädriger antiker Streitwagen der hellenist. u. röm Zeit. Im Klassizismus beliebte Wiederaufnahme als plast. Gruppe zur Bekrönung von Bauwerken (z. B. Berlin, Brandenburger Tor, Entwurf G. Schadow, 1793).
Quadrum → Chorquadrat.
Quarenghi, Giacomo, italien.-russ. Arch. (1744 Valle Imagna b. Bergamo bis 1817 St. Petersburg). Hauptvertreter des russ. Klassizismus. Ausbildung in Rom, seit 1779 tätig in St. Petersburg. Hauptwerke: Engl. Palast in Peterhof (1781–89), Alexander-Palast in Zarskoje Selo (1792–96), Eremitage-Theater (1783–87), Bank (1783–90), Pharmaziegebäude (1789–96), Reithalle (1805–07) u. Smolny-Institut (1806–07).
Quattrocento [ital.], in der italien. Kunstgeschichte der Zeitraum des 15. Jh.
Queen Anne Style [engl.], spezielle Spielart des engl. Klassizismus während der Regierungszeit der Königinnen Maria II. (1689–94) u. Anne (1702–14).
Querhaus → Querschiff.
Querhausapside, eine Apsis an der östl. Wand eines Querschiffes.
Querschiff (Querhaus, Transept), der Querarm einer Kirche, der im rechten Winkel das Langhaus schneidet u. im Kreuzungsbereich vom Chor u. Langhaus durch die Vierung (Chorquadrat) abgesetzt ist. → auch Schiff.
Querwandbauweise, Konstruktion im Gegensatz zur → Längswandbauweise, bei der die Gebäudedecken auf die Querwände gelegt werden, die das Innere senkrecht zur Längsachse unterteilen. Voraussetzung für die Auflösung der Längsfronten in große Wandöffnungen, die durch leichte, nichttragende Vorhangfassaden aus Stein, Glas, Metall u. dgl. geschlossen werden können. Prinzip der industriellen Großplattenbauweise.

Quadriga auf dem Brandenburger Tor in Berlin (1793). Entwurf G. Schadow

R

Radburn System [engl.], erstmals in Radburn/USA angewendetes städtebaul. Erschließungssystem mit exakter Trennung von Fahr- u. Fußgängerverkehr. Entwickelt nach dem 1. Weltkrieg durch die Arch. C. Mumford, C. Stein, H. Wright u. a. Übertragen auch auf Europa, u. a. bei der Neuanlage von Vällingby b. Stockholm.
Radfenster → Fensterrose.
Radialkapelle, eine an einen annähernd runden Chorschluß angefügte Kapelle, die sich mit weiteren zu einem Kapellenkranz ordnen kann, der meist noch durch einen besonderen Chorumgang vom Chorschluß geschieden wird. Hauptbeispiele in Frankreich (z. B. Abteikirche St. Denis, 1140), später in

Deutschland (z. B. Hildesheim, St. Godehard; Magdeburger Dom, 13. Jh).

Rading, Adolf, dt. Arch. (1888 Berlin bis 1957 London). Nach Studium Assistent bei A. Endell u. P. Behrens. 1919–32 Prof. an der Staatl. Kunstakademie Breslau. Mitglied des Dt. Werkbundes u. der Architektenvereinigung »Der Ring«. 1933 Emigration nach Frankreich, 1936 nach Haifa, dort 1943–50 Stadtarch. 1950–57 Privatbüro in London, u. a. Mitglied des Königl. Instituts Brit. Arch. Vertreter des → Neuen Bauens. Hauptwerke: Wohnhaus Rading in Breslau (1922 ff.), Wohnhaus in Stuttgart-Weißenhof (1927), Wohnbauten in Berlin-Zehlendorf (1928) u. Berlin-Lichtenberg (1931), Wohnhaus Rabe in Zwenkau b. Leipzig (1930).

Raffael (eigtl. Raffaello Santi), italien. Maler u. Baumeister (1483 Urbino bis 1520 Rom). Schüler von → D. Bramante, seit 1508 ansässig in Rom, seit 1514 gemeinsam mit Fra Giocondo u. A. da Sangallo d. J. zu Arch. am Petersdom ernannt. Hauptmeister der italien. Hochrenaissance. Hauptwerke: S. Eligio degli Orefici (um 1511–14), Capella Chigi in Maria del Popolo (1512–13), Planungen für St. Peter (1514 ff.) u. Entwurf für Palazzo Bresciano Costa (um 1515) in Rom, Entwurf für Palazzo Pandolfini in Florenz (um 1517) u. a., die z. T. durch Peruzzi u. A. da Sangallo verwirklicht wurden.

Rähm → Fachwerk, Längsverband.

Rahmen, baul. Konstruktionselement aus Holz, Eisen, Stahl oder Stahlbeton in Form eines geknickten → Tragwerkes.

Rahmenbauweisen, Fachwerk- u. Skelettbauweisen, bei denen die Lasten durch Rahmenkonstruktionen getragen werden, die meist mit Leichtbaustoffen ausgefacht sind.

Rainaldi, Carlo, italien. Architekt (1611–91 Rom). Vertreter des Übergangs vom Manierismus zum Hochbarock. Hauptwerke in Rom: S. Agnese (1652), S. Maria in Campitelli (1663–67), Fassade von S. Andrea della Valle (1661–65), Apsisfassade von S. Maria Maggiore (1673), städtebaul. Ensemble mit den Kirchen S. Maria in Monte Santo u. S. Maria dé Miracoli (1662 ff.) an der Piazza del Popolo.

Rampe, 1. vordere Bühnenkante eines Theaters. 2. schräge Auffahrt.

Randschlag, gleichmäßig bearbeitete Außenkante eines Hausteins.

Raschdorff, Julius, dt. Arch. (1823 Pleß – 1914 Waldsieversdorf). Schüler der Bauakademie, 1854 Stadtbaumeister in Köln, 1878 Prof. an der TH Berlin-Charlottenburg, seit 1892 Dombaumeister. Vertreter des → Neobarock. Hauptwerke: Wohn- u. Kommunalbauten in Köln, Vollendung TH-Gebäude Charlottenburg (1881–84), Berliner Dom am Lustgarten (1894–1904); zahlr. Veröffentlichungen.

Raster, 1. im Städtebau Ordnungs- u. Gestaltungsprinzip in Form orthogonaler Liniennetze. 2. im Hochbau Grundmaß zur Bemessung raumgeometr. Parameter von Bauteilen u. Bauelementen auf der Basis eines bestimmten → Moduls.

Rastrelli, Bartolomeo Francesco, italien.-russ. Arch. (um 1700 Paris – 1771 St. Petersburg). Schüler seines Vaters Carlo Bartolomeo u. von R. de Cotte in Paris. Seit 1741 Hofarch. in St. Petersburg. Hauptmeister des weitgehend französisch beeinflußten russ. Rokoko. Hauptwerke: Sommerpalais (1741–44), Anitschkow-Palais (1744) u. Smolny-Kloster mit Kathedrale (1746–61) in St. Petersburg. Großer Palast in Peterhof (1747–52), Andreas-Kathedrale in Kiew (1747–67), Großer Palast in Puschkin (1749–56), Winterpalais in St. Petersburg (1754–62).

Rathausbauten. Gebäude für Ratsversammlungen existierten als Buleuterion, verwandt der Anlage antiker Thea-

Rationalismus. Bahnhof von Helsinki (1904, 1910–14). E. Saarinen

ter, bereits im alten Griechenland, z. B. in Milet, Priene. Im röm. Reich Entwicklung zur Curia, einem längsrechteckigen Versammlungsraum mit ansteigenden Rängen. Seit dem Mittelalter Ausprägung als Halle, in Italien seit dem 12. Jh. vielfach 2geschossig mit Markt- u. Gerichtshalle im Erdgeschoß sowie Bürgersaal im Obergeschoß z. B. in Verona, Orvieto, Piacenza, Perugia, Siena u. der Palazzo Vecchio in Florenz (1298–1314). In Deutschland seit dem 14. Jh. additive Gruppenbauten unter Hinzunahme repräsentativer Bürgerhäuser, z. B. in Münster, Köln, Bremen (1406), Tangermünde (um 1430), Stralsund (14./15. Jh.). Neue Gebäudeformen entstanden mit der Vergrößerung der Städte seit der Renaissance, insbesondere belegt durch den sächs. Rathaustyp, z. B. in Wittenberg, Altenburg, Torgau, u. das Augsburger Rathaus (E. Holl, 1620). Seit 2. H. 19. Jh. Ausbildung zu großen Verwaltungsgebäuden mit langen Korridorsystemen u. Amtszimmern hinter palastartigen Außenfassaden u. an Lichthöfen, z. B. Rotes Rathaus Berlin (H. Waesemann, 1861–70). Seit A. 20. Jh. noch stärkere Raum- u. Funktionsdifferenzierung, z. B. Neues Rathaus Leipzig (H. Licht, 1905), Stockholm (1919–23). Moderne Beispiele: in Säynätsalo/Finnland (A. Aalto, 1949–52), Tokio (K. Tange,

Rationalismus. Gaswerk in Dresden-Reick. H. Poelzig

1952–57), Amsterdam in Kombination mit dem Opernhaus (W. Holzbauer, 1982–87).

Rationale Architektur, basierend auf Erkenntnissen des Konstruktivismus, des Funktionalismus u. der Stijl-Bewegung das Bestreben, sich bei modernen Bauplanungen auch auf ältere Grundformen u. Regeln des Bauwesens rückzubesinnen. Erste Begriffsfindung bei → A. Rossi nach 1960, näher definiert im Katalog der XV. Mailänder Triennale zum Thema »Architettura razionale«.

Rationalismus, eine sich gegen E. 19. Jh. herausbildende Strömung der Architektur, die im Gegensatz zu den historisierenden Stilperioden u. den dekorativen Formen des Jugendstils, nicht zuletzt unter den Einflüssen moderner Ingenieurbaukunst, eine Versachlichung der Außen- u. Innengestaltung von Bauwerken anstrebte. Als wichtige Übergangsstufe zwischen 1890 u. 1914 wurde das Nützlichkeitsdenken unter Besinnung auf elementare Wirkungswerte der Architektur im europäischen Bereich, insbesonders in Deutschland, Holland u. nach 1917 auch in der UdSSR, propagiert als eine zum → Funktionalismus führende Tendenz. In Deutschland vertreten durch C. Sitte, Th. Fischer, F. Schumacher, W. Kreis, H. Poelzig, P. Behrens u. a., vor allem auch durch die Angehörigen des → Deutschen Werkbundes. Gewisse Erscheinungen eines vorübergehenden Neoklassizismus mündeten in den 20er Jahren in die konsequenteren Formen eines »konstruktiven prakt. Realismus« des → Neuen Bauens.

Rauhputz → Berapp.

Raumerlebnis, die im Prozeß der Nutzung baul. Substanz erfahrenen Wahrnehmungseindrücke. Entscheidend für die Art des Raumerlebnisses ist der Weg, den der Mensch im architekton. Raum zurücklegt. Durch elementare Gestaltungsmittel ist der Schöpfer architekton. Räume in der Lage, bestimmte Raum- u. Formerlebnisse über die Festlegung bestimmter Ganglinien (z. B. Straßen, Alleen, Gänge, Galerien, Treppen) herbeizuführen.

Räumliches Tragwerk, Konstruktion in Form dreidimensionaler Rahmenwerke (Raumgitter) zur stützenfreien Überspannung weiter Räume.

Rationalismus. Jahrhunderthalle in Breslau (1913). M. Berg

Raumordnung, die funktionell sinnvolle, nach allgemeinästhet. u. künstler. Gesichtspunkten vorgenommene Inbeziehungsetzung der Räume zueinander u. zu ihrer Umgebung.
Raumstruktur, die geometr. Beziehung zwischen den Elementen eines baul. Raumes, zwischen den in Gebäuden vorhandenen Räumen u. zwischen den durch Gebäude gebildeten Räumen einer städtebaul. Einheit.
Raumzellenbauweise, Form der industriellen Montagebauweise, bei der vorgefertigte raumgroße, aus 4 Wänden, Boden u. Decke bestehende Bauelemente (Raumzellen) mittels Portalkränen zu Gebäuden zusammengesetzt werden.
Raupen, langgestreckte glaskastenartige Dachaufbauten für Oberlicht. Verbreitet im Industriebau.
Rautenfries, aus gleichseitigen, schiefwinkligen Parallelogrammen zusammengesetzter → Fries der Romanik.
Ravelin [frz.], Außenwerk vor den Kurtinen einer → Festung.
Redan [frz.] (Flesche), kleiner Ravelin einer → Festung.
Redoute [frz.], kleines trapezförmiges bastionäres Vorwerk einer Festung.
Redoutensaal [<frz.], Ball- u. Festsaal, z.B. in Budapest (F. Feszi, 1859–64).
Réduit [frz.], Teil der Innenbefestigung einer Zitadelle, genutzt als letzte Rückzugsmöglichkeit vor Angreifern.
Refektorium [lat.], Speisesaal der Mönche im Kloster, meist an der Südseite des Kreuzganges gelegen. → auch Klosteranlage, Abb.
Régence-Stil, französ. Bezeichnung für das Rokoko in der Regierungsperiode Herzog Philipps v. Orléans (1715–23).
Regula [lat.], Plättchenleiste mit nagelkopfartigen Tropfen (Guttae) als Zierelement über den Metopen u. Triglyphen am Architrav dor. Säulenordnungen.
Reihenhaus, Addition mehrerer Einfamilienhäuser, die parallel zu einer Straße oder einem Platz stehen u. zu einem Baukörper zusammengefaßt sind.
Rekonstruktion [<lat.], zeitgemäße Wiederherstellung einer nicht mehr vorhandenen baul. Situation.
Relief [<frz.], mehr oder weniger an der Fläche verhaftete plast. Darstellung, die je nach Herauslösung aus dem Bildgrund als Flach-, Halb- oder Hochrelief bezeichnet wird. Bei entsprechender Einbindung in ein Architektursystem ist es eine Form der Bauplastik, die sich mit den ältesten monumentalen Tempelbauten ägypt. Hochkulturen am Nil entwickelte u. in Europa über die Hochblüte der griech.-röm. Antike bis zur Gegenwart fortsetzte.
Reliquiar [<lat.], Behälter zur Aufbewahrung geweihter Überreste u. Gegenstände von Heiligen. Zum Teil auch als Schrein in architekton. Form überkommen, vorherrschend in Gestalt von Haus-, Basilikal- sowie Kuppelkirchen.
Remter, Speisesaal einer mittelalterl. Ordensburg, z.B. Marienburg, 14. Jh.

Renaissance. Palazzo Rucellai in Florenz (1446-51). L. B. Alberti

Renaissance. S. Andrea in Mantua (nach 1472). L. B. Alberti

Renaissance [frz., »Wiedergeburt«], Begriffsprägung im 16. Jh. durch G. Vasari. Eine Kulturperiode, die in den verschiedenen europäischen Ländern unter variablen histor. Gegebenheiten verlief u. als histor. Vorgang Inhalte u. Formen gesellschaftspolit. u. ökonom. u. damit zugleich ideolog. u. kultureller Prozesse der frühbürgerl. Revolution bezeichnet. Die Architektur ist Bestandteil dieser Entwicklung. Sie widerspiegelt den Humanismus als geistigen Inhalt der Zeit, als weltlich orientierte Ideologie des aufsteigenden Bürgertums im Gegensatz zu überholten feudalklerikalen Anschauungen des Mittelalters. Ausgangsort war Italien als ökonomisch am weitesten entwickeltes Land mit einem hohen Stand manufaktureller Warenproduktion u. ausgedehnten Handelsbeziehungen der Stadtrepubliken. Es folgten Frankreich, England, die Niederlande, dann erst Deutschland. Während in Italien die Hauptperiode zwischen 1410 u. 1530 lag (→ Brunelleschi, → L. B. Alberti, → D. Bramante, → A. Palladio, → Michelangelo u. a.), umfaßte sie in Deutschland die Zeit von 1510–A. 17. Jh. (→ C. Krebs, → N. Grohmann, → H. Schickhardt, → H. Lotter, → E. Holl u. a.). Die dt. Variante ist geprägt durch Bauernkrieg u. Reformation, nach deren Scheitern das bürgerl. Element hinter den feudalen Bestrebungen der Territorialfürsten zurücktrat. Hauptbauaufgaben waren landesherrliche u. Adelsschlösser, bürgerl. Rathäuser, Zunftbauten u. städt. Wohnhäuser. Die aus Italien, Frankreich, den Niederlanden, Böhmen, Polen u. Schlesien übernommenen stilist. Anregungen wurden auf got. Strukturen übertragen: reiche antikisierende Formen, wie Säulen, Pilaster, Profile, Gesimse, Giebel, → Voluten, u. prächtige Ornamentik, wie → Maureske, → Arabeske, → Groteske, → Akanthus, → Eierstab, → Floris-Stil. Gegenüber der Gotik bevorzugt waren: Horizontalen, kräftige Gesimse, → Zwerchhäuser mit Volutengiebeln, → Säulenportale, Galerien, → Wendelsteine; besonders seit etwa 1550 (nach stärkerer Orientierung auf die Theoretiker) Gesetzmäßigkeit u. betonte Symmetrie der Proportionen von Baukör-

Renaissance. Großer Schloßhof des Dresdner Schlosses (um 1550). Gemälde eines unbekannten Meisters

per, Grund- u. Aufriß. Seit M. 16. Jh. zunehmende Einflüsse des → Palladianismus, seit etwa 1570 Tendenzen des → Manierismus. Architekton. Hauptwerke in Deutschland: Schloß Hartenfels in Torgau, Dresdner Residenzschloß, Ottheinrichsbau des Heidelberger Schlosses, Schloß Augustusburg, Schloß Aschaffenburg, Rathäuser in Wittenberg, Saalfeld, Leipzig, Altenburg, Rothenburg o. d. T. u. Augsburg, außerdem Zunft- u. Gildehäuser, Spitäler, Großbürgerhäuser in fast allen mittelalterl. Stadtkernen.

Restaurierung, Maßnahmen zur Wiederherstellung verfallener, beschädigter, durch unsachgemäße Ergänzung veränderter oder zeitlich gealterter Werke der Architektur, bildenden Kunst und des Kunsthandwerks, ausgeführt von spezialisierten Restauratoren. Verwandt, aber nicht identisch mit der Konservierung, die eine Sicherung der Objekte im vorgefundenen Zustand anstrebt.

Retabel [lat.] → Altarretabel.

Retikulatmauer [<lat.], Mauer mit netzartiger Konstruktion.

Retrochor [<lat.], Spezialform engl. Umgangschöre der Gotik, z. B. Kathedralen Salisbury u. Wells.

Revolutionsarchitektur, baukünstler. Strömung des Rationalismus in Frankreich z. Z. der bürgerl. Revolution 1789.

Revolutionsarchitektur. Leergrab für Newton (Entwurf, 1784). E. L. Boullée

Charakterisiert durch Monumentalität u. Pathos einfacher kub. Baukörper, beruhend auf den geometr. Grundformen des Würfels, der Kugel, des Kegels u. der Pyramide unter weitgehendem Verzicht auf antik. Elemente u. kleinteilige Dekorationsformen. Hauptvertreter: → E. L. Boullée, → C. N. Ledoux, L.-J. Desprez (1743–1803). In Deutschland sind Einflüsse vorhanden bei F. Gilly, K. F. Schinkel, L. v. Klenze u. F. Weinbrenner.

Rhombendach (Helmdach), → Dachform, die sich aus 4 gleichartigen Giebeln ergibt, von deren Endpunkten Grate zu einer höher liegenden Spitze aufsteigen. Hauptverbreitung im roman. Kirchenbau des Rheinlandes.

Rhythmische Travée → Joch.

Rhythmus, baulicher, gleichmäßige,

Revolutionsarchitektur. Metropole (Bischofskirche), Entwurf. E. L. Boullée

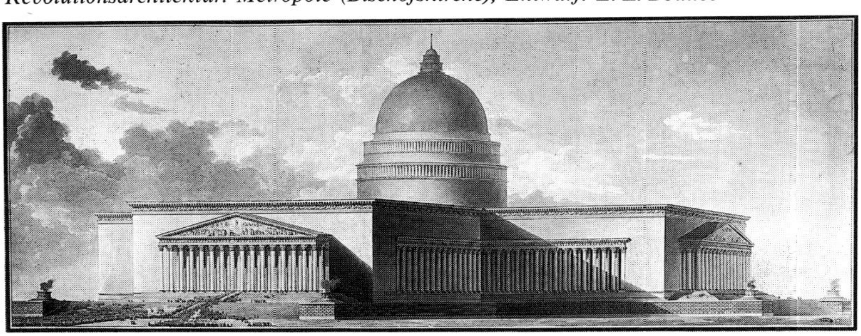

rhythm. Wiederverwendung bestimmter architekton. Elemente u. Raumgruppen.

Ribera, Pedro de, span. Arch. (um 1683–1742 Madrid). Seit 1719 in Madrid, dort seit 1726 Stadtbaumeister. Hauptvertreter des spätbarocken → Churriguerra-Stils. Hauptwerke: Kirche Virgen del Puerto (1718), Kirche von Montserrat (1720) u. Hospiztor von S. Fernando (um 1722) in Madrid, Brücke von Toledo (1719–24), Kapelle S. Antonio in Avila (1731) u. Turm der Kathedrale von Salamanca (um 1738).

Richtschicht → Euthynterie.

Ridinger, Georg, dt. Baumeister u. Theoretiker (1568 Straßburg – 1616 vermutlich Aschaffenburg). Tätig im Dienst des Erzbischofs von Mainz. Hauptmeister der Renaissance in Franken. Hauptwerk: Schloß Aschaffenburg (1605–14).

Riefelung, vertikale, parallel geführte Kerbung von Baugliedern.

Riegel, horizontales Verbindungsstück im Fachwerkbau.

Riemerschmid, Richard, dt. Arch. u. Formgestalter (1868–1957 München). Gelangte über die Malerei u. das Kunstgewerbe zur Architektur. Anhänger von W. Morris. 1897 Mitbegründer der Münchner Werkstätten für Kunst u. Handwerk, 1907 Mitbegründer des → Deutschen Werkbundes u. Tätigkeit an den Dt. Werkstätten in Dresden-Hellerau. 1912–24 Direktor der Kunstgewerbeschule in München, 1926 Direktor der Kölner Werkschulen. Bedeutsamer Vertreter des Überganges vom Jugendstil zum einfachen, sachl. → Materialstil der »Süddt. Schule« mit besonderem Einfluß auf die Formgestaltung industrieller Möbelproduktion. Hauptwerke: Jugendstiltheater in München (1901), Bebauungsplan der Gartenstadt Dresden-Hellerau einschließlich der Fabrik der Dt. Werkstätten u. zahlr. Kleinhäuser (1907–09).

Riese, der pyramidenförmige, mit Krabben u. einer Kreuzblume gezierte Helm einer → Fiale.

Rieth, Benedikt, dt.-böhm. Bau- u. Hüttenmeister (um 1454–1534 Prag). Nach Ausbildung in Österreich u. Bayern seit 1489 tätig in Prag im Dienst König Wladislaws II., 1518 Vorsitzender des Annaberger Hüttentages. Bedeutender Wölbetechniker (Netzgewölbe, Schlingrippengewölbe) in der Übergangsphase von der Spätgotik zur Renaissance. Hauptwerke: Augustinerkirche (1479–84) u. Ebracher Hof (1489) in Nürnberg, Bering der Prager Burg (1489ff.), Orgelempore im Prager Veitsdom (1490–93), Wladislawsaal der Prager Burg (1493–1502), Burg Blatná (1530), Hallen- u. Wölbungsabschluß der Barbarakirche in Kuttenberg.

Rietveld, Gerrit Thomas, holländ. Möbeltischler u. Amateurarch. (1888 Utrecht – 1964). Seit 1919 neben J. J. P. Oud u. Th. van Doesburg führendes Mitglied der → Stijl-Gruppe. 1928 Mitbegründer der → CIAM. Hauptwerke: Haus Schröder in Utrecht (1924), Geschäftshäuser in Breda u. Wesel, Schule in Zeist, Reihenhäuser (1931–34) u. Kino (1936) in Utrecht, Textilfabrik in Bergeijck (1956), Wohnkomplex Hoograven (Mitarbeit 1954–56), Museum Ammersfoort u. Wohnhaus in Ilpendam (1959).

Ring, Der, dt. Architektenvereinigung in Berlin, gegründet 1925 als Zusammenschluß gegen Konservatismus u. bürokrat. Verhalten von Vertretern staatsoffizieller Kunst- u. Kulturpolitik gegenüber den Bestrebungen des Modernen Bauens u. funktionalist. Architektur. Sekretär war der Arch. H. Häring. Mitglieder die führenden Arch. W. Gropius, E. Mendelsohn, L. Mies van der Rohe, A. Meyer, B. Pankok, O. Haesler, R. Doecker, E. May, A. Rading, H. Tessenow, H. Scharoun, A. Korn, W. u. H. Luckhardt, B. u. M. Taut, H. Poelzig u. O. Bartning. 1931 löste sich die Vereinigung wieder auf.

Ringanker, ringförmiges Zug- oder Druckband aus Holz, Eisen, Stahl oder Stahlbeton um ein Gebäude (Gewölbe, Kuppel, Turm u. dgl.) oder um einzelne Bauteile zur Aufnahme derjenigen statisch wirksamen Ringkräfte, die nicht von der übrigen Mauerkonstruktion aufgefangen werden können. Möglichkeit zur Überleitung horizontaler Druckkräfte in die Vertikale. Oftmals als nachträgl. Sicherungsmaßnahme gegen Setzungsrisse angebracht.

Ringmauer → Burg.

Ringstraßen, breite, großzügige Straßenführungen des 19. Jh. in Gestalt von Alleen oder Prachtstraßen mit anspruchserhebenden Bebauungen des Historismus (öffentl. Gebäude, Theater, Museen, Geschäftshäuser, Villen), die nach der Schleifung alter Stadtbefestigungen um u. nach 1800 auf den eingeebneten oder zugeschütteten ehem. Graben- oder Wallanlagen (Glacis) ent-

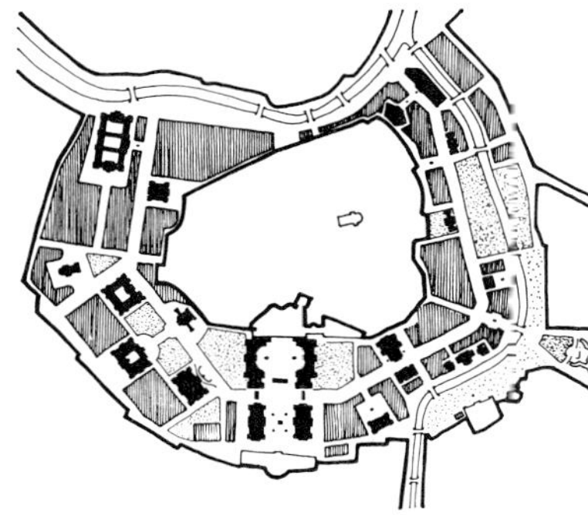

Ringstraße in Wien, Lageplan

standen. Hauptbeispiele in Wien, Budapest, Prag, Köln, Leipzig u. a.

Ringtonne, das um einen Zentralraum herumgelegte → Tonnengewölbe.

Rinnkasten, kastenförmiger Sammelbehälter für Regenwasser an einer Dachbrüstung oder Dachrinne, der das Niederschlagswasser in das Abfallrohr

Risalit. Mittelrisalit an der Gartenseite der Residenz Würzburg (1730–39). J. L. v. Hildebrandt

leitet. Auftreten seit der Spätrenaissance, oft in künstler. Formen.

Rippe, urspr. nur tragendes Konstruktionselement eines → Gewölbes oder einer Decke für nichttragende Flächen. Auftreten in vielerlei Formen, abgeleitet von den Grundtypen der Rundstab- u. Bandrippe. In der Spätzeit des Gewölbebaues (Spätgotik) wurde die Rippe zunehmend zum Dekorationselement (→ Netzgewölbe, → Sterngewölbe, → Schlingrippengewölbe usw.) u. die Tragefunktion auf die Schalen (Kappen) bzw. urspr. nichttragenden Flächen übertragen. → auch Gotik, Abb.

Risalit [ital.], vorspringender Teil eines symmetrisch angelegten Gebäudes. Häufig angewendetes Mittel zur plast. Fassadengliederung in Barock u. 19. Jh. Unterscheidungen in Mittel- (Haupt-), Seiten- u. Eckrisalite.

Riß → Architekturdarstellung.

Rocaille [frz.], Hauptornamentform des Rokoko. Zwischen 1730 u. 1770 als Element der Dekoration im Dienste raffinierter Wohnkultur verbreitet. Bestehend aus asymmetr. Muschel- u. Schnörkelwerk in Verbindung mit naturalist. Ranken u. netzartigen Flächenfüllungen.

Rodriguez, Ventura, span. Arch. (1717 Ciempozuelos – 1785 Madrid). Tätig in Madrid, bis 1759 Hofarch., ab 1760 Akademieprof. Hauptmeister des span. Spätbarock. Hauptwerke: Mitarbeit am Königspalast in Madrid unter G. B. Sacchetti (ab 1738), S. Marcos in Madrid (1749–53), Königl. Chirurgie in Barcelona (1761) u. Kathedralfassade in Pamplona (1783).

Rogers, Richard, amerikan. Arch. (geb. 1933 Florenz). Wohnarchitekturen im Anschluß an → F. L. Wright, Industrie- u. Kulturbauten, u. a. Centre Pompidou Paris (mit R. Piano, 1977).

Rohbau, der eingedeckte Bau, der noch durch Innenausbau u. Verputz fertigzustellen ist.

Rohbaumaß → Konstruktionsmaß.

Rokoko, höf., elegant verfeinerter Dekorationsstil der Ausgangsphase des Barock (etwa 1720–70). Ableitung der dt. Bezeichnung von der charakterist. Ornamentform der → Rocaille. Von der Innenraumgestaltung u. dem Kunsthandwerk auch auf komplizierte Raumdurchdringungen u. die Außenarchitektur übertragen. Übergänge zum Klassizismus werden als Zopfstil bezeichnet. In Frankreich auch Bestandteil des Régence-Stils, Louis-quinze-Stils u. Louis-seize-Stils. Hauptwerke in Deutschland: Schloß Amalienburg im Nymphenburger Park bei München (1734–39), Schloß Sanssouci in Potsdam (1745), Wallfahrtskirche in Wies/Oberbayern (1746–54).

Rollenfries, ornamentaler → Fries der Romanik, der im Gegensatz zum sehr ähnl. Würfelfries anstelle würfelförmiger Bildungen aus Zylindern besteht,

Rokoko. Bibliothek Friedrichs II. im Schloß Sanssouci (1745–47). J. A. Nahl

Rokoko. Spiegelsaal des Schlosses Amalienburg in Nymphenburg (1734–39). F. Cuvilliés

Romanik. Dom zu Worms (1171–1221)

Romanik. Stiftskirche St. Servatius in Quedlinburg (vor 1100)

die ebenfalls waagerecht u. gegeneinander versetzt angeordnet sind.

Rollwerk → Beschlagwerk.

Romanik, frühmittelalterl. feudalist. Architekturperiode (um 1000–1250), entstanden z. Z. der otton. Kaiser in Deutschland mit ebenso reicher Entwicklung in Frankreich u. Oberitalien. Elemente, wie Rundbögen, Pfeiler- u. Gewölbeformen, weisen auf verwandte Beziehungen zur röm. Baukunst. Hauptkennzeichen: Addition einzeln durchgebildeter Baukörper aus geometr. Grundformen (Würfel, Pyramide, Kugel, Kegel) u. klare rhythm. Gliederung der Gesamtanlage, insbesondere im vorherrschenden Sakralbau schweres, massives Mauerwerk. Kirchengrundrisse im quadrat. Schematismus (→ Gebundenes System), z. T. mit → ausgeschiedener Vierung, runden → Apsiden, → Staffelchören, → Kapellenkränzen, oft Doppelchoranlagen mit → Krypten. Ab etwa 1080 → Gewölbe mit größeren Spannweiten. Bevorzugung der → Basilika mit Doppelturmfassade, Vierungsturm (→ Vierung), → Stufenportalen mit Gewändefiguren, → Zwerggalerien u. a. m. Hauptbeispiele: Dome in Speyer, Worms, Mainz u. Maria Laach, Stiftskirchen in Quedlinburg u. Wechselburg, Liebfrauenkirche in Andernach.

Romano, Guilio, italien. Maler u. Baumeister (1499 Rom – 1546 Mantua). Beeinflußt von Raffael u. D. Bramante, seit 1524 im Dienste Frederigo Gonzagas in Mantua. Vertreter des → Manierismus in sehr eigenwilligen u. expressiven Formen. Hauptwerke: Palazzo Cicciaporci-Senni in Rom (1521), Palazzo del Té (1525–35), eigenes Haus (um 1544), Hof am Palazzo Ducale (um 1544) u. Entwurf für den Dom in Mantua (1545ff.).

Römische Antike, Baukunst der, Architektur zwischen 3. Jh. v. u. Z. u. 5. Jh. u. Z., in starkem Maße basierend auf der Vorstufe der Kunst der Etrusker, die im 6.–5. Jh. v. u. Z. in der Toskana hervorragende städtebaul. Anlagen, Brücken-, Kanal-, Tempel- u. Grabbauten errichteten. Zeit der Entstehung des → Portikus als säulentragende Vor-

Romanik. Benediktiner-Abteikirche Maria Laach (1095–um 1200)

halle. Trotz spürbaren Einflusses der antiken griech. Baukunst entstanden in der Folge selbständige röm. Charakterzüge, beginnend in der Baukunst der röm. Republik (4.–1. Jh. v. u. Z.) mit gewaltigen, imperiale Macht verkörpernden Toren, Triumphbögen, Amphitheatern, Thermen, neuen Tempelformen von Typus des Pseudoperipteros, Basiliken, Palästen, Villen, Brücken, Aquädukten, Wohnhäusern mit Atrien, vielfach ausgeschmückt mit Mosaiken u. Wandmalereien im pompejan. Stil. Hauptbeispiele: Forum Romanum in Rom, Stadtanlagen in Pompeji u. Herculaneum. In der anschließenden Periode der röm. Kaiserzeit (1.–4. Jh.) entwickelte sich die Architektur unter Studium der Klass. Periode der antiken griech. Baukunst zur führenden Kunstgattung. Hauptbeispiele: ausgedehnte Kaiserforen in Rom, weitläufige Wohnanlagen in der ländl. Umgebung (z. B. Hadriansvilla in Tivoli), Bauwerke von monumentalen Ausmaßen wie Titus- u. Konstantinsbogen, Marcellus-Theater, Kolosseum, Pantheon u. Caracalla-Thermen in Rom, Kanalisationen, Heizanlagen u. Wasserversorgungen. Ebenso hochwertige Bauleistungen entstanden in den Provinzen, z. B. die Stadtanlagen in Baalbek (Libanon), Palmyra (Syrien), Timgad (Algerien), Aquincum u. Obuda in Budapest (Ungarn), der Pont du Gard bei Nîmes (Frankreich), der Hadrianspalast in Split (Kroatien), die Stadtkerne von Köln u. Trier. Nach Zerfall des Weström. Reiches fanden viele spätröm. Bauideen Fortsetzungen in der byzantin. Kunst.

Römische Ordnung → Säulenordnungen.

Roritzer, dt. Baumeisterfamilie des 15. Jh. aus Regensburg. 1. Wenzel Roritzer (gest. 1419), vermutlich Schüler der Bauhütte der → Parler. 2. Konrad Roritzer, Sohn von Wenzel, tätig als Dombaumeister in Nürnberg (St. Lorenz, ab 1455), Regensburg (Domvorhalle) u. Wien (St. Stephan, 1462) sowie an der Frauenkirche in München (um 1475). Seine Söhne Matthäus (gest. vor 1495) u. Wolfgang (hingerichtet 1514) führten das Werk fort.

Rose → Fensterrose.

Rosette [<frz.], Ornament in Form einer stilisierten Rose. Seit der Antike

Römische Antike. Kolosseum in Rom (69–81)

Rundbogenstil. Heilandskirche in Sacrow bei Potsdam (1841–44). L. Persius

verbreitete Dekorationsform, überwiegend im Zusammenhang mit der Innenraumkunst (Friese, Decken, Möbel usw.).

Rossellino, Bernardo, italien. Bildhauer u. Baumeister (1409 Settignano bis 1464 Florenz). Ansässig in Florenz, zunächst Mitarbeiter von L. B. Alberti, ab 1451 im Dienst Papst Nikolaus' V. Vertreter der Renaissance. Hauptwerke: Palazzo Rucellai in Florenz (1446–51), Palazzo Piccolomini u. Kathedrale in Pienza (1460–63).

Rossi, Aldo, italien. Arch. (geb. 1931 Mailand). Vertreter der → Rationalen Architektur. Hauptwerke: Denkmalplatz in Mailand (1965), Gestaltung XV. Triennale Mailand (1973), Schwimmendes Theater Venedig (1979–80), Projekt für den Potsdamer Platz in Berlin (1992).

Rossi, Carlo (Karl Iwanowitsch), italien.-russ. Arch. (1775 Neapel–1849 St. Petersburg). Ausbildung vermutlich in Moskau, nach Italienreise 1804–06 bis 1816 tätig in Moskau, anschließend in St. Petersburg. Vertreter eines kraftvollen Klassizismus röm. Prägung. Hauptwerke: Russ. Museum (1819–23), Puschkin-Theater (1827–32) u. Regierungspaläste in St. Petersburg.

Rotunde [<lat.], kleines zentralbauartiges Gebäude über einem kreisförmigen Grundriß oder runder Innenraum unter einer Kuppelwölbung.

Ruine, verfallener oder zerstörter Bau. Im Mittelalter meist als Steinbruch zur Gewinnung von Baumaterialien genutzt. Seit dem späten 15. Jh. durch die Malerei (»Donauländ. Schule«) idealisiert, seitdem bis ins 19. Jh. ästhetisiert als Quelle romant. Erinnerung. Im späten 18. u. im frühen 19. Jh. in künstl. Form Bestandteil vieler Parks u. Gärten.

Rundbogenfries, roman. → Fries des 12./13. Jh., bestehend aus einer Folge glatter oder profilierter Halbbögen, die oft auf kleinen Konsolen ruhen u. die Wandgesimse begleiten.

Rundbogenstil, Mischstil des Historismus aus frühchristl.-byzantin. Formen

Rundbogenstil. Rotes Rathaus in Berlin (1861–70). H. F. Waesemann

u. Elementen der italien. Romanik. Prägung durch K. F. Schinkel, → L. Persius, → F. v. Gärtner u. H. Hübsch, H. F. Waesemann. Beispiele: Ludwigskirche in München, Heilandskirche in Potsdam-Sacrow, Rotes Rathaus in Berlin.

Rundhaus, Gebäude über einem kreisförmigen Grundriß; eine der Urformen des Hausbaus. Spezielle Entwicklung durch alle Architekturperioden bis zur Gegenwart als → Zentralbau.

Rundstab, stabartiges, aus dem Grund einer Fensterlaibung, eines Portalgewändes oder eines Pfeilers herausgearbeitetes Bauglied von viertel- bis dreiviertelkreisförmigem Querschnitt.

Ruskin, John, engl. Kunsttheoretiker u. Sozialreformer (1819 London – 1900 Brantwood). Unter Hinweis auf die Schönheit der mittelalterl. Handwerkskunst u. Architektur Orientierung auf ungekünstelte handwerkl. Bauweisen, deren Materialschönheit, einfache Gestaltung, konstruktive Wahrheit unter Ablehnung von Surrogaten u. der Schaffung neuer »Stil«-Formen. Von großem Einfluß auf das Schaffen von W. Morris.

Rustika [<lat.] (Bossenwerk), → Mauerwerk aus grob (»bäuerlich«) zugehauenen Werksteinquadern. Seit hellenist. Zeit verwendet als Material für Untergeschosse u. Eckbefestigungen bei Stadtmauern u. Palästen, ebenso bei röm. Bauten u. italien. Bauwerken des Mittelalters (seit 12. Jh.) In Deutschland ebenso seit 12. Jh. an Turm- u. Burgbauten nachweisbar. Blüte in der Palazzoarchitektur der toskan. Frührenaissance, speziell in Florenz. Bis zum Barock eines der beliebtesten Mittel der Fassadengestaltung. Wiederaufnahme in der historisierenden Architektur des späten 19. Jh.

Rustizierte Säule, Bestandteil der toskan. → Säulenordnung, bestehend aus einem Schaft mit abwechselnd glatter u. rustizierter Oberfläche.

S

Saalbau, ein Gebäude, das im wesentlichen nur aus einem ein- bis mehrgeschossigen, nicht unterteiltem Raum für eine größere Menschenansammlung besteht. Verbreitung im Sakralbau (→ Saalkirche, Saalkapelle) u. Profanbau (Festsaal, Gartensaal, Halle).

Saalkirche, Kirche, deren Schiff aus einem saalartigen Einraum besteht. Abgesehen von frühmittelalterl. Beispielen vorherrschend seit der Renaissance unter weitgehender Orientierung auf das erstmals im Schloß Hartenfels in Torgau entwickelte Grundschema der protestant. Schloßkapelle u. ihrer neuen liturg. Voraussetzungen, deren Ausgangspunkt die in dt. Sprache gehaltene Kanzelrede bildete.

Saarinen, Eero, finn.-amerikan. Arch. (1910 Kirkkonummi–1961 Ann Arbor/Mich.). Sohn u. Schüler von Eliel Saarinen, seit 1923 in den USA. Studium an der Yale University. Stark beeinflußt von → L. Mies van der Rohe. Hauptwerke: Massachusetts Institute of Technology in Cambridge/Mass. (1955), Entwürfe für Yale University-Colleges (1962), Flughäfen in New York u. Washington, USA-Botschaften in Oslo (1959) u. London (1960).

Saarinen, Eliel, finn. Arch. (1873 Rantasalmi–1950 Bloomfield Hills/Mich.). Studium an Universität in Helsinki. Gelangte, beeinflußt durch den Sezessionsstil der Wiener Schule u. Art Nouveau, zu einer eigenständigen, schöpfer. Form des → Materialstils. Nach 1922 Übersiedlung in die USA. Hauptwerke: Bahnhof in Helsinki (1904, 1910–14; → auch Rationalismus, Abb.), Cranbrook School in Bloomfield Hills/Mich. (1925), Christ Church in Minneapolis/Minn. (1949–50), zahlr. städtebaul. Anlagen u. Wettbewerbsentwürfe.

Sacharow, Andrej Dimitrejewitsch, russ. Arch. (1761 – 1811 St. Petersburg). Studien an der St. Petersburger Kunstakademie, in Paris unter J.-F.-T. Chalgrin u. in Italien. Seit 1787 Lehrer für Architektur an der St. Petersburger Akademie. Hauptmeister des russ. Klassizismus. Hauptwerke: Admiralität (1806ff.) in St. Petersburg, Andreas-Kathedrale in Kronstadt (1806–15).

Sägedach → Sheddach.

Sakral [<lat.], geheiligt, geweiht, dem Gottesdienst dienend.

Sakralbau, geweihter, mytholog. u. kult. Zwecken dienender Bau im Gegensatz zum Profanbau. Vordringl. Aufgabe des architekton. Schaffens in den verschiedenartigsten Grundformen als Tempel, Kirche, Moschee, Pagode oder Stupa einschließlich der dazugehörigen, ensemblehaft angeordneten Bauten (z. B. Kloster, Tempelkomplex).

Sakramentshaus. Hervorgegangen aus der Sakramentsnische in der Nordwand von Chören, in denen vom 12.–16. Jh. die Gefäße mit der geweihten Hostie aufbewahrt wurden. Im 15. u. 16. Jh. erfolgte vielfach die Architektonisierung dieser Nischen u. ihre allmähl. Herauslösung aus der Wand, dabei Umgestaltung zu einem steinernen Schrein mit turmartiger Bekrönung u. pfeilerartigem Fuß. Spätgot. Hauptbeispiele: im Ulmer Münster (1467, 28 m hoch) u. in St. Lorenz in Nürnberg (um 1500, 19 m hoch).

Sakristei [<lat.], besonderer Raum im Chorbereich einer Kirche für den Geistlichen als Vorbereitungsraum u. für die Aufbewahrung gottesdienstl. Gewänder u. Geräte. Hervorgegangen aus den Vorformen frühchristl. sowie byzantin. Kirchen, wie Pastophorie, Diakonikon u. Prothesis.

Sala terrena [ital.], Gartensaal im Erdgeschoß des Mittelbaues einer barokken Schloßanlage. Urspr. zum Park geöffnet, teilweise auch als → Grotte ausgebildet, z. B. Neues Palais in Potsdam, um 1765.

Salische Baukunst, Architektur der entwickelten Romanik z. Z. der fränk. Kaiser Konrad II., Heinrich III., Heinrich IV. u. Heinrich V. (etwa 1024–1125). Höchster Ehrgeiz bestand in der Errichtung monumentaler Kirchenbauten als Symbole dt. frühmittelalterl. Kaisermacht (→ Kaiserdome). Hauptwerke: Ausbau der sal. Stammburg Limburg a. d. Haardt (1025–45), Dom zu Speyer (1030ff.), Kaiserpfalz in Goslar (1050), Abteikirche in Hersfeld (1037ff.), Dom Hildesheim (1054ff.), Dom Paderborn (1058–68), St. Maria im Kapitol in Köln (1065), St. Gereon in Köln (1067), Kloster Paulinzella (1112). Abb. S. 220.

Sanctuarium [lat.], Kultstätte eines Heiligtums, beim antiken Tempel das Adyton, in der christl. Kirche der Chor.

Sangallo d.J., Antonio da, italien. Baumeister (1485 Mugello/Florenz – 1546 Terni). Hervorgegangen aus einer gro-

Salische Baukunst. Dom zu Mainz (nach 1081–1137). Histor. Aufnahme

ßen Baumeisterfamilie, Schüler von D. Bramante. 1516 Mitarbeiter von Raffael, ab 1520 Bauleiter am Petersdom in Rom. Hauptvertreter der Hochrenaissance mit Übergängen zum Barock. Hauptwerke: Festungsanlagen in Florenz, Fortezza de Basso, Caprarola, Civitavecchia, Perugia, Gradoli, Capodimonte; Palazzi in Rom, u. a. Palazzo Farnese (1534 ff.).

Sanierung, im Bereich von Städtebau u. Architektur alle baul. Maßnahmen, die zur Beseitigung von städtebaul. Mißständen, ungesunden oder gefahrbringenden Wohn-, Arbeits- u. Verkehrsverhältnissen führen u. der Verbesserung von Wohn- und Lebensbedingungen dienen. Bestimmte Sanierungsgebiete können durch eine kommunale Satzung festgelegt werden.

Sanmicheli, Michele, italien. Baumeister (1884–1559 Verona). Mitarbeiter von A. da Sangallo d. J., beeinflußt durch → D. Bramante. Hauptmeister der Hochrenaissance. Hauptwerke: Festungsanlagen in Bergamo, Brescia, Legnago, Padua, Venedig, Verona u. Rom, Paläste in Verona u. Venedig.

Sansovino, Andrea Contucci, italien. Baumeister u. Bildhauer (1460–1529 Monte S. Savino). Tätig in Florenz, Rom u. Lissabon. Schüler von Giuliano da Sangallo, beeinflußt von → D. Bramante. Vertreter der Hochrenaissance im Dienste der Päpste Julius II. u. Leo X.

Sansovino (Tatti), Jacopo, italien. Baumeister (um 1486 Florenz – 1570 Venedig). Tätig in Florenz, Rom u. Venedig. Schüler von A. C. Sansovino, beeinflußt von → D. Bramante u. → Raffael. Hauptmeister der Hochrenaissance. Hauptwerke: Alte Bibliothek von S. Marco (1536), Palazzo Corner, Scuola Grande della Misericordia, Scala d'Oro des Dogenpalastes in Venedig, Villa Gazioni in Ponte Casale u. a. m.

Santini → Aichel, Giovanni.

Sassaniden-Baukunst, iran. Architektur der Parther u. Sassaniden (2. Jh. v. u. Z.–7. Jh. u. Z.). Charakterist. hochentwickelte Backsteinwölbetechnik führte unter byzantin. Einfluß zu Höhepunkten des Kuppelbaues bei Tempeln u. Wohngebäuden. Hauptbeispiele: Palast von Bischapur/Sadiran (3. Jh.), Großer Palast in Ctesiphon/Irak (etwa 3.–6. Jh.).

Satellitenstadt → Trabantenstadt.

Satteldach → Giebeldach.

Säule, architekton. Stützglied, bestehend aus → Basis, Schaft u. → Kapitell, im Gegensatz zum Rundpfeiler oft nach oben verjüngend bzw. nach unten eingezogen. Anwendung freistehend als → Triumphsäule, eingebunden als Bestandteil der antiken → Säulenordnungen, als Wandsäulen, Säulenbündel u. dgl. Hauptformen: dor., ion., korinth., kret., → Lotos-, Palmen-, gedrehte, verschlungene, Knotensäule. → auch Halbsäule.

Säulenbasilika → Basilika.

Säulenhals, der durch eine Kerbung

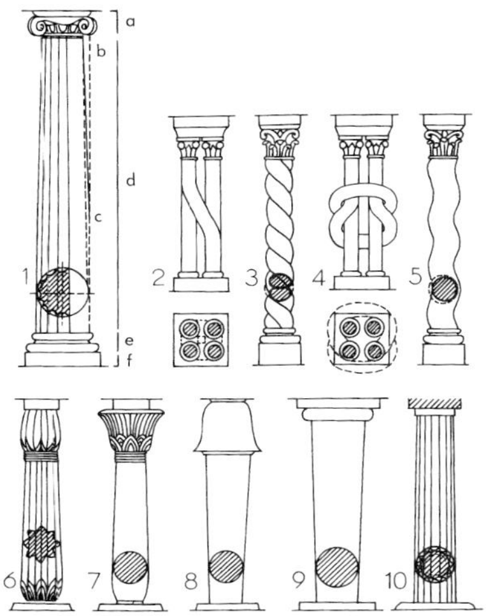

Säule. 1 Säulensystem: a Kapitell, b Verjüngung, c Entasis, d Schaft, e Basis; Säulenformen: 2 verschlungene Säule, 3 Schlangensäule, 4 Knotensäule, 5 gedrehte Säule, 6 Papyrosbündelsäule mit geschlossenem Kapitell, 7 Papyrossäule mit offenem Kapitell, 8 Zeltstangensäule, 9 kretische Säule, 10 protodorische Säule

oder einen Halsring abgesetzte Teil zwischen Säulenschaft u. Kapitell.

Säulenordnungen, fest aufeinander abgestimmte Bezugssysteme antiker Säulen, Kapitelle, Architrave u. Gesimse; Existenz von 5 klass. Ordnungen. 1. dor. Ordnung: älteste griech. Säulenordnung, bestehend aus geschwollenem Säulenschaft (Entasis), der ohne Basis auf der obersten Stufe des Tempelunterbaus (Stylobat) steht. Das Kapitell besteht aus wulstartigem Kissen (Echinus) u. aufliegender quadrat. Deckplatte (Abakus). Das Kapitell trägt den glatten, balkenartigen Architrav u. einen Fries, verziert mit Triglyphen u. Metopen. Darauf ruht der Dreieckgiebel mit seinem Giebelfeld (Tympanon). 2. att.-ion. Ordnung: bestehend aus geradem, kanneliertem Säulenschaft auf einfacher Säulenbasis mit runder Fußplatte (Plinthe). Das schnecken- oder spiralförmig gerollte Kapitell mit einer Deckplatte trägt ein ähnl. Gebälk wie die dor. Ordnung, aber mit durchgehend plast. Friesen. 3. kleinasiat.-ion. Ordnung: entspricht der att.-ion. Ordnung, besitzt aber ein stark hervortretendes Gesims mit kräftigem Zahnschnitt. 4. korinth. Ordnung: im allgemeinen den ion. Ordnungen entsprechend, aber schlankere Säulen u. ein Kapitell mit stilisierten Akanthusblättern. 5. toskan. Ordnung: röm. Abwandlung der dor. Ordnung, jedoch mit Basis u. glattem Säulenschaft. Die von diesen 5 Ordnungen abgeleitete Kompositordnung röm. Fassung (röm. Ordnung) beruhte auf der Vereinigung der 3 griech. Säulenfolgen in 3 übereinanderliegenden Zonen: dor. Säulen im Erdgeschoß, ion. Säulen im 1. Obergeschoß, korinth. Säulen im 2. Obergeschoß. Dieses System wurde von den Architekturtheoretikern der italien. Renaissance als Vorbild für künftige Fassadengliederungen empfohlen u. in der Folge weitestgehend in allen europäischen Ländern während des 16. u. 17. Jh. angewendet. Abb. S. 222.

Säulenportal, spezielle Form eines → Stufenportals, in dessen Gewände Säulen eingestellt sind. Hauptverbreitung in der Romanik. Abb. S. 223.

Säulenschaft, das Rumpfstück einer → Säule.

Säulentrommel, Teil eines aus mehreren Bearbeitungsstücken bestehenden → Säulenschaftes.

Scagliola [ital.], farbiger u. polierter Stuck, verwendet zur Imitation von Marmor in architekton. Innenräumen, zur Herstellung von Lisenen, Gesimsen, dekorativen Schmuckformen, Plastiken. Im Gegensatz zur Stuccolustro, dessen Formmasse aus Gips u. Wasser besteht, ist hier Leimwasser verwendet worden, das eine größere Haltbarkeit

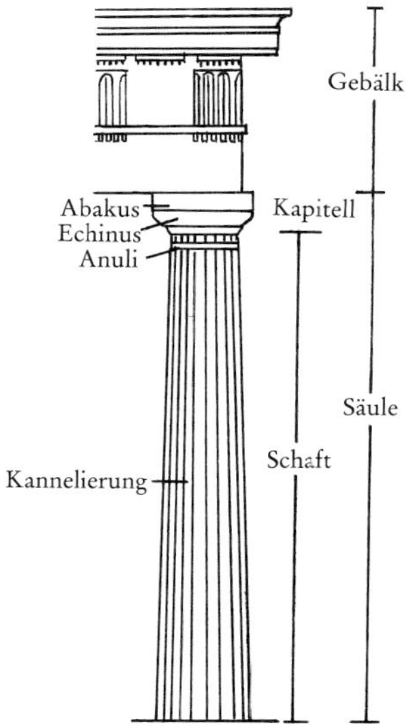

dorische Ordnung

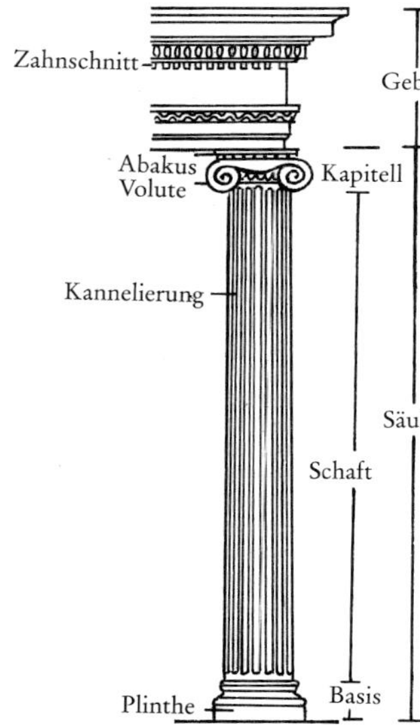

ionische Ordnung

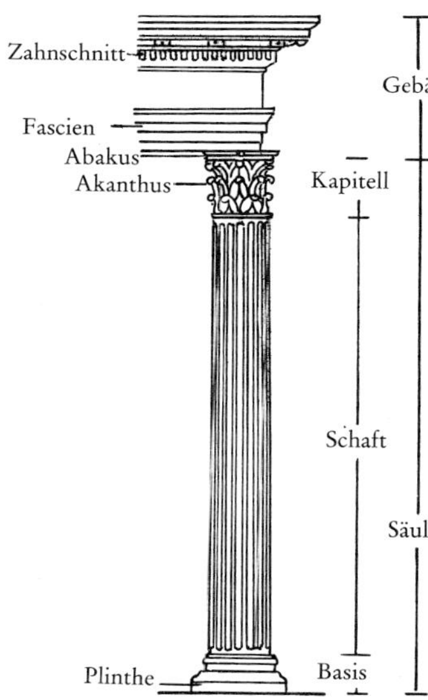

korinthische Ordnung

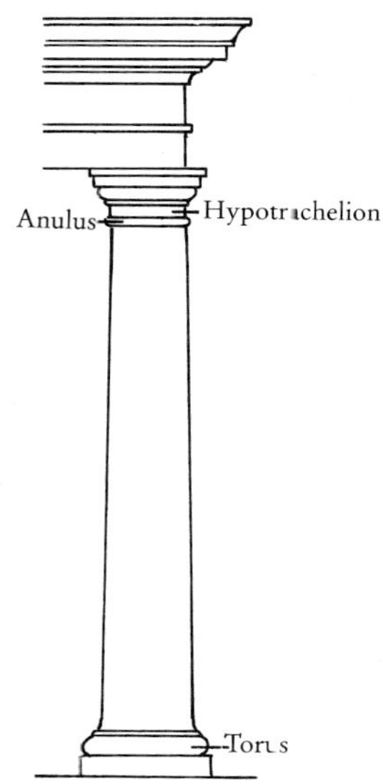

toskanische Ordnung

Säulenordnungen

Säulenportal der Renaissance in Görlitz, Neißstraße

garantiert, aber auch eine schnellere Verarbeitung fordert. Hauptanwendung beider Arten vor allem in Barockinnenräumen von Kirchen u. Palästen des 17./18. Jh.

Scamozzi, Vincento, italien. Baumeister u. Theoretiker (1552 Vicenza–1616 Venedig). Studium der Werke von Vitruv u. S. Serlio, beeinflußt durch → A. Palladio, die Antike u. die Hochrenaissancebauten in Rom. Reisen durch Europa. Hauptwerke: Neuer Prokuratorenpalast in Venedig, Weiterführung von Bauten Palladios u. J. Sansovinos, Paläste in Vicenza (1569–1600), Entwürfe für Kirchen, Villen, Brücken, eine → Idealstadt usw. Seine theoret. Werke waren von großem Einfluß auf die Renaissance in Europa.

Scarpa, Carlo, italien. Arch. u. Designer (1906 Venedig – 1978 Sendai/Japan). Beeinflußt durch → F. L. Wright u. → Stijl-Bewegung. Seit den 20er Jahren Gestalter von Ausstellungen u. Geschäftseinrichtungen, u. a. für Durchführung der Biennalen Venedig (seit 1941), für Museum di Castelvecchio Verona (ab 1958), für Pinocoteca Venedig (ab 1961).

Scenae frons [lat.], hinterer, wandartiger Teil des → Proszeniums eines röm. Theaters, der oft durch Säulen, Nischen, Gebälke u. andere Formelemente gegliedert war.

Scene → Theater, antikes.

Schachbrettfries → Würfelfries.

Schaftring → Wirtel.

Schalenbauweise, relativ dünne, selbsttragende sphär. Dachkonstruktion aus Stahlbeton mit vielfältigen Anwendungsmöglichkeiten zur Überdeckung von Hallen (→ P. L. Nervi in Italien, → F. Candela in Mexiko u. → E. Torroja in Spanien u. a.).

Schallarkade → Klangarkade.

Schalung (Verschalung), aus Holz oder Metall bestehende Hohlform, in die flüssiger Beton (Schalbeton) eingebracht wird, der nach Abnahme der Verschalung äußerlich als strukturierter → Sichtbeton in Erscheinung tritt.

Schanze, kleines bastioniertes Befestigungswerk im Vorfeld einer → Festung, das bei ausgedehnterer Größe als → Fort bezeichnet wird.

Scharoun, Hans, dt. Arch. (1893 Bremen – 1972 Berlin). Studium an TH Charlottenburg. 1925–32 Prof. an Staatl. Kunstakademie Breslau, anschließend freischaffend in Berlin. 1946 Stadtrat für Bau- u. Wohnungswesen von Groß-Berlin, Prof. an TU Charlottenburg. 1947–50 Leiter des Instituts für Bauwesen der Akademie der Wissenschaften, 1955–68 an der Akademie der Künste in Berlin (West). Neben H. Häring Hauptvertreter der Organ. Architektur u. städtebaul. Konzeptionen der Bandstadt (z. B. für Berlin). Hauptwerke: Wohnsiedlungen in Berlin-Charlottenburg, -Wilmersdorf u. -Siemensstadt (1928–31), Einfamilienhäuser (1933–43), Theaterentwürfe, Wohnhochhäuser, Wohnhöfe mit Gemeinschaftseinrichtungen (1946–70),

Philharmonie (1960–63) u. Staatsbibliothek Preuß. Kulturbesitz in Berlin (1967ff.).

Scharrieren, steinmetzmäßiges Behandeln einer Steinoberfläche mit einem einschnittigen Meißel, dem Scharriereisen.

Scharwachturm (auch Hochwacht), aus der Ecke eines Wehrturmes hervorkragendes erkerartiges Türmchen.

Scheidbogen, Bogen, der als architekton. Betonung das Mittelschiffjoch einer mittelalterl. Basilika vom Joch der Seitenschiffe scheidet. Die vom Bogen getragene Mauer heißt Scheidmauer.

Scheinarchitektur, vorgetäuschte Architektur in Form vorgeblendeter Scheinfassaden, blinder Fenster, angedeuteter Eingangstüren, illusionist. Wandmalereien u. dgl.

Scheitelkapelle, bei einem → Kapellenkranz die in der Mittelachse des Chores liegende, meist durch Größe oder besondere Gestaltung hervorgehobene Kapelle. Verbreitung vor allem im Zusammenhang mit dem Marienkult in der Gotik. Beispiel: Marienkirche Lübeck.

Scheitelrippe, Rippe eines Gewölbes, die im Scheitel eines Joches parallel zur Längsachse des Raumes verläuft. Nachweisbar seit M. 12. Jh.

Schichtmauerwerk, → Mauerwerk, bei dem unregelmäßige Steinlagen von waagerechten Streifen regelmäßiger Steinlagen unterbrochen werden. Die Schichtung ergibt sich auch aus streifigem Materialwechsel unterschiedl. Farbgebung (→ Polychromie).

Schickhardt, Heinrich, dt. Baumeister (1558–1634 Herrenberg). 1590 Hofbaumeister in Württemberg. Hauptvertreter der süddt. Renaissance. Hauptwerke: ehem. Neues Lusthaus (1584–93) u. Neuer Bau des Stuttgarter Schlosses (1600–09), Anlage von Freudenstadt/Schwarzwald (1556ff.; → Idealstadt, Abb.).

Schießscharte → Zinne.

Schiff, gesamter Innenraum einer längsgerichteten Kirche, der einschiffig angelegt oder durch Säulen bzw. Pfeiler mehrschiffig unterteilt sein kann. Oftmals Unterscheidung in Mittelschiff (Hauptschiff) u. Seitenschiffe (Nebenschiffe) sowie das diese durchkreuzende → Querschiff.

Schildbogen, Längengurt eines Gewölbes, der das Joch an den Seiten der Obergadenwände begrenzt.

Schildmauer, die an strategisch gefährdeten Stellen verstärkten u. überhöhten Ringmauerabschnitte einer Burg.

Schindeln, in Wald- u. Gebirgsgegenden für Dachdeckungen u. Außenwandverkleidungen verwendete dünne Holzbrettchen.

Schindelstil → Shingle Style.

Schinkel, Karl Friedrich, dt. Baumeister u. Maler (1781 Neuruppin – 1841 Berlin). Schüler von D. u. F. Gilly an der Bauakademie Berlin. Seit 1810 in preuß. Staatsdienst, u. a. auch als Pionier der → Denkmalpflege. Neben romant. Hinwendung zur → Neogotik Hauptvertreter des → Klassizismus mit vielen zweckmäßigen Lösungen neuartiger Bauaufgaben unter dem Einfluß der industriellen Revolution. Hauptwerke: Neue Wache (1816–18), Schauspielhaus (1818–21), Altes Museum (1824–30), Friedrichwerdersche Kirche (1824–31) in Berlin; Charlottenhof (1826–27), Röm. Bäder (1833–35) u. Nikolaikirche (1830–37) in Potsdam; Hauptwache in Dresden (1831–33), Schloß Neuhardenberg (1820–23), Nikolaikirche in Magdeburg (1821–24), Entwurf für Schloß Granitz (1863ff.).

Schirmgewölbe → Gewölbe.

Schlackenbetonstein → Hohlblockstein.

Schlaun, Johann Conrad, dt. Arch. u. Militäringenieur (1695 Nörde – 1773 Münster). Tätig im Dienst der Fürstbischöfe von Paderborn u. Münster. Zuerst ansässig in Bonn, seit 1728 in

Münster. Hauptvertreter des Überganges vom Barock zum Rokoko in Westfalen. Beeinflußt von → G. L. Bernini u. → F. Borromini. Hauptwerke: Schlösser in Brühl (1725–28) u. Nordkirchen (1727), Schmiesinger Hof in Münster (1727), Jagdschloß Klemenswerth (1735–40), Schloß in Münster (1767–72), zahlr. Wohnbauten.

Schleifung, Niederlegung alter Befestigungsanlagen. Hauptzeit in 2. H. 19. Jh. mit spontaner Expansion der engen mittelalterl. Stadtkerne.

Schleppdach, eine → Dachform in Gestalt eines Pultdaches über einem Gebäudeanbau. Es wird unterhalb der Firstlinie in die Fläche des Hauptdaches eingeführt. Hauptverbreitung im Klein- u. Einfamilienhausbau.

Schleppgaube → Gaube.

Schlingrippengewölbe (gewundene Reihung), spezielle dekorative Form des → Netzgewölbes der Spätgotik mit z. T. freischwebenden Rippen. Verbreitung unter starkem Einfluß von → B. Rieth, aber auch dem älteren engl. Wölbebau. Hauptbeispiele: Wladislawsaal der Prager Burg (1493–1502), Annenkirche in Annaberg (1499–1525), Frauenkirche Ingolstadt (1509–24).

Schlingrippengewölbe in der Annenkirche Annaberg (1499–1525)

Schloß, stadt- oder landschaftsbeherrschender Wohnbau des Adels in der Epoche des Feudalismus. Seit dem 15. Jh. aus der wehrhaften → Burg des Mittelalters entwickelt. Herausbildung der Haupttypen mit Sonderformen des Stadtpalastes (→ Palast), des → Lusthauses u. → Jagdschlosses im 16. bis 18. Jh. Ausgezeichnet durch repräsentative Anlage, Fassadengestaltungen, Raumdispositionen u. Innenausstattungen.

Schlot (Schornstein) → Kamin.

Schlußstein, meist künstlerisch ausgeführter Stein im Scheitel eines Rippengewölbes, Fenster- u. Portalbogens. Wichtiger stat. Konzentrationspunkt, der die Wölbung gleichsam zusammenhält. Einfache, knaufartige, ringförmige u. komplizierte Ausbildung als hängender Schlußstein. → auch Bogen, Gewölbe.

Schlüter, Andreas, Bildhauer u. Baumeister (um 1660 vermutlich Danzig bis 1714 St. Petersburg). Ausbildung in Danzig. 1694 Berufung als Hofbildhauer des Kurfürsten von Brandenburg. Studienreisen nach Frankreich u. Italien, seit 1698 Königl. Schloßbaudirektor. 1707 nach »Münzturmskandal« entlassen aus dem Hofdienst, ab 1713 ansässig in St. Petersburg. Hauptmeister brandenburg. Barocks. Hauptwerke: Kriegermasken am ehem. Zeughaus (1698), ehem. Stadtschloß (1698 ff.), Reiterdenkmal des Großen Kurfürsten (1700) u. ehem. Landhaus Kamecke (1711–12) in Berlin.

Schmidt, Friedrich von, österreich. Arch. (1825 Frickenhofen–1891 Wien). Studium in Stuttgart u. Köln. Nach Mitarbeit am Kölner Dombau ab 1863 Dombaumeister in Wien, Mitglied des Parlaments. 1857–59 Lehrtätigkeit in

Mailand u. Wien. Vertreter des Überganges von der romant. zur sachl. Phase der → Neogotik u. → Neorenaissance. Hauptwerke: Arbeiten an St. Stephan u. Rathaus (1872–82) in Wien.

Schmidt-Basel, Hans, schweizer. Arch. u. Theoretiker (1893–1972 Basel). Nach Studium an TH Zürich 1921–23 tätig in Schweiz u. Holland. Beeinflußt von → J. J. P. Oud u. der De Stijl-Gruppe, 1924 mit Mart Stam Herausgabe der avantgardist. Zeitschrift »ABC – Beiträge zum Bauen«, einem Sprachrohr des Neuen Bauens. 1925 gemeinsames Büro mit Paul Artaria in der Schweiz, 1930–37 in der UdSSR mit einer Architektengruppe unter → E. May. 1956–69 tätig in der DDR als Hauptarch. des Instituts für Typisierung in Berlin, später leitender Mitarbeiter u. Prof. für Architekturtheorie an der Dt. Bauakademie. Vertreter des industriellen Bauens u. des sozialen Wohnungsbaues auf der Basis typisierter, genormter u. standardisierter Massenproduktion. Hauptwerke: Mitplanung der Siedlung Zürich-Neubühl (1929–30), Wohnhäuser in Riehen bei Basel, Frauen-Ledigenheim in Basel, Doppelwohnhaus in Mexiko-Stadt (1929), Generalplan für Orsk (1930–37), theoret. Beratung bei zahlr. Bauvorhaben, zahlr. Schriften.

Schmiege → Fase.

Schmitz, Bruno, dt. Arch. (1858 Düsseldorf – 1916 Berlin). Studium an der Kunstakademie Düsseldorf. Vertreter nationalist. Denkmalsarchitektur in wuchtig-archaisierenden Formen unter Verwendung got. u. barocker Formelemente. Hauptwerke: Kyffhäuserdenkmal (1896), Porta Westfalica (1896), Deutsches Eck in Koblenz (1897), Völkerschlachtdenkmal in Leipzig (1898–1913), aber auch Wohn- u. Geschäftshäuser.

Schnecke → Wendelstein.

Schneuß → Fischblase.

Schtschussew, Alexej, russ. Arch. (1873 Kischinjow–1949 Moskau). Entwicklung vom Historismus zum Monumentalstil der Stalin-Ära. Hauptwerke: Kasaner Bahnhof (1914) u. Lenin-Mausoleum am Roten Platz (1924, Umbau 1930) in Moskau, Institutsgebäude in Tiflis (1938), Oper Taschkent (1938–47), Wiederaufbaupläne für Moskau, Nowgorod u. andere Städte (nach 1945).

Schub, bei Baukonstruktionen die horizontale Komponente diagonal wirkender stat. Kräfte; u. a. abgefangen durch → Strebebögen, → Strebepfeiler oder → Bauanker.

Schultze-Naumburg, Paul, dt. Arch. (1869 Naumburg–1949 Jena). Vertreter des Neoklassizismus u. Heimatstils. Mitbegründer des Dt. Werkbundes. 1930 Direktor der Staatl. Kunsthochschule Weimar. Seit dieser Zeit Verbreitung faschist. Ideologien gegen Neues Bauen u. sogen. Entartete Kunst. Bau zahlr. Wohn-, Guts- u. Schloßgebäude, u. a. Schloß Cecilienhof Potsdam (1913–17).

Schumacher, Fritz, dt. Arch. u. Städteplaner (1869 Bremen – 1947 Hamburg). Studium an TH Charlottenburg u. München, anschließend Assistent bei G. v. Seidl in München. Ab 1899 Prof. an TH Dresden. 1909–33 Stadtbaudirektor in Hamburg. Vertreter des Überganges vom Neoklassizismus zu sachlich bestimmter Materialarchitektur unter schöpfer. Wiederbelebung des Backsteinbaues. Hauptwerke: Krematorium in Dresden-Tolkewitz (1908–12), Stadtplanungen für Köln (1920ff.) u. Hamburg (1924ff.), zahlr. städt. Bauten in Hamburg, u. a. Kunstgewerbeschule, Tropeninstitut, Technikum, Schulen, Polizei- u. Feuerwachen.

Schwechten, Franz, dt. Arch. (1841 Köln–1924 Berlin). Vertreter des Historismus. Zusammenarbeit mit M. Gropius. Hauptwerke: ehem. Anhalter Bahnhof (1875–80) u. Kaiser-Wilhelm-Gedächtniskirche (1891–95) in Berlin,

Hohenzollernbrücke Köln (1907–11).
Schweifwerk → Beschlagwerk in Verbindung mit dynam. Voluten.
Schwibbogen → Strebebogen.
Sedilia [lat.], für Priester, Diakon u. Subdiakon an der Chorsüdwand kathol. Kirchen aufgestellte Sitze.
Segmentbogen → Flachbogen.
Seidl, Gabriel von, dt. Arch. (1848–1913 München). Tätig in München, Hauptvertreter des Historismus, speziell der deutsch geprägten → Neorenaissance. Hauptwerke: Rathaus in Ingolstadt (1882); Villa Lenbach (1887), Künstlerhaus (1896–1900), Bayr. Nationalmuseum (1894–96), zahlr. Landhäuser u. Adelssitze in u. um München.
Seitenschiff (Abseite, Nebenschiff), Raumteil parallel zum Mittelschiff einer Kirche. Abtrennung in der Regel durch Säulen- oder Pfeilerstellungen. → auch Schiff.
Sekko → Fresko.
Semiotische Architektur, Bauten, deren bewußt gewählte äußere Gestalt funktionelle Bestimmungen des Objekts assoziieren, z. B. schiffsbugartige Ausbildung des für Handelszwecke errichteten Chile-Hauses in Hamburg (F. Höger, 1922–24; → Expressionismus, Abb.) oder Form des geöffneten Buches beim Universitätshochhaus in Leipzig (H. Siegel nach Idee von H. Henselmann, 1968–75). Terminus eingeführt seit 2. H. 20. Jh.

Semiotische Architektur. Hochhaus der Universität Leipzig in Buchgestalt (1968–75). H. Henselmann/H. Siegel

Semper, Gottfried, dt. Arch. u. Theoretiker (1803 Hamburg–1879 Rom). Studium in Göttingen, München u. Paris, Schüler von F. v. Gärtner, Franz Christian Gau (1790–1853) u. J. I. Hittorf. Aufenthalte in Frankreich, Italien u. Griechenland. 1834 Prof. an der Dresdner Akademie. Wegen aktiver Teilnahme an der Märzrevolution Flucht nach London, tätig als Lehrer für Kunstgewerbe. 1855–71 Prof. an TH Zürich, dann in Wien. Vertreter des Überganges vom Spätklassizismus zur → Neorenaissance. Hauptwerke: Opernhaus (1. Bau 1838–41, 2. Bau 1871–78), Synagoge (1839), Villa Rosa (1839), Palais Oppenheim (1845) u. Gemäldegalerie (1847–54) in Dresden; Neue Hofburg (1872ff.) u. Burgtheater (1873) in Wien. Bedeutende theoret. Werke, die auf eine zweckvolle Konstruktion orientierten und die einen nachhaltigen Einfluß auf das Bauen des 19. Jahrhunderts ausübten.
Sepulcrum [lat.], Reliquiengruft in der steinernen Platte (Mensa) eines Tischaltars.
Serail [<arab.], türk. Bezeichnung für einen Palast.
Serlio, Sebastiano, italien. Maler, Bildhauer u. Theoretiker (1475 Bologna bis 1554 Fontainebleau). Ausbildung in Bologna, seit 1514 in Rom als Schüler von B. Peruzzi, 1527 nach Venedig, ab 1540 königl. Berater für Schloßbauten in Frankreich. Bahnbrechend in Europa vor allem durch sein theoret. Werk »L'Architettura« (1537ff.) sowie das für den Kardinal von Ferrara er-

Sezessionsstil. Projekt für ein Wiener Wohnhaus. O. Wagner

baute Haus (1544–46), mit dem der Grundtyp des französ. Stadtpalais (Hôtel) entstand.
Serliomotiv → Palladiomotiv.
Sesselleiste, Holzleiste in Warteräumen, die eine Beschädigung der Wand durch anschlagende Stuhllehnen verhindern soll.
Sezessionsstil, österreich. Variante des → Jugendstils. Nach der 1897 erfolgten Gründung der Wiener Sezession durch seine Hauptvertreter → J. Hoffmann u. → J.M. Olbrich von großem Einfluß auf die modernen u. progressiven Kunstbestrebungen in Europa, die eine Überwindung des Historismus u. Eklektizismus zum Ziel hatten.
Sgraffito [ital.], künstler. Technik, bei der mehrere verschiedenfarbige Putzschichten übereinander aufgetragen u. durch anschließendes Herauskratzen darüberliegender Schichten die zur Dekoration gewünschten Farbebenen freigelegt werden. Hauptverbreitung in der italien. Renaissance, von dort vorwiegend auf süd- u. südosteuropäische Bereiche übertragen. Heute aufgrund klimat. Verhältnisse trotz Dauerhaftigkeit nur noch als Rekonstruktion erhalten (z. B. Palais Schwarzenberg in Prag, Stallhof in Dresden).
Shaw, Richard Norman, engl. Arch. (1831 Edinburgh – 1912 London). Studienreisen durch Italien, Frankreich u. Deutschland. Zeitweilig gemeinsames Büro mit Eden Nesfield (1835–88). Vertreter des → Victorianischen Stils mit starken Anlehnungen an die → Neogotik, die holländ. Backsteinarchitektur des 17. Jh. u. den → Tudorstil. Beeinflußt auch von → Ph. Webb. Hauptwerke: New Zealand Chambers in London (1872), Wohnhaus Shaw in Hampstead (1875), Chelsea Embankment (1876), Entwurf der Gartenvorstadt Bedford Park bei Turham Green/ Middlesex, Piccadilly Hotel in London (1905).
Sheddach [<engl.] (Sägedach), entstanden aus einer Reihung asymmetr. Satteldächer, von denen die fast senkrecht stehenden Teilflächen zur Verbesserung der Tageslichtversorgung der darunterliegenden Räume verglast sind. Bevorzugte Anwendung bei größeren Schuppen u. Hallenbauten. → auch Dachformen, Abb.
Shingle Style [engl.] (Schindelstil), Bezeichnung für einen charakterist. amerikan. Landhausstil (um 1870/80), dessen Außenwände Holzschindelverkleidungen bevorzugten. Hauptbeispiele: Sherman House in Newport/Rhode Island (1874) u. Stoughton House in Cambridge/Mass. (1882–83) von Henry H. Richardson.
Sichtbeton (béton brut), roher, unverputzter, aber z. T. durch Bearbeitung der Struktur (»schalen«, »waschen«, »spitzen«) beeinflußter Beton mit dem ästhet. Ziel, die Monotonie großer Flächen einzuschränken. Extremes Stilmittel des → Brutalismus.
Sieben Weltwunder, sieben ehem. aufsehenerregende Bauwerke der Antike, aufgezählt in einer Zusammenstellung des 3. Jh. v. u. Z.: Pyramiden von Giseh, Hängende Gärten in Babylon, Artemis-Tempel in Ephesos, Zeus-Kultbild von Phidias, Mausoleum von Halikarnassos, Koloß von Rhodos u. Leuchtturm der Insel Pharos.

Sima [gr., lat.], Traufleiste eines antiken Tempels, angebracht oberhalb des Kranzgesimses (Geison) an der Giebelfront als Regenwasserleiste u. zugleich giebelseitiger Abschluß des Daches. Ausprägung je nach Profil u. Ornamentierung in verschiedenen Typen. Die Endpunkte der Abläufe besitzen entweder Wasseröffnungen oder sind mit Wasserspeiern geschmückt. Älteste Beispiele nachweisbar seit 2. H. 7. Jh. v.u.Z., u.a. am Apollo-Tempel in Thermos, am Artemis-Tempel in Korfu, an der Akropolis in Athen.

Sitte, Camillo, österreich. Architekt und Städtebautheoretiker (1843–1903 Wien). 1875–83 Direktor der Gewerbeschule in Salzburg, seit 1893 in Wien. Theoret. Hauptwerk: »Der Städtebau« (1889) mit künstler.-ästhet. Ansichten über das Stadtbild, die bis in die 1. H. 20. Jh. das architekton. Schaffen in Deutschland mitbestimmten.

Skelettbauweise, Konstruktionsprinzip, bei dem im Gegensatz zum traditionellen Mauerwerksbau eine Trennung in tragende Stützensysteme u. füllende Wand- bzw. Fassadenelemente erfolgt. Vorgeprägt im Fachwerk. Entwickelte Ausprägung im Stahl- u. Stahlbetonbau, besonders beim Übergang zum industrialisierten vielgeschossigen Bauen nach ersten Anfängen E. 19. Jh. im Hochhausbau der USA.

Skidmore, Owings and Merrill (SOM), amerikan. Architektenbüro, gegründet 1935 in New York mit Zweigstellen in Chicago, San Francisco, Portland, Washington, Los Angeles u. Paris. Betrieben durch Louis Skidmore (1897–1962), Nathaniel Owings (1903 bis 1984) u. John Merrill (1896 bis 1975). Bau von Banken, Verwaltungen, Konsulaten, Geschäftszentren.

Slype [engl.], ein schmaler Gang, der das Querschiff engl. Bischofs- u. Klosterkirchen mit einem dazugehörigen Kapitelhaus verbindet.

Sockel → Postament.

Sohlbank, untere waagerechte Begrenzung einer Fensteröffnung, die deren Gewände u. meist eine feuchtigkeitsabführende Abdeckung (Sohlbanksteine, Bleche u. dgl.) trägt.

Solari, Santino, italien. Arch. (1576 Verna b. Lugano – 1646 Salzburg). Sproß einer Künstlerfamilie aus Como, tätig in Österreich u. Süddeutschland, u. a. im Dienste des Erzbischofs von Salzburg. Vertreter des italien. Barock. Hauptwerke: Lustschloß Hellbrunn bei Salzburg (1613–19) u. Dom in Salzburg (1614–28).

Söller → Altan.

Sollmaß → Konstruktionsmaß.

Soufflot, Jacques Germain, französ. Arch. (1713 Irancy/Auxerre – 1780 Paris). Nach langjährigem Studium in Rom ab 1738 tätig in Lyon, seit 1757 in Paris. Hauptvertreter des von Rom beeinflußten Klassizismus. Hauptwerke: Hôtel-Dieu in Lyon (1741), Pantheon in Paris (1757ff.) u. École de Droit in Paris (1763 Entwurf, 1771 Ausführung).

Souterrain [frz.], ein z.T. in den Erdboden eingetieftes Wohngeschoß eines Hauses. Hauptverbreitung im spekulativen Wohnungs- u. Miethausbau der Wende zum 20. Jh. Berüchtigt als »Kellerwohnung« bzw. »Kellerladen«. → auch Keller.

Sozialistische Architektur → Architektur der ehemaligen Ostblockländer, → DDR-Architektur.

Spannbeton, Stahlbeton-Elemente, deren Armierung aus Stahlkabeln besteht, die vor u. nach der Herstellung gespannt werden, damit sie bei späterer Belastung durch diesen Vorgang bereits einen wesentl. Teil der Zugkräfte überwinden können, ehe ihre eigentl. Zugbewehrung beansprucht wird.

Spannriegel, horizontaler Balken eines Sprengwerkes.

Spannweite, der Abstand zwischen zwei → Auflagern von Bögen, Gewölben, Brücken, Trägern u. dgl.

Sparrendach, Dachkonstruktion, bei der zwei Sparren (Maximallänge 4,50 m) über den jeweiligen Dachbalken zu einem unverschiebbaren dreieckkigen → Gespärre verbunden werden. Diese sind im Abstand von etwa 0,80 m angeordnet u. durch schräg unter die Sparren genagelte Windrispen in Längsrichtung fest miteinander verbunden.

Speckle, Daniel, dt. Stadt- u. Festungsbaumeister (1536–89 Straßburg). Tätig seit 1555 in Wien, 1560 in Antwerpen, seit 1564 in Straßburg. Vertreter der Renaissance, spezialisiert auf Befestigungs- u. Ingenieurbauten nach niederländ. Vorbild. Vor allem bedeutend durch seine Veröffentlichung »Architectura von Vestungen« (1583) mit Lehrbuchcharakter.

Speer, Albert, dt. Arch. (1905 Mannheim–1981 London). Nach Ausbildung Assistent bei H. Tessenow. Seit 1933 gleichsam Chefarch. des Dritten Reiches u. Hauptorganisator für Rüstung. Hauptvertreter → faschistischer Architektur. Seit 1937 Generalinspektor für die Reichshauptstadt. 1946 Verurteilung durch das Militärtribunal in Nürnberg zu 20 Jahren Festungshaft in Berlin-Spandau. Zahlr. Projekte u. Bauten, u. a. Umgestaltung Zeppelinfeld Nürnberg (1934–36), Pläne zum Ausbau Berlins als »Welthauptstadt Germania« (1937 ff.).

Spiegelgewölbe → Gewölbe.

Spiegelkabinett, eine im Rokoko beliebte Möglichkeit der illusionist. opt. Raumvergrößerung durch Wandspiegel. Als räumlich intimere Form abgeleitet von der großen Spiegelgalerie des 18. Jh. (z. B. Amalienburg im Nymphenburger Park, F. Cuvilliés d. Ä., 1733–39).

Spiegelsaal, Barocksaal mit spiegelverkleideten Wänden zur opt. Innenraumerweiterung. Hauptverbreitung im Schloßbau in Anlehnung an das 1678 entstandene, früheste Beispiel in Versailles (u. a. in Wien, Schloß Schön-

Spiegelsaal des Schlosses in Versailles (1668–80). J. H. Mansart

brunn, 1695–96, u. Potsdam-Sanssouci, Neues Palais, 1764ff.). Die kleinere Form war das → Spiegelkabinett.

Spindeltreppe → Wendelstein.

Spiralmäander → Laufender Hund.

Spitzbogen, Bogenform der → Gotik. Entstanden aus der Kombination zweier sich schneidender Kreissegmente. Frühestes Auftreten in Nordfrankreich (genannt »Ogive«, z. B. St. Denis, 1. H. 12. Jh.), von dort um 1200 nach Deutschland verbreitet, Verwendung bis ins frühe 16. Jh., Wiederaufnahme in der Nach- u. Neogotik. → auch Backsteingotik, Abb.

Spitzkehle, ein V-förmiger Profileinschnitt.

Spolie [<lat.], symbolhafte Wiederverwendung dekorativer oder materialmäßig kostbarer Bauteile (z. B. Einbau erbeuteter Marmorsäulen aus Ravenna in die Pfalzkapelle Karls des Großen in Aachen, um 800).

Sprenggiebel, ein in der Mitte geöffneter Giebel des 17.–18. Jh.

Stab, glattes oder profiliertes Zierglied unterschiedlicher Ausführung als → Rundstab, Dreiviertelstab, Halbrundstab, Viertelstab, → Astragal, → Taustab u. → Eierstab.

Stabkirche (Mastenkirche), spezieller Typus einer skandinav. Holzkirche mit gestuftem Dach, deren Wände aus senkrechten Planken u. runden Eckpfosten zusammengefügt wurden. Verbreitung seit 11. Jh., im 12. Jh. durch einen weiteren Typus ergänzt, bei dem eine vom Boden bis zum Dach führende Mittelsäule zum Träger der Gesamtkonstruktion wurde. Dekorative Gestaltung durch kunstvolle Holzarkaden sowie durch charakterist. Portalumrandungen mit Flechtbandornamentik aus der Wikingerzeit. Norweg. Hauptbeispiele in Urnes, Lom u. Borgund (M. 12. Jh.).

Stabwerk, stabförmig vorkragende stat. Elemente, kann als Stützsystem des Maßwerkes fungieren. → auch Gotik, Abb.

Stadion [<gr.], Sport- u. Wettkampfstätte, entwickelt aus der antiken Lauf- oder Rennbahn mit ansteigenden Zuschauerrängen entlang einer Wettkampfstrecke, die aus 2 parallelen Geraden u. einer Kehre bestand. Heutige ovale Anlagen sind vom antiken → Amphitheater abgeleitet.

Städtebau, die Gestaltung der baul. Entwicklung u. räuml. Ordnung in größeren menschl. Ansiedlungen. Begriffsprägung E. 19. Jh. durch C. Sitte u. Joseph Stübben. Nachweis frühester Stadtanlagen in China, Indien, Vorderasien, Mittel- und Südamerika (7000–5000 v. u. Z.). Genauere Überlieferungen aus griech. Antike (Mykene, Troja, Athen, Piräus, Priene, Milet, Syrakus) mit Marktplatz (→ Agora) als Mittelpunkt. In Römerzeit symmetr. u. axiale Anlagen mit → Forum (Rom, Palmyra). Früheste Stadtanlagen in Deutschland aus provinzialröm. Zeit (Trier, Köln), verfallen u. neugegründet als Sitze weltl. u. kirchl. Feudalherren im 10.–11. Jh. Entwicklung der meisten Bürgerstädte erst vom 12.–14. Jh., seit frühem 13. Jh. mit relativ regelmäßigem Anlageschema. Weiterentwicklung seit der Renaissance als überschaubare geometr. Anlagen, daneben viele städtebaul. Idealkonzeptionen (→ Idealstadt). Im 17.–18. Jh. typ. absolutist. Erweiterungen u. Neuanlagen. Im 19. Jh. mit zunehmender Industrialisierung Sprengung der alten Stadtgrenzen (Entfestigung). Die Grundstücksspekulation u. Terrainpolitik ermöglichte seit der 2. H. 19. Jh. die äußerste Grundstücksauslastung durch engste Bebauung. Einziges städtebaul. Regulativ war das Fluchtliniengesetz (in Preußen seit 1875), dadurch Entstehung großflächiger Raster- u. Karreesysteme (Haussmann in Paris, Hobrecht in Berlin ab 1858) mit → Mietkasernen-Bebauung. E. 19. Jh. Entstehung der sozialreformer. → Gartenstadt-Bewegung. 1899 zunehmende Forderungen nach ästhet. Qualität des Städtebaues, Hauptvertreter C. Sitte. Um 1910 erste Lehrstühle an Hochschulen für Städteplanung u. Siedlungswesen. Theoret. Auseinandersetzung besonders unter Th. Fischer, L. Hilberseimer, → E. May, Le Corbusier. Erste moderne Zusammenfassung städtebaul. Grundsätze 1933 in der Charta von Athen des CIAM. Nach dem 2. Weltkrieg zahlr. Siedlungserweiterungen, oftmals bedingt durch verkehrstechn. u. wohnungsproblemat. Aspekte, mit Funktionstrennungen in Form der → Trabantenstadt. Seit den 70er Jahren stärkere Betonung der behutsamen Erneuerung älterer, gewachsener Stadtstrukturen.

Stadttechnik, alle der stadttechn. Ver- u. Entsorgung dienenden Erzeugungs-, Gewinnungs-, Aufbereitungs-, Umform- u. Behandlungsanlagen sowie dazugehörige Kanal-, Rohr-, Kabel- u. sonstige Leitungsnetze einschließlich ihrer Bauwerke, Meß-, Regel- u. Steuereinrichtungen.

Staffelbasilika, eine Basilika mit mehreren, nach der Mitte gestaffelten Schiffen.

Staffelchor, Chor einer Kirche mit Staffelung der Apsiden.

Staffelgiebel (Treppengiebel, Stufengiebel), Giebelform mit treppenförmigem Aufriß. Hauptverbreitung in den Gebieten der → Backsteingotik, insbesondere im Nord- u. Ostseeküstenraum vom 14.–17. Jh.

Stahlbau, Bauwerk, dessen konstruktive Elemente aus Stahl gefertigt sind, z. B. Bahnhöfe, Industriehallen, Hochhäuser. Erste Höhepunkte als Ergebnisse der techn. Revolution zwischen 1870 u. 1914. Starke Beeinflussung der europäischen Entwicklung durch die Pionierleistungen in den USA.

Stahlbeton → Beton.

Stakung, senkrechte Holzstäbe, die beim Fachwerkbau als Füllung in die einzelnen Gefache der Wände eingebunden u. in der Regel mit Lehm verschmiert wurden (Lehmstakung).

Stalaktitengewölbe → Tropfsteingewölbe.

Stam, Mart, holländ. Arch. (1899 Purmerend – 1986 Goldach). Ab 1922 Mitarbeiter von H. Poelzig u. M. Taut in Berlin. 1924–28 in Zürich gemeinsam mit H. Schmidt-Basel Herausgabe der programmat. Zeitschrift »ABC«. 1928 Leitung des Städtebaukursus am Bauhaus, Mitbegründer der CIAM. 1930–34 tätig in der Sowjetunion anschließend in Amsterdam. 1948 Prof. an Kunsthochschule Dresden, später bis 1953 an Kunsthochschule Berlin-Weißensee, 1966 Rückkehr in die Schweiz. Vertreter des → Neuen Bauens. Hauptwerke: Tabakfabrik in Rotterdam (1925–30), Wohnhaus in Stuttgart-Weißenhof (1927), Hellerhofsiedlung in Frankfurt/M. (1929–31), Planungen für Magnitogorsk, Makejewka u. Orsk (1930–34), Entwürfe für Kulturbauten, Möbel, Baukeramik (1950–52), Wohnbauten in Amsterdam (1956–59).

Stambha [Sanskrit], hinduist. bzw. buddhist. Gedenksäule.

Ständer, senkrechte Pfosten einer → Fachwerk-Konstruktion, auf die sämtl. Lasten übertragen werden. Ältestes dt. Beispiel eines Hochständerbaues ist das Haus in Quedlinburg, Wordgasse 3 (um 1300).

Stanzen, die von Raffael u. seinen Nachfolgern ausgemalten Räume des Vatikans in Rom.

Starcke, Johann Georg, dt. Arch. (um 1640–95 Dresden). 1672 Kursächs. Oberlandbaumeister. Vertreter des Frühbarock. Hauptwerk: Palais im Großen Garten in Dresden (1679–83).

Stassow, Wassili Petrowitsch, russ. Arch. (1769 Moskau – 1848 St. Petersburg). Ausbildung in Moskau. Studienreisen nach Frankreich, Italien u. England. Seit 1808 am russ. Hof, seit 181[illegible]

Bauinspektor in Zarskoje Selo. Vertreter des Spätklassizismus unter starkem Einfluß von → C. N. Ledoux. Hauptwerke: Umbau Marstall (1817–18), Umbau ehem. Pawlowski-Kaserne (1817–18) in St. Petersburg, Triumphbogen (1818), Orangerie (1820–21) in Zarskoje Selo, Verklärungskirche (1826–28), Triumphbogen (1833–38) u. Dreifaltigkeitskirche (1828–35) in St. Petersburg.

Statik, Teilgebiet der Mechanik u. Festigkeitslehre. Untersucht das Gleichgewicht der Kräfte im Ruhezustand eines Baues u. die Stabilität der Konstruktionselemente innerhalb bestimmter zulässiger Verformungsgrenzen. Erste wissenschaftl. Ansätze unter Archimedes in der Antike, exaktere stat. Berechnungen u. Konstruktionsvorschriften wurden seit dem 18. Jh. systematisch eingeführt.

Stationskirche, allgemein für eine kathol. Pilgerkirche am Wege nach Rom.

Statuenhaus, spezieller buddhist. Bautypus eines Tempels zur Aufnahme stehender oder sitzender Monumentalstatuen Buddhas. Verbreitet in Indien, Ceylon u. anderen Ländern Südostasiens.

Stehender Dachstuhl, → Pfettendach mit 2 senkrechten Stielen, die seitlich verstrebt sind. Gegensatz zum liegenden Dachstuhl, bei dem Streben u. Stiele zusammenfallen u. parallel zum jeweiligen Sparren liegen.

Stehender Mann, konstruktive, stützende Verbindung beim Fachwerk in Form eines Stieles, der mit 2 Fußstreben in der Unterschwelle u. 2 Kopfstreben in der Oberschwelle verankert ist.

Steildach, Dachform mit einer Steigung von mehr als 30°, das eine schräge u. schnelle Abführung des Niederschlagswassers garantiert u. daher zu den traditionellen Formen nördl. Klimaregionen gehört.

Steinbach, Erwin von → Erwin von Steinbach.

Steinbearbeitung, steinmetzmäßige Behandlung von Steinoberflächen zur Hebung der ästhet. Materialwirksamkeit durch Bossieren, Stocken, Kröneln, Scharrieren, Spitzen, Schleifen u. Polieren.

Steindl, Imre, ungar. Arch. u. Kunstgewerbler (1839–1902 Budapest). Studium in Wien, Schüler von F. v. Schmidt, später Lehrer am Budapester Polytechnikum. Hauptvertreter der → Neogotik u. → Neorenaissance. Hauptwerke: Neues Rathaus (1870 bis 1875), Veterinärfakultät (1872), Parlamentsgebäude (1885–1904), Elisabethkirche (1893–97) u. Naturwissenschaftl. Fakultät (1909) in Budapest.

Steinl, Matthias, österreich. Kunsthandwerker, Maler u. Arch. (1644 in Oberbayern–1727 Wien). Seit 1688 tätig am kaiserl. Hof in Wien, zeitweilig Zusammenarbeit mit J. Munggenast. Vertreter des Übergangs vom Barock zum Rokoko. Hauptwerke: Teile der Stiftskirche in Dürnstein (1721–27), Mitarbeit an der Stiftskirche in Zwettl (1722–27), Entwurf des Refektoriums in Klosterneuburg.

Steinmetzzeichen, in fertig bearbeitete Werkstücke eingeschlagene Arbeits- u. Ehrenzeichen mittelalterl. Steinmetzen u. Angehöriger der → Bauhütten. Nachweisbar seit A. 12. Jh., größte Mannigfaltigkeit der Formen in der Spätgotik. Seit 2. H. 14. Jh. die Meisterzeichen mit wappenartiger Umrandung von denen der Gesellen unterschieden. Im 18. Jh., trotz Weiterbestand der Bauhüttenorganisation bis zum 19. Jh., die Anbringung der Zeichen eingestellt.

Steinschnitt, geometr. oder stereometr. Fugenschnitt eines aus Werkstein errichteten Baues.

Stele [gr.], aufrecht stehende Steinplatte mit der Funktion eines Grabmonumentes.

Stereobat [gr.], Fundament u. Unterbau eines antiken griech. Tempels.

Sterngewölbe, spätgot. Gewölbeform,

deren Rippen sternförmig in einem Schlußstein münden. Rein dekorative Rippenführungen ohne stat. Funktion der Druckableitung. → auch Gewölbe, Abb.

Stethaimer, Hans d. Ä., dt. Baumeister u. Maler (geb. in Burghausen – 1432 Landshut). Hauptmeister der Spätgotik unter starkem Einfluß der Parler, speziell des Baues von Hallenkirchen. Hauptwerke: Baubeginn St. Martin in Landshut (1387), Chor der Franziskanerkirche in Salzburg (1408ff.), zahlr. Kirchen in Bayern.

Stichbogen → Flachbogen.

Stichkappentonne → Tonnengewölbe.

Stiftskirche (Kollegiatskirche), Kirche eines mit eigenem Grundbesitz u. eigenen Rechten ausgestatteten Stiftes (Kapitels oder Kollegiats), z. B. St. Cyriakus in Gernrode (10. Jh.), St. Servatius in Quedlinburg (10.–12. Jh.), Liebfrauenkirche in Halberstadt (13. Jh.).

Stijl (De Stijl-Gruppe), niederländ. Vereinigung von Künstlern, genannt nach der 1917–31 herausgegebenen gleichnamigen Zeitschrift für Kunsttheorie. Gegründet durch die Maler P. Mondrian, Th. van Doesburg u. B. A. van der Leck, den Bildhauer G. Vantongerloo u. die Arch. J. J. P. Oud, J. Wils, R. van't Hoff, G. T. Rietveld. Ab etwa 1922 Erweiterung zur internationalen Gruppe. Spezielle Richtung des Konstruktivismus, dessen Architektur als elementar, funktionell u. ökonomisch angesehen wurde. Von starkem Einfluß auf die russ. u. ungar. Konstruktivisten u. das Bauhaus.

Stilisierung, Vereinfachung von Naturformen durch Reduktion des Nebensächlichen u. Betonung des Charakteristischen, speziell erfolgt bei Ornamentformen (z. B. → Akanthus).

Stipes [lat.], Unterbau eines Altartisches. Träger der Mensa (Altarplatte) u. durch Einbau eines Hohlraumes Aufbewahrungsort der Reliquien.

Stirnziegel → Antefix.

Stoa [gr.], spezielle Form einer langgestreckten, freistehenden antiken Säulenhalle mit geschlossener Rückwand.

Stockwerk → Etage.

Stop Chamfer [engl.], eine im Early English u. später in der Neogotik übl. Methode der Abfasung eines Werkstükkes, bei der die Endstücke der Fase wieder in einen rechten Winkel übergehen.

Strack, Johann Heinrich, dt. Arch. (1805 Bückeburg – 1880 Berlin). Studium an Bauakademie u. Kunstakademie in Berlin. Seit 1825 tätig in Berlin, 1842–76 im Hofbauamt. Mitarbeiter u. Nachfolger von K. F. Schinkel u. F. A. Stüler, seit 1838 Lehrtätigkeit. Vertreter des Berliner u. Potsdamer Spätklassizismus. Hauptwerke: Theater in Potsdam (1843), Umgestaltung Kronprinzenpalais (1856–58), Seitenhallen des Brandenburger Tors (1868), Siegessäule im Tiergarten (1865–73) sowie Vollendung der Nationalgalerie (1865–75) in Berlin.

Strahlengewölbe → Fächergewölbe.

Strebe, schräges Stützelement zur Ableitung des Seitenschubes. Häufigste Anwendung bei Dach- u. Gewölbekonstruktionen, Sonderausprägung in den Strebepfeilern der Gotik.

Strebebogen (Schwibbogen), bogenförmige Stütze zur Ableitung von Horizontalschüben, insbesondere bei gewölbten Kirchenbauten der → Gotik. → auch Strebewerk.

Strebepfeiler, meistens außerhalb von Gebäuden befindl. Pfeiler, die die Mauern seitlich stützen u. den Dachschub aufnehmen. Spezielles Element der höhenwärts aufstrebenden Baukunst der → Gotik. → auch Strebewerk.

Strebewerk, Abstützungssysteme zur Ableitung von Druckkräften von Wänden u. Wölbungen got. Kirchen, bedingt durch Höhenzunahme der Bauten u. Wandauflösung durch große Fensterflächen. Entwickelt im 12./13. Jh. an nordfranzös. Kathedralen, von dort über alle Länder Europas verbreitet. Unterscheidung in äußeres Strebewerk (bestehend aus stufenförmig ansteigenden Strebepfeilern u. von dort zu den Hochwänden gespannten Strebebögen) u. inneres Strebewerk (bestehend aus den → Diensten). → auch Gotik, Abb.

Strukturalismus, um 1958 durch die holländ. Arch. P. Blom, A. van Eyck, H. Hertzberger, F. van Klingeren u. den Theoretiker C. Levi-Strauss begründete Stilrichtung der Architektur. Sie erklärt das konstruktive Raster als Grundform jeder Bautätigkeit u. als multifunktionelles Planungsprinzip. Beispiele: Gemeinschaftszentrum Dronten (F. van Klingeren, 1967–69), Wohnbebauung »Kasbah« in Hengelo (P. Blom, 1972).

Stuccolustro [ital.] → Scagliola.

Stuck, leicht knet- u. formbare, schnell trocknende Masse aus Kalk, Gips u. Sand. Seit Antike als Flächenschmuck bekannt. In geglätteter u. polierter Form auch als Marmorersatz (→ Scagliola) bis Ende 18. Jh. verwendet. In Romanik vielfach für Plastiken verarbeitet (z. B. Heiliges Grab der Stiftskirche Gernrode, A. 12. Jh.; Chorschranken von St. Michael in Hildesheim u. Liebfrauenkloster in Halberstadt, 12. Jh.). Seit Renaissance u. Barock bevorzugtes Mittel der Innenraumdekoration, im 19. u. 20. Jh. besonders für Decken- u. Fassadendekorationen.

Stufe, horizontale Auftrittsfläche einer → Treppe im Gegensatz zu der als Setzstufe bezeichneten vertikalen Fläche. Die erste Stufe eines Treppenlaufs wird als Antrittstufe, die letzte als Austrittstufe bezeichnet.

Stufenberg, abgetreppter Unterbau eines Hochtempels (Pyramide, → Zikkurat).

Stufengiebel → Staffelgiebel.

Stufenportal an der Stiftskirche Quedlinburg (vor 1100)

Stufenportal, Portal der Romanik u. frühen Gotik mit abgestuften Gewänden, in die oft Säulen oder Plastiken eingefügt wurden. Die Stufungen setzen sich im Bereich des Bogenabschlusses meist in → Archivolten fort, die in der Regel das Tympanon rahmen (z. B. Goldene Pforte am Freiberger Dom u. Westportal der Peterskirche in Görlitz, um 1230–35).

Stufenpyramide, Gegenstück zur glattflächigen Pyramide.

Stuhlsäulen, die senkrechten Stiele, Ständer, Säulen oder Pfosten einer Dachkonstruktion, die in Abständen von etwa 4 m die First- u. Mittelpfette unterstützen.

Stukkatur [<ital.], → Stuck-Dekoration eines Innenraumes (Wände u. Decken) oder einer Fassade. Bekannt seit der röm. Antike, Höhepunkte der Anwendung in Renaissance u. Barock sowie im 19. Jh. zum Teil als vorgefertigte, in Formen gegossene u. anschließend versetzte Massenprodukte (→ Gründerzeit).

Stüler, Friedrich August, dt. Arch. (1800 Mühlhausen/Thüringen – 1865 Berlin). Seit 1818 in Berlin, Studium an der Bauakademie, Schüler von Schinkel. 1829 Hofinspektor, 1842 Arch. des Königs, persönl. Bauberater Friedrich Wilhelms IV. Hauptvertreter der → Neorenaissance. Hauptwerke: Neues Museum in Berlin (1843–55), Vollendung des Umbaues des Schlosses in Schwerin (1842/43), Nationalmuseum in Stockholm (1848–66), Akademie der Wissenschaften in Budapest (1862–65), Entwurf der Nationalgalerie in Berlin (Ausführung H. Strack, 1866–76).

Stupa [<Sanskrit], halbkugel- oder glockenförmiges steinernes Kultdenkmal des Buddhismus in Ostasien zur Aufnahme von Reliquien. Meist auf einem terrassenartig ansteigenden Unterbau errichtet u. vielfach von einer prächtigen Einfriedung mit kostbaren Toren umgeben. Hauptverbreitung in Indien, Pakistan u. Ceylon. → auch buddhistische Architektur.

Sturm, Leonhard Christoph, Mathematiker, Arch. u. Theoretiker (1669 Altdorf–1719 Blankenburg/Harz). Studien in Altdorf, Jena, Leipzig, Berlin u. Dresden. Tätig seit 1699 in Berlin, 1702 in Halle, 1710 als Baudirektor in Schwerin, 1716 in Rostock, 1718 in Hamburg, 1719 in Blankenburg. Vertreter des klassizist. Barock unter starkem Einfluß von C. Perrault. Seine theoret. Werke über protestant. Kirchenbau u. Zivilbaukunst waren von nachhaltiger Wirkung auf das Architekturschaffen.

Sturz, horizontaler Abschluß einer Tür- oder Fensteröffnung durch einen Balken, Steinblock oder sonstigen Querträger.

Stützenwechsel, rhythm. Wechsel von Pfeiler u. Säule (jambisch) oder von 2 Säulen u. 1 Pfeiler (daktylisch) im Mittelschiff roman. Basiliken. Wichtiges architekton. Mittel der Langhausgliederung. Hauptverbreitung im niedersächsisch beeinflußten Raum (Hildesheim, Gernrode, Quedlinburg).

Substruktion am Dom in Erfurt (A. 14. Jh.)

Stützmauer → Futtermauer.

Style rocaille [frz.] → Louis-quinze.

Stylobat [gr.], oberste Stufe eines antiken Tempelunterbaues, die den Säulenkranz trägt.

Substruktion [<lat.], Unterbau zum Ausgleich von Gebäudeunterschieden (z. B. Ostchor des Domes in Erfurt, 14. Jh.)

Sullivan, Louis Henry, amerikan. Arch. (1856 Boston/Mass. – 1924 Chicago). Ausbildung am Massachusetts Institute of Technology, in Chicago u. Paris. Seit 1881 eigenes Büro in Chicago. Errichtung gewaltiger Bauwerke in Stahlskelettbauweise, moderne funktionalist Architekturen unter weitgehendem Verzicht auf Ornamente u. Dekorationen. Lehrer von F. L. Wright. Hauptwerke: Auditorium Building in Chicago (1886–90), Wainwright Building in St. Louis (1890), Guaranty Building in Buffalo (1894) u. a. m.

Supraporte [ital.], durch Malerei, Stuck oder Schnitzkunst gestaltetes Zierfeld über Türstürzen in vornehmen Gesellschafts- u. Wohnräumen des Barock u. Klassizismus.

Sustris, Friedrich, holländ. Maler u. Arch. (um 1540 vermutlich Italien bis 1599 München). Studium in Italien, Schüler von G. Vasari. 1568 Berufung durch Hans Fugger nach Augsburg, seit 1573 bayr. Hofbaumeister in München. Vertreter des → Manierismus. Hauptwerke: Fuggerhaus in Augsburg (1568–69), Umgestaltung Burg Trausnitz (1573ff.), Neuer Grottenhof in München (um 1580), Querhaus u. Chor der Michaelskirche in München (1583–87).

Synagoge [<gr.], Versammlungs-, Schul- u. Andachtshaus einer jüd. Gemeinde. Älteste Gebäude im Mittelmeerraum (3.Jh. v.u.Z.). Im Mittelalter Anlehnungen an den Sakralbau der Christen, z. B. Altneusynagoge Prag, 1270. Seit M.19.Jh. Bevorzugung historisierender Stilformen aus dem klassizist., byzantin. u. maur. Bereich, z. B. Budapest (L. Förster, 1853), Berlin-Mitte (E. Knoblauch u. F. A. Stüler, 1859–66).

Synagoge. Hauptsynagoge in Berlin (1859–66). E. Knoblauch/F. A. Stüler. Histor. Aufnahme

Synthronon [gr.], halbkreisförmig angeordnete Sitze für Priester in der Apsis frühchristl. u. byzantin. Kirchen.

T

Tabernakel [<lat.], aus Säulen u. Dach bestehendes Ziergehäuse der Gotik für die Aufnahme figürl. Plastiken. Nach dem Trienter Konzil (1563) anstelle der mittelalterl. Sakramentshäuser auch als Aufbewahrungsort des Allerheiligsten (Kelch u. Hostie) in kathol. Hochaltäre eingefügt.

Tablinum [lat.], Wohn- u. Speiseraum eines antik-röm. Wohnhauses mit Öffnung zum Atrium.

Taenia [gr., lat.] (Kopfbinde), Abschlußleiste am Architrav einer dor. Säulenordnung.

Tafelwerk, schreinermäßig hergestellte, wärmeisolierende u. meist dekorativ gestaltete hölzerne Innenraumverkleidung. Stärkste Verbreitung vom Mittelalter bis zum 18. Jh. bei künstlerisch führender Position der nord. Länder, besonders Skandinavien, England u. Norddeutschland. Wiederaufleben im Historismus (Neorenaissance) u. in moderner Innenraumgestaltung.

Tambour [frz.], 1. zylinderförmiger, ovaler oder polygonaler Baukörper, der zwischen Kuppelträger u. → Kuppel eines Gebäudes gesetzt ist u. meist von Fenstern oder Lichtöffnungen durchbrochen ist. Abb. S. 238. 2. Bezeichnung für → Säulentrommel.

Tange, Kenzo, japan. Arch. u. Städteplaner (geb. 1913 Imabari). Studium an Hochschule Hiroshima u. Universität Tokio. Bahnbrecher kühner Projekte moderner Architektur unter Bevorzu-

Tambour (1) unter der Kuppel am Französischen Dom in Berlin

gung plast. Betonbauten. Stark beeinflußt von → Le Corbusier. Hauptwerke: Kagawa-Präfektur in Takamatsu (1958), Dentsu-Bau in Osaka (1960), Gartenhotel in Atami (1961), Rathaus in Kurashiki (1960), Kathedrale in Tokio (1965), Golfclub in Totsuka (1962), Überdachung des Olympiastadions in Tokio (1964), Sendezentrum in Kofu (1966), Gestaltung der Weltausstellung in Osaka (1970), Stadtplanungen für Tokio, Skoplje/Jugoslawien u. a.

Tapetentür, möglichst unauffälliger, bündig in die Wand eingefügter u. der Wandgestaltung angepaßter Zugang. Häufigste Verbreitung in Empfangsräumen u. Salons des späten 18.–frühen 19. Jh., oft in Verbindung mit einer Geheimtreppe.

Taufkirche → Baptisterium.

Taustab, schiffstauähnlich gedrehter Zierstab. Schmuckform der normann. Baukunst, aber auch auf Säulen der Romanik übertragen. Häufig angewendet als Portalschmuck.

Taut, Bruno, dt. Arch. (1880 Königsberg – 1938 Ankara). Nach Besuch der Baugewerksschule seit 1903 Mitarbeiter von Th. Fischer in Stuttgart. Seit 1908 in Berlin tätig bei Bruno Möhring, seit 1909 eigenes Büro, seit 1922 gemeinsam mit M. Taut. Unter Einfluß der Novemberrevolution Mitglied der Novembergruppe u. des → Arbeitsrats für Kunst, später der »Freunde des neuen Rußland«. 1920 Herausgeber des → »Frühlicht«. 1921–24 Stadtbaurat von Magdeburg. Anschließend Chefarch. der Gehag in Berlin. 1930–32 Prof. für Städte- u. Wohnungsbau an TH Charlottenburg. 1932–33 Übersiedlung nach Moskau, anschließend durch Nazis als »Kulturbolschewist« verfolgt. Emigration nach Japan, 1936 Berufung als Leiter des Architekturbüros des türk. Unterrichtsministeriums in Ankara u. Prof. für Architektur an der Akademie der Künste in Istanbul. Nach anfängl. Periode des Materialstils führender Vertreter des → Expressionismus, der → Polychromie u. des → Neuen Bauens sowie des → Deutschen Werkbundes. Hauptwerke: Monument des Eisens (1913), Glashaus (1914), Gartenstadtsiedlung Berlin-Grünau »Am Falkenberg« (1913–14), Gartenstadt »Reform« in Magdeburg (1912), Großsiedlung Berlin-Britz (1925–27), Waldsiedlung in Berlin-Zehlendorf (1926–31), Wohnstadt Berlin-Prenzlauer Berg, an der Carmen-Sylva-Straße (1929–30), Entwürfe für Bauten in Moskau (1931–32), Universitätsgebäude in Ankara (1936–38), zahlr. Entwürfe u. theoret. Veröffentlichungen u. a. »Die Stadtkrone« (1919) u. »Alpine Architektur« (1919).

Taut, Max, dt. Arch. (1884 Königsberg–1965 Berlin). Bruder von B. Taut.

Nach Besuch der Baugewerksschule tätig in Berlin. 1919 Mitglied der Novembergruppe, 1920 der progressiven Architektenvereinigung »Der Ring«. Nach früher Periode des Materialstils Hauptvertreter des → Neuen Bauens der 20er Jahre, besonders auf dem Gebiet des Bürohausbaues. 1933–45 vom Faschismus diffamiert. 1945–54 Prof. u. Leiter der Architekturabteilung an der Hochschule für Bildende Künste in Berlin. Hauptwerke: Ausstellungshalle der »Gesolei« in Düsseldorf (1926), Gewerkschaftshaus in Frankfurt/M. (1930–31), Wohnhaus in Stuttgart-Weißenhof (1927), Entwurf für Zentrosojus-Gebäude in Moskau (1928); in Berlin Haus des ADGB (1922), Haus des Dt. Buchdrucker-Verbandes (1924), Gewerkschaftshaus am Fritz-Heckert-Ufer (1927–29), Humboldt-Oberschule in Köpenick (1928), Schule in Lichtenberg Schlichtallee (1928); Siedlungsbauten in Berlin, Bonn, Darmstadt (1949–64).

Tektonik [<lat.], ästhet. Ausdruck konstruktiver Gesetzmäßigkeiten. Tekton. Elemente sind konstruktive oder die Konstruktion veranschaulichende Elemente, die zugleich ästhet. Qualitäten besitzen u. der Formung einer künstler. Aussage dienen.

Telamon, griech. Bezeichnung für Atlant.

Tempel, heidn. Kultbau. Bedeutendste Entwicklung in der Antike. Im Gegensatz zum christl. Kultbau diente er ausschließlich der Aufstellung des Kultbil-

Tempel. Rekonstruktion des Aphaiatempels in Ägina. Um 500 v. Chr.
1 Euthynterie, 2 Krepis, 3 Stylobat, 4 Sockel, 5 Cellawand, 6 Orthostat, 7 Vorhalle, 8 Säule, 9 Architrav, 10 Cella, 11 Dachdeckung, 12 Gebälk, 13 Triglyphen, 14 Metopen, 15 Geison (Kranzgesims), 16 Sima (Giebelgesims mit Traufrinne), 17 Giebelfeld

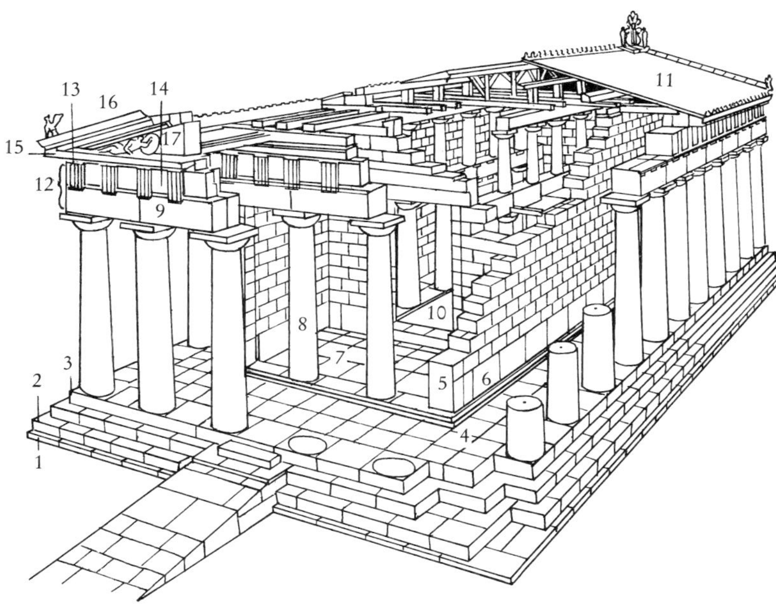

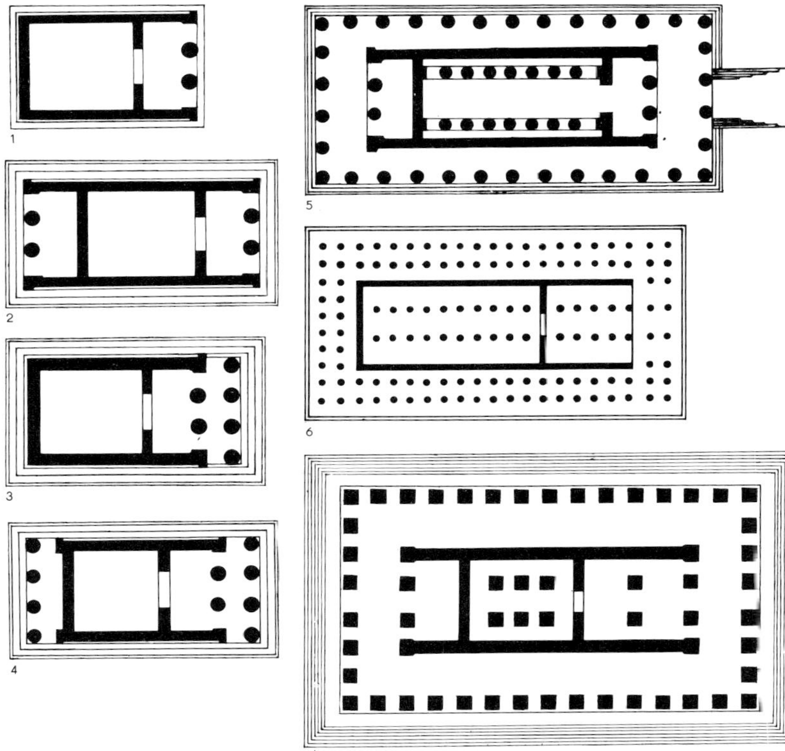

Tempelformen. 1 Antentempel, 2 Doppelantentempel, 3 Prostylos, 4 Amphiprostylos, 5 Peripteros, 6 Dipteros, 7 Pseudodipteros

des in der Cella, während der Altar außerhalb des Gebäudes stand u. z. T. riesige Dimensionen hatte (z. B. Pergamonaltar). Älteste Formen seit 7. Jh. v. u. Z. nachweisbar, klass. griech. (dor.) Tempel seit 5. Jh. v. u. Z., größte Anlagen stammen aus hellenist. Zeit. Röm. Formen fußen weitgehend auf dem etrusk. → Podiumtempel.

Tempelformen, basieren in der griech.-röm. Antike mit Ausnahme des runden Tholos auf der rechteckig umbauten Grundform der → Cella. Haupttypen sind: → Astylos, → Antentempel, → Doppelantentempel, → Prostylos, Apteraltempel, → Peripteros, Pseudoperipteros, → Dipteros, Amphiprostylos. Dipteros u. Peripteros werden z. T. durch die Anzahl der Frontsäulen charakterisiert als: Tetrastylos (4), Pentastylos (5), Hexastylos (6), Oktastylos (8), Dekastylos (10), Dodekastylos (12) u. Polystylos.

Tempelturm → Zikkurat.

Templon [gr.], Ikonostas einer byzantin. Kirche in Form einer Kolonnade

Tepidarium [lat.], Baderaum antikröm. → Thermen mit lauwarmem Wasser.

Terrakotta [lat.], gebrannterm, unglasierter Ton in Farbabstufungen von weiß bis braun u. tiefrot. Infolge hoher Wetterfestigkeit seit altägypt. Zeit u. a. für Bauplastik verwendet. Blüte im italien. Quattrocento. Wiederverwendung in der oberitalien. Renaissance u. norddt. Baukunst des 16. Jh. (z. B. Fürstenhof in Wismar, 1553).

Terrasse [<frz.], ebene, durch Beton, Natur- oder Kunststeinplatten befestigte, oft auch durch Unterkellerung überhöhte Sitzfläche in unmittelbarem Anschluß an ein Gebäude. Besonders bei Kleinhäusern der »Wohnraum im Grünen« mit Blickrichtung in den Garten oder natürl. Landschaftsraum. Vielfach durch Pergolen oder Rankengerüst eingefaßt. Begriffsübertragung auch auf gärtnerisch gestaltete Flachdächer.

Terrassendach → Dachformen.

Terrassenhaus, Wohngebäude an einem Schräghang mit stufenförmig nach oben abgesetzten Geschossen. Das Dach des unteren Geschosses bildet in der Regel die Außenterrasse (befestigte Plattform ohne Überdachung) für das darüberliegende Geschoß.

Terrazzo [ital.], aus Steinsplittern, Zement oder Mörtel bestehendes Baumaterial, das nach mehrschichtigem Auftrag u. Erhärtung geschliffen u. poliert wird als Fußbodenbelag, für Treppen, Wand- u. Sockelverkleidungen.

Tessenow, Heinrich, dt. Arch. (1876 Rostock – 1950 Berlin). Nach Ausbildung an Baugewerksschule u. TH München ab 1901 Lehrtätigkeit, u. a. 1913–19 Prof. an Kunstgewerbeschule Wien. 1920–26 Leiter der Architekturabteilung bei der Dresdner Kunstakademie, anschließend Prof. an der TH Charlottenburg. Mitglied der Preuß. Akademie der Künste u. der Bauakademie. Vertreter des Überganges vom stark versachlichten → Neoklassizismus zum betont handwerkl., aber versachlichten → Materialstil, speziell auf dem Gebiet des Klein- u. Arbeitersiedlungsbaues. Hauptwerke: ehem. Festspielhaus (Dalcroze-Schule) u. Kleinsiedlungshäuser in Dresden-Hellerau (1909–13), Gartenstadt Hopfgarten in Magdeburg (1910) u. a. m.

Tessin, Nicodemus d. Ä., schwed. Arch. (1615 Stralsund – 1681 Stockholm). Ausbildung bei S. de La Vallée, seit 1661 Stadtbaumeister in Stockholm. Führender Vertreter des Barock mit holländ., französ. u. italien. Einflüssen. Hauptwerke: Dom in Kalmar (1660), Schloß Drottningholm b. Stockholm (1662–82), Landschlösser in Strömsholm, Salsta, Sjö, Eriksburg u. a., Adelspaläste u. Bürgerhäuser in Stockholm (1662 ff.), Rathäuser in Södermalm (1667) u. Göteborg (1670), Stadtplanungen für Karlskrona (1680). Fortführung seines Werkes durch seinen Sohn Nicodemus Tessin d. J. (1654–1728).

Tessiner Architekturschule, architekturtheoret. Stilbewegung, entstanden nach 1970, beeinflußt durch → Funktionalismus u. → Rationale Architektur. Ziel die Vergegenständlichung des Zusammenwirkens von Natur u. Technik durch Kontrastierung von Landschaft u. geometr. Bauten. Vertreten u. a. durch M. Botta, E. Gisel, B. Reichlin, F. Reinhart, L. Snozzi.

Tetrastylos [gr.] → Tempelformen.

Theater, antikes. Fußend auf dem griech. Grundtypus eines in die natürl. Landschaftsmulde eingebetteten Halbrund mit mehreren Sektoren ansteigender Sitzreihen u. der Bühne im Zentrum mit Spielfläche (Orchestra) u. Bühnenhaus (Scene). Hauptbeispiele in Athen, Priene u. Epidauros (3. Jh. v. u. Z.). Daneben der röm. Grundtypus (Amphitheater) als mehrgeschossiger Hochbau mit reicher architekton. Außengliederung durch Säulenordnungen, Nischen, Gebälke usw. Im Inneren mit amphitheatral. Staffelung der Sitzreihen, deren Zugang durch besondere Treppenanlagen erfolgt. Spielfläche war hier vor allem das → Proszenium (z. B. Marcellus-Theater in Rom, 1. Jh. v. u. Z.).

Theaterbauten. Hervorgegangen aus der Weiterentwicklung des antiken Theaters u. der Tradition mittelalterl. Mysterienspiele in Kirchen u. auf offenen Plätzen. Seit dem 16. Jh. in Europa zunehmend hölzerne Bauten mit ungedeckten, später gedeckten Zuschauerräumen sowie amphitheatral. Gebäude (Teatro Olimpico in Vicenza, 1580), in Frankreich, England u. Deutschland noch überwiegend in saalartigen Räumen von Schlössern u. Adelspalästen als spezielle Hoftheater. Hier erst in der 2. H. 18. Jh. die Wandlung von Rechteckräumen mit Bühne zum zentralbauartigen oder rechteckigen Rang- bzw. Logentheater. Unter Einfluß des Typus des Opernhauses Venedig (1693) zunehmende Orientierung auf das Mehrrang-Logentheater. Das erste dt. Hoftheater als selbständiges Gebäude außerhalb des Schlosses war das Berliner Opernhaus Unter den Linden (G. W. v. Knobelsdorff, 1741–43), ebenfalls als Logenrangtheater. Ab 18. Jh. entstanden erste Theaterbauten auf Initiative des Bürgertums, z. B. in Hamburg, Breslau, Nürnberg, mit dem Ziel allmähl. Beseitigung der Standesunterschiede beim Theatererlebnis in Form stärkerer Bevorzugung des Parkettheaters. Wichtig waren die neuen Entwicklungen im Klassizismus, vertreten durch D. Gilly u. K. F. Schinkel. Tendenz zur klaren Trennung räuml. Funktionsbereiche: Theaterraum, Konzertraum, Ballettsaal, Nebenräume u. Treppenhäuser; Hauptbeispiele: Schauspielhaus am Gendarmenmarkt in Berlin (K. F. Schinkel, 1818–20), Semperoper Dresden (G. Semper, 1838–41). Monumentale Weiterentwicklung des bürgerl. Parkett- u. Rangtheaters seit der 2. H. 19. Jh., z. B. Grande Opéra in Paris (C. Garnier, 1861–74) u. Festspielhaus Bayreuth (O. Brückwald, 1872–76). Führende Theaterarch. dieser Zeit waren H. Seeling, B. Sehring, M. Dülfer, M. Semper, Helmer & Fellner. Vor dem 1. Weltkrieg gab es Reformen in Richtung Volkstheater, erprobt an Beispielen wie dem ehem. Großen Berliner Schauspielhaus an der Reinhardtstraße (H. Poelzig, 1919; → Expressionismus, Abb.) als Großarena mit 5 000 Plätzen. Das Bestreben, eine Durchdringung von Bühne u. Zuschauerraum zu vollziehen, zeigte sich in den 20er/30er Jahren an Projekten für das »Totale Theater« (W. Gropius, um 1930). Bis zur Gegenwart dominieren Bemühungen, durch neue Bühnenformen u. techn. Ausstattungen den Kontakt zwischen Bühne u. Zuschauer zu verstärken, aber auch durch anspruchsvolle Baukörper plast. u. städtebaul. Wirkungen zu erreichen, z. B. Opernhaus Köln (W. Riphahn, 1951–53), Opernhaus Sydney (J. Utzon, 1957–66, u. P. Hall, L. Todd, D. Littlemore, 1966–73), Philharmonie Berlin (H. Scharoun, 1963), Theater Wolfsburg (H. Scharoun, 1971–73).

Thermen [<gr.], öffentl. Bäder der röm. Antike in komfortabler Ausstattung, bestehend aus Warmbad (Caldarium mit → Piscina), lauwarmen Tepidarium u. Kaltbad (Frigidarium) nebst Garderoben-, Aufenthalts-, Ruhe-, Massage- u. unterird. Räumen zur Beheizung (→ Hypokausten). Heute nur noch in ausgedehnten Ruinenkomplexen erhalten.

Thermenfenster → Diokletianisches Fenster.

Thiersch, Friedrich, dt. Arch. (1852 Marburg – 1921 München). Seit 1882 Prof. an TH u. Akademie München. Vertreter des → Historismus. Erbaute zahlr. Kirchen, Brücken u. öffentl. Gebäude, u. a. Justizpalast in München (1897–1902), Kurhaus in Wiesbaden (1904–07).

Tholos [gr.], runde Tempelform der griech.-röm. Antike, in deren Kern sich eine kreisrunde Cella mit Säulenumgang befindet.

Tiefbauten, unterird. Bauwerke, z. B. Kanäle, Untertunnelungen, Leitungssysteme, die vorrangig dem ingenieurtechn. Bereich zuzuordnen sind.

Toledo, Juan Batista de, span. Baumeister u. Naturwissenschaftler aus Madrid (gest. 1567). Studium in Rom, nach langjährigem Italienaufenthalt u. a. in Neapel im Dienste des span. Vizekönigs. Berufung ab 1562 nach Spanien als Baumeister des Escorial. Beeinflußt von A. da Sangallo, Hauptschöpfer des → Desornamentado-Stils. Hauptwerke: Grundriß, Südfassade u. Evangelistenhof des Escorial.

Tondo [ital.], kreisrunde Reliefform der italien. Renaissance. Hauptverbreitung als Architekturschmuck von M. 15. bis M. 16. Jh. in Florenz.

Tonnengewölbe, einfachste Gewölbeform mit halbkreis-, segment- oder spitzbogigem Querschnitt. Bekannt seit der Antike, vorherrschend verwendet bis zum frühen Mittelalter mit Häufungen in Frankreich (Poitou, Provence, Auvergne) u. Westfalen. Zunehmend durch das Kreuzgewölbe verdrängt. Ein durch Gurtbögen in Joche unterteiltes Tonnengewölbe wird als Gurtgewölbe bezeichnet. Einfügung von Stichkappen, speziell in Spätgotik u. Barock, führte zur Stichkappentonne. → auch Gewölbe, Abb.

Tor, breiter Mauer- oder Gebäudedurchgang. Seit ältester Zeit beliebter Ansatzpunkt künstler.-architekton. Gestaltung. Teilweise auch angelegt als selbständiger Bau in Form einer Torhalle oder eines Torbaues, besonders in Verbindung mit Wehranlagen.

Torroja, Eduardo, span. Arch. u. Ingenieur (1899–1961 Madrid). Seit 1939 Prof. für techn. Konstruktion in Madrid. Hauptvertreter moderner rationaler gewölbter Stahlbaukonstruktionen unter Bevorzugung hyperbol. Formen. Tätig in Europa, Afrika u. USA. Hauptwerke: Renntribüne in La Zarzuela b. Madrid (1935), Markthalle in Algeciras (1933), Wasserspeicher in Madrid (1936), Wasserturm in Fedala/Marokko (1956), Brücke über den Esla (1946), Eingang des Campo de Les Corts in Barcelona (1943), zahlr. Kirchenbauten.

Torus [lat.], Wulst einer → attischen Basis.

Toskanische Ordnung → Säulenordnungen.

Tourelle [frz.], ein auskragendes Dach- oder Mauertürmchen.

Trabantenstadt (Satellitenstadt), spezielle Form neuzeitl. Städtebaues, bei der Wohnstädte mit einem Mindestmaß öffentl. Einrichtungen außerhalb einer geschlossenen Kernstadt zu deren Entlastung angelegt werden. Durch Zonen nichtstädt. Charakters isoliert, erfolgt ihre Anbindung meist durch Systeme des Schnellverkehrs. Tendenz im Einzugsbereich zahlr. Großstädte.

Träger, waagerechtes tragendes Konstruktionselement (Holzbalken, Steinblock, Stahl- u. Stahlbetonträger) auf zwei oder mehr Auflagen zur Überdekkung von Öffnungen oder Hohlräumen bzw. als Tragekonstruktion für Böden u. Decken, teilweise zusätzlich verstärkt durch → Unterzug oder → Überzug.

Tragstein → Konsole.

Tragwerk, tragende Teile eines Dachgefüges. Abb. S. 244.

Trakt, Flügel eines größeren Gebäudes oder Gebäudekomplexes.

Transenna [lat.], Fensterfüllung in Gitterform, verbreitet in mediterranen u. oriental. Gebieten.

Transept [lat.], Bezeichnung für → Querschiff einer Kirche.

Transitional [engl.], spezielle engl. Bezeichnung für die Architekturformen des Übergangsstiles zwischen Spätromanik u. Frühgotik.

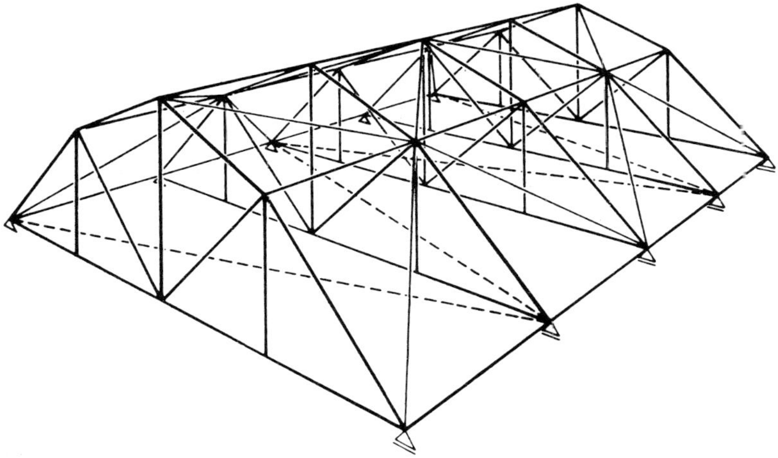

Tragwerk als Tonnenflechtwerk

Transversalbogen, der einzelne Joche quer zur Längsrichtung trennende Gurtbogen eines Rippengewölbes.

Traufe, waagerechte untere Kante u. Regenwasserablaufseite des Dachvorsprunges an der Langseite eines Daches.

Traufenhaus, ein mit der Traufseite der Straße zugekehrtes Haus. Im Ergebnis der → Firstschwenkung seit der Renaissance vorherrschend im Erscheinungsbild der dt. Altstädte.

Traufgesims (Überschlaggesims), Sims oder auch Profil an der → Traufe oder über Maueröffnungen (Bögen, Fenster, Portale) zum Auffangen u. Ableiten von Niederschlagswasser.

Travée [frz.] → Joch.

Traverse [<frz.], Querwall oder Querwandung einer Festung.

Trecento [ital.], in der italien. Kunstgeschichte der Zeitraum des 14. Jh.

Treppe, als Außen- u. Freitreppe sowie Innentreppe wichtiges funktionelles u. gestalterisches Element zur Überwindung von Höhenunterschieden. Hauptbestandteile sind Auftritt-, Setz- u. Austrittstufe (→ Stufe). Fassung durch Wangen u. Geländer. In der Form des → Treppenhauses spezieller Bestandteil der Monumentalarchitektur. Älteste Beispiele nachweisbar seit 6. Jt. v. u. Z. in Jerichow, seitdem konstruktiv vervollkommnet in geradläufigen, gebrochenen, runden u. ovalen Formen.

Treppengiebel → Staffelgiebel.

Treppenhaus, seit dem späten Mittelalter der von festem Mauerwerk umgebene Treppenlauf in Form der Wendeltreppe. Eigenständige Ausbildung seit der Renaissance in der Schloß- u. Sakralbaukunst Italiens, Spaniens, Frankreichs u. Deutschlands unter zunehmender Öffnung der Mauerfläche (z. B. Vatikan, Blois, Burgos, Meißen, Torgau). Über spiralförmige u. freitragende Führungen zu zwei- u. doppelarmigen Lösungen mit monumentalster Ausprägung im Barock (z. B. Brühl, Würzburg, Bruchsal). Seit E. 19. Jh. Übertragung auf Verwaltungspaläste. Durch W. Gropius in beispielgebender Form auf den modernen Glas-Eisen- u. Betonbau angewendet (z. B. Faguswerk in Alfeld, 1911).

Treppenturm, an die Außenwand eines Gebäudes angesetzter, oft turmartig überhöhter runder, polygonaler oder quadrat. Baukörper, der im Inneren eine Treppe (→ Wendelstein) enthält. Hauptverbreitung in Deutschland etwa 1470–1620.

Trezzini, Domenico Andrea, italien.-russ. Arch. (um 1670 Astano/Tessin bis 1734 St. Petersburg). Nach Tätigkeit in Kopenhagen ab 1703 Hofbaumeister Peters I. in St. Petersburg. Vertreter des von niederländ. Elementen bestimmten Barock. Hauptwerke: Peter-Pauls-Festung (1703 ff.), Sommerpalais (1711–14), Peter-Pauls-Kathedrale (1714–25), Alexander-Newski-Kloster (1717 ff.), Ministergärten (1722–32) u. Umbau des Winterpalais (1726) in St. Petersburg.

Tribolon [lat.], dreiteilige Arkade, die den Esonarthex einer byzantin. Kirche mit dem Langhaus verbindet.

Tribuna [lat.], halbrunder Abschluß einer röm. Markt- u. Gerichtshalle.

Triforium [lat.], echter oder vorgeblendeter Laufgang an Hochwänden von Chor, Langhaus u. Querschiff von got. Kathedralen, Mittelglied zwischen unterer Arkaden- u. oberer Fensterreihung. Rein dekorativ zur opt. Auflockerung der Wandflächen, seit M. 13. Jh. allmählich durch Emporen verdrängt. Hauptbeispiel: Chor des Veitsdomes Prag (1374–85). → auch Gotik, Abb.

Triglyphe [gr.] (Dreischlitz), Gliederungselement des dor. Stils der Antike an Friesen des Architravs in Form eines Blocks mit 3 durch Stege voneinander getrennten senkrechten Rinnen. Herleitung aus der Holzbaukunst, in der Balkenköpfe durch ähnl. Holzbrettchen verkleidet wurden. Meist im Wechsel mit Metopen, d. h. Friesfeldern mit glatten u. figürl. Reliefs.

Triklinum [lat.], Speiseraum eines antik-röm. Hauses mit hufeisenförmiger Anordnung der Lagerstätten für die Teilnehmer des Mahles.

Triumphbogen (2), Konstantinsbogen in Rom (312–15)

Trilith [<gr.], ein aus zwei senkrechten Steinblöcken u. einem darübergelegten dritten waagerechten Stein bestehendes prähistor. Monument (z. B. Stonehenge bei Salisbury, England).

Trittstufe, Auftritt einer → Treppe.

Triumphbogen, 1. Bogen zwischen Mittelschiff u. Chor einer Kirche, bezeichnet nach den dort oftmals befindl. plast. Darstellungen (Triumphkreuzgruppen) des über den Tod siegenden Christus. 2. freistehender Torbau mit ein oder drei Durchgängen; als Ehrenpforten für röm. Kaiser u. Feldherrn errichtet, um deren Herkunft, Siege u. Taten durch Inschriften u. plast. Reliefs zu preisen. Hauptbeispiele die Bögen des Titus, Severus u. Konstantin in Rom; zahlr. Beispiele in ehem. röm. Provinzen, vor allem Frankreich u. Nordafrika. Im Mittelalter Aufbau z. T. auf roman. Kirchenportale übertragen. Von Renaissance bis Klassizismus als Prachtportale nachempfunden. Hauptwerk des 19. Jh. der Arc de Triomphe in Paris (J. F. T. Chalgrin, 1806).

Triumphsäule, monumentale, freistehende Ehrensäule der röm. Antike zur

Triumphsäule des Trajan in Rom (113)

Verherrlichung von Personen u. histor. Ereignissen (z. B. Trajanssäule in Rom, 113). In späteren Zeiten oftmals nachempfunden (z. B. Bernwardsäule in Hildesheim, um 1000; Säule an der Wiener Karlskirche, 1716 ff.; Siegessäule in Berlin-Tiergarten, 1871).

Trochilos [gr.], Hohlkehle zwischen den zwei Wülsten einer → attischen Basis.

Trockenmauerwerk, Steinverband, der ohne Verwendung von Mörtel ausgeführt wurde. Seit vorgeschichtl. Zeit bekannt, bis zum Spätmittelalter häufig angewendet, heute nur noch gelegentlich bei gärtner. Gestaltungen anzutreffen. → auch Mauerwerk, Abb.

Trommel → Säulentrommel.

Trompe [frz.], Überwölbung der Ecknische am Übergang eines rechteckigen Unterbaues in eine runde oder polygonale Form (speziell Wölbkuppel). Verbreitet in oriental. u. mittelalterl. Baukunst. → auch Kuppel, Abb.

Troost, Ludwig, dt. Arch. (1878 Elberfeld – 1934 München). Vertreter des monumentalen Neoklassizismus u. der → faschistischen Architektur, u. a. Haus der Kunst u. NSDAP-Gebäude am Königsplatz in München (1933–34).

Tropfsteingewölbe (Stalaktitengewölbe), Sonderform der islam. Baukunst mit tropfsteinartiger Bildung (z. B. Isfahan, Moschee des Schah, 1612–38). Wiederaufnahme in der expressionist. Architektur der 1. H. 20. Jh. (H. Poelzig). → auch Gewölbe, Abb.

Trophäe [<gr.], urspr. ein aus erbeuteten Waffen zusammengestelltes Siegesmal. Seit der Spätrenaissance als Schmuckwerk übertragen auf die Architektur in Form von Verzierungen u. dekorativen Reliefs. Im Barock z. T. mächtige plast. Aufsätze im Bereich der Attika öffentl. Gebäude, Schlösser, Zeughäuser, Sieges- u. Grabdenkmäler (z. B. Zeughaus in Berlin, 1695 ff.).

Trumeau [frz.], steinerner Mittelpfosten eines Portals, später auch auf Fensterpfosten übertragen.

Tudorstil [<engl.], der aus überwiegend spätgot. Elementen u. Formen der italien. Renaissance bestehende Architekturstil des 16. Jh. in England z. Z. der Tudor-Herrschaft (1485–1603). Hauptwerk: Kapelle König Heinrichs VII. in der Westminster Abbey in London.

Tuff, verfestigte vulkan. Asche, die in der spätantiken röm. Baukunst sehr häufig als poröser Baustein verwendet wurde.

Tumba [<lat.], rechteckiger Unterbau über einem Grab, der meist aus Stein oder im späten Mittelalter aus Bronze gearbeitet wurde u. eine Grabplatte mit Inschriften, Wappen u. reliefartigen oder plast. Darstellungen des Bestatteten trägt.

Türbe [<türk.], monumentaler islam. Grabturm oder Turmgrab in Form eines überkuppelten Zentralbaues, der in der Regel eine prächtige Kapelle mit

einem Sarkophag enthält (z. B. Radakan/Ostpersien, 1281; Budapest, Türbe des Gül Baba, 1543–48).

Turmdach → Dachformen, Abb.

Turriano, João, portugies. Arch. u. Militäringenieur (um 1610 Lissabon bis 1679). Neben João Antunes (1683–1734) führender Vertreter des Barock. Hauptwerke: Hauptkapellen der Kathedralen in Vizeu u. Leiria, Festung da Cabeça Secca, Kloster S. Clara in Coimbra (1649ff.), Dormitorien in Semide u. Lissabon u. andere Klostergebäude.

Tschaitya-Halle → buddhistische Architektur.

Tympanon [gr.] (Giebelfeld), Bogenfeld eines roman. oder got. Portales oberhalb des Türsturzes. Verbreitet seit Beginn des 12. Jh. speziell in Frankreich als bevorzugte Ansatzstelle bauplast. Bildwerke christl. Themengehaltes. Seit Anfang 12. Jh. Übertragung auf Deutschland, vorherrschend bei Sakralbauten (z. B. Goldene Pforte am Freiberger Dom, um 1230). In der Gotik meist durch Wimperg überhöht (z. B. Apostelportal am Erfurter Dom, um 1320; Portal an der Pfarrkirche St. Blasius in Mühlhausen). → auch Archivolte, Abb.

U

Überschlaggesims → Traufgesims.

Überschneidung, kreuzförmige Durchdringung von Profilen u. Stäben an Ekken von Fenster-, Portal- u. Nischenumrahmungen der Spätgotik u. Renaissance in Deutschland.

Überzug, im Gegensatz zum → Unterzug ein Entlastungsträger, an dem eine Balkenlage oder Deckenkonstruktion im Unterhang befestigt ist. → auch Träger.

Umbauter Raum, der von den Außenwänden, Grund- u. Dachfläche umschlossene Raum (Bruttoraum eines Baukörpers).

Umgebinde, hölzerne Ständerkonstruktion, die das Obergeschoß eines Bauernhauses trägt u. dadurch in einem Teil des Untergeschosses die erschütterungsfreie Einfügung einer »Bohlenstube« für die Aufstellung von Webstühlen ermöglicht. Hauptverbreitung seit dem 17. Jh. in der Lausitz u. anderen mitteldt. gebirgigen Weberdörfern.

Umweltgestaltung, bauliche, die räuml. Veränderung der Umwelt mit baul. Mitteln. Daher oft auch als »gebaute räuml. Umwelt« bezeichnet, somit Synonym für »Architektur« oder »Architekturschaffen«.

Ungers, Oswald Mathias, dt. Arch. u. Bautheoretiker (geb. 1926 Kaisersesch/Eifel). Frühwerke im Stil des Brutalismus, später Übergang zur → Rationalen Architektur. Entwurfsbüros in Köln, Berlin, New York. Hauptwerke: Studentenheim Oberhausen (1953), Projekt Museum Preuß. Kulturbesitz Berlin (1966), Projekt dt. Botschaft Rom (1966), Projekt Wallraf-Richartz-Museum Köln (1975), Wettbewerb Roosevelt Island New York (1975), Bauten IBA Berlin (1984).

Untergeschoß → Keller.

Unterzug, Entlastungsträger, der sich im Gegensatz zum → Überzug unter einer Balkenlage oder Deckenkonstruktion als zusätzl. Stütze befindet. Häufige Anwendung bei der Überspannung größerer Räume im Massivbau u. Holzbau. → auch Träger.

Unwin, Sir Raymond, engl. Städteplaner (1863 Oxford – 1940 London). 1911–14 Prof. für Städtebau an der Universität in Birmingham. Hauptvertreter der engl. → Gartenstadt. Gemeinsam mit Barry Parker (1867–1941) Realisierung der Idealvorstellungen von → E. Howard in der Anlage von

Letchworth/Hertfordshire (1903 ff.), Hampstead Garden Suburb/London (1907 ff.) u. Wythenshawe b. Manchester (1927 ff.).

V

Vasari, Giorgio, italien. Maler, Baumeister u. Theoretiker (1511 Arezzo bis 1574 Florenz). Stark beeinflußt von → A. Palladio, zeitweise Zusammenarbeit mit G. B. da Vignola u. B. Ammanati. Hauptwerke: Uffizien in Florenz (1560 ff.), Mitarbeit an der Villa des Papstes Julius in Rom (1522). Besonders bedeutsam durch seine Veröffentlichung über die wichtigsten Künstler Italiens z. Z. der Renaissance.

Vauban, Sébastien, französ. Festungsbaumeister u. Marschall (1633 Saint-Léger-Vauban–1707 Paris). 1677 Generalinspekteur des französ. Festungsbaus. 1678–97 Schöpfer eines großen Verteidigungssystems an den Grenzen Frankreichs mit bis ins 19. Jh. uneinnehmbaren Anlagen. Zahlr. militärwissenschaftl. Schriften.

Vedute [ital.], sachlich getreue (Realvedute), erdachte (Idealvedute) oder verschiedene Situationen der Wirklichkeit miteinander verknüpfende (Sammelvedute) zeichner. oder gemalte Darstellung eines Architekturzusammenhanges (Landschaftssituation, Stadt, Ensemble oder Einzelbauwerk). Hauptverbreitung im 18. Jh. (z. B. B. Bellotto) u. im 19. Jh., teilweise schwer unterscheidbar vom → Prospekt.

Velde, Henry van de, belg. Maler, Arch. u. Kunstgewerbler (1863 Antwerpen bis 1957 Zürich). Nach Tätigkeit als neoimpressionist. Maler 1890 unter Einfluß von W. Morris Übergang zur Entwurfstätigkeit u. zum → Jugendstil. Dessen Hauptvertreter in Einheit von Architektur u. Innenraumgestaltung. Ab 1902 künstler. Berater des Weimarer Großherzogs, 1906 Begründer der dortigen Kunstgewerbeschule unter Einführung neuer Methoden künstler.

Vedute. Marktplatz in Pirna. Ölgemälde von B. Bellotto (18. Jh.)

Verkröpfung am Vierungspfeiler des Langhauses im Naumburger Dom

Ausbildung. Mitglied des → Deutschen Werkbundes. Im 1. Weltkrieg Emigration, seit 1925 tätig in Brüssel. Hauptwerke: Wohnhaus Uccle b. Brüssel (1895), Innengestaltung des Folkwang-Museums in Hagen (1901), Salon Haby in Berlin (1901-02), ehem. Kunstgewerbeschule in Weimar (1906), Abbe-Denkmal in Jena (1908), Werkbundtheater in Köln (1914).

Venezianisches Fenster → Palladiomotiv.

Veranda [span.], Vorraum eines Hauses oder offener Balkon mit einer von leichten Stützen getragenen Überdachung. Hauptverbreitung als funktionelles u. gestalter. Element der Villa des 19./20. Jh.

Verankerung, zugfeste Verbindung zweier Bauteile.

Verband → Mauerverband.

Verblendung, Verkleidung des rohen Mauerwerks durch Blendsteine, Klinker u. Keramik.

Verdachungen, vorspringende Gesimse oder Giebelformen über Fenster- u. Türöffnungen.

Verkröpfung, Vor- u. Rücksprünge durchlaufender Gesimse oder waagerechter Gebälke, die sich um Säulen, Pfeiler, Pilaster oder Mauervorkragungen herumziehen.

Verlies, unterird. Gefängnis einer mittelalterl. Burg.

Versatzbossen, Vorsprünge an steinmetzmäßig bearbeiteten Steinblöcken zur Befestigung von Hebeseilen, die nach dem Versetzen entfernt werden.

Verschalung → Schalung.

Verschleiß, moralischer → Abnutzung, moralische.

Verstäbte Kannelierung, Kanneluren, deren Kehlungen durch pfeifenartig gebildete Stäbe ausgefüllt werden.

Vertikalismus [<lat.], die stärkere Betonung der Senkrechten gegenüber der Waagerechten (Horizontalismus) in der Baukunst.

Vestiarium [lat.], Umkleideraum in röm. Thermen.

Vestibül [<lat.], Vor- oder Eingangsraum eines herrschaftl. Hauses.

Viadukt [<lat.], Wegführung in Form einer Bogenbrücke zur Überquerung einer Talsenke, eines Gewässers, einer Straße oder eines Schienenweges.

Victorianischer Stil, ein von der klassizist. Innenraumgestaltung abgeleiteter, überschwengl. eklektizist. Dekorationsstil in England z. Z. der Königin Victoria (1837–1901) unter Einbeziehung frühchristl., neoroman. u. neogot. Elemente.

Vierständerhaus, Fachwerkhaus, bei dem die Dachbalkenlage von 4 Ständerreihen mit Längsunterzügen getragen wird.

Viertelsäule, Säule mit viertelkreisförmigem Querschnitt, die als Schmuckmotiv an einer Ecke angesetzt ist.

Viertelstab → Stab.

Vierung, der Teil des Innenraumes einer kreuzförmigen Kirche der Romanik u. Gotik, in dem sich Langhaus u. Querschiff schneiden. Bei gleicher Breite der Raumteile entstand die quadrat. Vierung als wichtigste geometr. Maßeinheit des Grundrisses roman. Kirchen, die z.T. durch einen betonenden Vierungsturm überbaut ist. Die »ausgeschiedene Vierung« beruht auf der Verstärkung der Vierungspfeiler durch Vorlagen bzw. markierte Bogenstellungen. → auch Gotik.

Vignola, Giacomo Barozzi, italien. Maler, Arch. u. Theoretiker (1507 Vignola–1573 Rom). Nach Studium in Bologna seit 1530 ansässig in Rom, ab 1567 Bauleiter am Petersdom. Hauptvertreter des Übergangs vom Manierismus zum Barock. Hauptwerke: Vollendung Palazzo Farnese in Caprarola (1550), Mitarbeit an Villa für Papst Julius III. in Rom (1550–55), Bauleitung am Palazzo Farnese in Piacenza (1564), Tempietto di S. Andrea (um 1550) u. Kirche Il Gesù (1568ff.). Letztere als Verbindung des mittelalterl. Langhausschemas mit der Zentralbauidee der Renaissance von starkem Einfluß auf den gegenreformator. Kirchenbau des Barock. Von größter Bedeutung auch sein Lehrbuch über die 5 architekton. Säulenordnungen (1562).

Vihara [<Sanskrit], der Wohn- u. Versammlungsbereich buddhist. Klöster.

Villa [lat.], urspr. röm. Landhaus, später Begriffsaufwertung. Im 16. Jh. unter Einfluß von A. Palladios Villa Rotonda (um 1566–80) Landsitz der feudalen Oberschicht. Im 19. Jh. übertragen auf das freistehende, komfortable 1- bis 3geschossige Großbürgerhaus am Stadtrand, an → Ringstraßen u. in Villenvierteln.

Villard de Honnecourt, französ. Baumeister, tätig um 1225–50. Vor allem berühmt durch sein Bauhüttenbuch mit Skizzen u. Kopien zeitgenöss., z. T. heute nicht mehr vorhandener Bauten sowie eigenen Entwürfen. Es diente, von Nordwestfrankreich bis nach Ungarn reichend, vielfach als → Musterbuch.

Vimana [<Sanskrit], heiligster Kultbereich eines hinduist. Tempels.

Viollet-le-Duc, Eugène-Emmanuel, französ. Arch. (1814 Paris – 1879 Lausanne). Nach Italienaufenthalt 1836–37 ab 1840 Leiter der Rekonstruktionsarbeiten u.a. an Ste. Chapelle in Paris u. Kathedralen in Vezelay, Amiens u. Reims. Ab 1846 Restaurator von St. Denis u. zahlr. anderen mittelalterl. Bauten in Frankreich. Bahnbrecher der Neogotik, vom konstruktiven got. System angeregt auch Verfechter des Eisenskelettbaues, neuer Bautechniken u. Materialien. Herausgabe bedeutender Architekturhandbücher mit großem Einfluß auf die Forschung u. die Denkmalpflegebestrebungen des 19. Jh.

Viscardi, Giovanni Antonio, italien. Arch. (1647 in Graubünden – 1713 München). 1678 Hofbaumeister in Bayern. Vertreter des süddt. Barock mit weitreichendem Einfluß auf angrenzende dt. Länder. Hauptwerke: Wallfahrtskirche in Freystadt (1700–08), Klosterkirche in Fürstenfeldbruck (1701–47), Schloß Nymphenburg in München (1702, Erweiterung), Dreifaltigkeitskirche München (1711–14).

Vitruv (Vitruvius Pollio), röm. Baumeister, Ingenieur u. Theoretiker (geb. um 84 v. u. Z.). Zunächst Erbauer von Kriegsmaschinen u. Wasserversorgungseinrichtungen in Rom. Einzig nachweisbarer Bau die Basilika in Fano. Bedeutend durch seine »10 Bücher vom Bauen« (33 v. u. Z.), die als Lehr- u. Nachschlagewerk nach Wiederentdeckung im 15. Jh. durch Poggio Bracciolini in der Klosterbibliothek von St. Gallen zum architekturtheoret. Codex der Renaissance wurden u. mit deren Interpretation sich auch → L. B. Alberti u. Francesco di Giorgio befaßten. Neudrucke erfolgten in großer Anzahl ab 1486, u.a. 1511 durch Fra Giocondo, 1520 unter Raffael, 1548 erstmals in dt. Sprache in Nürnberg.

Vogelperspektive, Perspektive mit hoch liegendem Horizont oder mit nach unten geneigter Blickrichtung. → auch Froschperspektive.

Volute [<ital.], spiralförmig aufgerollte plast. Verzierung. Urspr. Bestandteil des ion. Kapitells der griech. Antike. In der italien. Renaissance als beliebtes Bauglied zur Vermittlung zwischen horizontalen u. vertikalen Baulinien an Giebeln entwickelt. Seitdem verbreitete Anwendung bis zum späten 19. Jh.

Volutengiebel, italien. Giebelform der Hochrenaissance, deren ansteigende Seiten von gerollten → Voluten begrenzt werden. Variierte Verbreitung in fast allen Ländern der Renaissance, besonders aber in den Niederlanden u. Deutschland, mit Nachklängen bis in das späte 18. Jh.

Volutenkapitell, Kapitell mit beidseitigen Volutenendigungen (ionisches, äolisches Kapitell). → auch Kapitell. Abb.

Vorarlberger Bauschule, Baumeistergruppe, die im Auftrag von Benediktiner- u. Prämonstratenserklöstern im westl. Teil Österreichs, in der Schweiz u. Süddeutschland tätig war u. das → Vorarlberger Schema im Kirchenbau herausbildete. Zentrum war Au im Bregenzer Wald mit bedeutsamen Baumeisterfamilien unter Führung von → M. Beer, → C. Moosbrugger u. Michael Thumb. Hauptbeispiele: Abteikirche Kempten, Klosterkirchen Obermarchthal, Rheinau, St. Urban, Einsiedeln u. Weingarten.

Vorarlberger Schema, ein spezieller Kirchentypus, der um 1700 von den Vertretern der → Vorarlberger Bauschule entwickelt u. in Westösterreich, Süddeutschland u. der Schweiz verbreitet wurde. Bestehend aus einem tonnengewölbten Langhaus mit eingezogenem Chor, bei dem anstelle der Seitenschiffe Kapellennischen angelegt wurden mit darüber befindl. Emporen (z. B. Klosterkirche Obermarchthal, 1686ff.).

Vorburg, befestigte Anlage zur Sicherung des Tores einer Burg.

Vorfertigung → Präfabrikation.

Vorhalle, Vorraum an der Stirnseite eines Gebäudes, der im Gegensatz zur → Laube durch Vorkragen der Dachkonstruktion entsteht. Der obere vorgezogene Teil des Giebels wird dabei meist von Säulen, Stützen oder Ständern getragen.

Vorhangbogen, spezieller Bogenabschluß der Übergangsperiode von der Spätgotik zur Frührenaissance in Deutschland. Hauptverbreitung bei Fenstern u. Portalen in Sachsen unter Einfluß der Schule Arnolds von Westfalen zwischen 1480 u. 1520 (z. B. Albrechtsburg in Meißen u. Schloß Hartenfels in Torgau, um 1470–80).

Vorhangfassade → Curtain Wall.

Vorkirche, westl. Vorhalle einer Kirche, die im Unterschied zum Narthex aus einer Folge von Jochen u. teilweise aus Mittel- u. Seitenschiffen besteht.

Vorlage → Wandvorlage.

Vorwerk, 1. vom Gehöft abgetrenntes landwirtschaftl. Gebäude. 2. Außenwerk des Verteidigungssystems einer Burg, Festung oder Stadt.

Votivkapelle [<lat.], Kapelle, die aufgrund eines Gelübdes gestiftet u. erbaut wurde.

Voute [frz.], meist im Viertelkreis verlaufende Ausrundung, vermittelt zwischen Wand u. Decke von Innenräumen.

Vries, Hans Vredeman de, holländ. Maler u. Ornamentkünstler (1527 Leeuwarden/Friesland – 1606 vermutlich Antwerpen). Tätig vor allem in Antwerpen. Durch Herausgabe von Musterbüchern zwischen 1565 u. 1601 von nachhaltigem Einfluß auf die europäische Architekturgestaltung z. Z. der Spätrenaissance u. des Manierismus. Insbesondere phantasievolle Variationen des → Beschlagwerks.

W

Wagner, Martin, dt. Arch. (1885 Königsberg – 1957 Cambridge/Mass.). 1824–26 Direktor der DEWOG als fortschrittl. Dachorganisation des Wohnungsbaues, 1926–33 Stadtbaurat in Berlin mit engen Kontakten zu W. Gropius, H. Häring, L. Mies van der Rohe, H. Poelzig, B. Taut, H. Scharoun u. a. Bedeutend durch progressive Versuche der Industrialisierung des Massenwohnungsbaues, frühe Einführung der Großplattenbauweise, Experimente mit dem »Wachsenden Haus«, Versuche der Fließfertigung u. a. m. 1933 aus Solidarität zu Käthe Kollwitz Austritt aus der Akademie der Künste. 1933–38 Emigration in der Türkei, anschließend nach USA, dort Prof. an der Harvard-Universität. Hauptwerke in Berlin: Siedlung Lindenhof in Schöneberg (1918 bis 1919), Großplattenversuchssiedlung in Lichtenberg (1924–26), Großsiedlung Britz (1925–27), Freibäder Wannsee u. Rahnsdorf, Bebauung des Messedammes (1930–31).

Wagner, Otto, österreich. Arch. (1841 Penzing b. Wien – 1918 Wien). 1894 Prof. an der Wiener Akademie. Vertreter des Überganges vom Historismus zum Jugendstil u. anschließend zu modernen rationalen Architekturformen. Damit Vorläufer des Neuen Bauens mit großem Einfluß auf J. Hoffmann, A. Loos u. J. M. Olbrich. Hauptwerke: Stadtbahnhöfe (1894–97), Postsparkasse (1904–06) u. Steinhofkirche (1906) in Wien. → auch Sezessionsstil.

Wall, Erdaufschüttung im Befestigungssystem einer Stadt, Burg, Festung.

Wallot, Paul, dt. Arch. (1841 Oppenheim – 1912 Langenschwalbach/Taunus). Studium in Darmstadt u. Hannover, ab 1861 an der Bauakademie in Berlin, anschließend in Gießen. Mitarbeiter von F. Hitzig u. H. Strack in Berlin, seit 1894 Prof. an der Dresdner Kunstakademie. Hauptvertreter der italienisch geprägten Neorenaissance. Hauptwerke: Reichstagsgebäude (1884–94) u. Palais des Reichstagspräsidenten (1904) in Berlin, Ständehaus an der Brühlschen Terrasse in Dresden (1906). → auch Neobarock, Abb.

Walmdach, eine → Dachform in Gestalt eines Satteldaches mit 1–2 zusätzl. schrägen Dachflächen an den Stirnseiten.

Wandpfeilerkirche, got. → Hallenkirche, bei der die Strebepfeiler nicht am Außenmauerwerk, sondern im Inneren der Seitenschiffe angeordnet sind u. dort als kapellenartige Nischen oder Ansätze für Emporen verwendet wurden. Charakteristisch für die großen Stadtpfarrkirchen Obersachsens in der Übergangsperiode von der Spätgotik zur Renaissance (z. B. Annaberg, Zwikkau). Weiterentwicklung bis zum Barock mit bewußter Tendenz zum Theater- bzw. Kulisseneffekt (z. B. süddt. Schule der Dientzenhofer).

Wandvorlage (Vorlage), Mauerverstärkung oder Mauergliederung durch Lisenen, Pilaster, Pfeiler, Dienste u. dgl.

Waschbeton, spezielle Art des → Sichtbetons, bei dem die Oberfläche nach dem ersten Erhärten mit Wasser unter Druck abgespritzt wird, um eine stärkere Kieselstruktur der Ansichtflächen zu erzeugen.

Wasserburg, typ. Form einer mittelalterl. Niederungsburg, die zum Schutz von Wasser umgeben oder einem künstl. Wassergraben umzogen ist.

Wasserschlag, pultförmige Schräge (Wasserschräge) an Gurten, Gesimsen u. Mauervorsprüngen zur Ableitung von Regenwasser, insbesondere Hauptstück des Kranzgesimses. An der Unterseite der überstehenden Hängeplatte befindet sich die gekehlte Wassernase als Tropfleiste.

Wasserschräge, schräger Regenwasserablauf an Gesimsen, Sohlbänken, Mauerkronen, Strebepfeilern u. a.

Wasserspeier, Wasserablauf an mittelalterl. Gebäuden. Hauptausprägung in der Gotik, meist in plast. Ausbildung als Fabelwesen, Dämon, Tier oder in menschl. Gestalt. In diesen Formen Verbindung reiner Zweckerfüllung mit der sehr alten Vorstellung von den »das Böse abwehrenden Figuren«. Nach Einführung der Regenabfallrohre in der Spätrenaissance nicht mehr angelegt.

Wasserturm, turmartiger Hochbau zur Aufnahme eines Wasserbehälters, dessen Höhe entsprechenden Druck im Röhrensystem der Versorgungsleitungen garantiert. Anfänge in den spätmittelalterl. »Wasserkünsten« der Städte (Prag, Moldauufer; Bautzen, Spreeufer u. a.). Mit der durchgreifenden Wasserversorgung der Städte des späten 19. u. frühen 20. Jh. als eigene Bauaufgabe herausgebildet. Im Historismus u. Eklektizismus allgemeines Zurückgreifen auf mittelalterl. Wehrturmformen. Moderne Gestaltungen erst seit etwa 1910 durch Arch. wie → H. Poelzig, P. Behrens.

WBS 70, Wohnbauserie der DDR auf der Basis des industriellen Bauens.

WCHUTEMAS [russ. Kurzwort für »Höhere künstler.-techn. Werkstätten«], eine dem Bauhaus ähnl. u. mit diesem in Kontakt stehende, 1917 gegründete Kunsthochschule in Moskau. Sie entwickelte sich in den 20er Jahren zu einem Zentrum des → Konstruktivismus, bestimmt durch dessen Hauptvertreter Gebrüder Wesnin, M. I. Ginsburg, → I. I. Leonidow, → I. A. Golossow, → El Lissitzky, W. Tatlin.

Webb, Philip, engl. Arch. u. Kunstgewerbler (1831 Oxford – 1915 Worth). Freund u. Mitarbeiter von W. Morris. Durch gegenseitige Beeinflussung ein führender Vertreter des engl. Wohnungs- u. Landhausbaues mit einer Mischform von Materialstil, Neogotik u. Elementen des 18. Jh. Hauptwerke: Red House in Bexley Heath/Kent (1859), Landhäuser in Surrey (1873), London (1859–69), Yorkshire (1878) und Standen (1891–94).

Wehrbau → Burg, Festung.

Wehrgang, hölzerner oder gemauerter Gang für Wächter u. Verteidiger an Ring- u. Schildmauern von Burgen, befestigten Herrensitzen, Stadtbefestigungen u. befestigten Sakralbauten (Wehrkirchen, Kirchenburgen). Anordnung entweder hinter oder vor einer mit Zinnen versehenen Brüstungsmauer (Brustwehr). Als wichtiges Element bereits ausgebildet in der Wehrkunst des Vorderen Orients, Ägyptens, Chinas, Japans u. Mexikos. Später von den röm. Befestigungsanlagen im Mittelmeergebiet auf das mittelalterl. Europa übertragen. Seit der Renaissance mit veränderten Kriegstechniken nicht mehr erforderlich.

Wehrkirche, befestigte Dorfkirche, meist mit massivem, als Fluchtturm geeigneten Glockenturm, z. T. mit Wehrgängen, Schießscharten, Wehrmauern, Tortürmen u. dgl. Verschiedenartige landschaftsgebundene Grundtypen, wie z. B. die mitteldt. Chorturmkirche. Ausgeprägteste Form ist die → Kirchenburg.

Weinbrenner, Friedrich, dt. Arch. u. Städtebauer (1766–1826 Karlsruhe). Neben Chr. F. Hansen, K. F. Schinkel u. L. v. Klenze Hauptmeister des → Klassizismus. Ausbildung u. a. in Wien, Dresden u. Berlin, Reisen durch Europa. 1800 Bauinspektor in Baden, daneben Unterhaltung einer eigenen, staatlich unterstützten Bauschule. 1825 Mitglied der Kunstakademien in Berlin u. München. Hauptwerk: klassizist. Umgestaltung der Stadt Karlsruhe (1804–24) mit monumentaler Nord-Süd-Achse, sich steigernder Platzfolge u. zahlr. Hochbauten.

Weller, Gemenge aus Lehm oder Ton u. gehäckseltem Stroh als Füllmaterial für das Fachwerk.

Welsch, Maximilian von, dt. Ingenieur, Festungsbaumeister u. Gartenarch. (1671 Kronach–1745 Mainz). Seit 1695 in kaiserl. Diensten, seit 1704 Hofarch. des Fürstbischofs von Mainz. Neben J. Dientzenhofer, L. v. Hildebrandt u. J. B. Neumann Hauptmeister des Barock. Hauptwerke: Mitarbeit an Schloß Pommersfelden (1711 ff.), ehem. Kurmainz. Statthalterei in Erfurt (1713–20), 1. Bauphase Schloß Würzburg (1720–23), Schloß Bruchsal (1720–28), Abteikirche in Amorbach (1742 ff.), zahlr. Entwürfe, Festungsbauten in Kronach, Forchheim, Drusenheim u. Mainz, Gartenanlagen in Pommersfelden, Fulda u. a.

Welsche Haube, eine → Dachform in Gestalt eines geschweiften Turmdaches mit zwischengeschalteter → Laterne. Hauptverbreitung bei Schloß-, Rathaus- u. Kirchtürmen der Renaissance.

Wendelstein (Schnecke), ältere Bezeichnungen für eine Wendeltreppe.

Überwiegend begehbare Treppenform mit spiralförmiger Stufenanordnung innerhalb eines Gebäudeteiles (→ Treppenturm). Teilweise auch stufenlose Ausbildung als Reit- oder Eselstiege. Hauptentwicklung in der Renaissance (z. B. Schloß Blois, Schloß Hartenfels in Torgau). Eine Wendeltreppe, deren stark nach der Mitte sich verjüngende Stufen in einen Mittelpfosten (Spindel) eingelassen sind, wird als Spindeltreppe bezeichnet.

Werkstein → Haustein.

Weserrenaissance, spezielle architekton. Ausprägung der Renaissancebaukunst im Mittel- u. Oberwesergebiet. Getragen vom Handelsbürgertum der Städte, besonders aber vom mittleren Adel. Letzterer hatte durch rigoroses »Abmeiern« der Bauern von ihren Höfen u. Verdingung als kaiserl. Söldner hohe Anteile an Kriegsbeuten in den nachreformator. Glaubenskriegen erzielt, die sie zum Ausbau ihrer Hausmacht, aber auch zum Um- u. Ausbau

Weserrenaissance. Schloß Hämelschenburg (1588-1618)

Wendelstein. Großer Wendelstein am Schloß Hartenfels in Torgau (1533–36). C. Krebs

prächtiger Schlösser verwendeten. Charakterist. Gestaltungselemente unter niederdt. u. niederländ. Einfluß sind rohe oder verputzte Bruchsteinbauten (Schlösser, Rathäuser, Zunft- u. Bürgerhäuser) mit bandel- u. beschlagwerkartigen Hausteingliederungen u. typ. Formen »Welscher Giebel« aus Viertel- u. Halbkreissegmenten. Hauptbeispiele: Hämelschenburg bei Hameln (1588 ff.), Schlösser in Hülsede, Stadthagen, Detmold, Brakel, Varenholz; Rathäuser in Lüneburg, Celle, Stadthagen, Rinteln, Nienburg, Hannoversch-Münden u. a.

Westchor, Bestandteil einer Doppelchoranlage karoling. u. otton. Kirchenbauten. Vermutlich weniger aus liturg. Notwendigkeiten entstanden, sondern in Folge gesteigerten Repräsentationsbedürfnisses der feudalen Oberschicht. Hauptbeispiele: Dome in Worms, Mainz, Hildesheim, Naumburg u. a.

Westfalen, Arnold von → Arnold von Westfalen.

Westriegel, der durch zwei Turmanlagen u. die dazwischenliegende Vorhalle mit entsprechenden Obergeschossen bestimmte Westbau einer Kirche. Nicht identisch mit dem → Westwerk.

Westwerk. St. Pantaleon in Köln (ab 984)

Westwerk. Innenansicht des Westwerkes der Abteikirche Corvey (873–85)

Westwerk, frühmittelalterl. Architekturform des 8. Jh. im Kerngebiet des Karolingerreiches beiderseits des Rheins; westl. Vorkirche am Eingangsteil einer Kloster- oder Bischofskirche, deren Hauptkultraum im Obergeschoß lag u. sich zum anschließenden Langhaus öffnete. Äußerlich gekennzeichnet durch einen darüberliegenden mächtigen Turm, der von 2 Treppentürmen begleitet ist. Funktion umstritten, vermutlich Eigenkirche des zuständigen Feudalherrn. Hauptbeispiel: Klosterkirche Centula, 790–99.

Widerlager, Mauerkörper oder Zwischenelement, auf dem der stat. Druck einer Wölbung oder Spannkonstruktion ruht.

Wilder Mann, Balkenkonstruktion des Fachwerks, entsteht durch beiderseitiges Heranführen langer Streben an einen Ständer, mit dem sie durch Kopfstreben verbunden werden.

Wilhelminischer Stil, staatsoffizieller

baul. Repräsentationsstil der → Gründerzeit während der Regierungsperioden der dt. Kaiser Wilhelm I., Friedrich Wilhelm III. und Wilhelm II. (1871–1918). Zunächst Orientierung auf die italienisch geprägte → Neorenaissance, seit 1885 jedoch stärkere Hinwendung zum → Neobarock (z. B. Dom, Neuer Marstall u. Staatsbibliothek in Berlin).

Wimperg, got. Ziergiebel über Portalen u. Fenstern, gebildet aus Maßwerk, Krabben, Fialen u. anderen Dekorationselementen. → auch Gotik.

Windfeder (Windbrett), ein oftmals dekorativ verziertes Brett, das vor den Giebelschenkeln eines Daches zum Schutz der Dachdeckung angebracht ist.

Windrispen, bei einem → Sparrendach die schräg unter die Sparren genagelten Längsverbindungen.

Winterrefektorium, besondere Form eines meist an der Südseite eines Klosters gelegenen Speisesaales, im Gegensatz zum Sommerrefektorium ein kleiner, geschlossener Raum, an den sich eine Wärmestube (Kalefaktorium) anschließen konnte.

Wilhelminischer Stil. Völkerschlachtdenkmal in Leipzig (1898–1913). B. Schmitz

Wirtel (Schaftring), steinerner Ring einer Säule, der sich um die Mitte des Schaftes herumlegt. Nachweisbar seit Frühromanik (11. Jh.), häufig in Spätromanik u. Frühgotik.

Wohnbereich, die Wohngebäude u. die unmittelbare Umgebung der Wohnungen (wohnungsnaher Bereich), erforderl. Flächen u. Anlagen für die tägl. Erholung, das Spiel der Kinder, die Hauswirtschaft (Müllsammelplatz, Wäschetrockenplatz), Flächen u. Anlagen für die verkehrsmäßige Erschließung u. Anlagen des ruhenden Verkehrs (Parkflächen). Es gehören auch gemeinschaftl. u. gesellschaftl. Einrichtungen dazu einschließlich ihrer Freiflächen.

Wohnhof, ein von Wohngebäuden umgebener Hof mit Grünanlagen. Entwicklung nach 1900 in Großstädten als Reaktion auf die ungesunde spekulative Mietskasernenbebauung. Parallel zur Gartenstadt-Bewegung mit dem Ziel der Schaffung ruhiger, hygien., besonnter u. durchgrünter Wohnstätten abseits vom Straßenlärm. Besonders entwickelt in der Periode progressiven Massenwohnungsbaues 1924–32 durch → J. J. P. Oud, → B. Taut, → P. Mebes, → E. May, E. Gutkind u. a.

Wölbstein, keilförmiger Hau- oder Ziegelstein, verwendet für gemauerte Bogen- u. Gewölbekonstruktionen.

Wölbung, gerundete Konstruktion zur Überspannung eines Zwischenraumes durch → Bogen, → Gewölbe, → Brükken u. dgl.

Wolkenkratzer → Hochhaus.

Wolmut, Bonifaz, österreich.-böhm. Baumeister aus Überlingen (gest. 1579 Prag). Seit 1547 ansässig in Wien, seit 1571 in Prag in kaiserl. Diensten. Vertreter der stark italienisch geprägten Frührenaissance. Hauptwerke: Umbau des → Belvedere (1555–63), Orgelchor u. Turmhelm des Veitsdomes (1557–61), Mitarbeit an Schloß Stern (1555) u. Erzbischöfl. Palais (1562) in Prag.

Wood, John d. Ä., engl. Arch. u. Städtebauer (1704 vermutlich Yorkshire bis 1754 Bath). Vertreter des engl. Palladianismus. Hauptwerke: Projekte für die Stadt Bath mit Prior Park (1727 ff.), Queen Square (1729–36) u. »Circus« (1754 ff.). Weiterführung seines Werkes durch seinen Sohn John Wood d. J. (1728–81).

Wren, Sir Christopher, engl. Naturwissenschaftler u. Amateurarch. (1632 East Knoyle/Wiltshire–1723 Hampton Court). Nach Studium in Oxford 1657–61 Prof. für Astronomie u. Mathematik an Universitäten London u. Oxford. 1669–1714 führende Rolle in der königl. Bauverwaltung in London, Ritter u. Parlamentsmitglied. Auf Studienreisen nach Holland u. Frankreich beeinflußt von F. Mansart u. L. Le Vau. Neben I. Jones Hauptvertreter des engl. → Palladianismus. Hauptwerke in London: Wiederaufbau von 52 durch Feuer im Jahre 1666 zerstörten Kirchen, darunter die St. Paul's Cathedral (1675–1709, → Palladianismus, Abb.), St. Peter in Cornhill (1677–81), St. James in Piccadilly (1683), Greenwich Hospital (1694), zahlr. Paläste u. a.

Wright, Frank Lloyd, amerikan. Arch. (1869 Richland Center/Wisc. – 1959 Phönix/Ariz.). Anfangs Zusammenarbeit mit L. H. Sullivan. Vor 1914 von großem Einfluß auf J. J. P. Oud u. W. Gropius. Bedeutendster Baukünstler der 1. H. 20. Jh. in den USA mit eigenständigem Stil unter Bevorzugung spitzwinkeliger, organ. Formen u. weitflächiger Grundrisse. Hauptwerke: »Prärie-Häuser« nahe Chicago (1900–08), Larking Building in Buffalo (1904), Midway Gardens in Chicago (1913), Wachsfabrik in Racine/Wisc. (1936–39), Kirchen in Oak Park (1906) u. Madison (1947), Bürohochhaus Bartelsville/Oklah. (1955), Guggenheim-Museum New York (1956–59).

Würfelfries (Schachbrettfries), architekton. Schmuckform der Romanik, bei der erhabene u. vertiefte Felder in schachbrettartiger Anordnung miteinander abwechseln. → auch Fries.

Würfelkapitell, roman. → Kapitell (10. Jh.), das aus der Durchdringung von Würfel u. Kugel im Bereich der Überleitung eines Baugliedes rechteckiger Grundform (Kämpferansatz) in eine runde Form (Säule, Pfeiler) entstand (z. B. Hildesheim, St. Michael, Querschiffemporen).

X Y

Xystos [gr.], gedeckter Säulengang eines antiken Gymnasions für athlet. Übungen im Winter.

Yamasaki, Minoru, japan.-amerikan. Arch. (1912 Seattle/Wash. – 1986 New York). Führender Vertreter moderner Architektur. Hauptwerke: ehem. Pruitt-Igoe-Housing St. Louis (1952–55), Mac-Gregor Community Center Detroit (1954), Flughafengebäude St. Louis (1951–56, mit G. F. Hellmuth u. J. Leinweber), Flughafengebäude Dhahran/Saudi-Arabien (1962), World Trade Center New York (1960–76).

Z

Zahnschnittfries (Zahnfries), → Fries aus gleichartigen, abwechselnd vor- u. zurückspringenden rechteckigen Steinen. Hauptverbreitung im 6. Jh. v. u. Z. – 4. Jh. u. Z. im Zusammenhang

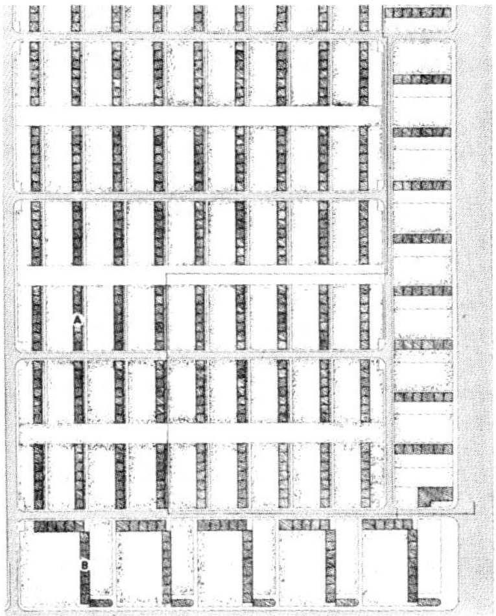

Zeilenbauweise. Bebauungsplan der Siedlung Frankfurt-Westhausen (1926–30). E. May

mit ion., korinth. u. röm. Säulenordnungen. Wiederaufnahme besonders in der Romanik, Renaissance u. im Klassizismus.

Zeilenbauweise, regelmäßige Reihung von Wohnblöcken mit Giebelstellung zur Straße. Seit dem Siedlungsbau der 20er Jahre bevorzugtes Element geordneter städtebaul. Auflockerung im Gegensatz zu geschlossenen Bebauungsformen (z. B. Randbebauung).

Zelle [<lat.], kleiner enger, weitgehend isolierter Raum. Urspr. auf den abgeschiedenen Einzelwohnraum eines Klosters bezogen, später auch auf Gefängnisräume übertragen.

Zellengewölbe, Gewölbeform der Spätgotik. Hauptverbreitung in Obersachsen u. Böhmen zwischen 1470 u. 1520, bestehend aus trichterartig eingetieften Schalen, die durch scharfe Grate gegeneinander abgegrenzt sind. Hauptbeispiele stammen aus der obersächs. Schule des Arnold von Westfalen (z. B. Albrechtsburg in Meißen, 1471 ff.). → auch Gewölbe, Abb.

Zeltdach (Pyramidendach), speziell für Quadratbauten u. Türme abgeleitete Sonderform aus 4 gleichen Dreieckflächen. → auch Dachformen, Abb.

Zement, wasserbeständiger Baustoff, der durch Brennen u. anschließende Pulverisierung eines Gemisches aus Kalkstein u. Ton entsteht. Durch Zusatz von Wasser u. Sand in bestimmten Mischungsverhältnissen entsteht Zementmörtel als Bindemittel, durch Zusatz von Kies oder Schotter Beton.

Zentralbau, ein Baukörper, bei dem alle Raumteile auf eine senkrechte Mittelachse bezogen sind, die durch eine zentralisierende Grundrißform (Kreis, Ellipse, regelmäßiges Polygon, Quadrat, griech. Kreuz) bedingt ist. Ursprünge in der frühchristl. u. → byzantin. Baukunst. Baukünstler. Ideal der Renaissance mit direkter Weiterentwicklung in Barock u. Klassizismus. Abb. S. 260.

Zeughaus (Arsenal), repräsentative städt. Gebäudeform des 16.–18. Jh. zur Aufbewahrung von Kriegs- u. Verteidigungsmaterial, z. T. verbunden mit Rüstungswerkstätten. Angelegt vom wehrhaften Bürgertum oder auf Veranlassung der Landesherren, abgeleitet von den Vorformen der Rüstkammern in Rathäusern u. Schlössern. Hauptbeispiele in Berlin, Augsburg, Danzig.

Zickzackfries → Deutsches Band.

Ziegel → Backstein.

Zierglied, bauplast. Schmuckelement eines Baukörpers.

Zikkurat [<semit.] (Tempelturm), Weiterentwicklung der Vorform altmesopotam., auf einer Hochterrasse liegender Tempel, zu deren Plattformen spezielle Treppen u. Zugangsrampen hinaufführten. Älteste Beispiele seit E. 3. Jt. v. u. Z. in Ur nachweisbar. Bei entwickelteren Bautypen erhob sich der Tempel über mehreren übereinanderliegenden u. sich nach oben flächenmäßig verringernden Plattformen.

Zentralbau. Frauenkirche in Dresden, Ansicht und Grundriß (1726–43). G. Baehr. Histor. Aufnahme

Zimmermann, Domenikus, dt. Arch. u. Stukkateur (1685 bei Wessobrunn bis 1766 Wies). Gemeinsam tätig mit seinem Bruder Johann Baptist. Zuerst ansässig in Füssen, ab 1716 in Landsberg. Neben den Gebrüdern Asam Hauptvertreter des süddt. Rokoko. Hauptwerke: Klosterkirche in Dillingen (1716–25), Wallfahrtskirche in Steinhausen (1727–33), Frauenkirche in Günzburg (1736–41), Wallfahrtskirche in Wies (1745–54).

Zingel → Burg.

Zinne, Zacke der Brüstungsmauer einer mittelalterl. Wehranlage. Die Gesamtheit der Zinnen bilden den Zinnenkranz, die Einschnitte die Schießscharten.

Zisterne [<lat., gr.], Reservoir zur Speicherung von Regenwasser in wasserarmen Gegenden. Meist unterird. Anlagen. Weltbekannte Beispiele monumentaler Dimension existieren in Istanbul (z. B. Yerebetan-Zisterne), Anlagen kleineren Ausmaßes insbesondere bei Höhenburgen u. Festungsanlagen mit unzureichender natürl. Wasserversorgung.

Zisterzienserbaukunst, Architektur des 1098 mit dem Stammkloster Citeaux in Burgund gegründeten Ordens, der als Reformbewegung gegen die zunehmende Verweltlichung mönch. Lebens mit einem auf Enthaltsamkeit und Einfachheit gerichteten Arbeitsleben auftrat, sich der Kultivierung unwirtlicher Gebiete widmete u. durch ein großes System von Tochtergründungen mächtigen feudalen Grundbesitz anhäufte. Um 1200 bestanden bereits über 500 Niederlassungen in Frankreich, Spanien, England, Italien u. Deutschland mit strengen Ordensregeln, die auch die Architektur bestimmten: Lage in Niederungen, gestrecktes u. flachgedecktes Langhaus, Turmlosigkeit mit Ausnahme von Dachreitern, vorwiegend rechteckige Chor- u. Kapellenabschlüsse, umfangreiche Wirtschaftshöfe, einfache Details sowie äußerste Schmuckarmut, die jedoch mit dem Verfall des Ordens im

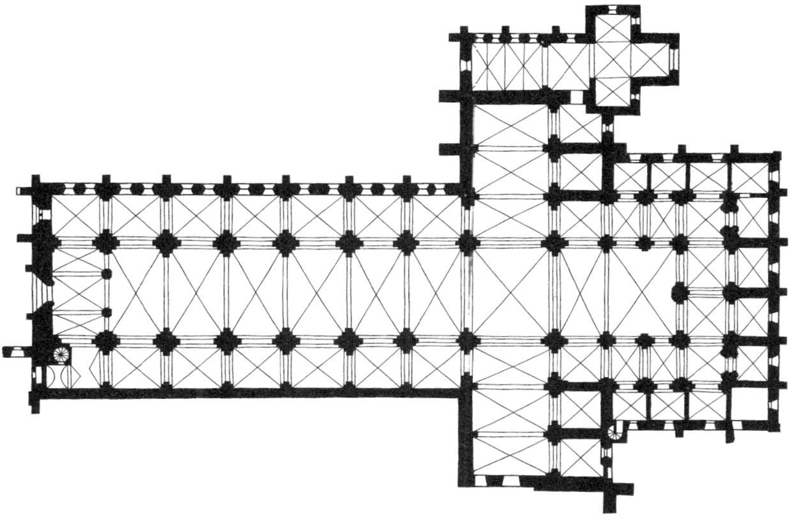

Zisterzienserbaukunst. Grundriß der Klosterkirche Ebrach (1200–82)

14. Jh. aufgegeben wurde. Mit den Ordensgewohnheiten u. den anfangs durch das Generalkapitel überwachten Bauregeln wurden die französ.-burgund. Stilformen der Frühgotik auf Spanien, Italien u. Deutschland übertragen, wovon neben den Klöstern auch Dome u. Stiftskirchen, Burganlagen u. Stadtkirchen betroffen waren. Die von dieser zisterziens. Frühgotik durchdrungene Baukunst nahm seit A. 13. Jh. eine Sonderstellung ein. Hauptbeispiele: die Klöster Walkenried (1127), Ebrach (1200–82), Eberbach/Rheingau (1131) u. Maulbronn (1138), die Dome in Magdeburg, Bamberg u. Naumburg sowie die späten Klosteranlagen von Chorin u. Doberan (13./14. Jh.).

Zitadelle [<ital., »kleine Stadt«], besonders starkes Festungswerk als Kernstück einer größeren Befestigungsanlage.

Zither, in der Architektur eine aus Stein errichtete, feuergeschützte Schatz- u. Archivkammer kirchl. Bauten, z. B. als gewölbter Einbau im Nordquerhaus der Stiftskirche in Quedlinburg (um 1170).

Zopfstil → Rokoko.

Zophoros [gr.], ein figürl. Reliefs tragender Fries der att.-ion. Säulenordnung (z.B. Theseion in Athen).

Zuccalli, Enrico, italien. Arch. (um 1642 in Graubünden–1724 München). 1673 Hofbaumeister in Bayern. Vertreter des Barock. Hauptwerke: Vollendung der Theatinerkirche in München (1667–90), Innenausstattungen der Münchner Residenz (ab 1680), Gartenschlößchen in Schleißheim (1684–89), Palais Porcia (1693), Beginn des Umbaus Schloß Bonn (1695), Pläne für Neubau Kloster Ettal (1710 ff.).

Zunfthaus, Innungshaus städt. Handwerkerzünfte des 12.–16. Jh. für Zusammenkünfte, auf denen alle wichtigen Angelegenheiten vom Rohstoffeinkauf über die Warenherstellung bis zur Aufnahme neuer Mitglieder nach strengen Vorschriften beraten wurden, z. T.

Zunfthaus. Gewandhaus in Zwickau (1522-25)

Waren angeboten u. halböffentl. Feste gefeiert wurden. Die auf der Tradition des Bürgerhauses beruhenden Gebäude reicher Zünfte zeigten eine hervorgehobene städtebaul. Einordnung u. architekton.-künstler. Gestaltung. Sie traten oft in Konkurrenz zu den noch prächtigeren Gildehäusern vermögender Kaufleute, wie z. B. Gewandhaus in Braunschweig, Artushof in Danzig.

Zwerchgiebel, giebelförmiger Aufbau an der Traufseite eines Daches. Meist Bestandteil eines Zwerchhauses, d. h. eines Dachhäuschens mit einem quer (zwerch) zum Hauptdach verlaufenden First. Charakterist., durch Gesimse, Pilaster, Voluten, Fensteröffnungen u. oftmals reiche Schmuckformen gegliedertes, städtebaulich wirksames Motiv der Renaissance u. des Frühbarock als ästhet. Gegengewicht zur horizontalen Baukörper- u. Dachausbildung (z. B. Altes Rathaus Leipzig, 1556ff.; → Laubengang, Abb.).

Zwerchhaus → Zwerchgiebel.

Zwerggalerie, dekorativer Zierstreifen der Romanik aus kleinen aneinandergereihten Säulenarkaden ohne konstruktive Funktion, allein zur ästhet. Auflockerung des Außenmauerwerks. Im Sakralbau Oberitaliens u. des Rheinlandes E. 11.–A. 13. Jh. vornehmlich an Apsiden, meist unmittelbar unter dem Dachansatz auftretend, z. T. auch auf Lang- u. Querhäuser übergreifend. Hauptbeispiele: Dom in Trier (M. 11. Jh.) u. Speyer (um 1090).

Zwickel, dreieckiges Gewölbefeld, das durch Kreuzlagen der Gewölbe entsteht u. von deren Schnittflächen begrenzt wird.

Zwiebelhelm, barocke → Dachform, entstanden durch Umformung der Welschen Haube. Hauptverbreitung in süddt. u. russ. Baukunst.

Zwinger, Freiraum zwischen äußerer u. innerer Ringmauer einer mittelalterl. Stadtbefestigung oder Burgsicherungsanlage, die in friedl. Zeiten für Feste, Turniere, Theaterspiele usw. genutzt wurde. Übertragen auf das in einem derartigen Bereich errichtete Barockbauwerk des Dresdner Zwingers.

Zwirner, Ernst-Friedrich, dt. Arch. (1802 Jakobswalde/Schlesien – 1861 Köln). Vertreter der → Neogotik, Dombaumeister in Köln. Hauptwerk: Weiterbau des 1248 begonnenen unvollendeten Kölner Domes anhand originaler, 1814 u. 1816 in Darmstadt u. Paris aufgefundener Bauzeichnungen.

Zyklopenmauerwerk, aus mächtigen unregelmäßigen, aber kunstvoll aufeinandergeschichteten Gesteinsblöcken bestehendes Vollmauerwerk archaischer Kulturen. Großartigste Zeugnisse in der frühantiken Baukunst der Hethiter (z. B. Mykene) u. der Architektur der Inkas in Peru. → auch Mauerwerk, Abb.

Literaturhinweise

Allgemeines Künstlerlexikon der bildenden Künstler von der Antike bis zur Gegenwart. Bd. I–XXXVII. Begründet von Ulrich Thieme und Felix Becker. Leipzig 1908–50

Allgemeines Lexikon der bildenden Künstler des 20. Jahrhunderts. Bd. 1–6. Hrsg. von Hans Vollmer. Leipzig 1953-62

Brockhaus. Der Kunstbrockhaus. Aktualisierte Taschenbuchausgabe in 10 Bänden. Mannheim/Wien/Zürich 1987

Hatje Lexikon der Architektur des 20. Jahrhunderts. Hrsg. von Vittorio Magnano Lampugnani. Stuttgart 1983

Jahn, J.: Wörterbuch der Kunst. Berlin 1966

Koch, W.: Kleine Stilkunde der Baukunst. München 1991

Koepf, H.: Bildwörterbuch der Architektur. Stuttgart 1968

Lexikon der Kunst. Band I–VII. Leipzig 1987 ff.

Lexikon der Weltarchitektur. Hrsg. von Nikolaus Pevsner, Hugh Honour und John Flemming. München 1992

Reallexikon zur deutschen Kunstgeschichte. Band I–XI. Hrsg. vom Zentralinstitut für Kunstgeschichte München. Stuttgart/München 1937 ff.

Reid, R.: Bauwerke. Ein Reiseführer. Augsburg 1990

Wandersleb, H.: Handwörterbuch des Städtebaus, Wohnungsbaus und Siedlungswesen. Bd. 1–2. Stuttgart 1959

Wasmuths Lexikon der Baukunst. Bd. I–V. Berlin 1929–37

Abbildungsnachweis

J. Adamiak, Leipzig: S. 13, 44, 81, 179 o., 194

Constantin Beyer, Weimar: S. 218
Günther Beyer, Weimar: S. 30 o., 30 u. r., 191
Klaus G. Beyer, Weimar: S. 11, 19, 20, 25, 57, 69, 137, 138 u., 154, 186, 215, 235, 255
Bibliothèque Nationale, Paris: S. 210
Bildarchiv Foto Marburg: S. 52, 72, 79, 90, 100, 103 o. r., 181, 192, 209 o., 212 u., 214 o., 220, 246, 254, 256 u.
O. Birnbaum, Halle: S. 42, 103 o. l., 146 o., 236

Esto Photographics, New York: S. 126

Foto Knittel, Quedlinburg: S. 110 u.
H. Frewel: S. 27

P. Garbe, Berlin: S. 199

R. Handrick, Potsdam: S. 217
H. Hege, Halle: S. 249
H. Hessler, Frankfurt/M.: S. 176 o.
Heyphot Leipzig: S. 257
Hirmer, München: S. 105

J. Jeiter, Aachen: S. 196

H.-J. Kadatz, Woltersdorf: S. 17, 18, 22, 31, 64, 70, 180, 238

Landesamt für Denkmalpflege, Berlin: S. 14, 26, 41, 110 o., 156, 174

Landesamt für Denkmalpflege, Bremen: S. 85, 161

Landesamt für Denkmalpflege, Münster: S. 256 o.

Museum of the City of New York, New York: S. 21

W. Neumeister, München: S. 185

R. Peter, Dresden: S. 213
P. Popper, London: S. 187

Rheinisches Bildarchiv, Niedersachsenhausen: S. 124

Sächsische Landesbibliothek Dresden, Abt. Deutsche Fotothek: S. 9, 29, 30 u. l., 38, 39 u., 54, 59, 62, 78, 131, 138 o., 142, 157, 158, 175 o., 176 u., 177 o., 204, 206, 214, 223, 245, 260, 262
W. Sommerfeld, Berlin: S. 24
Staatsarchiv Dessau: S. 179 u.
F. Stoedtner, Düsseldorf: S. 197
Studio Ivan Nemec, Frankfurt/M.: S. 200

The Art Institute of Chicago, Chicago: S. 184

Gudrun Vogel, Leipzig: S. 227

W. Wolff, Görlitz: S. 113

Die Zeichnungen auf S. 55, 147, 148, 222 und 239 fertigte Frau Inge Brüx, Leipzig. Alle übrigen Abbildungen entnahmen wir dem Verlagsarchiv.